函数式编程图解

[波兰] 米哈尔·普瓦赫塔(Michał Płachta)　著
郭　涛　　　　　　　　　　　　　　译

U0284113

清华大学出版社
北京

北京市版权局著作权合同登记号 图字：01-2024-0883

Michał Płachta

Grokking Functional Programming

EISBN: 978-1-61729-183-8

Original English language edition published by Manning Publications, USA © 2022 by Manning Publications. Simplified Chinese-language edition copyright © 2025 by Tsinghua University Press Limited. All rights reserved.

图书在版编目 (CIP) 数据

函数式编程图解 /（波）米哈尔·普瓦赫塔著；郭涛译. -- 北京：清华大学出版社，2025.2.

ISBN 978-7-302-67928-8

Ⅰ. TP312-64

中国国家版本馆 CIP 数据核字第 2025AD7352 号

责任编辑：王　军　刘远菁
封面设计：高娟妮
装帧设计：恒复文化
责任校对：马遥遥
责任印制：刘　菲

出版发行：清华大学出版社
网　　　址：https://www.tup.com.cn，https://www.wqxuetang.com
地　　　址：北京清华大学学研大厦A座　　　　邮　　编：100084
社 总 机：010-83470000　　　　　　　　　　邮　　购：010-62786544
投稿与读者服务：010-62776969，c-service@tup.tsinghua.edu.cn
质 量 反 馈：010-62772015，zhiliang@tup.tsinghua.edu.cn
印 装 者：大厂回族自治县彩虹印刷有限公司
经　　销：全国新华书店
开　　本：170mm×240mm　　　印　　张：30.75　　　字　　数：636千字
版　　次：2025年2月第1版　　　印　　次：2025年2月第1次印刷
定　　价：168.00元

产品编号：101250-01

译者简介

　　郭涛主要从事人工智能、现代软件工程、智能空间信息处理与时空大数据挖掘分析等前沿领域的研究。翻译了多部计算机书籍，包括《函数式与并发编程》《Effective数据科学基础设施》和《重构的时机和方法》。

译 者 序

早在20世纪50年代，美国计算机科学家约翰·麦卡锡(John McCarthy)为IBM 700/7000系列机器发明了第一门函数式编程语言Lisp。Lisp最初创建时受到阿隆佐·邱奇的lambda演算的影响，在处理数学和逻辑运算方面具有高度的灵活性。因为是早期的高端编程语言之一，它很快成为人工智能研究中最受欢迎的编程语言。作为第一门函数式编程语言，Lisp开创了很多先驱概念。经过几十年的发展，形成了你所看到的现代函数式编程语言，函数式编程是一种编程风格，脱离特定的语言特性，函数式代码易于测试、复用。

与命令式编程相比，函数式编程将计算过程抽象为表达式求值。其中表达式由纯数学函数构成，这些数学函数是第一类对象且无副作用。因此，函数式编程很容易做到线程安全，且具有并发编程的优势。

目前，C++、Scala、Java、C#、Python等高级编程语言也设计了函数式编程语言特性。但函数式编程语言设计思想抽象，特性比较多，这给很多读者带来了很大的困扰，尤其是涉及并发的编程，已成为很多人的梦魇。本书以图解方式，以Scala和Java语言作为实现载体，通过大量的代码示例和案例呈现出了函数式编程语言的特性。本书内容比较基础，建议读完本书的读者阅读译者翻译的另一本著作——《函数式与并发编程》(*Functional and Concurrent Programming*)，该书与本书一脉相承，都以Scala和Java作为示例，主要围绕函数式编程和并发编程高级特性展开讲解。本书适合计算机科学与工程、软件工程、人工智能专业的高年级本科生和企业中对函数式编程感兴趣的工程师阅读。

感谢吉林大学外国语学院研究生吴禹林、电子科技大学外国语学院高丹丹参与本书的翻译、审核和校对工作。由于函数式编程主题涉及的特性广泛且术语众多，国内学者对该主题的翻译常常不一致，为了确保本书的术语一致性，本书的用语参照了以下出版物：张骏温翻译的《C#函数式编程(第2版)》、程继洪等翻译的《C++函数式编程》、王宏江等翻译的《Scala函数式编程》。此外，我要感谢清华大学出版社的编辑、校对和排版工作人员，感谢他们为了保证本书质量所做的一切。

　　由于本书涉及内容广泛、深刻，加上译者翻译水平有限，本书难免存在不足之处，恳请各位读者不吝指正。

致亲爱的家人：Marta、Wojtek和Ola。
感谢你们给我带来的正能量和启发。

致父母：Renia和Leszek。
感谢你们给予的所有机会。

前 言

你好！感谢购买《函数式编程图解》。过去十年，我一直在与程序员讨论编程方法、其可维护性以及函数式编程概念逐渐被主流语言所采用这一趋势。许多专业开发人员表示，目前仍然很难从现有资源中学习函数式概念，因为这些资源要么过于简单，要么过于复杂。这就是本书试图填补的空白。本书旨在为那些想要全面了解基本函数式编程概念的程序员提供一种循序渐进的实用指南。

实践出真知，这就是本书大量使用实例的原因。读完这本入门书后，你将能够使用函数式方案编写功能齐全的程序，并轻松深入研究其理论基础。

如果你曾使用命令式面向对象语言(如Java或Ruby)创建重要的应用程序，那么你将从本书中获益匪浅。如果你所在的团队曾应对大量错误和可维护性问题，那么本书将是你的一大助力，因为这正是函数式编程的用武之地。

希望你喜欢阅读本书并完成习题，最好能像我写作时一样享受。再次感谢你对本书的喜爱！

——Michał Płachta

很高兴在此相遇！

致　谢

首先，我要感谢 Scala 社区对工具和技术的不懈追求，这些工具和技术有助于构建可维护的软件。本书中介绍的所有想法都源自无数次的代码审查、讨论、多篇涉及大量回复的博客文章、即兴演示和生产故障事后分析。感谢你们的热情。

我要感谢我的家人，尤其是妻子Marta，她在写作过程中给予我大量的鼓励和爱。感谢可爱的孩子 Wojtek 和 Ola，他们确保我不会长时间坐在计算机前。

本书凝聚了许多人的心血。我要感谢 Manning 的工作人员：策划编辑Michael Stephens、编辑Bert Bates、开发编辑Jenny Stout、技术开发编辑Josh White、文稿编辑Christian Berk、出版编辑Keri Hales、技术审校Ubaldo Pescatore、校对Katie Tennant，以及所有参与本书出版的幕后人员。

感谢所有审稿人：Ahmad Nazir Raja、Andrew Collier、Anjan Bacchu、Charles Daniels、Chris Kottmyer、Flavio Diez、Geoffrey Bonser、Gianluigi Spagnuolo、Gustavo Filipe Ramos Gomes、James Nyika、James Watson、Janeen Johnson、Jeff Lim、Jocelyn Lecomte、John Griffin、Josh Cohen、Kerry Koitzsch、Marc Clifton、Mike Ted、Nikolaos Vogiatzis、Paul Brown、Ryan B. Harvey、Sander Rossel、Scott King、Srihari Sridharan、Taylor Dolezal、Tyler Kowallis 和 William Wheeler。感谢你们，你们的建议让这本书变得更完美。

关于本书

本书目标读者

本书假设读者曾使用主流面向对象编程语言(如Java)且至少有一年的商业软件开发经验。本书中的示例将Scala用作教学语言，但本书并不是关于Scala的书。读者不需要事先了解Scala或函数式编程。

本书结构: 阅读指南

本书分为三部分。第Ⅰ部分奠定基础，将探讨函数式编程(functional programming，FP)中通用的工具和技术。第1章将讨论如何使用本书学习FP。第2章将展示纯函数和非纯函数之间的区别。第3章将介绍不可变值。最后，第4章将说明纯函数只是不可变值，并展示其强大作用。

在本书的第Ⅱ部分，只使用不可变值和纯函数解决实际问题。第5章将介绍FP中最重要的函数，并展示如何以简洁和易读的方式构建顺序值和程序。在第6章，将学习如何构建可能返回错误的顺序程序。在第7章，将学习有关函数式软件设计的知识。第8章将教你如何以安全和函数式的方案处理非纯、外部、有副作用的问题。然后，第9章将介绍流和流式系统。我们将使用函数式方案构建数十万个项的流。在第10章，最终将创建一些函数式、安全的并发程序。

在第Ⅲ部分，将维基数据用作数据源以实现一个真实的函数式应用程序。将借此回顾前面两部分中学到的所有内容。在第11章，需要创建一个基于不可变值的数据模型，并使用含IO在内的正确类型，与维基数据集成，并使用缓存和多线程提高应用程序的速度。将把所有这些问题都封装在纯函数中，并展示如何在函数式世界中重用面向对象的设计。第12章将展示如何测试在第11章中开发的应用程序，你将看到，即使需求大幅变化，应用程序也易于维护。

最后，将以一组练习作为本书的结尾，以确保你掌握了函数式编程。

关于代码

本书包含许多源代码示例,源代码都以等宽字体格式化,以将其与普通文本区分开来。有时代码也会用粗体表示,以突出显示与同一章中的前几步相比发生变化的代码,例如当新功能添加到现有代码行时,新增的代码将以粗体显示。

许多情况下,原始源代码已被重新格式化;我们添加了换行符并重新调整了缩进,以使代码适应书中可用的页面空间。许多代码清单附带注释,以强调重要概念。

你可以扫描本书封底的二维码以获取可执行的代码片段,以及本书完整的示例代码。

此外,本书所有扩展资源(包括附录和附加材料)均可通过扫描封底二维码获得。

作者简介

Michał Płachta是一位经验丰富的软件工程师，也活跃于函数式编程社区。他经常在技术会议上发言，主持研讨会，组织聚会，并在博客上发表文章，探讨如何创建可维护的软件。

目　　录

第3章 不可变值 47

第4章 函数作为值 71

第II部分　函数式程序

第5章　顺序程序　135

第6章 错误处理 173

第7章　作为类型的要求　　　229

第8章 作为值的IO 269

第9章 作为值的流 313

第10章　并发程序　365

第III部分　应用函数式编程

第 I 部分
函数式工具包

本书的第 I 部分为本书奠定基础。你将学习函数式编程(FP)中通用的工具和技术。在这一部分学到的所有知识都将在后续章节和你的职业生涯中重复使用。

第1章讨论基础知识，并确保你能够适应本书所采用的教学方法。你将设置环境，编写一些代码，并完成一些简单的练习。

第2章讨论纯函数和非纯函数之间的区别。将使用一些命令式示例来展示风险，并通过函数式代码缓解这些风险。

第3章介绍纯函数的搭档：不可变值。将介绍纯函数与不可变值为何缺一不可，它们共同定义了函数式编程。

最后，第4章将展示作为值的纯函数，并说明其强大作用。这将使你能够将所有组件连接在一起，并组装第一个完整的函数式工具包。

第**1**章 | 学习函数式编程

本章内容：

- 本书的读者对象

- 函数是什么

- 函数式编程的作用

- 如何安装所需工具

- 如何使用本书

> ❝我只能通过具体例子向你阐述，至于其本质，要由你自行推断。❞
>
> ——Richard Hamming，《学会学习》

1.1　也许你选择本书是因为……

你对函数式编程很感兴趣　　　　　　　　**1**

你听说过函数式编程,读过维基百科的条目,也看过几本相关主题的书。也许你对代码蕴含的数学解释感到厌烦,但你仍然对它感到好奇。

> 我一直想写一本简单易懂的关于函数式编程的书。就是此书:入门级别,实用性强,尽量不会让你感到厌烦。

你曾试图学习函数式编程　　　　　　　　**2**

你不止一次尝试学习函数式编程,但仍然没有掌握。当你理解了一个关键概念时,又出现了其他问题。若要处理问题,又需要你理解更多内容。

> 学习函数式编程的过程应该是令人愉快的。本书鼓励你进行尝试,相信你有兴趣坚持下去。

你还犹豫不决　　　　　　　　**3**

多年来,你一直使用面向对象或命令式编程语言进行编程。你体验过函数式编程,读过一些博客文章,并尝试编写了一些代码。但你仍然不了解它能如何改善你的编程生涯。

> 本书侧重于函数式编程的实际应用,将向你介绍一些函数式概念。无论你使用什么语言,都能使用这些概念。

或者还有其他原因

不管你的理由是什么,本书都试图以不同的方式满足你的需求。本书注重通过实验和游戏学习,鼓励你提出问题,并通过编程找到答案。本书将帮助你进阶为更高级的程序员。希望你能享受这段旅程。

1.2　你应掌握的背景知识

　　假设你已经使用任何一种流行的语言开发软件，如Java、C++、C#、JavaScript或者Python。这是一个非常模糊的说法，因此请简单核对下列信息，以帮助你适应本书节奏。

如果你具备以下条件，将会轻松理解本书内容：

- 熟悉类和对象等基本的面向对象概念。
- 能够阅读和理解如下代码：

```
class Book {
  private String title;               Book有一个标题和一
  private List<Author> authors;       组Author对象

  public Book(String title) {
    this.title = title;               构造器：创建一个有
    this.authors = new ArrayList<Author>();  标题但没有作者的新
  }                                   Book对象

  public void addAuthor(Author author) {
    this.authors.add(author);         为这个Book实例添加
  }                                   一个Author
}
```

本书最适合的场景：

- 你的软件模块存在稳定性、可测试性、回归或集成问题。
- 你在调试如下代码时遇到了问题：

```
                                            这汤可能并
                                            不好喝……
public void makeSoup(List<String> ingredients)  {
  if(ingredients.contains("water")) {
    add("water");
  } else throw new NotEnoughIngredientsException();
  heatUpUntilBoiling();
  addVegetablesUsing(ingredients);
  waitMinutes(20);
}
```

你不必：

- 是面向对象编程专家。
- 精通Java / C++ / C#/ Python。
- 了解任何函数式编程语言(如Kotlin、Scala、F#、Rust、Clojure或Haskell)。

1.3　函数是什么样的

话不多说，直接进入代码！虽然现在还没有设置好所有必要的工具，但这无法妨碍我们，不是吗？

下面给出一些不同的函数。它们有一个共同点：都以一些值作为输入，进行一些操作，并可能返回值作为输出。

```
public static int add(int a, int b) {
  return a + b;
}
```
取两个int，相加并返回结果

```
public static char getFirstCharacter(String s) {
  return s.charAt(0);
}
```
取一个String并返回其第一个字符

```
public static int divide(int a, int b) {
  return a / b;
}
```
取两个int，将第一个除以第二个并返回结果

```
public static void eatSoup(Soup soup) {
  // TODO: "eating the soup" algorithm
}
```
取Soup对象，对其执行某些操作，并且不返回任何内容

为什么所有函数都用public static

你可能注意到了每个函数定义中的**public static**修饰符。确实，它的存在是有意义的。本书中使用的函数都是静态的(即它们不需要执行任何对象实例)。它们是自由的——任何人都可以从任何地方调用它们，前提是调用者具有它们所需的输入参数。这些函数只使用调用者提供的数据——再无其他。

当然，这会产生一些重大影响，详见本书后续讨论。现在要记住的是，当提到函数时，指的是可以从任何地方调用的**public static**函数。

快速练习

执行下面的两个函数：

```
public static int increment(int x) {
  // TODO
}
public static String concatenate(String a, String b) {
  // TODO
}
```

答案：
return x + 1;
return a + b;

1.4 认识函数

如你所见，函数有不同的类型。基本上，每个函数由一个特征标记和一个执行特征标记的函数体组成。

```
public static int add(int a, int b) {       函数特征标记
  return a + b;           函数体
}
```

本书将重点讨论返回值的函数(见图1-1)，你将了解到，这些函数是函数式编程的核心。不使用不返回任何值(即void)的函数。

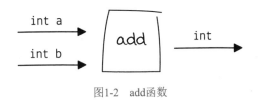

图1-1 返回值的函数

可将函数视为一个盒子，它获取输入值，对其进行处理并返回输出值。函数体便在盒子里。输入值和输出值的类型和名称是特征标记的一部分。因此，可以将add函数表示为图1-2所示形式。

```
int a                   int
          add
int b
```

图1-2 add函数

> **重点!**
> 在函数式编程中，比起使用的函数体，更注重函数的特征标记

特征标记与函数体

在图1-2中，函数的执行(即函数体)隐藏在盒子内，而特征标记则是公开可见的。这是两者之间非常重要的区别。如果仅凭特征标记就能理解盒子内的内容，那么对于阅读代码的程序员来说，这是一大优势，因为他们只有在使用函数时才需要分析盒子内的函数是如何实现的。

快速练习

为下面的函数画一个函数图。盒子内是什么？

```
public static int increment(int x)
```

答案:
有一个名为int x的输入箭头和一个名为int的输出箭头。实现代码是return x+1;

1.5　当代码说谎时……

程序员遇到的一个非常棘手的问题是，代码执行了它不该执行的操作。这种问题通常是特征标记和函数体的不一致导致的。要了解这一点，不妨先简单回顾一下前面的4个函数(见图1-3)：

```java
public static int add(int a, int b) {
  return a + b;
}

public static char getFirstCharacter(String s) {
  return s.charAt(0);
}

public static int divide(int a, int b) {
  return a / b;
}

public static void eatSoup(Soup soup) {
  // TODO: "eating a soup" algorithm
}
```

令人惊讶的是，以上4个函数中有3个存在缺陷。

图1-3　4个函数

> 问：函数会说谎吗？
>
> 答：很遗憾，会。上面的一些函数就在一本正经地说谎。这通常是因为特征标记没有完全说明实际要执行的函数体。

若输入一个String，getFirstCharacter函数理应返回一个char。然而，若输入一个空String，该函数并不会返回任何字符，而是抛出一个异常！

如果将0作为b输入divide函数，该函数将不会返回预期的int。

eatSoup函数理应喝掉输入的汤，但是当输入汤时，该函数返回void，并未进行其他操作。这可能是大多数新手的默认实现结果。

而对于add函数，无论将什么值作为a和b输入，该函数都将返回预期的int。这样的函数是可信的！

本书将重点讨论可信的函数。希望函数的特征标记能够说明函数体的全部信息。你将学习如何使用这类函数构建真实的程序。

阅读本书后，你将能轻松将函数改写为可信的版本

重点！
可信的函数是函数式编程非常重要的特征

1.6 命令式与声明式

　　某些程序员将编程语言分为两大范式：命令式和声明式。下面通过一个简单的练习来理解这两种范式之间的差异。

　　假设我们的任务是创建一个函数，以在某个单词游戏中计算分数。当玩家提交一个单词时，函数将返回一个分数。单词中每个字符得一分。

命令式计算分数

```java
public static int calculateScore(String word)  {
  int score = 0;
  for(char c : word.toCharArray()) {
    score++;
  }
  return score;
}
```

开发人员这样读：要计算单词的分数，首先将分数初始化为0，然后遍历单词的字符，并为每个字符增加分数。返回分数

　　命令式编程关注如何计算结果。重点是按照特定顺序定义特定步骤。通过提供详细的逐步算法来实现最终结果。

声明式计算分数

```java
public static int wordScore(String word)  {
  return word.length();
}
```

开发人员这样读：单词的分数是其长度

　　声明式解法关注需要执行什么操作，而不是如何完成。在本例中，我们需要这个字符串的长度，并将此长度作为特定单词的分数返回。因此，只使用Java的String中的length方法来获取字符数，而不关心它是如何计算出来的。

　　声明式解法还将函数名从calculateScore改为wordScore。这看起来是细微的差别，但名词的使用会使我们的大脑切换到声明模式，并注重需要完成的内容，而不是如何实现的细节。

　　声明式代码通常比命令式代码更简洁、易懂。即使许多内部实现(如JVM或CPU)都是命令性的，但应用程序开发人员仍然可以大量使用声明式解法并隐藏命令式内部实现，就像对length函数的处理一样。在本书中，你将学习如何使用声明式解法编写真实的程序。

此外，SQL几乎也是一种声明式语言。通常情况下，你指定所需要的数据，而不用关心获取数据的方式(至少在开发过程中是这样的)

1.7　小憩片刻: 命令式与声明式

欢迎来到本书的第一个"小憩片刻"！此练习部分将确保你已经掌握了命令式和声明式方法之间的区别。

> **本书中的"小憩片刻"意指什么**
>
> 本书中有几类不同的练习。你已经遇到了第一种：快速练习。这种练习使用一个大问号标记，并分散在本书中。这些练习非常简单，不必借用纸张或计算机即可解决。
>
> 第二种类型是小憩片刻。这种练习假设你有一些时间，有一张纸或一台计算机，并且你想开动脑筋。每次练习时，尽量让你熟悉某个主题。这对学习过程至关重要。
>
> 一些"小憩片刻"练习可能较难，但即使你无法解决，也不要担心。问题的下一页会给出答案和解释。但在查阅答案之前，请确保你已经尝试思考5～10分钟左右。就算你没有弄清楚，此过程仍有助于掌握当下的内容。

你自己探究的时间越长，你学到的越多

在此练习中，需要增强命令式calculateScore和声明式wordScore函数。新要求规定，单词的分数现在应该等于不同于a的字符数。你的任务如下。可以使用以下代码：

```java
public static int calculateScore(String word) {
  int score = 0;
  for(char c : word.toCharArray()) {
    score++;
  }
  return score;
}

public static int wordScore(String word) {
  return word.length();
}
```

在查看下一页之前，请务必先自行思考答案。最好的办法是把答案写在纸上或使用计算机

更改以上函数，使以下条件成立：

```
calculateScore("imperative") == 9     wordScore("declarative") == 9
calculateScore("no") == 2              wordScore("yes") == 3
```

1.8　解释：命令式与声明式

但愿你的第一次"小憩片刻"练习一切顺利。现在该检查答案了。先来看命令式解法。

命令式解法

命令式解法强烈鼓励直接实现算法——强调"如何"。因此，需要获取单词，浏览该单词中的所有字符，为每个不同于a的字符增加分数，并在完成时返回最终分数。

```java
public static int calculateScore(String word) {
  int score = 0;
  for(char c : word.toCharArray()) {
    if(c != 'a')
      score++;
  }
  return score;
}
```

就是这样！只是在for循环内添加了一个if语句。

声明式解法

声明式解法侧重于"什么"。在本例中，要求是声明式的："单词的分数现在应该等于不同于a的字符数。"几乎可以直接实现此要求：

```java
public static int wordScore(String word) {
  return word.replace("a", "").length();
}
```

或者，可以引入一个辅助函数。

```java
public static String stringWithoutChar(String s, char c) {
  return s.replace(Character.toString(c), "");
}

public static int wordScore(String word) {
  return stringWithoutChar(word, 'a').length();
}
```

> **重点！**
> 在函数式编程中，更多地关注需要发生什么事情，而非事情应该如何发生

你可能有不同解法。如果解法的重点是没有a的字符串(强调"什么")，而不是for和if(强调"如何")，则可以接受。

1.9　学习函数式编程的益处

函数式编程(FP)是指使用具有以下特征的函数进行编程：

- 不说谎的特征标记。
- 最好为声明式的函数体。

本书将逐步探讨这些主题，最终你将能够轻松用本书介绍的方案构建真实的程序。仅这一点就能产生巨大影响。然而，好处不止于此。通过本书学习函数式编程，还可获得其他益处，如图1-4所示。

图1-4　学习函数式编程的益处

可以使用任何一种语言编写代码

到目前为止，我们已经使用Java编写了函数，尽管它被认为是一种面向对象的命令式语言，仍可以用来编写函数式代码。事实证明，声明式和函数式编程的技术和特性也能在Java和其他传统的命令式语言中使用。你可使用自己选择的语言中的一些技术。

FP语言中的函数式概念是相同的

本书重点是函数式编程的通用特性和技术。这意味着，如果你在本书中学习了某个概念(使用Scala)，那么你将能将其应用到许多其他函数式编程语言中。更多地关注FP语言之间的共通之处，而不是单一语言的特殊性。

函数式和声明式思维

你将学习的最重要的技能之一是如何使用不同方案解决编程问题。这些函数式技术将成为你的软件工程工具箱中的强大工具。无论你此前如何，这一新视角都一定会帮助你在职业上有所成长。

1.10 进入Scala

本书中的大部分示例和练习都使用Scala。如果你不了解这门语言，不用担心，你很快就会掌握所有必要的基础知识。

问：为什么使用Scala?

答：这是实用之选。Scala具有所有的函数式编程特性，同时其语法仍与一门主流命令式语言相似。这可以使学习过程更加顺畅。请记住，要节约在语法上花费的时间。要适当学习Scala知识，使你能够讨论函数式编程的更复杂概念。还要适当学习语法，使你能够用函数式方案解决大型的真实编程问题。最后，将Scala视为一个教学工具。通读本书后，你将自行判断Scala是否足以帮你应对日常编程任务，或者你是否想要学习语法更复杂但概念相同的其他函数式编程语言。

仍然会偶尔使用Java来呈现命令式的示例。打算仅在完全函数化的代码片段中使用Scala

用Scala编写的函数……

在本章的前面部分，你认识了第一个用Java编写的函数。该函数取两个整数参数，并返回它们的和。

```
public static int add(int a, int b) {
  return a + b;
}
```

现在，是时候用Scala重新编写这个函数，并学习一些新语法了，如图1-5所示。

Scala允许省略大括号(可选)。如果程序员不使用大括号，则编译器会认为缩进是有意义的，就像在Python中一样。如果你喜欢，可以使用此特性。但是，本书将包含大括号，因为希望节约花在语法差异上的时间，如前所述

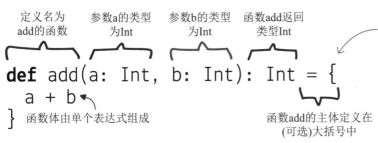

定义名为add的函数　参数a的类型为Int　参数b的类型为Int　函数add返回类型Int

```
def add(a: Int, b: Int): Int = {
  a + b
}
```

函数体由单个表达式组成

函数add的主体定义在(可选)大括号中

图1-5　用Scala编写的函数

1.11   练习用Scala编写函数

既然了解了用Scala编写的函数的语法,可以尝试将之前的一些Java代码片段重写成Scala代码。希望这有助于知识过渡。

> **本书中的"练习……"部分是什么**
>
> 本书中有三种练习。你已经遇到了其中两种:"快速练习"(标有大问号的小练习,可以很容易地在脑海中解决)和"小憩片刻"(所需时间更长、难度更大,旨在让你从不同的角度思考概念,需要使用纸张或计算机)。
>
> 第三种是"练习……"。这是三种练习中最枯燥的,因为它在很大程度上是重复性的。通常,你需要完成三到五个练习,其求解方式完全相同。之所以故意这样安排,是为了训练你的肌肉记忆。这部分内容将广泛应用于整本书,因此你需要尽快掌握。

你的任务是使用Scala重写以下三个Java函数:

还没有讨论需要在计算机上安装哪些工具以编写Scala代码,所以请在一张纸上完成这个任务

```java
public static int increment(int x) {
  return x + 1;
}

public static char getFirstCharacter(String s) {
  return s.charAt(0);
}

public static int wordScore(String word) {
  return word.length();
}
```

答案:

```scala
def increment(x: Int): Int = {
  x + 1
}

def getFirstCharacter(s: String): Char = {
  s.charAt(0)
}

def wordScore(word: String): Int = {
  word.length()
}
```

注意:

- Scala中的String与Java中的String具有完全相同的API
- Scala中的字符类型为Char
- Scala中的整数类型为Int
- 在Scala中不需要使用分号

1.12 准备工具

现在是时候开始在真实计算机上编写一些函数式Scala代码了。为此，需要安装一些工具。由于每个计算机系统都不同，请谨慎按照以下步骤操作。

下载本书的配套源代码项目

本书中的每个代码片段也可在本书配套的Java/Scala项目中找到。可以通过扫描封底二维码或访问https://michalplachta.com/book进行下载或检查。该项目附带README文件，其中包含有关如何入门的最新详细信息。

安装Java开发工具包(Java Development Kit，JDK)

请确保你已在计算机上安装了JDK。这将使你能够运行Java和Scala(这是一种JVM语言)代码。如果你不确定是否已安装，请在终端中运行javac -version，你应该会得到类似于javac 17的结果。如果没有，请访问https://jdk.java.net/17/。

安装sbt(Scala构建工具)

sbt是Scala生态系统中使用的构建工具。它可用于创建、构建和测试项目。有关如何在你的平台上安装sbt的说明，参见https://www.scala-sbt.org/download.html。

运行它！

在你的shell中，你需要运行一个sbt console命令，该命令将启动Scala读取–求值–输出循环(read–evaluate–print loop，REPL)。这是在本书中运行示例和做练习的首选工具。你只要编写一行代码，按下Enter键，就能立即获得反馈。如果你在本书的源代码文件夹中运行此命令，则还将获得所有练习的访问权限，尤其是在本书的后半部分，练习变得更加复杂，这将会非常有用。不过，暂时先别急，先来练习一下REPL。请查看以下内容，直观地了解如何使用此工具。运行sbt console后：

```
Welcome to Scala 3.1.3                   使用的Scala版本
Type in expressions for evaluation. Or try :help.

scala>                       这是Scala提示符，在其中输入命令和代
                             码。请继续编写一些数学表达式，然后按
                             下Enter键
scala> 20 + 19
val res0: Int = 39
                             该表达式的计算结果为一个名为res0的值，
                             其类型为Int，值为39
```

如果你喜欢以自动化的方式安装JDK/Scala，或者你更喜欢使用Docker或Web界面，请务必访问本书的网站以了解本书中练习的其他编码方案

在本书编写之时，JDK 17是最新的长期支持(long-term-support，LTS)版本。其他LTS版本也应该可用

注意：

建议在本书中使用REPL(sbt console)，特别是在开始阶段，因为它不涉及函数体，不会让你分心。你可将所有练习直接载入你的REPL。但是，在熟悉练习的套路后，可以自由切换到IDE。最适合初学者的是IntelliJ IDEA。安装Java后，你可以从https://www.jetbrains.com/idea/下载此IDE

1.13 了解REPL

下面进行一个简略的REPL会话，顺便学习一些新的Scala技巧！

在此处输入代码，然后按下Enter键，立即执行它

```scala
scala> print("Hello, World!")
Hello, World!
```

REPL将输出打印到控制台

val是Scala关键字，用于定义常量值。注意，val是语言的一部分，而不是REPL命令

```scala
scala> val n = 20
val n: Int = 20
```

REPL创建一个Int类型的n，其值为20。在REPL会话的持续时间内，该值将在作用域中

可以引用以前定义的任何值

```scala
scala> n * 2 + 2
val res1: Int = 42
```

每当不为结果分配名称时，REPL都会生成一个名称。在本例中，res1是REPL创建的名称。它是Int类型，并且值为42

可以像引用任何其他值一样引用REPL生成的任何值

```scala
scala> res1 / 2
val res2: Int = 21
```

在这里，REPL生成了另一个名为res2的Int类型的值

只需要输入以前定义的名称以检查其值

```scala
scala> n
val res3: Int = 20
```

你可使用:load从本书的配套代码库加载任何Scala文件。此处加载第1章的代码。REPL显示加载的内容：你在上一个练习中编写的三个函数！请务必在文本编辑器中查看此文件来进行确认

```scala
scala> :load src/main/scala/ch01_IntroScala.scala
def increment(x: Int): Int
def getFirstCharacter(s: String): Char
def wordScore(word: String): Int
// defined object ch01_IntroScala
```

所有针对REPL本身(而不是代码)的命令都以:开头。使用:quit或:q退出REPL

```scala
scala> :quit
```

有用的REPL命令
:help 显示所有带有说明的命令
:reset 取消一切，重新开始
:quit 结束会话(退出REPL)

有用的键盘快捷键
使用上/下箭头循环浏览以前的项
使用Tab显示自动完成选项(如果有选项的话)

1.14 编写你的第一个函数

时机已到！你将要用Scala编写(并使用)第一个函数。你将使用已经熟悉的函数。

启动Scala REPL(sbt console)，并编写：

```
scala> def increment(x: Int): Int = {
     |   x + 1
     | }
def increment(x: Int): Int
```

每当你在编写多行表达式时按下Enter键，|字符都会出现在REPL输出中

如你所见，REPL响应了一行代码。这表明它理解输入的内容：名称为increment，该函数取类型为Int的参数x并返回一个Int。下面将使用该函数！

```
scala> increment(6)
val res0: Int = 7
```

通过将6作为参数，调用函数。该函数按预期返回了7！此外，REPL将此值命名为res0。

> **使用本书的代码片段**
>
> 为了尽可能使代码清单易于阅读，将不再在本书中打印REPL提示符scala>。也不会再打印REPL的详细响应。上面的示例是你应在REPL会话中执行的操作。但在本书中，仅会打印：
>
> ```
> def increment(x: Int): Int = {
>   x + 1
> }
>
> increment(6)
> → 7
> ```
>
> 如你所见，使用→表示来自REPL的答案。它的意思是，"输入以上代码并按下Enter键后，REPL应该响应值7。"

> 将使用此图形表示你应该尝试在自己的REPL会话中编写代码

现在，尝试编写并调用之前遇到的另一个函数：

> ```
> def wordScore(word: String): Int = {
>   word.length()
> }
>
> wordScore("Scala")
> → 5
> ```

同样，左侧片段在你的REPL中应该显示为右侧的形式

```
scala> wordScore("Scala")
val res1: Int = 5
```

1.15 如何使用本书

在结束本章之前，向你介绍使用本书的方法。记住，这是一本技术性书籍，所以不要指望一口气从头读到尾。相反，将书放在你的桌子上，以便你使用计算机或者在纸上写代码的时候查阅。转换视角，从被动的知识接收者转变为积极主动的参与者。以下是一些补充建议。

不要提前查答案，对于"小憩片刻"练习，尤其如此。查答案以快速解决练习可能会让你有一时快感，但会影响长期学习效果

做练习

确保做好每一个练习。不要复制和粘贴代码，也不要盲目地把代码从书中转移到REPL。

> 快速练习、小憩片刻和练习……
>
> 本书中有三种类型的练习：
>
> - "快速练习"是不必借助任何外部工具，可以在脑海中完成的小练习。
> - "小憩片刻"所需时间较长，难度较大，旨在让你从不同角度思考一个概念。这通常需要使用纸张或计算机。
> - "练习……"主要基于重复。这种练习用来训练你对书中重要概念和技巧的肌肉记忆。

创建一个学习环境

在手边放一些纸和几支不同颜色的铅笔或钢笔。记号笔也可以。希望你的工作环境充满信息——而不是沉闷、枯燥的。

不要匆忙

以舒适的节奏工作。即使没有持续、稳定的节奏，也没关系。有时奔跑，有时爬行。有时什么也不做。休息非常重要。记住，有些主题可能较难。

但如果感觉很容易，就没有收获

尽量多编写代码

本书有成百上千的代码片段，你可以直接将它们转入你的REPL会话中。每一章都是按照"REPL方式"编写的，但是鼓励你玩转代码，编写自己的版本，尽情享受其中的乐趣！

记住，你在本书中遇到的所有代码都可以在本书的配套源代码仓库中找到

小结

在本章中，你学习了五个非常重要的技能和概念，这是本书后续内容的基础。

本书的读者对象

首先定义你——读者。你选择本书的原因主要有三个：也许你只是对函数式编程(FP)感兴趣；也许你以前没有足够的时间或机会全面学习FP；也许你之前学过它，但并不喜欢它。无论原因如何，本书的读者都应是希望通过实验和游戏学习一些创建实际应用的新方案的程序员。读者应熟悉面向对象语言(如Java)。

函数是什么

然后，介绍本书的主角——函数，并探讨特征标记和函数体。本章还提及了当特征标记没有说明函数体的全部情况时会遇到的问题，以及这为何会加大编程难度。

> 在整本书中，REPL会话都用这个图标标记。在开始新章节之前，记得重置(:reset)你的会话

函数式编程的作用

讨论命令式编程和声明式编程之间的区别，大致定义什么是函数式编程，以及它对你成长为软件专家有什么帮助。

如何安装所需工具

安装sbt，并使用Scala REPL编写第一个函数。学习书中的代码片段在REPL中的工作方式，以及如何使用→来表示代码片段中的REPL响应。

代码：CH01_* 通过查看本书代码库中的ch01_* 文件，探索本章的源代码

如何使用本书

最后，介绍本书的所有辅助学习功能。描述三种类型的练习(快速练习、小憩片刻和练习……)，讨论如何准备你的工作空间以促进学习，并描述如何处理代码片段。你可以将它们复制、粘贴到REPL会话中，手动传输它们，或者从本书的仓库附带的Scala文件中对它们进行:load操作。请扫描封底二维码或访问https://michalplachta.com/book以获取源代码。其中还有一个README文件，可以帮你完成设置。

第2章 | 纯函数

本章内容：

- 为什么需要纯函数

- 如何传递数据的副本

- 如何重新计算而不是存储

- 如何传递状态

- 如何测试纯函数

"有时，简明的实现只是一个函数。不是方法，不是类，不是框架，只是一个函数。

——John Carmack

2.1   为什么需要纯函数

第1章讨论了不说谎的函数。它们的特征标记就能说明函数
体的全部信息。得出结论——这些函数是可以信任的：编写代码
时发生的意外越少，创建的应用程序中的错误就越少。这一章将
探讨所有不会说谎的函数中最可信的函数：纯函数。

> **重点！**
> 纯函数是函数式
> 编程的基础

购物车折扣

先来看一个不使用纯函数的示例。先查看问题，试着以直观
的方式解决它。我们的任务是编写一个"购物车"功能，使其能
够根据当前购物车商品信息计算折扣。

> **要求：购物车**
> 1. 任何商品(建模为String)都可以添加到购物车中。
> 2. 如果购物车中添加了任意一本书，则折扣为5%。
> 3. 如果购物车中没有添加书，则折扣为0%。
> 4. 可以随时访问购物车中的商品。

注意，有时会在绘
图中省略类型等细
节，以使其尽可能
清晰。此处省略了
addItem参数列表中
的String类型

可以设计一个直接对上述要求进行编码的解决方案。图2-1展
示了负责处理需求的ShoppingCart类的图表。

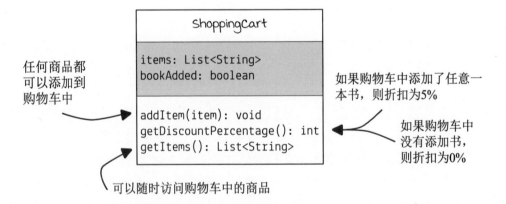

图2-1   ShoppingCart类

在深入了解实现过程和真正编码之前，先简要地浏览图2-1。
ShoppingCart类有两个字段——items和bookAdded，它们被用作内
部状态。然后，每个要求都以单个方法的形式实现。这三个方法
被其他类客户端用作公共接口。

2.2　命令式编码

在2.1节，我们通过设计一些状态字段和公共接口方法来解决"购物车"问题。

警告！图2-2中的设计存在一些非常严重的问题！下面将进行讨论。如果你已经发现了问题，那太好了！如果还没有，请继续思考误用这个设计和以下代码的所有可能方式。

现在，是时候写一些代码了。

```java
public class ShoppingCart {
  private List<String> items = new ArrayList<>();
  private boolean bookAdded = false;

  public void addItem(String item) {
    items.add(item);
    if(item.equals("Book")) {
      bookAdded = true;
    }
  }

  public int getDiscountPercentage() {
    if(bookAdded) {
      return 5;
    } else {
      return 0;
    }
  }

  public List<String> getItems() {
    return items;
  }
}
```

看起来很合理，对吧？如果将书籍添加到购物车中，将bookAdded标志设置为true。这个标志又在getDiscountPercentage中使用，以返回适当的折扣百分比。items和bookAdded都被称为状态，因为这些值随时间而变化。下面来看如何使用这个类。

```java
ShoppingCart cart = new ShoppingCart();
cart.addItem("Apple");
System.out.println(cart.getDiscountPercentage());
console output: 0
cart.addItem("Book");
System.out.println(cart.getDiscountPercentage());
console output: 5
```

图2-2　ShoppingCart

图2-3以图表方式展示了页面底部的代码片段。灰色区域表示状态(即随时间而变化的变量)

cart.addItem("Apple");

请记住，这只是一个小例子，旨在展示一些细微问题，在实际代码库中确实存在，而且更难发现

cart.addItem("Book");

图2-3　命令式编码

2.3　破译代码

尽管到目前为止本书中展示的所有代码看起来都没有问题，但ShoppingCart类的实现仍然不正确。这与状态有很大关系：items和bookAdded字段。查看程序中可能出现的一个流程(见图2-4)，以了解这个问题。

```
class ShoppingCart {
  private List<String> items = new ArrayList<>();
  private boolean bookAdded = false;
  public void addItem(String item) {
    items.add(item);
    if(item.equals("Book")) {
      bookAdded = true;
    }
  }
  public int getDiscountPercentage() {
    if(bookAdded) {
      return 5;
    } else {
      return 0;
    }
  }
  public List<String> getItems() {
    return items;
  }
}
```

ShoppingCart cart = new ShoppingCart();

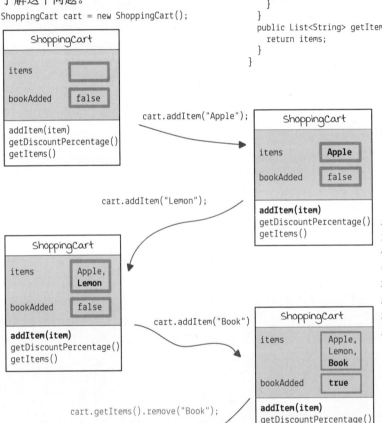

是的，本没想按这种方式使用getItems，但请记住，如果可能的话，未来很可能会有人如此使用它。在编程时，需要考虑所有可能的用法，以便尽可能保护内部状态

直接从列表中删除书籍后，创建了一个错误的状态：购物车中没有书籍，但getDiscountPercentage()返回5。出现这种错误结果的原因是状态处理不当。

顺便说一下，getItems().add的使用也会导致问题！经验丰富的开发人员可能会迅速忽略这个示例，认为这是明显的代码异味，但请放心，这样的问题经常发生

图2-4　破译代码

2.4 传递数据的副本

在之前的示例中遇到的问题可以通过在调用getItems时返回List的副本来轻松解决。

```java
public class ShoppingCart {
  private List<String> items = new ArrayList<>();
  private boolean bookAdded = false;

  public void addItem(String item) {
    items.add(item);
    if(item.equals("Book")) {
      bookAdded = true;
    }
  }

  public int getDiscountPercentage() {
    if(bookAdded) {
      return 5;
    } else {
      return 0;
    }
  }
  public List<String> getItems() {
    return items;
  }
}
```

> 不返回当前items状态，而是制作一个副本并返回副本。这样就没有人能够破坏它

```java
public List<String> getItems() {
  return new ArrayList<>(items);
}
```

> 第3章将解释为什么使用副本而不是Collections.unmodifiableList

这看似不是什么大变化，但传递数据的副本是函数式编程中的基本工作之一！我们很快就会深入探讨这种技术。但在这之前，需要确保整个ShoppingCart类是正确的——无论如何使用。

删除一个商品

假设类的客户端突然需要一个起初没有指定的额外功能。当代码出现错误时，我们才认识到这个问题——第5点要求：

> 5. 可以从购物车中删除先前添加的任何商品。

由于现在返回的是items的副本，因此为了满足这个要求，需要添加另一个公共方法：

```java
public void removeItem(String item) {
  items.remove(item);
  if(item.equals("Book")) {
    bookAdded = false;
  }
}
```

> **重点！**
> 在FP中，传递数据的副本而不是直接更改数据

问题就这样解决了吗？代码现在正确吗？

2.5 再次破译代码……

前面的探索尝试返回items的副本并添加了removeItem方法，这极大地改进了解决方案。就这样结束了吗？事实证明问题尚未解决。令人惊讶的是，ShoppingCart及其内部状态存在的问题比人们预期的要多得多。下面来看程序中另一个可能的流程(见图2-5)，以了解新问题。

```java
class ShoppingCart {
  private List<String> items = new ArrayList<>();
  private boolean bookAdded = false;

  public void addItem(String item) {
    items.add(item);
    if(item.equals("Book")) {
      bookAdded = true;
    }
  }

  public int getDiscountPercentage() {
    if(bookAdded) {
      return 5;
    } else {
      return 0;
    }
  }
  public List<String> getItems() {
    return new ArrayList<>(items);
  }
  public void removeItem(String item) {
    items.remove(item);
    if(item.equals("Book")) {
      bookAdded = false;
    }
  }
}
```

```java
ShoppingCart cart = new ShoppingCart();
```

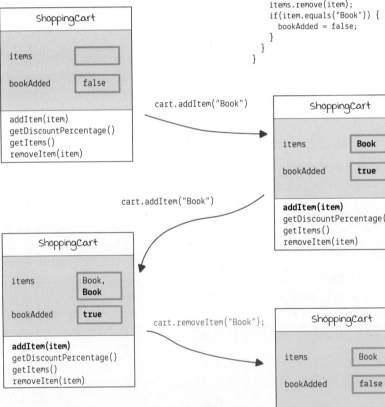

这个流程添加了两本书，但只删除了其中一本。我们因此创造了一个错误的状态：购物车中有一本书，但getDiscountPercentage()返回0！出现这种问题的原因还是状态处理不当。

图2-5 另一个可能的流程

2.6　重新计算而不是存储

　　只要退一步，重新思考主要目标，就能解决在上一个例子中
遇到的问题。

　　我们的任务是创建一个"购物车"功能来计算折扣。试图跟
踪所有添加和删除操作，并命令式地判断一本书是否已经添加，
因此把自己困住了。相反，可以在每次需要计算折扣时浏览整个
列表并重新计算折扣。

```
public class ShoppingCart {
  private List<String> items = new ArrayList<>();
  private boolean bookAdded = false;

  public void addItem(String item) {
    items.add(item);
    if(item.equals("Book")) {
      bookAdded = true;
    }
  }

  public int getDiscountPercentage() {
    if(bookAdded) {
      return 5;
    } else {
      return 0;
    }
  }

  public List<String> getItems() {
    return new ArrayList<>(items);
  }

  public void removeItem(String item) {
    items.remove(item);
    if(item.equals("Book")) {
      bookAdded = false;
    }
  }
}
```

> 正在删除bookAdded状态，
> 并将计算它的逻辑从
> addItem/removeItem移到
> getDiscountPercentage

```
public int getDiscountPercentage() {
  if(items.contains("Book")) {
    return 5;
  } else {
    return 0;
  }
}
```

> getDiscountPercentage在
> 每次需要折扣时通过浏览
> 列表来计算折扣

　　变化真大！代码现在更加安全，问题也更少了。所有与
折扣相关的逻辑现在都在getDiscountPercentage中。这里没有
bookAdded状态，bookAdded状态带来了很多问题。这个改变唯一
的缺点是，对于非常大的购物清单，可能需要很长时间来计算折
扣。此方案牺牲了边缘案例的性能来换取可读性和可维护性。

第3章将继续讨论
这个话题

2.7　通过传递状态来集中于逻辑

下面查看最终解决方案，并思考它的真正作用。

```
class ShoppingCart {
  private List<String> items = new ArrayList<>();    ←    items是需要小心处
                                                          理的内部状态

  public void addItem(String item) {    ←    addItem只是List的
    items.add(item);                           add方法的封装器
  }

  public int getDiscountPercentage() {
    if(items.contains("Book")) {               这个函数是唯一的
      return 5;                          ←     原始函数。它满足
    } else {                                   要求
      return 0;
    }
  }
                                               getItems封装器只用
  public List<String> getItems() {       ←    于始终返回List的
    return new ArrayList<>(items);             副本来保护List
  }

  public void removeItem(String item) {  ←    removeItem只是List
    items.remove(item);                        的remove方法的封
  }                                            装器
}
```

上述解决方案的问题在于，需要大量样板代码，以确保状态不能在类外部访问。同时，从业务需求的角度看，最重要的函数是getDiscountPercentage。事实上，这是唯一需要的函数！

通过将items作为参数来传递，可以摆脱所有围绕items的封装函数。

```
class ShoppingCart {
  public static int getDiscountPercentage(List<String> items) {
    if(items.contains("Book")) {
      return 5;
    } else {
      return 0;
    }
  }
}
```

使用static关键字来表明函数不需要任何实例就能发挥作用

这就是解决这一问题的函数式方案！

2.8 状态去哪儿了

你可能担心ShoppingCart类中的最新更改。怎么能删除所有状态而只留下一个函数呢？剩下的要求怎么办？从getDiscountPercentage的当前形式来看，以下三个要求仍未满足：

- 任何商品(建模为String)都可以添加到购物车。
- 可以随时访问购物车中的商品。
- 可以删除先前添加到购物车中的任何商品。

但是，如果仔细观察，你会发现任何类似于列表的类都能满足这些要求！标准库中有很多类可供选择。即使标准库中没有，你也可以编写自己的类，该类不知道任何有关折扣的信息。

```java
List<String> items = new ArrayList<>();
items.add("Apple");
System.out.println(ShoppingCart.getDiscountPercentage(items));
```
console output: 0
```java
items.add("Book");
System.out.println(ShoppingCart.getDiscountPercentage(items));
```
console output: 5

如图2-6所示，没有任何状态，只需要将商品列表传递给折扣计算函数。仍然拥有以前的所有功能，但代码量减少了！

关注点分离

在本书的后续章节，特别是在第8章和第11章中，会花更多的篇幅来讨论这个问题

将要求分成两组，由不同的代码片段满足！这样，我们就拥有了更小、更独立的函数和类，这意味着它们更易于阅读和编写。在软件工程中，这被称为"关注点分离"：每个代码片段都各司其职，并且只关注自己的职责。为了查看实际效果，下面回顾所有要求(见图2-7)，看看它们如何得到满足。

```
items [        ]
items.add("Apple");

      ↓

items [Apple]
items.add("Book");

      ↓

items [Apple, Book]
```

图2-6 删除状态后的方案

重点！
在FP中，关注很多不同的函数

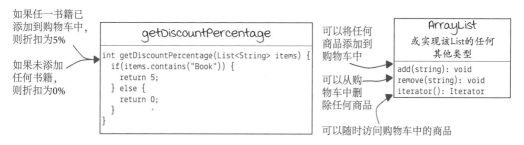

图2-7 所有要求

如你所见，现在所有状态处理都在ArrayList类中完成。

2.9 纯函数和非纯函数之间的区别

　　我们已经从命令式转向完全函数式的解决方案。在这个过程中，修复了一些错误并发现了一些模式。现在是时候列出这些模式(见图2-8)并最终认识一下本章的主角了。事实证明，最新版本的getDiscountPercentage函数具有纯函数的所有特征。

命令式

```
class ShoppingCart {
  private List<String> items = new ArrayList<>();
  private boolean bookAdded = false;

  public void addItem(String item) {
    items.add(item);
    if(item.equals("Book")) {
      bookAdded = true;
    }
  }
```
✘ 函数不返回任何值

✘ 函数改变现有值

```
  public int getDiscountPercentage() {
    if(bookAdded) {
      return 5;
    } else {
      return 0;
    }
  }
```
✘ 函数并非仅根据参数计算返回值

```
  public List<String> getItems() {
    return items;
  }
}
```
✘ 函数并非仅根据参数计算返回值

函数式

```
class ShoppingCart {
  public static int getDiscountPercentage(List<String> items) {
    if(items.contains("Book")) {
      return 5;
    } else {
      return 0;
    }
  }
}
```
✔ 函数总是返回单个值

✔ 函数仅基于其参数计算返回值

✔ 函数不改变任何现有值

图2-8　对比命令式和函数式解决方案

　　图2-8的左侧列出了我们一开始使用的命令式解决方案。它看似完美，但是深入分析后。我们发现了一些问题。凭直觉解决了这些问题，并意外地得到了一个只有一个静态函数的类(图2-8的右侧)。

　　然后，分析了这些函数之间的差异。注意到函数式ShoppingCart具备三个特征，而命令式ShoppingCart类却不具备。这些是在进行函数式编程时应该遵循的主要规则。不需要凭直觉来解决问题。只要遵循这些规则，我们就能发现代码中的问题，并提出重构建议。稍后将深入讨论这个问题，但接下来我会让你使用这三个规则进行一次重构。

> **重点！**
> 使用三种规则创建纯函数，这些函数错误较少

2.10 小憩片刻：将命令式代码重构为纯函数

现在轮到你将命令式代码重构为纯函数了，但要用完全不同的代码片段。你将重构TipCalculator类，该类可供一群朋友根据涉及的人数计算小费。如果分摊账单的人数是1～5，则小费为10%。如果人数大于5，则小费为20%。该方案还应涵盖吃"霸王餐"的特殊情况——当没有人分摊账单时，小费显然为0%。

下面是代码。你的任务是重构下面的类，使每个函数都符合纯函数的三个规则。

```java
class TipCalculator {
  private List<String> names = new ArrayList<>();
  private int tipPercentage = 0;

  public void addPerson(String name) {
    names.add(name);
    if(names.size() > 5) {
      tipPercentage = 20;
    } else if(names.size() > 0) {
      tipPercentage = 10;
    }
  }

  public List<String> getNames() {
    return names;
  }

  public int getTipPercentage() {
    return tipPercentage;
  }
}
```

纯函数的规则

1. 函数始终返回单个值。
2. 函数仅基于其参数计算返回值。
3. 函数不会改变任何现有值。

记住学过的三种技术：重新计算而不是存储，将状态作为参数传递，以及传递数据的副本。

2.11 解释: 将命令式代码重构为纯函数

看起来TipCalculator类存在一些非常熟悉的问题。你很清楚应该怎么做。

先来看看TipCalculator中的函数违反了哪些规则。

```
class TipCalculator {
  private List<String> names = new ArrayList<>();
  private int tipPercentage = 0;

  public void addPerson(String name) {
    names.add(name);
    if(names.size() > 5) {
      tipPercentage = 20;
    } else if(names.size() > 0) {
      tipPercentage = 10;
    }
  }

  public List<String> getNames() {
    return names;
  }

  public int getTipPercentage() {
    return tipPercentage;
  }
}
```

addPerson不返回任何值。纯函数应始终返回单个值

addPerson改变了现有值: names和tipPercentage。纯函数不应更改任何值, 只能创建新值

getNames基于外部状态(names变量)计算其返回值。纯函数只应使用参数创建返回值

getTipPercentage基于外部状态(tipPercentage变量)计算其返回值。纯函数只应使用参数创建返回值

重新计算而不是存储

先修复getTipPercentage。它基于tipPercentage字段计算其值, 这是一个外部变量而不是传递的参数。tipPercentage字段由addPerson函数计算和存储。为了修复getTipPercentage函数, 需要使用两种技术。第一个是重新计算而不是存储。

```
public int getTipPercentage() {
  if(names.size() > 5) {
    return 20;
  } else if(names.size() > 0) {
    return 10;
  }
  return 0;
}
```

getTipPercentage仍然基于外部状态计算其返回值, 但我们离纯函数更近了一步

将状态作为参数传递

getTipPercentage函数计算折扣而不是使用存储的值，但它仍然使用外部names值进行计算。需要将状态作为参数传递并使getTipPercentage函数成为纯函数。其他函数仍不是纯函数。

```
class TipCalculator {
  private List<String> names = new ArrayList<>();

  public void addPerson(String name) {
    names.add(name);
  }

  public List<String> getNames() {
    return names;
  }

  public static int getTipPercentage(List<String> names) {
    if(names.size() > 5) {
      return 20;
    } else if(names.size() > 0) {
      return 10;
    } else return 0;
  }
}
```

addPerson仍然不返回任何值

addPerson改变现有值：names

getNames基于外部状态计算其返回值

由于此函数是纯函数，因此它仅使用参数计算返回值。每次使用当前名称列表调用getTipPercentage时，此函数都会重新计算小费。它比原始版本更安全。可变状态没有额外的移动部分，可以单独理解getTipPercentage

传递数据的副本

要修复addPerson，需要使其停止更改任何现有值，并开始返回修改后的副本(作为返回值)。

```
class TipCalculator {
  public List<String> addPerson(List<String> names,
                                String name) {
    List<String> updated = new ArrayList<>(names);
    updated.add(name);
    return updated;
  }

  public static int getTipPercentage(List<String> names) {
    if(names.size() > 5) {
      return 20;
    } else if(names.size() > 0) {
      return 10;
    } else return 0;
  }
}
```

addPerson现在是一个纯函数，因为它不会更改任何现有值。但是，也可以将其删除，因为它只是ArrayList的add方法的封装器

注意，明确要求重构三个函数。但是，在此过程中略微更改了API，最终只得到了两个(或仅一个？)函数。纯函数规则就是这样引导我们获得更好、更安全的API的

到此为止！只需要遵循三个规则即可将命令式函数转换为纯函数。我们的代码现在更易于理解，因此更易于维护。

2.12　纯函数是值得信任的

　　我们通过一个有棘手错误的真实案例开始了这一章的学习。通过遵循三个简单的规则，能够将其重构为纯函数。毋庸置疑，也可以使用命令式解法修复错误。然而，此处的重点是：与直接将要求编码为类和方法时相比，程序员试图编写纯函数时产生的错误往往更少。

　　我们说纯函数"易于理解"。不必在脑海中构建大型状态转换模型来理解它们。一个函数的所有功能都在它的特征标记中。它取一些参数并返回一个值。其他都不重要。

> **重点！**
> 纯函数是函数式编程的基础

数学函数是纯函数

　　编程中纯函数的出现得益于数学函数的启发，数学函数总是纯函数。假设需要计算想要购买的折扣商品的最终价格。折扣为5%。拿出计算器，输入价格\$20，然后按*，接着输入95(100%-5%)，再通过按/100来去除百分比。按=后，得到最终价格：\$19。从数学上讲，所做的是：

```
f(x) = x * 95 / 100
```

> 如果价格是\$20，那么打折后只需要支付\$19！真不错

　　对于任何给定的价格x，上述函数f将返回一个打折后的价格。因此，如果提供20、100或10作为x并调用f，将获得正确的答案：

```
f(20)  = 19
f(100) = 95
f(10)  = 9.5
```

　　f是纯函数，因为它具有三个重要特征：

- 它总是返回单一值。
- 它仅基于它的参数计算返回值。
- 它不改变任何现有的值。

　　这三个特征是本章的重点。我们已经在实际编程任务中应用了它们，并且了解到以纯函数的方式构建的代码会更加可信。

　　现在，是时候深入讨论纯函数的特征和规则了。将学习如何检测纯函数以及需要哪些编程语言原语来编写它们。

2.13 程序语言中的纯函数

以下是计算折后价的纯数学函数：

f(x) = x * 95 / 100

它可以很容易地转换成Java语言：

```
static double f(double x) {
  return x * 95.0 / 100.0;
}
```

Math

Java

这两个代码片段能
完成同样的任务：
计算给定值的95%

最重要的是，转换过程中没有丢失任何东西。这个用Java编
写的函数仍然具有纯函数的三个特征。

它只返回单一值

Java版本的函数与它的数学版本一样，只做一件事：它总是
准确返回一个值。

注意，尽管列表可
以包含多个值，但
它也是单个值。没
关系！此处的重点
是，函数总是返回
一个值

它基于其参数计算返回值

Java版本的函数与数学版本的完全一样：取一个参数并根据
这个参数计算结果。函数不再使用其他参数。

它不改变任何现有的值

Java和数学版本的函数都不会改变自己的环境。它们不改变
任何现有的值，也不使用或更改任何状态字段。可以多次调用它
们，并在提供相同的参数列表时获得相同的结果。没有意外！

纯函数

一般来说，一个纯函数满足以下条件：

- 只返回单一值。
- 只根据参数计算返回值。
- 不改变任何现有的值。

快速练习

下面快速测试一下你的直觉。以下这些是纯函数吗？

```
static int f1(String s) {
  return s.length() * 3;
}
```
```
static double f2(double x) {
  return x * Math.random();
}
```

答案：
f1：是，f2：否

2.14　保持纯函数的难度……

我们现在知道如何用编程语言编写纯函数了。假设它们更便于编程，为什么它们并不是很普及呢？简单来说，这是因为使用它们时不受限制——使用的语言并不要求这样做。

然而，要更具体地回答这个问题，需要一些背景知识。回顾一下计算支付价格(折扣为5%)的函数。

```
static double f(double x) {
  return x * 95.0 / 100.0;
}
```

已知它是纯函数。然而，Java完全没有限制：可以使用不同的、不那么纯的实现。而数学要求只编写纯函数。

数学	编程

在编写或更改数学函数时，会受到更多限制。不能向函数添加"更多内容"。如果有人使用了函数f，他们可以放心地认为，当给定一个数字时，函数将返回一个数字。数学限制了函数的实现，使其不会做出任何出人意料的事情。	在大多数主流语言中，几乎可以在任何地方更改和添加任何内容。在函数f中，可以：
	
	`double f(double x) {`
	`  spaceship.goToMars();`
	`  return x * 95.0 / 100.0;`
	`}`
	
	突然之间，对f的用户的承诺破灭了。

这个函数不再是纯函数。更糟糕的是，它具有欺骗性，因为如果这个火星任务失败并出现异常，它可能不会返回一个double

保持纯函数的困难在于，编程语言通常比数学强大得多，弹性也大得多。然而，功能越强大，责任也越重。开发人员有责任创建既能解决实际问题又易于维护的软件。遗憾的是，强大的工具可能会产生适得其反的结果——而且经常这样。

倾向于数学……

我们已经知道，编写纯函数或非纯函数的选择权在自己手中。我们知道可以将数学的一些知识运用到编程工作中。为此，需要关注纯函数的三个特征，并尽可能遵循它们。

2.15 纯函数和清洁代码

我们发现了为使函数成为纯函数所应遵循的规则(见图2-9)。事实证明,这三个规则对编程方式有一些特定的影响——使代码更清洁。但是等等!益处远不止这些,还有更多!

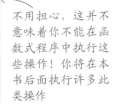

图2-9 纯函数的三个规则

单一职责

当一个函数只能返回单个值且不能改变任何现有值时,它只能做一件事情,而不能再做其他事情。在计算机科学中,称其具有单一职责。

无副作用

当一个函数的唯一可观察结果是它返回的值时,意味着该函数没有任何副作用。

> 问: 什么是副作用?
>
> 答: 除了根据参数计算其返回值之外,函数所做的其他任何事情都是副作用。因此,如果函数执行HTTP调用,它就有副作用。如果函数更改全局变量或实例字段,它也具有副作用。如果它向数据库插入内容,那么是的,它具有副作用!如果它打印标准输出,使用记录器记录某些内容,创建线程,抛出异常,或者在屏幕上绘制某些内容,则……你猜对了!这些也都是副作用。

不用担心,这并不意味着你不能在函数式程序中执行这些操作!你将在本书后面执行许多此类操作

引用透明

当可以多次调用一个函数时(在不同的时间,但所用参数相同),将得到完全相同的答案。无论线程如何,应用程序处于什么状态,数据库是正常还是异常——f(20)、f(20)、f(20)将分别返回19、19、19。这种属性称为引用透明。

如果你有一个引用透明的函数,你可以将函数调用f(20)替换为其结果19,而不更改程序的行为。如果函数仅使用其参数来计算值,并且不会改变任何现有值,则它自动变为引用透明的。

2.16　小憩片刻: 纯函数还是非纯函数

在开始重构一些非纯函数之前，请务必了解纯函数的三个特征，如图2-10所示。

你的任务是判断给定函数是否具有纯函数特征中的零个、一个、两个或三个。零表示函数是非纯的；三则表示函数是纯函数。其他值都表示函数是具有某些纯函数特征的非纯函数。例如：

```
static double f(double x) {
  return x * 95.0 / 100.0;
}
```

该函数存在纯函数的三个特征(它是纯函数)。

现在轮到你了。在回答之前，请务必对每个函数进行全面分析。可以使用纯函数核对表来帮助你。

纯函数

☐ 返回单个值

☐ 仅使用其参数

☐ 不会改变现有的值

图2-10　纯函数的三个特征

```
static int increment(int x) {
  return x + 1;
}

static double randomPart(double x) {
  return x * Math.random();
}

static int add(int a, int b) {
  return a + b;
}

class ShoppingCart {
  private List<String> items = new ArrayList<>();

  public int addItem(String item) {
    items.add(item);
    return items.size() + 5;
  }
}

static char getFirstCharacter(String s) {
  return s.charAt(0);
}
```

2.17 解释：纯函数还是非纯函数

为了解决这个问题，需要针对每个函数回答以下三个问题：

1. 它总是返回单个值吗？

2. 它是否只根据作为参数提供的数据计算其值？

3. 它是否不改变任何现有值？

```java
static int increment(int x) {
  return x + 1;
}
```

如图2-11所示，答案为：是，是，是！它是纯函数。

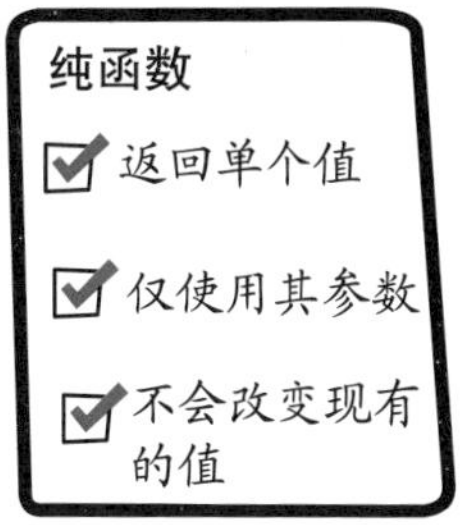

图2-11 纯函数核对表1

```java
static double randomPart(double x) {
  return x * Math.random();
}
```

如图2-12所示，答案为：是，否，是。这个函数仅返回一个值，并且没有改变任何现有值，但它使用Math.random()根据所提供的参数之外的机制生成了随机数据(副作用)。

图2-12 纯函数核对表2

```java
static int add(int a, int b) {
  return a + b;
}
```

如图2-13所示，答案为：是，是，是！又是一个纯函数！

图2-13 纯函数核对表3

```java
public int addItem(String item) {
  items.add(item);
  return items.size() + 5;
}
```

如图2-14所示，答案为：是，否，否。这是一个非纯函数。它只返回一个值，但它不仅根据函数参数计算该值(它使用items状态，该状态可能包含各种值)，而且改变了现有值(它向items状态值中添加了一项)。

图2-14 纯函数核对表4

```java
static char getFirstCharacter(String s) {
  return s.charAt(0);
}
```

这个例子可能有争议，因为这是一个特殊情况。大多数情况下，异常被视为另一个程序流程。第6章将深入讨论这个话题

如图2-15所示，答案为：否，是，是。又是一个非纯函数。它并非总是返回一个值。它返回给定String的第一个字符或抛出异常(对于空String)。它仅使用作为参数传递的数据，并且不会改变任何现有值。

图2-15 纯函数核对表5

2.18 使用Scala编写纯函数

是时候进行更多编码了！到目前为止，你已经看到，可以使用Java轻松编写简单的纯函数。对于许多其他支持基本函数式编程特性并允许编写纯函数的主流语言来说，也是如此。然而，本书后续章节将讨论的一些函数特性尚未成为主流，将使用Scala来进行展示。

> 将在整本书中展示不同语言的代码，而不局限于Java。这主要是为了证明此处介绍的技术是通用的。此外，其中许多技术正在被引入传统的命令式主流语言中

因此，在深入学习之前，先尝试用Scala练习编写纯函数。以下是函数式Java版本：

```scala
class ShoppingCart {
  public static int getDiscountPercentage(List<String> items) {
    if(items.contains("Book")) {
      return 5;
    } else {
      return 0;
    }
  }
}
```

在Scala中，使用object关键字创建一个单一的程序范围内的对象实例，并将其用作纯函数的容器。上述Java函数的Scala等效版本如下：

```scala
object ShoppingCart {
  def getDiscountPercentage(items: List[String]): Int = {
    if (items.contains("Book")) {
      5
    } else {
      0
    }
  }
}
```

> object包含函数 def表示函数

> 没有返回关键字，因为在Scala和其他FP语言中，if是一个表达式。函数中的最后一个表达式用作返回值

在Scala中，此函数的用法与在Java中略有不同，因为Scala中的List是不可变的，这意味着一旦创建了列表，就无法更改。令人惊讶的是，这在函数式编程中大有帮助。

```scala
val justApple = List("Apple")
ShoppingCart.getDiscountPercentage(justApple)
→ 0
val appleAndBook = List("Apple", "Book")
ShoppingCart.getDiscountPercentage(appleAndBook)
→ 5
```

> 下一章将重点介绍不可变值，本章内容可视作预习

2.19　用Scala练习纯函数

你的任务是将下面的Java代码重写为Scala代码。

```
class TipCalculator {
  public static int getTipPercentage(List<String> names) {
    if(names.size() > 5) {
      return 20;
    } else if(names.size() > 0) {
      return 10;
    } else return 0;
  }
}

List<String> names = new ArrayList<>();
System.out.println(TipCalculator.getTipPercentage(names));
console output: 0

names.add("Alice");
names.add("Bob");
names.add("Charlie");
System.out.println(TipCalculator.getTipPercentage(names));
console output: 10

names.add("Daniel");
names.add("Emily");
names.add("Frank");
System.out.println(TipCalculator.getTipPercentage(names));
console output: 20
```

注意：

● 在Scala中，使用构造器List(...)，并将所有项作为以逗号分隔的参数传递，创建List

● 可以通过调用名为List.empty的特殊函数创建空列表

● Scala中的列表无法修改，因此你需要针对每种情况创建一个实例

● 在Scala中，字符串列表写为List[String]

注意，在Java代码片段中，使用println显示函数返回的值，而在Scala中，仅调用函数并将结果视为REPL响应。如果你更喜欢这种方式，可以尝试使用jshell处理Java表达式

答案：

```
object TipCalculator {
  def getTipPercentage(names: List[String]): Int = {
    if (names.size > 5) 20
    else if (names.size > 0) 10
    else 0
  }
}

TipCalculator.getTipPercentage(List.empty)
→ 0
val smallGroup = List("Alice", "Bob", "Charlie")
TipCalculator.getTipPercentage(smallGroup)
→ 10
val largeGroup = List("Alice", "Bob", "Charlie", "Daniel", "Emily", "Frank")
TipCalculator.getTipPercentage(largeGroup)
→ 20
```

List.empty返回空列表。这里将空列表作为参数传递

2.20　测试纯函数

纯函数的最大优点之一是其可测试性。对于编写具有可读性和可维护性的生产代码，是否易于测试是关键问题。

函数式程序员通常会努力将尽可能多的关键功能实现为纯函数，以便使用非常简单的单元测试方法来测试它们。

> 本书中另有一章(第12章)专门介绍测试主题，但在那之前，将简要讨论一些测试方法和技术，以进一步强调它们的重要性

> **提醒：使用本书的代码片段**
>
> 我们一直在代码清单的开头使用>。请记住，这表示，你应该在终端(sbt console)中执行Scala REPL，然后按照代码清单进行操作。包含Scala REPL响应的代码清单标记为→。

```
def getDiscountPercentage(items: List[String]): Int = {
  if (items.contains("Book")) {
    5
  } else {
    0
  }
}
→ getDiscountPercentage
getDiscountPercentage(List.empty) == 1
→ false
getDiscountPercentage(List.empty) == 0
→ true
getDiscountPercentage(List("Apple", "Book")) == 5
→ true
```

> 这里不使用任何测试库——只使用原始的断言(布尔表达式)。这是因为在REPL中，可以立即获得断言的结果

> 如果你的断言无效，则在REPL中获取false

> 将在全书中使用这种断言方式

注意，基于纯函数的断言与实际使用的代码非常相似。你只需要调用一个函数！这有助于编写更好的测试。一行就能描述输入和预期输出。将上述三个纯函数测试与我们需要为本章开头的命令式ShoppingCart(使用Java)编写的测试进行比较：

```
ShoppingCart cart = new ShoppingCart();
cart.addItem("Apple");
cart.addItem("Book");
assert(cart.getDiscountPercentage() == 5);
```

> 此测试具有多行测试设置代码，这与单行纯函数调用不同，无法快速帮助读者理解测试的内容。当测试更大的类时，这种方式也会变得更加复杂

如你所见，命令式代码通常需要更多的测试代码，因为你需要在进行断言之前设置所有状态。

2.21 小憩片刻：测试纯函数

当使用纯函数时，往往更少犯错。但是好处不止于此。使用纯函数时，测试往往更容易进行。本章的最后一个"小憩片刻"练习将帮助你编写更好的单元测试。

你的任务是为下面的每个纯函数编写一些单元测试。尝试为每个函数编写至少两个断言，其中每个断言都测试不同的要求。为了编写最好的测试，请不要关注函数的实现；只需要查看特征标记及其输入要求。

```scala
def increment(x: Int): Int = {
  x + 1
}
```

```scala
def add(a: Int, b: Int): Int = {
  a + b
}
```

```scala
def wordScore(word: String): Int = {
  word.replaceAll("a", "").length
}
```

将单词分数的定义视为单词游戏的业务需求

wordScore函数获取一个字符串并返回给定单词在单词游戏中的分数。单词的分数定义为与'a'不同的字符数。

```scala
def getTipPercentage(names: List[String]): Int = {
  if (names.size > 5) 20
  else if (names.size > 0) 10
  else 0
}
```

getTipPercentage函数获取名称列表并输出应添加到账单中的小费。对于小团体(最多五个人)，小费为10%。对于人数较多的团体，应返回20%。如果名称列表为空，则答案应为0。

```scala
def getFirstCharacter(s: String): Char = {
  if (s.length > 0) s.charAt(0)
  else ' '
}
```

该函数获取一个String并返回其第一个字符。如果传递了空String，则应返回空格字符(' ')。

2.22 解释: 测试纯函数

以下是一些有效测试的示例。这个列表并不完整！你的测试肯定与众不同，这没关系。最重要的是熟悉传统的有状态测试和纯函数的功能测试(另外还要接触一些REPL)之间的区别。

```scala
def increment(x: Int): Int = {
  x + 1
}
increment(6) == 7
increment(0) == 1
increment(-6) == -5
increment(Integer.MAX_VALUE - 1) == Integer.MAX_VALUE
```

四个测试就足以测试不同的边缘情况，例如增加正值、负值、0和接近最大整数的值

```scala
def add(a: Int, b: Int): Int = {
  a + b
}
add(2, 5) == 7
add(-2, 5) == 3
```

一些添加正值和负值的情况。也应该像处理increment一样测试最大值和最小值

```scala
def wordScore(word: String): Int = {
  word.replaceAll("a", "").length
}
wordScore("Scala") == 3
wordScore("function") == 8
wordScore("") == 0
```

一个带有a的单词、一个没有a的单词和一个空单词

```scala
def getTipPercentage(names: List[String]): Int = {
  if (names.size > 5) 20
  else if (names.size > 0) 10
  else 0
}
getTipPercentage(List("Alice", "Bob")) == 10
getTipPercentage(List("Alice", "Bob", "Charlie",
                      "Danny", "Emily", "Wojtek")) == 20
getTipPercentage(List.empty) == 0
```

应该根据每个要求编写用例：一个小团体、一个大团体和一个空列表

```scala
def getFirstCharacter(s: String): Char = {
  if (s.length > 0) s.charAt(0)
  else ' '
}
getFirstCharacter("Ola") == 'O'
getFirstCharacter("") == ' '
getFirstCharacter(" Ha! ") == ' '
```

应该根据每个要求编写用例：一个普通单词和一个空单词。此外，最好确保以空格开头的单词与空单词(边缘情况)的答案相同

希望你喜欢编写单行、快速、稳定的测试。

小结

下面总结一下关于纯函数的所有知识。

代码：CH 02_ *
通过查看本书仓库中的ch02_*文件来探索本章的源代码

纯函数

- 它只返回一个值。
- 它只根据其参数计算返回值。
- 它不改变任何现有值。

为什么需要纯函数

先用一个简单的命令式解决方案解决实际问题。结果发现解决方案存在一些问题，这些问题与处理状态有关。最后得出结论：即使是简单的、有状态的、命令式的计算也可能带来一些出人意料的挑战。

传递数据的副本

当类的用户开始在返回的ArrayList上使用remove()函数时，第一个问题出现了。可以通过传递和返回数据的副本来处理这些问题。

重新计算而不是存储

还存在一个问题。即使添加了removeItem API方法(之前没用该方法)，仍然没有正确处理状态更新，这使我们的状态有误。了解到可以删除一些状态，在每次需要折扣时，只需要根据当前购物车内的商品重新计算折扣。

传递状态

最终，我们得到了一个有五个方法的类，其中四个方法只是ArrayList方法的简单封装。决定删除这个样板代码，改为直接将List值传递给getDiscountPercentage函数。最后只用一个小函数就解决了问题。

测试纯函数

本章的末尾简要介绍了纯函数的另一大优势：易于测试。测试之所以重要，是因为它不仅能确保解决方案的正确性，还能证明解决方案的正确性。然而，要做到这一点，就必须使测试简明易懂。第12章将回顾这个话题，并深入讨论测试问题。

第**3**章 | 不可变值

本章内容：

- 为什么可变性很危险

- 如何通过使用副本来对抗可变性

- 什么是共享可变状态

- 如何通过使用不可变值来对抗可变性

- 如何使用String和List的不可变API

> 66 糟糕的程序员担心代码，而优秀的程序员担心数据结构及其关系。 99
>
> ——Linus Torvalds

3.1　引擎的燃料

第2章讨论的纯函数将在本书后续章节中反复出现。前面的章节简要介绍了关于可能改变的值——可变状态的一些注意事项。本章重点讨论可变状态的问题，并解释为什么在大多数情况下纯函数不能使用可变状态。你将学习在函数式编程中广泛使用的不可变值。纯函数和不可变值之间的关系十分紧密，所以只需要使用两个概念就能定义函数式编程。

> 函数式编程
> 函数式编程是使用纯函数操作不可变值的编程方法。

如图3-1所示，如果说纯函数是函数式程序的引擎，不可变值就是其燃料。

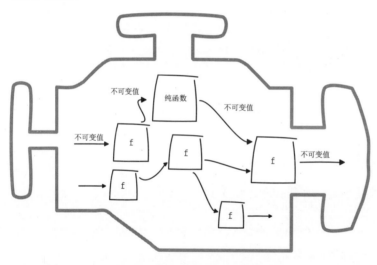

图3-1　函数式程序的引擎和燃料

问：只使用纯函数和永不会改变的值，怎么可能编写出完全正常运行的应用程序？

答：简单来说，纯函数复制数据并将其传递。需要语言中特定的结构，才能轻松使用副本进行编程。你可以阅读本章和后续章节中的详细答案以了解更多信息。

3.2   不可变性的另一种情况

探讨纯函数时，我们已经了解可变状态可能导致的一些问题。现在是时候重温所学到的内容，并介绍更多潜在的问题了。

欧洲之旅

下一个例子以旅行行程为背景。假设想计划一次欧洲城市之旅：从Paris到Kraków。尝试起草第一个计划(见图3-2)：

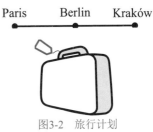

```
List<String> planA = new ArrayList<>();
planA.add("Paris");
planA.add("Berlin");
planA.add("Kraków");
System.out.println("Plan A: " + planA);
console output: Plan A: [Paris, Berlin, Kraków]
```

图3-2   旅行计划

但后来得知一个朋友是莫扎特的忠实粉丝，他坚持在去Kraków之前去Vienna参观，因此，如图3-3所示，旅行计划有所改变：

```
List<String> planB = replan(planA, "Vienna", "Kraków");
System.out.println("Plan B: " + planB);
console output: Plan B: [Paris, Berlin, Vienna, Kraków]
```

图3-3   计划改变

我们的任务是编写replan函数，该函数将返回更新后的计划。它需要三个参数：

- 要更改的计划(例如[Paris, Berlin, Kraków])
- 要添加的新城市(例如Vienna)
- 位于新增城市之后的城市(例如Kraków)

根据这个规范和使用示例，可以得出结论——replan函数应该具有以下特征标记：

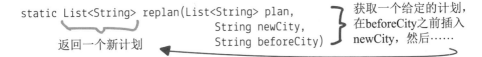

3.3　你会相信这个函数吗

看看replan函数的一种可能实现方式。下面将通过最初的示例来解释这种实现方式，即在最后的Kraków之前添加Vienna：

左侧的代码用图3-4表示。使用左侧的灰色区域来可视化变量及其随时间的变化（自上而下阅读）

```
List<String> planA = new ArrayList<>();
planA.add("Paris");
planA.add("Berlin");
planA.add("Kraków");
List<String> planB = replan(planA, "Vienna", "Kraków");
```

时回

planA — Paris Berlin Kraków

plan — Paris Berlin Kraków

plan — Paris Berlin Vienna Kraków

planB — Paris Berlin Vienna Kraków

调用 replan

返回 plan

```
                                  replan
static List<String> replan(List<String> plan,      plan
                           String newCity,          "Vienna"
                           String beforeCity) {     "Kraków"
    int newCityIndex = plan.indexOf(beforeCity);    2
    plan.add(newCityIndex, newCity);
    return plan;
}
```

plan

从上到下阅读此图表。灰色区域是随时间变化的内存。指向灰色框的名称表示特定内存地址在特定时间的快照

名称

图3-4　图解replan函数

如你所见，首先创建planA，这是原始计划。然后，调用replan函数并请求在Kraków之前添加Vienna。

接下来，在replan函数内部，先确定应该在哪个索引之前添加新城市(Vienna)(Kraków的索引为2)。在此索引处添加Vienna，将所有其他城市向前移动一个索引并扩展列表。最后，将结果返回并将其保存为planB。我们获得了期望的结果，但还不能高兴得太早。

事实证明，尽管planB看似正确，但当尝试打印原始planA时，发现它与我们创建的计划不同。

如果只在planB中添加了Vienna，那么Vienna又是如何潜进原始planA中的呢

```
System.out.println("Plan A: " + planA);
console output: Plan A: [Paris, Berlin, Vienna, Kraków]
```

发生了什么？请看页面顶部——创建planA的地方。当时它只有三座城市。如果只在planB中添加了Vienna，那么Vienna是如何潜进原始计划中的呢？遗憾的是，replan函数并没有像预期的那样运行。它并非只返回一个带有新城市的新计划。它并非只改变返回的列表。

3.4 可变性是危险的

当使用一个函数来获取一个List并返回一个List时，假设返回了一个新的List。但是，如图3-5所示，该函数可以修改它接收到的作为参数的列表。

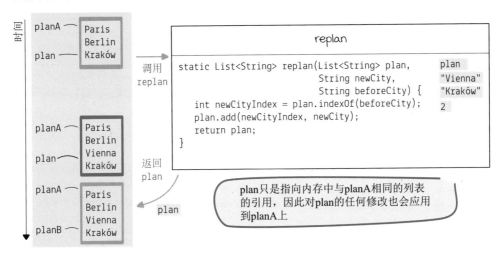

图3-5 危险的可变性

我们现在知道发生了什么！遗憾的是，replan撒谎了。尽管返回的结果没有问题，但replan函数还修改了接收到的参数列表！replan函数内部的plan指向与函数外部的planA相同的内存列表。它承诺返回一个新值(List返回类型表明如此)，但实际上它只是改变了接收到的参数列表！对plan的更改被应用到了planA上……

使用可变值非常危险。replan只是一个三行函数，因此我们可以快速查看其实现，并理解它为何会修改输入参数，但是对于一些更大的函数，则需要多加注意，以免引入这种潜在错误。我们还需要注意其他事项(见图3-6)，但它们与当前的业务问题无关。

经验丰富的开发人员可能会快速忽略此示例，将其视作明显的代码异味，但请记住，在更大的代码库中，这些问题更难以发现

重点！
避免可变性是函数式编程的核心

图3-6 其他注意事项

3.5　回顾: 说谎的函数……

要解决replan函数的问题, 需要快速回顾一下第2章讨论过的内容: 纯函数。这些信息应该能够让我们更深入地了解此处遇到的这个特殊问题, 甚至更多与可变值相关的问题。

replan是纯函数吗?

```
static List<String> replan(List<String> plan,
                           String newCity,
                           String beforeCity) {
  int newCityIndex = plan.indexOf(beforeCity);
  plan.add(newCityIndex, newCity);
  return plan;
}
```

> **纯函数**
> - 它仅返回单个值。
> - 它只根据其参数计算返回值。
> - 它不会更改任何现有值。

replan只返回一个值, 并根据提供的参数计算该值。但是, 事实证明, 它会更改现有值(在本例中, 它会更改作为第一个参数的列表: plan)。因此答案是: 不, replan并不是纯函数。更糟糕的是, 我们需要查看实现才能弄清楚! 起初, 只查看了它的特征标记, 并假设它是一个纯函数。然后, 相应地使用它。错误因此被引入。

这样的函数是最糟糕的, 因为它们干扰了我们的直觉。为了更好地理解这一点, 不妨看一下我们可以在List API中找到的其他改变值的函数(见图3-7), 并尝试猜测哪些函数可能会改变某些值并给我们带来类似的困扰。

直觉在编程中非常重要。你使用的API越直观, 你的效率越高, 出错的可能性就越小。这就是努力利用直觉优势的原因

从此列表中删除字符串(void返回类型确保改变是唯一可能的结果)

将collection的所有元素附加到此列表的末尾

```
                  List<String>
remove(string): void
addAll(collection): boolean
subList(from, to): List<String>
```

返回一个列表, 它是该列表的视图(它不直接改变, 但如果修改了返回的视图, 那么在此列表中也可以看到该改变)

图3-7　改变值的函数

以上这些是标准Java库的List类的三个方法。如你所见, 这三个方法使用不同的改变方式。这非常不直观, 而且容易出错。

3.6　使用副本对抗可变性

要解决3.5节中所述问题，需要确保replan函数不会改变任何现有的值。需要确保它是纯函数。现在我们知道，函数的用户希望不要改变他们提供的参数值。可以用不同的方案实现replan。不需要改变API，相反，只改变内部实现：

```
static List<String> replan(List<String> plan,
                           String newCity,
                           String beforeCity) {
    int newCityIndex = plan.indexOf(beforeCity);
    List<String> replanned = new ArrayList<>(plan);
    replanned.add(newCityIndex, newCity);
    return replanned;
}
```

还记得引用透明吗？如果用相同的参数多次调用replan函数，是否总得到相同的结果？在重构之前，并非如此。但是在这次重构之后，replan函数已变为引用透明的

在纯函数内部改变值

你是否注意到以上方案复制了传入的参数，将其命名为replanned，然后使用add进行了更改？这不是违反了纯函数规则吗？

要回答这个问题，请回想一下纯函数的第三条规则。

纯函数
• 它只返回一个值。
• 它只根据其参数计算返回值。
• 它不会改变任何现有值。

纯函数不会改变任何现有值。它们不能修改参数列表或全局范围的任何内容。但是，它们可以修改局部创建的值。在本例中，replan创建了一个可变的 List，修改了此列表，然后返回它。这就是replan函数中的操作。注意，Java编程语言仅支持可变集合。但是，仍然可通过在函数内部修改新创建的副本来利用纯函数的强大功能。经过这个小改变，replan函数的行为符合预期，不会出现任何意外情况。

很快就会证明，在函数式语言中，不必改变任何东西，即使在函数内部，也是如此。但是，许多函数式技术可以在传统的命令式语言(如Java)中使用，而不需要任何额外的函数库，这是件好事

```
System.out.println("Plan A: " + planA);
console output: Plan A: [Paris, Berlin, Kraków]
List<String> planB = replan(planA, "Vienna", "Kraków");
System.out.println("Plan B: " + planB);
console output: Plan B: [Paris, Berlin, Vienna, Kraków]
System.out.println("Plan A: " + planA);
console output: Plan A: [Paris, Berlin, Kraków]
```

3.7　小憩片刻: 可变性带来的困扰

现在轮到你来面对可变性带来的危险了。下面是另一个有问题的示例，它使用了List的另一种可变方法。

圈速

赛车运动中最重要的衡量标准是单圈时间。汽车或自行车在赛道上飞驰，试图创造最快的转速。越快越好！下面有两个函数：

```
static double totalTime(List<Double> lapTimes) {
  lapTimes.remove(0);
  double sum = 0;
  for (double x : lapTimes) {
    sum += x;
  }
  return sum;
}

static double avgTime(List<Double> lapTimes) {
  double time = totalTime(lapTimes);
  int laps = lapTimes.size();
  return time / laps;
}
```

以下是上述函数的一个示例用法，会产生一个问题：

```
ArrayList<Double> lapTimes = new ArrayList<>();
lapTimes.add(31.0); // warm-up lap (not taken into calculations)
lapTimes.add(20.9);
lapTimes.add(21.1);
lapTimes.add(21.3);

System.out.printf("Total: %.1fs\n", totalTime(lapTimes));
System.out.printf("Avg: %.1fs", avgTime(lapTimes));
```

想一想，可能会出什么问题。你能列出尽可能多的潜在问题吗？哪个部分最可疑？遗憾的是，上面的代码会打印出错误的值：

```
Total: 63.3s
Avg: 21.2s
```

你的任务是找出正确的结果，然后相应地修复totalTime和/或avgTime。

totalTime要求

- totalTime应返回所有圈次的总运行时间，不包括第一圈，因为第一圈是不完整的热身圈，用于给车辆和轮胎预热。
- 只有至少包含两圈的列表会被传递。

avgTime要求

- avgTime应返回平均圈速，不包括热身圈。
- 只有至少包含两圈的列表会被传递。

创建一个列表，添加四个圈速的双精度浮点数(以秒为单位)

以0.1的精度打印函数的结果

3.8 解释: 可变性带来的困扰

先确定正确的结果。可以尝试在脑海中计算平均时间和总时间。

```
ArrayList<Double> lapTimes = new ArrayList<>();

lapTimes.add(31.0); // warm-up lap
lapTimes.add(20.9);
lapTimes.add(21.1);
lapTimes.add(21.3);

System.out.printf("Total: %.1fs\n", totalTime(lapTimes));
System.out.printf("Avg: %.1fs", avgTime(lapTimes));
```

	total	laps	avg
	0.0	0	-
	20.9	1	20.9
	42.0	2	21.0
	63.3	**3**	**21.1**

如果按照规范编写函数, 上面的代码将打印:

```
Total: 63.3s
Avg: 21.1s
```

但是当运行它时, 得到以下结果:

```
Total: 63.3s
Avg: 21.2s
```

← 为什么手动计算得出的结果是21.1, 但显示的结果是21.2? 发生了什么

如你所见, totalTime(63.3)得到了正确的结果。但是为什么得到的平均时间(21.2)与手动计算的平均时间(21.1)不同呢? 是舍入出错了吗? 还是忽略了函数中的一个错误?

调试totalTime中的改变

下面通过调试这两个函数来找出答案, 先来调试totalTime, 如图3-8所示。

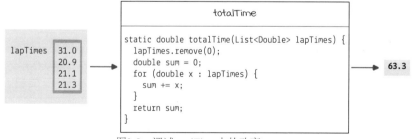

图3-8 调试totalTime中的改变

totalTime函数获取四圈所需时间的列表, 删除第一圈时间, 然后将所有其余的双精度浮点数相加, 并将其返回给调用者。这似乎是合理的, 当运行它时, 确实得到了正确结果。到目前为止一切顺利。

调试avgTime中的可变值

下面调试avgTime中的可变值，如图3-9所示。

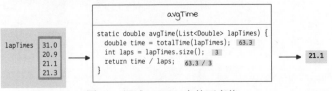

图3-9　调试avgTime中的可变值

可以看到，当单独运行avgTime时，得到了正确结果(21.1)。那么为什么在运行下面的代码时得到21.2的结果？这个疑问仍然未能解决，但不要失望。

```
System.out.printf("Total: %.1fs\n", totalTime(lapTimes));
console output: Total: 63.3s

System.out.printf("Avg: %.1fs", avgTime(lapTimes));
console output: Avg: 21.2s
```

调试totalTime和avgTime中的可变值

现在调试totalTime和avgTime中的可变值，如图3-10所示。

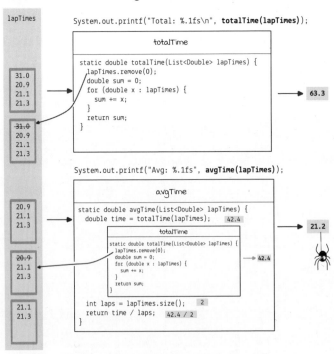

图3-10　调试totalTime和avgTime中的可变值

正如你所看到的，当单独使用每个函数时，并没有出现错误。只有当我们在一个更大的程序中使用这些函数时，才会出现错误。可变值欺骗了我们！

通过可变值副本使函数变纯

通过前面的探索，你已经学会了如何处理这类问题。totalTime和avgTime不是纯函数，因为它们改变了一个现有的值(在本例中是lapTimes)。要解决这个问题，需要在两个函数内部使用lapTimes的副本。

```
static double totalTime(List<Double> lapTimes) {
  List<Double> withoutWarmUp = new ArrayList<>(lapTimes);
  withoutWarmUp.remove(0); // remove warm-up lap
  double sum = 0;
  for (double x : withoutWarmUp) {
    sum += x;
  }
  return sum;
}

static double avgTime(List<Double> lapTimes) {
  double time = totalTime(lapTimes);
  List<Double> withoutWarmUp = new ArrayList<>(lapTimes);
  withoutWarmUp.remove(0); // remove warm-up lap
  int laps = withoutWarmUp.size();
  return time / laps;
}
```

现在，这两个函数都是完全的纯函数：它们返回单一的值，该值只根据参数进行计算，并且两个函数都不会改变任何现有值。现在我们可以更加信任这些函数，因为它们的行为更加可预测。如前所述，这个特性被称为引用透明。当提供完全相同的参数时，这些函数将返回完全相同的值——不管在什么情况下。

> 如果可以使用相同的参数多次调用一个函数，并且每次都会得到相同的结果，那么可以说这个函数是引用透明的

能做得更好吗

有些人可能会对解决方案中引入的代码重复感到疑惑。删除热身圈的功能在两个函数中都是重复的。这是一个稍微不同的问题，它违反了一个非常流行的规则：避免重复自己(don't repeat yourself，DRY)。本书的后续章节将讨论这个问题和这个规则，因为需要另一个工具来以函数的方式解决这个问题。

如果你在做练习时尝试解决这个问题，并想出了一个可行的解决方案，而且不会改变任何现有的值，那对你来说是件好事！如果没有，也不用担心，因为你很快就会学会如何解决这个问题。现在，只需要关注如何避免可变性。

3.9　引入共享可变状态

前面的示例探讨的问题只是与使用和操作共享可变状态直接相关的问题之一。

什么是共享可变状态

状态是一个值的实例，它存储在一个地方，可以从代码中访问。如果该值可以被修改，则有一个可变状态。此外，如果这个可变状态可以从代码的不同部分访问，则为共享可变状态，参见图3-11。

shared	mutable	state
该值可以从程序的许多部分访问	可以在原地修改该值	该值存储在一个地方并且可以被访问

图3-11　共享可变状态

回顾一下有问题的示例(见图3-12)，找出哪些部分会给你带来困扰并且可以归类为共享可变状态。

List<String> plan

- 这是一个状态，因为它可以被访问。
- 它是可变的。
- 它是共享的(被replan在主程序内部使用和修改)。

```
                    replan
static List<String> replan(List<String> plan,
                           String newCity,
                           String beforeCity) {
  int newCityIndex = plan.indexOf(beforeCity);
  plan.add(newCityIndex, newCity);
  return plan;
}
```

注意，此处将重点从操作数据的函数(即add或remove)转移到了数据本身(即plan和lapTimes)

在这里，可变的共享状态是plan参数！因此，replan不是纯函数

List<Double> lapTimes

- 这是一个状态，因为它可以被访问。
- 它是可变的。
- 它是共享的(由avgTime、totalTime和主程序共享)。

```
                    totalTime
static double totalTime(List<Double> lapTimes) {
  lapTimes.remove(0);
  double sum = 0;
  for (double x : lapTimes) {
    sum += x;
  }
  return sum;
}
```

图3-12　replan和totalTime示例

如你所见，plan和lapTimes都是共享可变状态。

共享可变状态是命令式编程的基础。它可以有不同的形式：全局变量、类中的实例字段或任何种类的读写存储，例如数据库表或文件。它也可以作为参数传递。最重要的是，正如你刚才所了解到的，它可能引起一些严重的问题。

你可能还记得，命令式编程的本质就是遵循一些循序渐进的过程。这些过程通常作用于可变状态(例如，排序算法会原地修改数组)

3 2 1
2 3 1
2 1 3
1 2 3

3.10 状态对编程能力的影响

如图3-13所示，程序员的大脑很容易超负荷工作。在编程时，需要记住许多事情。需要处理的事情越多，漏掉或弄错的可能性就越大。这个问题与可变状态没有直接关系，而是与一般的编程有关。不过，可变状态是讨论其他问题的起点。

图3-13　超负荷的程序员大脑

首先，如果在解决一个编程问题时需要牢记许多事情——通常确实是这样，那么如果这些事情随时可以更改，例如在函数调用之间，甚至在两行代码之间(使用线程编程)，问题会变得更棘手。

其次，如果这些不断变化的事物还被共享，就会产生与所有权和责任相关的问题。你需要不断问自己："我可以安全地更改这个值吗？""程序的哪些其他部分使用该值？"以及"如果我更改此值，应该通知哪个实体？"

最后，如果许多实体可以更改给定状态，那么识别此状态的所有可能值时可能会遇到问题。我们很容易假设这种状态的值只能由手头的代码生成！但是，如果这个状态是共享的，这就是一个错误的假设！还记得吗？假设一旦创建了plan，就不能更改它，因为replan函数返回一个新的plan，参见图3-14。

可变共享状态是在编程时需要注意的移动部分。每个部分都可以独立且不确定地移动。这就是可变共享状态的难点所在。

所有这些移动部分提升了程序的复杂性。代码库越大，上述问题就越难解决！你可能遇到过一个很常见的问题：在源代码的一个地方改变一个值，会在另一个看似相距甚远的地方引起各种麻烦。这就是共享可变状态带来的复杂性。

需要关注的事情越多，任务的认知负荷就越高

在上一个示例中，我们使用了一个replan函数，它以一个plan为参数并返回一个新的plan。即使将planA用作replan的输入，使用planB存储调用replan函数的结果，但一直在操作同一个可变对象

图3-14　replan函数示例

3.11 处理移动部分

现在来谈谈直接处理移动部分(或共享可变状态)的技术。下面将介绍三种解法：修复replan函数时使用的解法(见图3-15)，面向对象的解法(见图3-16)和函数式解法(见图3-17)。

我们的解法

```
┌─────────────────────────────────────┐
│               replan                 │
├─────────────────────────────────────┤
│ static List<String> replan(List<String> plan,
│                    String newCity,
│                    String beforeCity) {
│   int newCityIndex = plan.indexOf(beforeCity);
│   List<String> replanned = new ArrayList<>(plan);
│   replanned.add(newCityIndex, newCity);
│   return replanned;
│ }
└─────────────────────────────────────┘
```

这是一个纯函数。它返回仅根据参数计算的单个值。它不会改变任何现有值

需要通过创建全新的列表并从传入的列表复制元素来确保它不会改变任何现有值

这个函数是可信的。如果提供相同的参数，则始终会获得相同的结果

图3-15　修复replan函数时使用的解法

面向对象的解法

在面向对象编程(object-oriented programming，OOP)中，可以使用封装来保护可变数据。

> **封装**
>
> 封装是一种将可变状态隔离在对象内部的技术。该对象将状态私有化，并确保所有变化只能通过该对象的接口完成，从而保护状态。然后，负责操作状态的代码被保存在一个地方。所有移动部分都被隐藏了。

```
┌─────────────────────────────────────┐
│              Itinerary               │
├─────────────────────────────────────┤
│ private List<String> plan = new ArrayList<>();
│
│ public void replan(String newCity, String beforeCity) {
│   int newCityIndex = plan.indexOf(beforeCity);
│   plan.add(newCityIndex, newCity);
│ }
│
│ public void add(String city) {
│   plan.add(city);
│ }
│
│ public List<String> getPlan() {
│   return Collections.unmodifiableList(plan);
│ }
└─────────────────────────────────────┘
```

在面向对象编程中，数据和更改此数据的方法是耦合在一起的。数据是私有的；只能通过方法进行更改

此方法返回void，因为它在原地更改数据。我们会失去之前的plan版本。此外，它不可靠，因为使用相同的参数调用它的结果可能会不同(取决于状态)

如果允许改变，就需要明确地将它们作为单独的方法公开

需要非常小心，不要把内部数据泄漏给类的用户。需要返回一个副本或视图，以确保没有其他人更改我们的状态(即它不会被共享)。类越大，这种解法就越耗费精力且越容易出错

图3-16　面向对象的解法

3.12 使用FP处理移动部分

现在是时候介绍函数式工具包中第二个非常重要的组成部分了。前面的章节围绕这个话题讨论了很久，一路上遇到了许多可变和非纯的麻烦。你已经知道OOP使用封装来处理问题。那么，FP又是怎么处理的呢？

函数式解法

函数式解法也在OO代码中使用，并越来越受欢迎，此解法从另一个角度出发：它试图尽量减少移动部分的数量，最理想的情况是完全摆脱它们。函数代码库不是使用共享的可变状态，而是使用不可变状态，或者直接以不可变的值作为状态。

> **重点!**
> 在FP中不使用可变状态，而是使用不可变状态

> **不可变值**
> 这种技术可确保值一旦创建，就永远无法更改。如果程序员需要改变值，即使是非常细微的改动(例如，将字符串添加到列表中)，也需要创建一个新值，而旧值保持不变。

使用不可变值代替可变值，可以避免本章中讨论的很多问题。它也解决了replan函数中出现的问题。

那么问题出在哪里呢？为此，需要全新的知识；需要学习如何在更实际的环境中使用不可变值。需要使用Scala，其中内置了不可变集合，包括列表。

Scala中函数式解法的预览

在接下来的几页中，你将学习完全接受不可变值的函数式解法。将使用Scala实现replan函数。请预览以下最终解决方案(见图3-17)。如果你还不明白，不要担心——稍后会在探讨过程中解释所有细节。

```
                    replan

def replan(plan: List[String],
           newCity: String,
           beforeCity: String): List[String] = {
  val beforeCityIndex = plan.indexOf(beforeCity)
  val citiesBefore = plan.slice(0, beforeCityIndex)
  val citiesAfter = plan.slice(beforeCityIndex, plan.size)
  citiesBefore.appended(newCity).appendedAll(citiesAfter)
}
```

在Scala中，List是不可变的。每个操作都始终会返回一个新的List。在这里，组合使用List.slice、List.appended和List.appendedAll，在指定的城市之前添加给定的新城市。这样做可以达到预期效果，而且不会更改任何值

图3-17 使用Scala的函数式解法

3.13　Scala中的不可变值

如果想设计具有不可变性的函数，需要使用适用于此的工具。正如你在上一个示例中看到的，Java的List和ArrayList是可变的，需要使用一些技巧来使用纯函数的功能。这些技巧效果不错，但仍有改进空间。是时候使用Scala编码了。原因是Scala内置了对不可变性的支持。例如，Scala中的List类型在默认情况下是不可变的；无法在原处对其进行更改。

> 其他任何函数语言也都是如此。无论选择哪种函数式语言，都可以默认内置不可变性

> 在继续之前，请确保使用正确的Scala版本。如果遇到任何问题，请参考第1章中的指南

提醒：使用本书中的代码片段

自上次提及Scala和REPL已经有一段时间了，所以此处提醒一下本书中使用的惯例。每当你看到左侧带有>的代码片段时，它意味着你应该跟着在Scala REPL会话中输入代码(在终端中输入sbt console)。在每行之后按Enter键，你的REPL给出的答案应该类似于书中→符号后的内容。

在Scala REPL中检查List

下面证明Scala确实内置了对不可变性的支持。启动Scala REPL，并编写：

> 确保你使用的是在第1章中安装的Scala版本。如果找不到appended函数，可能是因为你使用的是旧的Scala版本

```
> val appleBook = List("Apple", "Book")
  → List("Apple", "Book")

  val appleBookMango = appleBook.appended("Mango")
  → List("Apple", "Book", "Mango")

  appleBook.size
  → 2

  appleBookMango.size
  → 3
```

> 该函数将一个元素添加到此List的末尾。注意，这在Scala中不是向List添加项的惯用方式，因为其性能不佳(它需要复制整个原始列表)，但对于小列表而言效果很好

如你所见，我们已经将一个Mango添加到一个包含Apple和Book的List的末尾并简单地将此列表命名为appleBookMango。然后，检查两个List的大小，结果发现原始appleBook列表在添加新元素后没有改变！大小仍然是2。这意味着得到了一个新的List！事实是，Scala的List无法被改变。每个操作都会返回一个新List。

3.14 建立对不可变性的直觉

是时候来了解不可变性了。不过，我们先从简单的地方着手。
我们将使用Scala的List API，它是不可变的。但在使用它来解决replan
函数的问题之前，先练习使用你已经非常熟悉的不可变API：String！
下面比较一下Scala的List API和Java的String API，如图3-18所示。

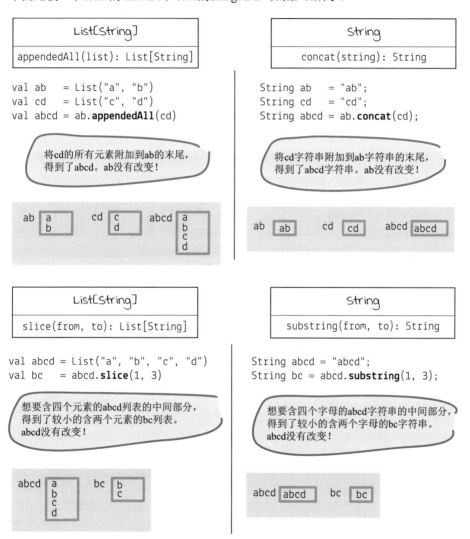

图3-18　对比Scala的List API和Java的String API

String是不可变的。如果你理解了String的工作原理，那么你
将能够轻松掌握不可变集合。如果不理解，也不用担心：在继续
学习之前，先练习一下String。

3.15 小憩片刻: 不可变的String API

现在练习Java的String API，但是用Scala进行！Scala与Java使用相同的String类，因此可通过Java的String API来介绍不可变API的用法，同时练习Scala。

你的任务是实现abbreviate函数，该函数接受一个由全名组成的String并返回其缩写版本，如图3-19所示。

String ——→ abbreviate ——→ String

图3-19   abbreviate函数

abbreviate函数应该以一个String作为参数，并返回一个带有结果的新String。因此，如果用"Alonzo Church"调用它，应该得到"A. Church"，如图3-20所示。

Alonzo Church是一位开发了λ演算(FP的基础)的数学家

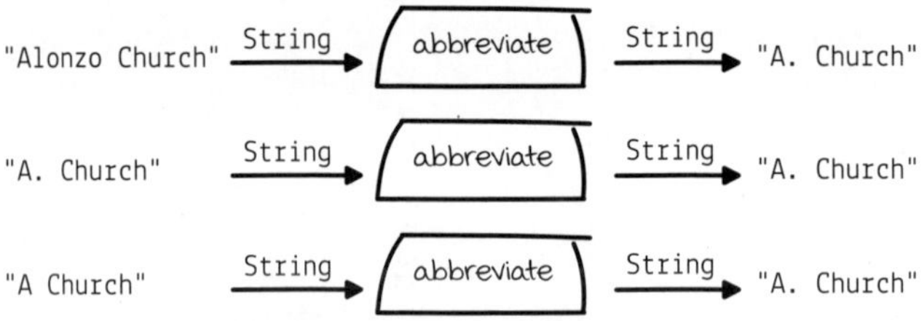

"Alonzo Church" ——String——→ abbreviate ——String——→ "A. Church"

"A. Church" ——String——→ abbreviate ——String——→ "A. Church"

"A Church" ——String——→ abbreviate ——String——→ "A. Church"

图3-20   abbreviate函数运行示例

请记住，abbreviate函数应该是一个纯函数，只处理不可变值。没有任何改变！利用在现有值的基础上创建新值的能力。

> **纯函数**
> - 它仅返回单个值。
> - 它只根据其参数计算返回值。
> - **它不会改变任何现有值。**

以下是一些额外的提示:

- Scala的String与Java的String完全相同，因此你可以使用已有知识或浏览String的文档来实现abbreviate函数。
- Java的String具有不可变的API，因此，如果你只使用String的方法，就可以确保你的实现是纯的，不会改变任何值。
- 请在此练习中使用Scala。简单提醒一下，函数是使用def关键字定义的: def function(stringParameter: String): String = { ... }。

3.16 解释：不可变的String API

先手动定义需要实现的内容，如图3-21所示。

图3-21 Alonzo Church

重点关注如何定义输入值和需要创建的值之间的关系，参见图3-22。建议在要求中使用"是"，这很重要且非常有帮助，因为可以轻松地将每个要求编码为不可变值。

> 应关注需要做什么而不是如何完成。这是声明式编程

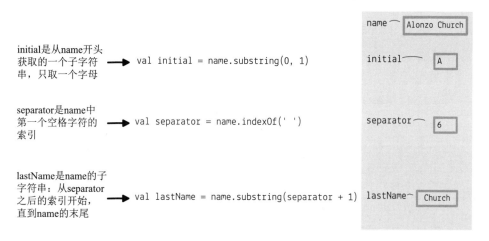

图3-22 定义需要实现的内容

因此，最终的实现可能如下所示：

```
def abbreviate(name: String): String = {
  val initial   = name.substring(0, 1)
  val separator = name.indexOf(' ')
  val lastName  = name.substring(separator + 1)
  initial + ". " + lastName
}
```

> 请记住，在Scala中不使用return关键字。最后一个表达式的结果会自动返回

> 注意，此处忽略了错误处理。将在第6章中进行处理

当然，这只是可能的实现方式之一。最重要的是确保代码不会改变值。

3.17 等等, 这不是更糟糕吗

函数式编程的核心是操作不可变值的纯函数。这意味着每个表达式都会创建一个新对象，要么从头开始，要么通过复制另一个对象的部分来创建。任何值都不能更改。你可能对此方式存在以下疑问。

> **重点!**
> 在FP中，只是传递不可变值

问：复制的性能不好吗？
答：是的，它比直接在原地修改更糟糕。但是，可以说，在大多数应用程序中，复制通常无关紧要。这意味着在许多情况下，代码库的可读性和可维护性提高带来的好处远远超过潜在性能下降带来的坏处。

问：那么，如果我使用函数式编程，我的应用程序会变慢吗？
答：不一定。进行性能分析的最佳方式是，首先确保你在优化正确的事物。你需要找到瓶颈，然后尝试进行优化。如果确定不可变操作是问题所在，你仍然有几个选择。例如，如果你的问题是经常向很大的列表中添加某些内容，则可以使用prepended而不是appended函数，prepended函数可以在不复制或更改旧元素的情况下在列表开头不断添加元素。

看待这两个问题的另一个角度是，在某些情况下可变性可以用作一种优化技术。你仍然可以使用可变性，并将其隐藏在纯函数中，就像之前所做的那样。最重要的是，要在仔细分析程序的性能之后，仅在特殊情况下执行此操作

第9章将讨论递归值

问：为什么不能只使用Java的Collections.unmodifiableList？
答：unmodifiableList以List作为参数并返回List，这只是原始List的一个"视图"。该视图就像一个List，但不能被修改。add方法仍然存在且可以调用，但会导致运行时异常，这违反了信任原则。此外，即使向用户返回了"不可修改"的List，仍然可以修改原始List！因此，用户对返回值没有任何保证，并且讨论过的所有共享可变状态问题仍然可能会出现。

第6章将讨论异常处理

3.18　纯函数解法解决共享可变状态问题

在Scala中，纯函数解法几乎包含解决replan函数问题(以及更多类似问题)的所有所需工具。

图3-23展示了实现的最新版本。

```
                    replan

static List<String> replan(List<String> plan,
                    String newCity,
                    String beforeCity) {
  int newCityIndex = plan.indexOf(beforeCity);
  List<String> replanned = new ArrayList<>(plan);
  replanned.add(newCityIndex, newCity);
  return replanned;
}
```

这是一个纯函数。它返回单一的值，该值只根据参数计算。它也不会改变任何现有值

需要确保它不会改变任何现有值，为此，可以创建一个全新的列表，并从传入的列表中复制元素

这个函数是可信的。如果提供相同的参数，你将始终获得相同的结果

图3-23　replan的最新版本

现在，我们能够处理共享可变状态问题，因为Scala和其他任何FP语言一样，都内置了对不可变集合的支持。如果使用Scala的List，就不必担心任何潜在的变化。它不会改变任何东西！

重点！
不可变性使我们关注值之间的关系

关注值之间的关系

在实现函数之前，先来看看如何分析这些问题，然后尝试找出纯函数解决方案。诀窍在于，总是先列出传入值和要生成的值之间的所有已知关系，参见图3-24。

newCity之前的城市应是plan列表中beforeCityIndex之前的所有城市

newCity之后的城市应是plan列表中beforeCityIndex之后的所有城市

plan　[Paris, Berlin, Kraków]

newCity　Vienna

beforeCity　Kraków

beforeCityIndex是plan列表中beforeCity的索引

图3-24　值之间的关系

将关系转化为表达式

当得到传入值和所需结果之间的所有关系时，可以尝试将它们编码为Scala表达式，如图3-25所示。

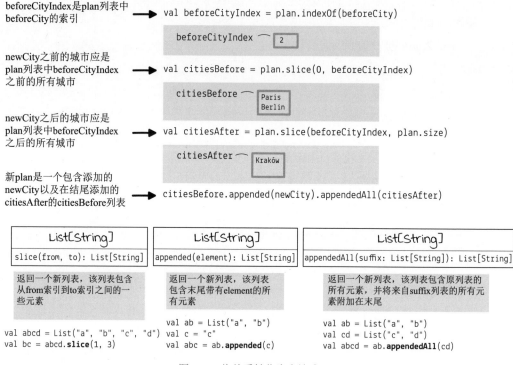

beforeCityIndex是plan列表中beforeCity的索引

```scala
val beforeCityIndex = plan.indexOf(beforeCity)
```

beforeCityIndex ⌐ 2

newCity之前的城市应是plan列表中beforeCityIndex之前的所有城市

```scala
val citiesBefore = plan.slice(0, beforeCityIndex)
```

citiesBefore ⌐ Paris Berlin

newCity之后的城市应是plan列表中beforeCityIndex之后的所有城市

```scala
val citiesAfter = plan.slice(beforeCityIndex, plan.size)
```

citiesAfter ⌐ Kraków

新plan是一个包含添加的newCity以及在结尾添加的citiesAfter的citiesBefore列表

```scala
citiesBefore.appended(newCity).appendedAll(citiesAfter)
```

List[String]
slice(from, to): List[String]

返回一个新列表，该列表包含从from索引到to索引之间的一些元素

```scala
val abcd = List("a", "b", "c", "d")
val bc = abcd.slice(1, 3)
```

List[String]
appended(element): List[String]

返回一个新列表，该列表包含末尾带有element的所有元素

```scala
val ab = List("a", "b")
val c = "c"
val abc = ab.appended(c)
```

List[String]
appendedAll(suffix: List[String]): List[String]

返回一个新列表，该列表包含原列表的所有元素，并将来自suffix列表的所有元素附加在末尾

```scala
val ab = List("a", "b")
val cd = List("c", "d")
val abcd = ab.appendedAll(cd)
```

图3-25　将关系转化为表达式

将表达式放入函数体中

困难的部分已经完成！现在，只需要将这些表达式复制到编译的Scala代码中，并编写函数的特征标记：

```scala
def replan(plan: List[String],
           newCity: String,
           beforeCity: String): List[String] = {
  val beforeCityIndex = plan.indexOf(beforeCity)
  val citiesBefore = plan.slice(0, beforeCityIndex)
  val citiesAfter = plan.slice(beforeCityIndex, plan.size)
  citiesBefore.appended(newCity).appendedAll(citiesAfter)
}
```

好了，就是这样！这就是我们的最终实现，没有任何与共享可变状态相关的问题。我们使用了不可变的Scala List，可以确信该函数是纯函数，因此，可以相信它始终以相同的方式运行！

3.19 练习不可变的切分和追加

是时候用Scala中的不可变List编写一些函数了！

编写名为**firstTwo**的函数，该函数获取一个列表并返回一个新列表，该新列表仅包含传入列表的前两个元素。以下断言应为真：

```
firstTwo(List("a", "b", "c")) == List("a", "b")
```

1

编写名为**lastTwo**的函数，该函数获取一个列表并返回一个新列表，该新列表仅包含传入列表的最后两个元素。以下断言应为真：

```
lastTwo(List("a", "b", "c")) == List("b", "c")
```

2

编写名为**movedFirstTwoToTheEnd**的函数，该函数获取一个列表并返回一个新列表，该新列表将传入列表的前两个元素移到末尾。以下断言应为真：

```
movedFirstTwoToTheEnd(List("a", "b", "c")) == List("c", "a", "b")
```

3

编写名为**insertedBeforeLast**的函数，该函数获取一个列表和一个新元素。它返回一个新列表，该列表在传入列表的最后一个元素之前插入element。以下断言应被满足：

```
insertedBeforeLast(List("a", "b"), "c") == List("a", "c", "b")
```

4

答案：

```
def firstTwo(list: List[String]): List[String] =
  list.slice(0, 2)

def lastTwo(list: List[String]): List[String] =
  list.slice(list.size - 2, list.size)

def movedFirstTwoToTheEnd(list: List[String]): List[String] = {
  val firstTwo       = list.slice(0, 2)
  val withoutFirstTwo = list.slice(2, list.size)
  withoutFirstTwo.appendedAll(firstTwo)
}

def insertedBeforeLast(list: List[String], element: String): List[String] = {
  val last        = list.slice(list.size - 1, list.size)
  val withoutLast = list.slice(0, list.size - 1)
  withoutLast.appended(element).appendedAll(last)
}
```

注意，可以在Scala中省略大括号，编译器不会报错

← 使用appendedAll，因为last是包含一个元素的列表

小结

下面总结一下关于不可变值的所有知识。

可变性是危险的

从一个简单的命令式解决方案开始解决实际问题。结果发现，该解决方案存在一些问题，这些问题与Java的List上的操作有关，这些操作会更改参数列表。我们发现在使用可变集合时需要特别小心。仅查看特征标记是不够的。需要非常仔细地查看实现，以免其受到可变性的影响。

> **代码：CH03_***
> 通过查看本书仓库中的ch03_*文件来探索本章的源代码

通过使用副本来对抗可变性

通过复制传入的列表并仅在函数内部处理复制版本来解决可变性的问题。这样就可确保函数使用者不会得到意外结果。

什么是共享可变状态

然后，试图理解为什么可变性是个大问题。本章介绍了共享可变状态，它是代码库中不同实体之间共享的变量，并且可以被它们改变。

通过使用不可变值来对抗可变性

最后，我们介绍了一种更强大的技术来处理共享可变状态：不可变值。如果函数仅接受不可变值并返回不可变值，则可以确保不会发生任何意外变化。

使用String和List的不可变API

Java的String已经使用了不可变API，因为它的许多方法返回一个新的String值。Scala内置了对不可变集合的支持。尝试使用List的slice、append和appendAll函数。你将在本书的其余部分中学习各种不可变值。

> **函数式编程**
> 函数式编程是使用纯函数处理不可变值的编程范式。

第4章 | 函数作为值

本章内容：

- 如何将函数作为参数传递

- 如何使用sortBy函数

- 如何使用map和filter函数

- 如何从函数返回函数

- 如何将函数视为值

- 如何使用foldLeft函数

- 如何使用求积类型建模不可变数据

> 66 语言中最具杀伤力的一句话是：一直都是这样做的！ 99
>
> ——Grace Hopper

4.1 将要求实现为函数

我们花了一些时间学习纯函数和不可变值。它们构成了函数式编程的基础。本章重点介绍如何将这两个概念完美结合起来。我们将发现，将业务需求转化为函数，以及将纯函数视为值，会大有益处。

单词排序

我们需要实现一个功能：对某个基于单词的拼图游戏中的单词进行排序。

> 单词排序的要求
> - 通过为每个非a的字母赋予分数来计算给定单词的分数。
> - 对于给定的单词列表，返回一个排序列表(从分数最高的单词开始排序)。

> 提醒：
> 初始要求可能看似简单，但注意，我们将更改它们并添加新的要求。这将使我们能够检查代码是否为此类更改做好了准备

按照约定，我们将尝试以函数的形式实现这两个要求(见图4-1)。第一个要求非常简单，但第二个要求需要我们进行更多的分析以得到正确答案。先来看一些伪代码。

score

```static int score(String word) {```
``` return word.replaceAll("a", "").length();```
```}```

> 任务是实现一个名为rankedWords的函数，使其满足要求。将用此方式处理本书中所有要求

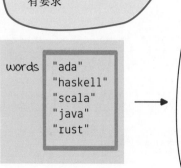

rankedWords

1 根据外部函数score为列表中的每个单词评分

2 创建一个具有相同元素的新列表(从分数最高的单词开始排序)

3 返回新创建的列表

words
```
"ada"
"haskell"
"scala"
"java"
"rust"
```

→

```
"haskell"
"rust"
"scala"
"java"
"ada"
```

图4-1　将要求实现为函数

4.2 非纯函数和可变值反击

我们的任务是编写一个函数，其对于给定的单词列表，返回一个完全相同的单词列表，但按其分数(从高到低)排序，参见图4-2。下面将尝试用几种方案来解决这个问题，然后确定最好的方案及其原因。从最先想到的实现开始。我们已经有了一个返回给定单词分数的函数：

```
static int score(String word) {
  return word.replaceAll("a", "").length();
}
```

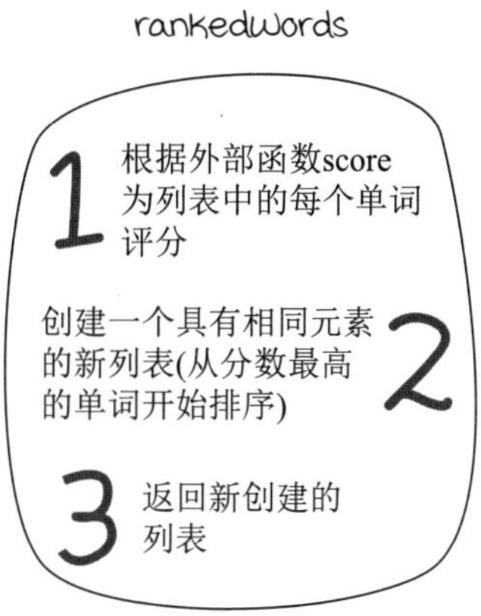

rankedWords

1 根据外部函数score为列表中的每个单词评分

2 创建一个具有相同元素的新列表(从分数最高的单词开始排序)

3 返回新创建的列表

图4-2 rankedWords应满足的要求

版本#1: 使用Comparator和sort

在Java中，当听到sort时，通常会想到Comparator。遵循这种直觉，为问题准备一个可能的解决方案：

```
static Comparator<String> scoreComparator =
  new Comparator<String>() {
    public int compare(String w1, String w2) {
      return Integer.compare(score(w2), score(w1));
    }
  };
```

> scoreComparator 比较两个字符串，并优先选择具有较高分数的字符串

↑ 此框表示文本中定义的值将在本章后面使用和引用

现在，给定一组单词，可以使用接受创建的Comparator的sort方法来获取结果：

```
static List<String> rankedWords(List<String> words) {
  words.sort(scoreComparator);
  return words;
}
```

现在，测试刚刚创建的rankedWords函数：

```
List<String> words =
    Arrays.asList("ada", "haskell", "scala", "java", "rust");
List<String> ranking = rankedWords(words);
System.out.println(ranking);
console output: [haskell, rust, scala, java, ada]
```

注意，score函数计算不同于a的字母数。这就是"haskell"的分数为6的原因

成功了！haskell因分数为6而名列榜首。但是有一个问题。我们在函数内部改变了现有的单词列表！注意，sort方法返回void，很明显，它会改变传递的参数。这种解决方案违反了纯函数的规则，并引发了之前章节中讨论过的所有问题。我们可以做得更好，而且可以用Java实现！

如果在读取改变现有值的代码时遇到非纯函数闪回，请见谅

4.3 使用Java Streams对列表 进行排序

幸运的是，Java能够以不违反纯函数规则的方式使用创建的
Comparator：使用Java Streams！

纯函数
- 它仅返回单个值。
- 它只根据其参数计算返回值。
- 它不改变任何现有值。

版本#2: 使用Streams对单词进行排序

我们已经有一个函数，它返回给定单词的分数，而且
Comparator在内部使用此函数。不需要更改任何内容。可以安全
地使用Stream API并传递scoreComparator。

```java
static List<String> rankedWords(
  List<String> words
) {
  return words.stream() ❶
              .sorted(scoreComparator) ❷
              .collect(Collectors.toList()); ❸
}
```

❶ 返回一个新的Stream，它从words列表中生成元素

❷ 返回一个新的Stream，它从先前的Stream生成元素，但使用提供的Comparator进行排序

❸ 通过复制先前Stream中的所有元素，返回一个新的List

这就是Stream API的工作原理。我们正在链式调用方法。在
集合上调用stream()后，会收到一个Stream对象。Stream类中的
大多数方法返回一个新的Stream！最重要的是：在此片段中没有
改变任何内容。每个方法调用都返回一个新的不可变对象，而
collect返回一个全新的List！

既然获得了更好的代码，下面检查它是否按预期运行。

重点！
一些主流语言的API(如Java Streams)具有不可变性

```java
List<String> words =
    Arrays.asList("ada", "haskell", "scala", "java", "rust");
List<String> ranking = rankedWords(words);
System.out.println(ranking);
console output: [haskell, rust, scala, java, ada]
System.out.println(words);
console output: [ada, haskell, scala, java, rust]
```

ranking是一个全新的列表，它保存了结果排序的单词列表

单词列表保持不变。大获全胜

一切看似正确。我们有一个函数，它只返回一个值，而且
不会改变任何现有值。但是，它仍然使用一个外部值来计算其
结果。它使用scoreComparator，而该值在函数作用域之外定义。
这意味着rankedWords特征标记并未完全表明内部发生的情况。
Stream API有所帮助，但我们需要更多。

还记得讨论过的会说谎的函数吗？当它们的特征标记不能说明函数体的全部情况时，它们就是在说谎

4.4 函数特征标记应说明全部情况

当看到rankedWords函数的特征标记时，你可能会问自己，这个函数如何知道如何对给定的单词进行排序？要回答这个问题，读者需要了解实现。然而，理想情况下，我们希望在参数列表中提供一个解释，这也体现在纯函数的第二条规则中：

> 函数只根据其参数计算返回值。

版本#3: 将算法作为参数传递

在解决方案的下一次迭代中，需要仅通过查看其特征标记就能推断函数内部的情况。为此，需要公开对scoreComparator的初始隐藏依赖项，并要求将Comparator作为第二个参数传递。

Before
```
static List<String> rankedWords(List<String> words) {
  return
    words.stream()
      .sorted(scoreComparator)
      .collect(Collectors.toList());
}
```
? ✖ 函数只根据其参数计算返回值

After
```
static List<String> rankedWords(Comparator<String> comparator, List<String> words) {
  return
    words.stream()
      .sorted(comparator)
      .collect(Collectors.toList());
}
```
✔ 函数只根据其参数计算返回值

现在，该函数完全是纯函数，我们可以仅通过查看其特征标记来推断其操作。注意，增加参数意味着需要修改函数的调用方式。

```
List<String> words =
    Arrays.asList("ada", "haskell", "scala", "java", "rust");
List<String> ranking = rankedWords(scoreComparator, words);
System.out.println(ranking);
```
console output: [haskell, rust, scala, java, ada]

> scoreComparator比较两个字符串，并选择具有更高分数的字符串

纯函数的规则可能乍看起来很严格或没有必要。但应用这些规则会让代码的可读性、可测试性和可维护性变得更好。我们在编程时越多地考虑这些规则，整个过程就会变得越自然。

4.5　更改要求

到目前为止，我们一直在努力满足最初的要求，并遵守纯函数的规则。一直在努力优化函数以提高可读性和可维护性。这一点很重要，因为真实的代码库往往是读出来的，而不是写出来的。当业务要求发生变化，需要更改一些代码时，这一点也很重要。当前的代码越易于理解，也就越容易更改。

版本#4: 更改评分算法

看看在新情况下，rankedWords函数将如何工作。以下是原始要求和附加要求：

原始要求	附加要求
• 对于给定单词，每个非a字母得1分。 • 对于给定的单词列表，返回一个排序列表(从分数最高的单词开始)。	• 如果单词包含c，则需要额外加5分(奖励分数)。 • 代码仍然应该支持旧的评分方式(不含奖励分)。

评分算法需要进行一些更新。幸运的是，通过采用函数式解法，我们最终得到了一堆小函数，因此有些函数根本不需要修改，如图4-3所示！

score

```
static int score(String word) {
  return word.replaceAll("a", "").length();
}
```

scoreWithBonus

```
static int scoreWithBonus(String word) {
  int base = score(word);
  if (word.contains("c")) return base + 5;
  else return base;
}
```

```
static Comparator<String> scoreComparator =
  new Comparator<String>() {
    public int compare(String w1, String w2) {
      return Integer.compare(score(w2), score(w1));
    }
  };
```

```
static Comparator<String> scoreWithBonusComparator =
  new Comparator<String>() {
    public int compare(String w1, String w2) {
      return Integer.compare(scoreWithBonus(w2),
                             scoreWithBonus(w1));
    }
  };
```

```
rankedWords(scoreComparator, words);
→ [haskell, rust, scala, java, ada]
```

```
rankedWords(scoreWithBonusComparator, words);
→ [scala, haskell, rust, java, ada]
```

图4-3　更新评分算法

我们提供了一个新版本的Comparator，从而实现了新的要求。此方案重复使用了完全相同的rankedWords函数。这很好。之所以能够这样做，是因为之前引入了新函数参数。这个解决方案效果不错，但是似乎有太多重复之处，特别是在scoreComparator和scoreWithBonusComparator之间。让我们试着让它变得更好！

由于正在慢慢向函数式世界迈进，现在不再使用System.out.println将结果打印到控制台，而是直接使用表达式及其值

4.6　只是在传递代码

Streams允许以不可变的方式对集合进行操作，从而让代码变得更加函数化。但这并不是这里唯一的函数！rankedWords函数的第一个参数是一个Comparator，但如果仔细观察，就会发现它的唯一职责是传达一种行为，就像函数一样！

Java Streams真的好用。我们将利用Java Streams的原理来学习FP的一些基本概念

仔细查看rankedWords函数中的情况。通过传递一个Comparator实例，传递了特定的行为，而不是某些数据的实例。传递的是负责给两个单词排序的代码！函数也会这样处理。

```
List<String> rankedWords(Comparator<String> comparator,
                         List<String> words) {
  return words
        .stream()
        .sorted(comparator)
        .collect(Collectors.toList());
}
```

如你所见，rankedWords函数接受Comparator，它实际上只是一段负责排序的代码。最酷的是，可以用Java表示这个想法，并将函数作为Comparator传递。

```
Comparator<String> scoreComparator =
    (w1, w2) -> Integer.compare(score(w2), score(w1));
```

可以使用这种技术来减少大量代码，如图4-4所示。

这三个代码片段是等效的。它们做的事情完全相同

```
Comparator<String> scoreComparator =
  new Comparator<String>() {
    public int compare(String w1, String w2) {
      return Integer.compare(score(w2),
                             score(w1));
    }
};
rankedWords(scoreComparator, words);
→ [haskell, rust, scala, java, ada]
```

```
Comparator<String> scoreComparator =
  (w1, w2) -> Integer.compare(score(w2), score(w1));

rankedWords(scoreComparator, words);
→ [haskell, rust, scala, java, ada]
```

```
rankedWords(
  (w1, w2) -> Integer.compare(score(w2), score(w1));
  words
);
→ [haskell, rust, scala, java, ada]
```

图4-4　三个等效的代码片段

得益于Java的函数语法，只需一行代码就能提供(如果要求发生变化，还可以交换)排序算法。

4.7 使用Java的Function值

下面更深入地探讨Java的Function类型，并尝试利用这些知识来改善解决方案。在Java中，Function类型表示接受一个参数并返回一个结果的函数，如图4-5所示。例如，我们的scoreFunction接受一个String并返回一个int，可以将其重写为Function<String, Integer>的一个实例。

图4-5 score函数

```
Function<String, Integer> scoreFunction =
    w -> w.replaceAll("a", "").length();
```

scoreFunction是对内存中一个对象的引用，它保存一个从String到Integer的函数

现在可以像传递普通值一样传递这个scoreFunction函数，如图4-6所示。

可以说函数被存储为一个不可变值！可以用类似于其他引用(例如words)的方式来处理它。

为调用此函数，需要使用apply方法。

重点！
以数值形式存储的函数才是FP关注的重点

```
scoreFunction.apply("java");
→ 2
```

图4-6 传递scoreFunction函数

还可为相同的值创建另一个引用，并使用它。

```
Function<String, Integer> f = scoreFunction;
f.apply("java");
→ 2
```

注意，在Java中使用->语法。它定义了一个没有名称的函数。它的左边是参数，右边是一个函数体

图4-7对使用函数的解法和使用Function值的解法进行了对比。

使用函数(静态方法)

```
static int score(String word) {
  return word.replaceAll("a", "").length();
}
```

通过提供参数直接调用函数。在这里，当调用分数("java")时，得到结果2

```
score("java");
→ 2
```

```
static boolean isHighScoringWord(String word) {
  return score(word) > 5;
}
```

```
isHighScoringWord("java");
→ false
```

使用Function值

```
Function<String, Integer> scoreFunction =
    w -> w.replaceAll("a", "").length();
```

要创建Function值，需要使用箭头语法(arrow syntax)。这个定义等同于左侧的定义

```
scoreFunction.apply("java");
→ 2
```

可以通过调用apply方法来调用存储为Function值的函数

```
Function<String, Boolean> isHighScoringWordFunction =
    w -> scoreFunction.apply(w) > 5;
```

重用Function值的方式与重用函数的方式类似

```
isHighScoringWordFunction.apply("java");
→ false
```

图4-7 对比两种解法

4.8 使用Function语法处理代码重复问题

下面尝试使用在4.7节中新学到的技能来避免当前代码中的重复。图4-8展示了修改前的代码。

score
``static int score(String word) {
return word.replaceAll("a", "").length();
}```

scoreWithBonus
``static int scoreWithBonus(String word) {
int base = score(word);
if (word.contains("c")) return base + 5;
else return base;
}```

```
static Comparator<String> scoreComparator =
  new Comparator<String>() {
    public int compare(String w1, String w2) {
      return Integer.compare(score(w2),
                             score(w1));
    }
  };

rankedWords(scoreComparator, words);
→ [haskell, rust, scala, java, ada]
```

```
static Comparator<String> scoreWithBonusComparator =
  new Comparator<String>() {
    public int compare(String w1, String w2) {
      return Integer.compare(scoreWithBonus(w2),
                             scoreWithBonus(w1));
    }
  };

rankedWords(scoreWithBonusComparator, words);
→  [scala, haskell, rust, java, ada]
```

图4-8 修改前的代码

scoreComparator和scoreWithBonusComparator非常相似，它们的区别仅在于两者调用了不同的评分函数。上面展示的函数在使用Java的箭头语法(->)创建时将呈现出如下效果。这些函数是等效的，但以值的形式存储：

```
Comparator<String> scoreComparator =
    (w1, w2) -> Integer.compare(
                  score(w2),
                  score(w1)
                );
rankedWords(scoreComparator, words);
[haskell, rust, scala, java, ada]
```

```
Comparator<String> scoreWithBonusComparator =
    (w1, w2) -> Integer.compare(
                  scoreWithBonus(w2),
                  scoreWithBonus(w1)
                );
rankedWords(scoreWithBonusComparator, words);
[scala, haskell, rust, java, ada]
```

此处将函数值传递给一个期望使用Comparator的函数(即Java中的静态方法)，这看起来很不错，而且即使业务要求发生变化，也能重复使用大段代码。由于这个特性，我们能够重复使用rankedWords函数，它接受words参数和Comparator参数。不过，仍然需要解决一些问题，以使代码变得更完善、更可维护：

更准确地说，Comparator等价于BiFunction，而不是Function。BiFunction是用两个参数定义一个函数的类型，而Function是单参数函数的类型。本章后续小节将进一步讨论它

- 作为Comparator传递给rankedWords的函数看起来太复杂了。应该能够以更简洁明了的方式传递所需的排序算法。

- scoreComparator和scoreWithBonusComparator之间仍然存在一些重复的代码。它们之间的区别仅在于所使用的评分函数。我们应该充分利用这一区别。

4.9 将用户定义的函数作为参数传递

希望rankedWords函数所接收的参数可以比整个Comparator更小、更简单，因为Comparator看起来太复杂了。此外，当有两个Comparator时，大部分代码都是重复的。真正想要的是指定评分行为。也许可以将评分行为作为参数传递？幸运的是，你已经学习了最适合这项工作的技术：Function。可以将评分行为作为参数来传递！

版本#5: 传递评分函数

不必将Comparator用作参数。要传递给rankedWords函数的主要功能是计算给定单词的分数的方法。这是代码中唯一因为业务需求而发生变化的地方，因此，它应该是唯一自定义的内容。通过参数实现自定义。

尝试让rankedWords函数取另一个函数作为参数，并使用它来给单词排序。目标是使用一个类似右侧的用法。

要实现这种类型的API，需要取一个Function作为参数，并使用它来创建一个Comparator，这是Stream类的sort方法所需的。注意，只需要查看此函数的特征标记，就能够确定其作用！它使用wordScore评分算法对单词进行排序！

```
Function<String, Integer> scoreFunction =
    w -> score(w);
rankedWords(scoreFunction, words);
 [haskell, rust, scala, java, ada]

Function<String, Integer> scoreWithBonusFunction =
    w -> scoreWithBonus(w);
rankedWords(scoreWithBonusFunction, words);
 [scala, haskell, rust, java, ada]
```

> **重点！**
> 将函数作为参数的函数在FP代码中无处不在

```java
static List<String> rankedWords(Function<String, Integer> wordScore,
                                List<String> words) {
  Comparator<String> wordComparator =
    (w1, w2) -> Integer.compare(
      wordScore.apply(w2),
      wordScore.apply(w1)
  );

return words
  .stream()
  .sorted(wordComparator)
  .collect(Collectors.toList());
}
```

> 将一个Function值作为参数。这意味着自定义评分行为。Comparator是通过使用给定wordScore值内部提供的评分函数在内部创建的

> 使用不可变的Java Stream API返回传入列表的副本

现在，可以用一种非常简洁易读的方式来使用函数了。

```java
rankedWords(w -> score(w), words);
rankedWords(w -> scoreWithBonus(w), words);
```

> 注意，rankedWords函数的调用者负责提供评分算法

4.10 小憩片刻: 将函数作为参数

现在轮到你练习将函数作为参数传递给其他函数了。我们需要向现有的rankedWords函数添加另一个要求。但先来回顾一下已知的要求。

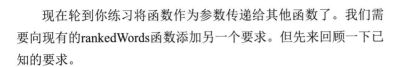

要求: 给单词排序	要求: 可能存在奖励分数
• 对于给定单词, 每个非a字母得1分。 • 对于给定的单词列表, 返回排序列表(从最高分数的单词开始)。	• 如果单词包含c, 则需要额外加5分(奖励分数)。 • 代码仍然应该支持旧的评分方式(不含奖励分)。

```
static List<String> rankedWords(Function<String, Integer> wordScore,
                                List<String> words) {
  Comparator<String> wordComparator =
    (w1, w2) -> Integer.compare(
      wordScore.apply(w2),
      wordScore.apply(w1)
    );

  return words
    .stream()
    .sorted(wordComparator)
    .collect(Collectors.toList());
}
```

练习: 实现新要求

新要求: 可能存在惩罚项
• 如果单词包含s, 则需要从分数中减去7分(惩罚项)。 • 代码仍应支持旧的评分方式(含奖励分的方式及不含奖励分的方式)。

注意, 这是一个附加要求。仍须考虑之前的所有要求

你的任务是实现新版本的rankedWords函数, 并在以下三种情况下提供一些使用示例:

- 仅使用分数函数(无奖励和惩罚)对单词进行排序。
- 使用"分数+奖励分"对单词进行排序。
- 使用"分数+奖励分-惩罚分"对单词进行排序。

请考虑rankedWords的新实现(函数体)及其API(特征标记)。特征标记说明了什么? 它是自述性的吗? 你的新版本内部的情况容易理解吗?

4.11 解释: 将函数作为参数

先来关注新要求。看起来rankedWords函数根本不需要任何更改！这是因为我们已经将评分算法"外包"给了作为参数传递的Function。

> **新要求: 可能存在惩罚项**
> - 如果单词包含s，则需要从分数中减去7分(惩罚项)。
> - 代码仍应支持旧的评分方式(含奖励分的方式及不含奖励分的方式)。

因此，需要编写一个新函数，使其涵盖所有加数——base分数、bonus和penalty：

```
static int scoreWithBonusAndPenalty(String word) {
  int base = score(word);
  int bonus = word.contains("c") ? 5 : 0;
  int penalty = word.contains("s") ? 7 : 0;
  return base + bonus - penalty;
}
```

使用Java的条件运算符，它是一个产生结果的表达式(在本例中是一个int)。在Java中，if是一个语句，不能在此处使用。第5章将讨论表达式和语句

现在，只需要将此函数传递给rankedWords：

```
rankedWords(w -> scoreWithBonusAndPenalty(w), words);
→ [java, ada, scala, haskell, rust]
```

解决方案是将不同的函数传递给未更改的rankedWords函数

甚至可以做得更好

本章的这一部分是关于传递函数的，但整本书的主题是函数以及如何使用函数建模。因此，我必须展示另一种使用许多小的独立函数的解决方案。由于箭头语法的灵活性，每个要求都作为单独的函数实现，并在调用rankedWords时使用所有函数。

```
static int bonus(String word) {
  return word.contains("c") ? 5 : 0;
}

static int penalty(String word) {
  return word.contains("s") ? 7 : 0;
}

rankedWords(w -> score(w) + bonus(w) - penalty(w), words);
→ [java, ada, scala, haskell, rust]
```

同样，只需要将不同的函数传递给未更改的rankedWords函数，但这次使用箭头语法来提供内联算法。它非常清晰、易读，因为每个要求在代码中都有自己的位置

这个练习有多种正确的解决方案，此处无法展示所有可能的解决方案。如果你的代码看起来不同，但能返回正确的结果，并且没有更改rankedWords函数中的任何内容，那就是良好的！

4.12 阅读函数式Java的问题

最终解决方案本质上非常函数化。遵循不可变性和纯函数规则。我们已经用Java完成了这个过程，证明它是一种非常通用的语言，能够以非面向对象的范式表达程序。这很好，因为它可以帮你学习函数式概念，而不必直接跳入一种新语言。遗憾的是，使用Java进行函数式编程时还存在一些实际问题：需要编写很多代码并使用可变List。

代码太多，难以阅读

反对用Java进行完全函数式编程的人认为，这种解决方案有些臃肿并包含大量噪声。试查看如下代码：

```
static List<String> rankedWords(Function<String, Integer> wordScore,
                                List<String> words) {
    Comparator<String> wordComparator =
        (w1, w2) -> Integer.compare(
            wordScore.apply(w2),
            wordScore.apply(w1)
        );

    return words
        .stream()
        .sorted(wordComparator)
        .collect(Collectors.toList());
}
```

重要部分用粗体表示。其余部分似乎只是"粘合"代码

如我们所见，这种说法有一定的道理。说到代码库的容量，最重要的是代码的读者，而不是编写者。代码的阅读频率远远高于编写频率。因此，应该始终为了便于阅读而优化代码。这意味着，如果能用较少的字符写出简洁、自述性强的代码，就应该尝试这么做。

仍然使用可变List

我们的解决方案是一个函数(一个纯函数)，但它仍然使用可变List来获取参数并返回结果。使用Java Stream API确保不在函数内部改变传入的List，但代码的读者在查看特征标记时并不知道这一点。他们看到的是List，如果不查看函数实现，他们就无法确信这些列表没有被改变。

4.13　在Scala中传递函数

是时候编写一些Scala代码了。启动REPL，一起编写代码！在接下来的几页中，首先使用Scala实现rankedWords，然后使用其特殊的函数语法来实现更多要求。

提醒一下，先定义并使用Scala中的一些小函数。然后，尝试将其中一个小函数作为参数传递给Scala的List中定义的标准库函数：sortBy。现在，注意代码的表达方式。如果不知道sortBy的内部工作原理，也不用担心，稍后将深入探讨细节。

> 最后提醒：使用本书中的代码片段
>
> 到目前为止，书中使用了大量的Java代码。现在要使用FP Scala代码，因此提醒一下，代码开头的>是一个信号，表明你应该在终端中执行Scala REPL(通过编写sbt console)，然后跟随代码清单。包含简化的REPL响应的行标记为→。REPL响应包含之前输入的计算(表达式)的结果。

```
> def inc(x: Int): Int = x + 1
→ inc

inc(2)
→ 3

def score(word: String): Int =
    word.replaceAll("a", "").length
→ score

score("java")
→ 2

val words = List("rust", "java")
→ words: List[String]

words.sortBy(score)
→ List("java", "rust")
```

在此输入代码，然后按下Enter键以立即执行。这里用一行代码定义了一个函数

REPL确认定义了一个名为inc的函数

调用函数inc并将2作为x传递。REPL打印结果

可以在REPL中定义更大的函数。当定义不完整时，按下Enter键，REPL将等待更多输入

使用两行定义评分函数

REPL确认定义了一个名为score的函数。这个函数将在REPL会话期间起作用

调用函数score并将"java"作为参数传递。REPL打印结果：2

可以创建一个新值，其中包含具有两个单词的不可变列表。正如REPL响应所确认的，这个值被称为words

现在，调用Scala的List类中定义的sortBy函数。sortBy函数将另一个函数作为参数。它使用该函数对列表内容进行排序，并返回一个已排序的新列表作为结果，REPL将打印该结果。words列表保持不变

4.14 深入了解sortBy

下面详细了解sortBy函数。我们将以不同的视角看待之前的REPL会话，并尝试直观地了解这个函数内部的情况：

1
```
def score(word: String): Int =
  word.replaceAll("a", "").length
```
定义了一个函数score，它取一个String并返回一个Int。这没什么新奇的

2
```
val words = List("rust", "java")
```
定义了一个单词列表，它包含多个String值。同样，这早已不是新鲜事

3
```
val sortedWords = words.sortBy(score)
```
通过调用words的sortBy方法，定义了一个新列表。sortBy接受一个函数，该函数接受一个String并返回一个Int，sortBy在words的每个元素上调用此函数，创建一个新列表，并将words中的元素输入其中，但使用相应的Int值进行排序

4
```
List("rust", "java").sortBy(score)
```
需要注意的是，执行sortBy时，不必定义words。sortBy可以直接在List("rust", "java")上执行，这是相同的不可变列表，但仅在此处使用。左侧的表达式返回完全相同的结果

如你所见，可以通过调用sortBy对不可变List("rust", "java")进行排序，sortBy需要一个参数——一个函数。这个函数又接受一个String并返回一个Int。sortBy函数在内部使用此函数来对列表中的项目进行排序，如图4-9所示。

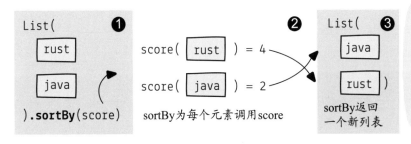

图4-9 以score函数作为参数的sortBy函数

问：等等，一个函数接收一个接收String的函数？

答：是的，我知道这很拗口。这是函数式编程的难点之一。这也非常有价值！我们将大量练习它，直到你熟悉为止。

4.15 在Scala中具有函数参数的 特征标记

既然我们已经学习了如何在不可变Scala List中定义sortBy函数，不妨趁热打铁，尝试用Scala重新编写Java解决方案。

最终得到的Java代码如下：

```
static List<String> rankedWords(Function<String, Integer> wordScore,
                                List<String> words) {
  Comparator<String> wordComparator =
    (w1, w2) -> Integer.compare(
      wordScore.apply(w2),
      wordScore.apply(w1)
    );

  return words
    .stream()
    .sorted(wordComparator)
    .collect(Collectors.toList());
}
```

这是一个不错的解决方案，因为它不会改变传入的List，并使用Function对象来参数化排序算法。但是，对于这样一个小功能来说，代码量还是很大，而Java的List仍然是可变的，因此这个解决方案可能会带来一些其他问题

现在，用Scala来编写rankedWords函数，先编写特征标记，然后编写实现。

特征标记

你可能还记得，在使用纯函数编码时，需要确保它们的特征标记能够完全反映其内部的操作。纯函数的特征标记不会说谎，因此代码的读者可以只看特征标记就完全了解内部情况，甚至不需要查看实现。那么，与Java相比，Scala中 rankedWords函数的特征标记是什么样的呢？图4-10给出了答案。

重点!
不说谎的函数对于可维护的代码库至关重要

wordScore函数接受一个
String并返回一个Int

```
def rankedWords(wordScore: String => Int,
        words: List[String]): List[String]
```

words是一个不可变   该函数返回一个新的
的由String组成的List   由String组成的List

图4-10 Scala中的rankedWords函数

在Scala中，使用双箭头符号(=>)标记函数参数(例如，上面的String=> Int)。在Java中，必须编写Function<String, Integer>才能实现类似的结果。

4.16 在Scala中将函数作为参数传递

既然rankedWords函数的特征标记已经编写好了，现在，是时候提供一个实现了。幸运的是，我们已经知道如何在Scala中对列表进行排序。下面将使用sortBy函数！

> **要求：给单词排序**
> * 对于给定单词，每个非a字母得1分。
> * 对于给定的单词列表，返回排序列表(从最高分数的单词开始)。

第一次尝试：使用sortBy

评分函数如下：

```scala
def score(word: String): Int =
  word.replaceAll("a", "").length
```

但是，如果直接在sortBy中使用它，就会得到一个错误结果，如图4-11所示。

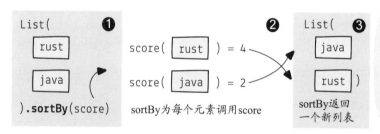

图4-11 直接在sortBy中使用score函数

rust的分数比java高(4比2)，但是结果中rust排在java之后。这是因为sortBy默认按升序排序。为了解决这个问题，可以使用一个老法子——使分数为负，参见图4-12。

```scala
def negativeScore(word: String): Int = -score(word)
```

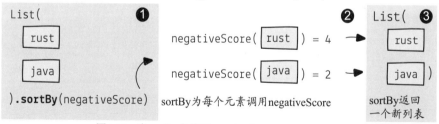

图4-12 在sortBy中使用negativeScore

效果良好，甚至可以在实现中使用它：

```scala
def rankedWords(wordScore: String => Int,
                words: List[String]): List[String] = {
  def negativeScore(word: String): Int = -wordScore(word)
  words.sortBy(negativeScore)
}
```

可以在Scala代码中的任何地方定义函数。这里在rankedWords函数内部定义negativeScore函数。这个内部函数只在rankedWords函数体中可用

这虽然解决了业务问题，但感觉很笨拙。这不是预期使用的简洁代码。我们可以做得更好，但在尝试新方案之前，先来练习一下到目前为止所学到的知识。

4.17　练习函数传递

现在需要在Scala中传递一些函数，请使用Scala REPL。

根据单词长度按升序排列以下String列表。

```
input: List("scala", "rust", "ada")
expected output: List("ada", "rust", "scala")
```

1

根据String中字母s的数量，按升序排列以下String列表。

```
input: List("rust", "ada")    expected output: List("ada", "rust")
```

2

按降序排列以下Int列表。

```
input: List(5, 1, 2, 4, 3)    expected output: List(5, 4, 3, 2, 1)
```

3

类似于第二个问题，根据String中字母s的数量，按降序排列以下String列表。

```
input: List("ada", "rust")    output: List("rust", "ada")
```

4

答案：

```
>  def len(s: String): Int = s.length
→  len
List("scala", "rust", "ada").sortBy(len)
→  List("ada", "rust", "scala")
```

1

```
def numberOfS(s: String): Int =
  s.length - s.replaceAll("s", "").length
→  numberOfS
List("rust", "ada").sortBy(numberOfS)
→  List("ada", "rust")
```

2

```
def negative(i: Int): Int = -i
→  negative
List(5, 1, 2, 4, 3).sortBy(negative)
→  List(5, 4, 3, 2, 1)
```

3

```
def negativeNumberOfS(s: String): Int = -numberOfS(s)
→  negativeNumberOfS
List("ada", "rust").sortBy(negativeNumberOfS)
→  List("rust", "ada")
```

4

注意，FP中的所有内容都是表达式，REPL可以帮助你记住这一点。输入的每一行都会被计算，然后得到一个结果。这里的结果有助于确认函数len已被定义。我们将仅在关键列表中显示这些"定义"响应，并在其余列表中省略它们

4.18　采用声明式编程

我们设法用几行Scala代码实现了rankedWords，但可以做得更好。下面仔细查看目前编写的代码，来理解为什么这些代码还不够好。

所谓的"笨方法"是指"使用窍门编写的可行方案"。这里的窍门就是负分制

用"笨方法"给单词排序

```scala
def rankedWords(wordScore: String => Int,
                words: List[String]): List[String] = {
  def negativeScore(word: String): Int = -wordScore(word)
  words.sortBy(negativeScore)
}
```

开发人员这样读：要计算单词分数，应先确保可以创建负分，然后使用此负分对单词进行排序

这只是两行代码，但是首次看到此代码的新开发人员需要仔细思考。他们需要注意分数是否为负数，这仅是按逆序排序的实现细节。这是颠倒排序顺序的方案。如果关心的是如何实现，而不是需要实现的具体内容，就会降低代码的可读性。

声明式对单词进行排序

声明式解法关注需要做什么，而不是如何做。可以通过说明需要做什么来实现rankedWords。在本例中，需要按自然顺序(升序)和逆序排序的字符串，如图4-13所示。

```scala
def rankedWords(wordScore: String => Int,
                words: List[String]): List[String] = {
  words.sortBy(wordScore).reverse
}
```

开发人员这样读：排序后的单词按score排序并颠倒顺序

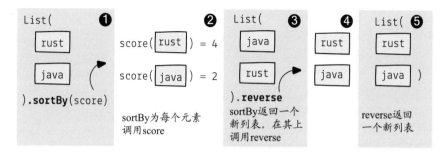

图4-13　声明式对单词进行排序

声明式代码通常比命令式代码更简洁易懂。这种方案使rankedWords函数更简洁易读。

4.19 将函数传递给自定义函数

用Scala编写的rankedWords的最终版本是一个纯函数，它使用不可变的List，并具有可以完整说明函数体的特征标记。到目前为止一切顺利！最终的代码如下：

```scala
def rankedWords(wordScore: String => Int,
                words: List[String]): List[String] = {
  words.sortBy(wordScore).reverse
}
```

但如何使用这个函数呢？这与我们将函数传递给标准库的sortBy时使用的方式完全相同(即通过将函数名称用作参数)。图4-14展示了words列表。

图4-14　words列表

> ```scala
> def score(word: String): Int = word.replaceAll("a", "").length
> rankedWords(score, words)
> → List("haskell", "rust", "scala", "java", "ada")
> ```

将这个解决方案与之前提出的Java版本进行比较，并尝试总结和比较这两个版本是如何满足所有要求的。注意，我们很快会添加更多功能。

Java

```java
List<String> rankedWords(
  Function<String, Integer> wordScore,
  List<String> words
) {
  Comparator<String> wordComparator =
    (w1, w2) -> Integer.compare(
      wordScore.apply(w2),
      wordScore.apply(w1)
    );

    return words.stream()
      .sorted(wordComparator)
      .collect(Collectors.toList());
}
```

Scala

```scala
def rankedWords(
  wordScore: String => Int,
  words: List[String]
): List[String] = {
  words.sortBy(wordScore).reverse
}
```

要求#1 根据不同于a的字母数量对单词进行排序

```java
static int score(String word) {
  return word.replaceAll("a", "").length();
}
```

```scala
def score(word: String): Int =
  word.replaceAll("a", "").length
```

```java
rankedWords(w -> score(w), words);
→ [haskell, rust, scala, java, ada]
```

```scala
rankedWords(score, words)
→ List("haskell", "rust", "scala", "java", "ada")
```

要求#2 另外，如果单词包含c，则需要额外加5分

```java
static int scoreWithBonus(String word) {
  int base = score(word);
  if (word.contains("c"))
    return base + 5;
  else
    return base;
}
```

```scala
def scoreWithBonus(word: String): Int = {
  val base = score(word)
  if (word.contains("c")) base + 5 else base
}
```

```java
rankedWords(w -> scoreWithBonus(w), words);
→ [scala, haskell, rust, java, ada]
```

```scala
rankedWords(scoreWithBonus, words)
⊠ List("scala", "haskell", "rust", "java", "ada")
```

4.20 小函数及其职责

下面将继续在单词排序代码中实现更多功能，但是在此之前，先来谈谈函数式软件设计。在本书中，希望探讨如何将纯函数用作设计和实现新需求的首选工具。本书中的每个要求都被实现为一个函数，即使在以后探索更高级的要求时也是如此！

优化可读性

程序员专注于软件设计的主要原因是使其可维护。一段具有可维护性的代码必须让团队中的程序员容易理解，以便他们快速、有把握地修改代码。这就是注重代码的可读性的原因。在函数式编程中，良好的设计与其他编程范式遵循相同的一般规则。不同之处在于，FP将规则应用于函数级别上。因此，重点是使函数实现每个小业务要求。

scoreWithBonus有什么问题

scoreWithBonus函数如图4-15所示。它有什么问题？它在内部使用了score，但还在其上添加了一些额外逻辑(计算奖励分)。这意味着它不只做了一件事。

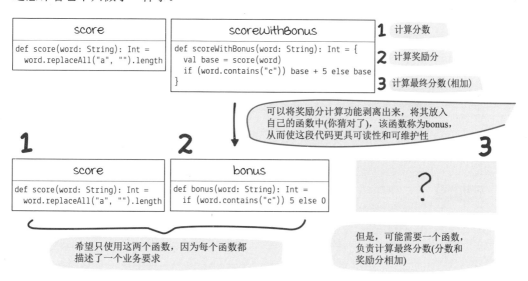

图4-15 scoreWithBonus函数

4.21　内联传递函数

先来看一下图4-16中列出的score函数和bonus函数。

score
def score(word: String): Int =   word.replaceAll("a", "").length

bonus
def bonus(word: String): Int =   if (word.contains("c")) 5 else 0

?

图4-16　score函数和bonus函数

那么如何将score函数和bonus函数的结果组合起来呢？需要
一种既有效又易读，但不麻烦的技术。我们已经在Java中使用了
这种技术：匿名函数。匿名函数通常是非常简洁的单行函数，不
需要命名，因为它们的作用显而易见。

> 举个反例，创建一
> 个包含几行代码的
> 新命名函数，例如
> scoreWithBonus，
> 就很麻烦

可以在参数列表中用一行代码定义一个函数并将其传递给另
一个函数。对比下面的Java代码和Scala代码，了解如何用两种语
言内联传递匿名函数。

要求#1 根据不同于a的字母数量对单词进行排序

Java

```java
static int score(String word) {
  return word.replaceAll("a", "").length();
}

rankedWords(w -> score(w), words);
→ [haskell, rust, scala, java, ada]
```

Scala

```scala
def score(word: String): Int =
  word.replaceAll("a", "").length

rankedWords(score, words)
→ List("haskell", "rust", "scala", "java", "ada")
```

要求#2 另外，如果单词包含c，则需要额外加5分
　　　　使用一个单独命名的函数：

```java
static int scoreWithBonus(String word) {
  int base = score(word);
  if (word.contains("c"))
    return base + 5;
  else
    return base;
}

rankedWords(w -> scoreWithBonus(w), words);
→ [scala, haskell, rust, java, ada]
```

```scala
def scoreWithBonus(word: String): Int = {
  val base = score(word)
  if (word.contains("c")) base + 5 else base
}

rankedWords(scoreWithBonus, words)
→ List("scala", "haskell", "rust", "java", "ada")
```

> 回顾一下之前的操作

要求#2 另外，如果单词包含c，则需要额外加5分
　　　　使用内联传递的匿名函数：

```java
static int bonus(String word) {
  return word.contains("c") ? 5 : 0;
}
```

```scala
def bonus(word: String): Int = {
  if (word.contains("c")) 5 else 0
}
```

> 定义了一个新
> 函数，以编码
> bonus的业务要求。
> 然后将它与内联传递
> 的匿名函数中的
> score函数一起
> 使用

```java
rankedWords(w -> score(w) + bonus(w), words);
→ [scala, haskell, rust, java, ada]
```
```scala
rankedWords(w => score(w) + bonus(w), words)
→ List("scala", "haskell", "rust", "java", "ada")
```

注意，只能将非常小的函数(简单明了的单行函数)作为匿名
函数传递。score和bonus的添加就是一个很好的例子。你不会读错
的。当你把它用作参数时，代码会变得更加简洁、易读。

4.22 小憩片刻：在Scala中传递函数

现在轮到你将函数作为参数传递给其他函数了。之前使用Java做过这个练习。现在是时候使用Scala和其内置的不可变性实现新要求了。需要向现有的rankedWords函数添加另一个要求。但先来回顾一下目前完成的工作。

要求：单词排序

- 对于给定单词，每个非a字母得1分。
- 对于给定的单词列表，返回排序列表(从最高分数的单词开始)。

```scala
def rankedWords(wordScore: String => Int,
                words: List[String]): List[String] = {
  words.sortBy(wordScore).reverse
}

def score(word: String): Int = word.replaceAll("a", "").length
```

这个要求是使用两个纯函数来实现的

要求：可能存在奖励分数

- 如果单词包含c，则需要额外加5分(奖励分数)。
- 代码仍然应该支持旧的评分方式(不含奖励分)。

```scala
def bonus(word: String): Int = if (word.contains("c")) 5 else 0
```

这个要求只需要一个附加函数

练习：实现新要求

与你在Java中编码时类似，你需要实现惩罚功能。在开始之前，提示一下，先尝试展示rankedWords如何用于评分和奖励分情况。

新要求：可能存在惩罚项

- 如果单词包含s，则需要从分数中减去7分(惩罚项)。
- 代码仍应支持旧的评分方式(含奖励分的方式及不含奖励分的方式)。

你的任务

- 展示如何使用score函数(不含奖励分和罚分)对单词进行排序。
- 展示如何使用score和bonus函数(不含罚分)对单词进行排序。
- 实现一个新函数，满足新要求。
- 展示如何按奖励分和罚分要求对单词进行排序。

4.23 解释: 在Scala中传递函数

让我们逐个完成上述四个任务。

使用带有score的rankedWords

这是一个热身任务,旨在确保你记得如何在Scala中创建和传递命名函数。

> ```
> def score(word: String): Int =
>   word.replaceAll("a", "").length
> ```

```
rankedWords(score, words)
→ List("haskell", "rust", "scala", "java", "ada")
```

使用带有score和bonus的rankedWords

在第二个热身任务中,需要添加两个函数的结果;因此,不能通过名称来传递。相反,需要定义一个新的匿名函数来执行加法,并使用函数语法(=>)进行传递。

> ```
> def bonus(word: String): Int = if (word.contains("c")) 5 else 0
> ```

```
rankedWords(w => score(w) + bonus(w), words)
→ List("scala", "haskell", "rust", "java", "ada")
```

实现新要求

现在是时候做新事情了。本书旨在讲授函数式编程和函数式软件设计。现在你应该知道,当要实现新要求时,应该有一个新函数!因此:

> ```
> def penalty(word: String): Int =
>   if (word.contains("s")) 7 else 0
> ```

使用带有score、bonus和penalty的rankedWords

通过这些热身练习,现在知道如何使用新函数来满足新要求。下面是一个非常易读的匿名函数:

```
rankedWords(w => score(w) + bonus(w) - penalty(w), words)
→ List("java", "scala", "ada", "haskell", "rust"))
```

要求:单词排序

- 对于给定单词,每个非a字母得1分。
- 对于给定的单词列表,返回排序列表(从最高分数的单词开始)。

如果有一个命名函数,它接受一个String并返回一个Int,可以通过声明其名称来传递它

要求:可能存在奖励分数

- 如果单词包含c,则需要额外加5分(奖励分数)。
- 代码仍然应该支持旧的评分方式(不含奖励分)。

这里需要定义一个匿名函数,它接受一个String(命名为w)并返回一个Int。以内联的方式提供其函数体

新要求:可能存在惩罚项

- 如果单词包含s,则需要从分数中减去7分(惩罚项)。
- 代码仍应支持旧的评分方式(含奖励分的方式及不含奖励分的方式)。

这是另一个非常简单的函数,它直接实现了要求。你觉得无聊吗?好吧,可维护的代码应该是无聊的。这是所有人都应该追求的目标

定义一个匿名函数,它接受一个String(命名为w)并返回一个Int

4.24 仅通过传递函数还能实现什么功能呢

问：好的，我明白了！可以将函数作为参数传递，从而进行排序。这种新的函数传递技术只能做到这一点吗？

答：在本章中，我们对许多列表进行了排序，以至于可能会有人认为函数传递技术只能用于排序。但这就大错特错了！我们将在本章及后续内容中将函数用作参数来满足许多要求！此外，此后不会再进行排序，我保证。

将函数作为参数传递的技术在函数式编程中无处不在。稍后将在单词排序系统中实现更多功能来了解它的其他应用。

下面来看看在rankedWords函数案例中，请求功能的人和实现功能的人之间的假设对话，如图4-17所示。

图4-17　请求功能的人和实现功能的人之间的对话

如你所见，在此之前，这个过程一直都很简单。之前一直在将函数传递给sortBy函数，但这次不行了。能以同样简洁明了的方式实现这一新功能吗？当然可以！接下来将实现这个功能和更多其他功能！

4.25 将函数应用于列表中的每个元素

现在有一个新要求要实现。

新要求：获取分数

- 需要知道单词列表中每个单词的分数。
- 负责排序的函数应保持不变(不能更改任何现有函数)。

参考: 使用命令式Java的解决方案

从现在开始，不再使用Java解决问题，但在某些情况下仍会给出使用Java的命令式解决方案以供参考，这样你就可以快速比较它们的不同之处，并自己得出结论。

```java
static List<Integer> wordScores(
  Function<String, Integer> wordScore,
  List<String> words
) {
  List<Integer> result = new ArrayList<>();
  for(String word : words) {
    result.add(wordScore.apply(word));
  }
  return result;
}
```

创建一个新列表，并使用结果值填充该列表

使用for循环为每个元素应用给定的函数。将函数的结果添加到结果列表中

正如你所看到的，上面的代码仍然存在相同的问题。

- 它使用可变集合(ArrayList)。
- 代码不是很简洁。直观地说，对于这样一个小功能，要阅读的代码太多了。

剧透警告! 问题列表几乎肯定是相同的: 可变集合、非纯函数和/或代码过多

参考: 使用Java Streams的解决方案

当然，也可以使用Java Streams编写更好的解决方案:

```java
static List<Integer> wordScores(
  Function<String, Integer> wordScore,
  List<String> words
) {
  return words.stream()
    .map(wordScore).collect(Collectors.toList());
}
```

可以通过stream()使用传入列表的副本。使用Streams map将函数应用于每个元素。如果你不知道map，请继续阅读

通常，建议使用Streams来解决这些问题，因为它们不会改变任何现有值。但是，将提供通用的、非Streams版本的Java代码，因为其他命令式语言也是这样做的，而且更容易进行比较。

4.26 使用map将函数应用于列表的每个元素

使用map函数，可以快速地实现新要求，map函数在函数式编程中很常见。它与我们已经接触过的sortBy函数非常相似，因为它也只需要一个参数，而这个参数恰好是函数！

下面使用Scala及其内置的不可变List(具有一个map函数)来实现新要求。

```
def wordScores(wordScore: String => Int,
               words: List[String]): List[Int] = {
  words.map(wordScore)
}
```

> 注意，轻松地将String列表改为Int列表

如你所见，它与Java Streams版本非常相似。map函数的作用是接收列表中的每个元素，对其应用函数，并将结果保存在返回的新列表中。因此，它不会改变任何内容。Scala List API支持不可变性。

特征标记

让我们深入分析代码，了解其工作原理。一如既往，先从函数的特征标记开始，初步了解其内部信息，如图4-18所示。

图4-18 分析函数的特征标记

函数体

函数体仅由对map的调用组成，它完成了所有繁重工作。假设words包含rust和java，并且作为wordScore传递的函数返回几个不同于a的字母，会发生如图4-19所示的情况。

> 使用map替代在命令式版本中需要的for循环

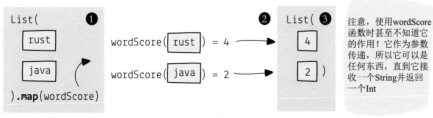

图4-19 函数体

4.27　了解map

与map函数相关的几件事情总是正确的。现在进行介绍。map仅接收一个参数，而这个参数是一个函数。如果List包含String，那么这个函数需要接收一个String并返回相同或不同类型的值。此函数返回的值类型正是返回的List包含的元素类型。例如：

> 注意，通过提供一个函数(它接收一个String并返回一个Int)，将由String组成的List更改为由Int组成的List

```
def wordScores(wordScore: String => Int,
               words: List[String]): List[Int] = {
  words.map(wordScore)
}
```

map在words上调用，words是一个List[String]。这意味着传递给map的函数需要接收String类型的元素。幸运的是，wordScore可以接收String！wordScore返回的元素类型正是从map返回的List包含的元素类型。wordScore返回的是Int，因此map返回List[Int]。

本书将针对每个提及的通用函数使用多种图表。我们不会在这些图表中使用String和Int，而是以更通用的方式来表示这些内容：List将包含类型A的值(即List[A])，函数将接受类型A的元素并返回类型B的元素，而map将返回List [B]。

> 在本例中，A是String，B是Int

```
List[A].map(f: A => B): List[B]
```

将传递为f的函数应用于元素A的原始列表的每个元素，生成一个具有类型B的新元素的新列表。传入列表和结果列表的大小相同。元素的排序保持不变，如图4-20所示。

> map的排序保持不变，这意味着如果在原始列表中一个元素在另一个元素之前，它们的映射版本也将按这个顺序排列

图4-20　map的排序保持不变

> score接收一个单词并返回其分数
>
> bonus接收一个单词并返回其奖励分
>
> penalty接收一个单词并返回其罚分

在实践中使用map

再次查看我们的解决方案，并试着使用真实的评分函数，以确保我们的方向是正确的。

```
val words = List("ada", "haskell", "scala", "java", "rust")
wordScores(w => score(w) + bonus(w) - penalty(w), words)
→ List(1, -1, 1, 2, -3)
```

看到了吗？传递函数非常有效。现在轮到你去做了。

4.28 练习使用map

现在是时候将一些函数传递给map函数了。请再次使用Scala REPL，以熟练使用map：

```
input: List("scala", "rust", "ada")   output: List(5, 4, 3)
```

1

返回给定String的长度。

```
input: List("rust", "ada")   output: List(1, 0)
```

2

返回给定String中字母s的个数。

```
input: List(5, 1, 2, 4, 0)   output: List(-5, -1, -2, -4, 0)
```

3

删除所有给定的Int，并将其作为一个新的List返回。

```
input: List(5, 1, 2, 4, 0)   output: List(10, 2, 4, 8, 0)
```

4

使所有给定的Int增大一倍，并将其作为一个新的List返回。

答案：

```
def len(s: String): Int = s.length
→ len
List("scala", "rust", "ada").map(len)
→ List(5, 4, 3)
```

1

```
def numberOfS(s: String): Int =
  s.length - s.replaceAll("s", "").length
→ numberOfS
List("rust", "ada").map(numberOfS)
→ List(1, 0)
```

2

```
def negative(i: Int): Int = -i
→ negative
List(5, 1, 2, 4, 0).map(negative)
→ List(-5, -1, -2, -4, 0)
```

3

```
def double(i: Int): Int = 2 * i
→ double
List(5, 1, 2, 4, 0).map(double)
→ List(10, 2, 4, 8, 0)
```

4

4.29 学习一次，随处适用

当你查看本章中创建的两个函数时，会发现它们有许多共同点。

```
def rankedWords(wordScore: String => Int,
                words: List[String]): List[String] = {
  words.sortBy(wordScore).reverse
}

def wordScores(wordScore: String => Int,
               words: List[String]): List[Int] = {
  words.map(wordScore)
}
```

> **重点！**
> 以函数为参数的
> 函数在FP代码中
> 无处不在

这不是巧合。以函数作为参数的函数在许多其他情况下非常有用，而不是仅限于对集合的操作。现在，通过集合初步掌握此类函数。直觉建立后，你就会发现，几乎在任何地方，甚至在集合之外，都有机会使用函数参数来自定义函数。

通过传递函数还可以实现什么

现在，回到假设对话，其中一人请求功能，而另一个人通过传递作为参数的函数来临时实现功能，如图4-21所示。

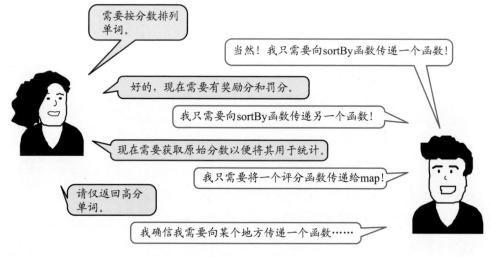

图4-21 假设的对话

一直在向sortBy和map函数传递函数，现在又有了一个新要求！能否以同样简洁、易读的方式实现这个新功能，将一个函数传递给另一个函数？

4.30 根据条件返回列表的部分内容

现在需要实现一个新的要求。

新要求：返回高分单词
- 需要返回一个分数高于1(即高分)的单词列表。
- 到目前为止实现的功能应保持不变(不能更改任何现有函数)。

快速练习：特征标记

本书旨在介绍函数式编程设计原则。因此，总是从函数的特征标记开始设计新函数。现在是时候直接从上述要求中找出函数特征标记了。请暂停阅读，试着回答以下问题：Scala中名为 highScoringWords的函数的特征标记会是什么？

答案见讨论中

参考：使用命令式Java的解决方案

在实现函数式解决方案之前，查看使用命令式Java的解决方案和它可能存在的问题。

```java
static List<String> highScoringWords(
  Function<String, Integer> wordScore,
  List<String> words
) {
  List<String> result = new ArrayList<>();
  for (String word : words) {
    if (wordScore.apply(word) > 1)
      result.add(word);
  }
  return result;
}
```

创建一个新列表，将结果值填入该列表

使用for循环为每个元素应用函数。如果满足条件，则将函数的结果添加到结果列表中

再次说明，上面的代码存在相同的问题：

问题列表上的问题早已屡见不鲜

- 它使用可变集合(ArrayList)。
- 代码不是很简洁。直观而言，对于这样一个小功能，要阅读的代码实在太多了。

Scala中的特征标记

在Scala(和其他FP语言)中，可以使用不可变的List。

```scala
def highScoringWords(wordScore: String => Int,
                     words: List[String]): List[String]
```

4.31　使用filter返回列表的部分内容

　　你可能已经猜到，使用List中的一个函数，就能快速实现新要求。没错！这个函数称为filter。它与前面的sortBy和map函数非常相似，因为它也只接受一个参数，而且这个参数恰好是一个函数！

　　使用Scala及其内置的不可变List(它具有一个filter函数)来实现新要求：

```scala
def highScoringWords(wordScore: String => Int,
                     words: List[String]): List[String] = {
  words.filter(word => wordScore(word) > 1)
}
```

为每个元素提供一个条件。如果条件为真，则元素最终出现在结果列表中

　　filter的作用是获取列表的每个元素，对其应用提供的条件，并仅返回满足此条件的元素。再次强调，它不会改变任何内容。Scala List API支持不可变性，因此返回的列表是一个新的元素列表，该列表满足作为函数提供给filter函数的条件。

特征标记

　　函数的特征标记如图4-22所示。

wordScore是一个函数，它接收一个String并返回一个Int

```scala
def highScoringWords(wordScore: String => Int,
                     words: List[String]): List[String]
```

words是由String组成的不可变的List

函数返回一个由String组成的新List

图4-22　函数的特殊标记

函数体

　　函数体只包含对filter的调用，filter使用一个返回Boolean的函数。假设words包含rust和java，并且作为wordScore传递的函数是具有奖励分和罚分的函数，会发生如图4-23所示的情况。

使用filter代替了在命令式版本中所需的for循环

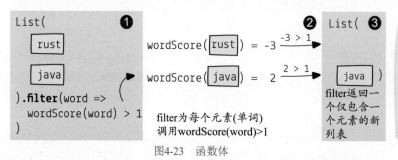

请再次注意，即使不知道wordScore函数的作用，仍可以使用它！它作为参数传递，因此在它获取String并返回Int之前，它可以是任何东西

图4-23　函数体

4.32 了解filter

filter仅需要一个参数，该参数是一个函数。如果List包含String，则此函数需要获取一个String。但是，与map不同，此函数必须始终返回一个Boolean值，该值用于决定特定元素是否应包含在结果列表中。filter返回的值类型与原始List中元素的类型完全相同。例如：

```
def highScoringWords(wordScore: String => Int,
                     words: List[String]): List[String] = {
  words.filter(word => wordScore(word) > 1)
}
```

filter以一个函数作为参数。此函数需要接收一个String并返回一个Boolean

filter在words上调用，words是一个List[String]。这意味着传递给filter的函数需要接收String类型的元素。wordScore接收String，但它返回Int，因此需要将其创建为一个新函数——一个接收String并返回Boolean的函数。

```
word => wordScore(word) > 1
```

使用双箭头语法创建一个匿名内联函数，如果给定单词的分数高于1，则返回true，否则返回false。可以将传递给filter的函数看作一个决策函数。它决定结果中应包含哪些内容。

```
List[A].filter(f: A => Boolean): List[A]
```

将作为f传递的函数应用于原始元素A列表的每个元素，生成一个新列表。对于所有类型为A的元素，f都返回true。输入列表和结果列表的大小可能不同。元素的排序保持不变，如图4-24所示。

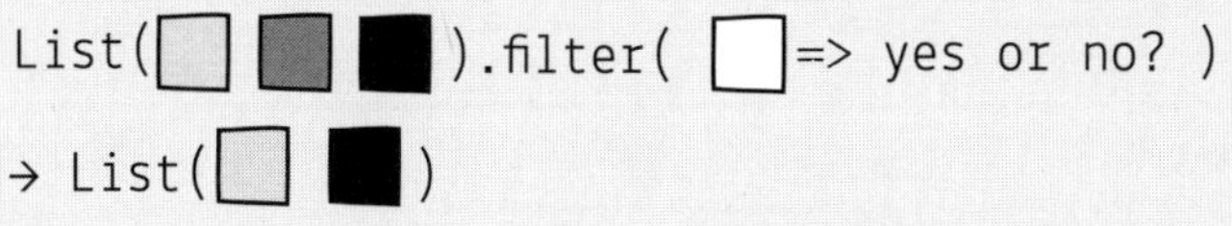

图4-24 filter的排序保持不变

filter的排序保持不变，这意味着如果原始列表中一个元素在另一个元素之前，且两个元素都在结果列表中，则它们的位置保持不变

filter函数的实际运用

既然我们对filter有了深入了解，不妨尝试使用新函数。

```
> val words = List("ada", "haskell", "scala", "java", "rust")
  highScoringWords(w => score(w) + bonus(w) - penalty(w), words)
  → List("java")
```

只有java的总分数超过1(确切地说是2)。我们再次使用了所有的评分函数(见图4-25)。传递函数这一功能发挥了作用。

```
score
def score(word: String): Int =
  word.replaceAll("a", "").length
```

```
bonus
def bonus(word: String): Int =
  if (word.contains("c")) 5 else 0
```

```
penalty
def penalty(word: String): Int =
  if (word.contains("s")) 7 else 0
```

图4-25 评分函数

4.33   练习filter

现在是时候将一些函数传递给filter函数了。请再次使用Scala REPL以确保你真正掌握filter函数。

返回长度小于五个字符的单词。

1

input: List("scala", "rust", "ada")   output: List("rust", "ada")

返回至少包含两个字母s的单词。

2

input: List("rust", "ada")   output: List()

返回仅包含奇数的新List。

3

input: List(5, 1, 2, 4, 0)   output: List(5, 1)

返回所有数字都大于4的新List。

4

input: List(5, 1, 2, 4, 0)   output: List(5)

> 答案:

```
def len(s: String): Int = s.length
→ len
List("scala", "rust", "ada").filter(word => len(word) < 5)
→ List("rust", "ada")
```

1

```
def numberOfS(s: String): Int =
    s.length - s.replaceAll("s", "").length
→ numberOfS
List("rust", "ada").filter(word => numberOfS(word) > 2)
→ List()
```

2

```
def odd(i: Int): Boolean = i % 2 == 1
→ odd
List(5, 1, 2, 4, 0).filter(odd)
→ List(5, 1)
```

注意,只有当函数返回一个Boolean时,才能按名称使用该函数,否则需要创建内联匿名函数

3

```
def largerThan4(i: Int): Boolean = i > 4
→ largerThan4
List(5, 1, 2, 4, 0).filter(largerThan4)
→ List(5)
```

4

4.34 迄今为止的旅程……

在进入下一个主题之前，暂时停下来想一想学到了什么，以及还有什么需要掌握。总体来说，在本书的这一部分中，一直在探讨基本工具：纯函数(第2章)、不可变值(第3章)，以及如何将纯函数视为不可变值(本章)。这三项就是进行函数式编程所需要的所有内容。然而，函数和值之间有多种交互方式，因此需要从不同的角度来看待不同的问题。

本章的学习过程包括三个步骤，如图4-26所示。

学习将函数用作值

当我们学习了一个非常具体的技术时，已经完成了第一个步骤。现在，将转入一个更具架构性的主题，但该主题仍然与作为值的函数密切相关

步骤1 ✔

将函数作为参数传递
函数是可以作为参数传递到其他函数中的值

```
List(□ ■ ■).map(□=>○)
→ List(○ ● ●)
List(□ ■ ■).filter( □ => yes or no? )
→ List(□ ■ )
```

步骤2

从函数返回函数
函数可以是从其他函数返回的值

此部分将更加关注函数式设计——如何通过将函数用作返回值来创建灵活的API。将学习用函数的方式实现建造者模式、方法链接和流式接口，这些你可能已经从OOP中了解到了。例如：

```
new HighScoringWords.Builder()
    .scoringFunction(w -> score(w))
    .highScoreBoundary(5)
    .words(Arrays.asList("java", "scala")
    .build();
```

将从函数返回函数来解决实际需求，从而介绍这个工具

我们目前在此！下一步是重要的一步！本章还有很多内容要学，请继续往下看

步骤3

函数作为值
函数是可以被传递和返回的值

最后，将尝试看看如何融会贯通地使用它们。将了解一个标准库函数，它使用两种技术：作为参数传递和作为结果返回。然后，将了解到如何使用不可变值来对数据进行建模，以及如何将在这些值上定义的函数一起传递以创建更高级的算法

图4-26　三个步骤

那么，现在进入第二步。我们将会遇到另一个要求，这将对我们的方案提出严峻考验，为此需要用一种全新的方案。

4.35 避免重复自己

回到我们的运行示例，查看当添加更多要求时会发生什么。现在，可以返回高分数的单词，代码看起来非常简洁、易读。

下一个要求(见图4-27)将真正检验新方法。

这是一直以来的目标，即使面对新的和不断变化的要求，也是如此

高分阈值为1，但将有多个游戏模式，每个模式都有不同的阈值。现在将会有三种游戏模式，其高分阈值分别定义为1、0和5。

让我看看我能做什么……

图4-27 新要求

假设需要针对三种不同的情况从给定的单词列表中返回高分数的单词：

- 高分数的单词是分数高于1的单词(当前实现)。
- 高分数的单词是分数高于0的单词。
- 高分数的单词是分数高于5的单词。

为了实现上述三种情况，需要重复很多代码：

```
> def highScoringWords(wordScore: String => Int,
                       words: List[String]): List[String] = {
    words.filter(word => wordScore(word) > 1)
  }

  def highScoringWords0(wordScore: String => Int,
                        words: List[String]): List[String] = {
    words.filter(word => wordScore(word) > 0)
  }

  def highScoringWords5(wordScore: String => Int,
                        words: List[String]): List[String] = {
    words.filter(word => wordScore(word) > 5)
  }

val words = List("ada", "haskell", "scala", "java", "rust")
highScoringWords(w => score(w) + bonus(w) - penalty(w), words)
→ List("java")
highScoringWords0(w => score(w) + bonus(w) - penalty(w), words)
→ List("ada","scala","java")
highScoringWords5(w => score(w) + bonus(w) - penalty(w), words)
→ List()
```

因此需要创建两个几乎完全相同的函数副本，只是函数名不同，高分阈值分别为0和5

此外，还需要将完全相同的评分函数传递给每一个几乎完全相同的副本。这需要大量重复

大量重复！看看有哪些工具可以用来处理这个问题

4.36　API是否易于使用

你可能认为，只要在highScoringWords函数中添加第三个参数，就可以解决高分阈值的问题。这当然是一个不错的方案，它肯定会解决代码中的一些重复问题。但是，在接下来的几页中，你会发现这还不够。仍然会有一些讨厌的重复，更糟糕的是，它将发生在客户端代码中：该代码通过使用我们提供的API来使用函数。注意，在函数式代码库中，API通常是函数特征标记。

本书旨在讲授函数式编程。然而，主要目标是讲授函数式编程如何解决实际的软件问题。比起编写代码库，开发人员往往花更多的时间阅读和分析代码库，因此需要重点关注如何使用函数。图4-28中假设的对话生动地反映了API使用方式的重要性。实现它们的方式也很重要，但这是次要的。我们的解决方案将被他人使用，应时刻牢记这一点。

这就是要重视特征标记的原因

不考虑API的使用方式……

highScoringWords

```
def highScoringWords(wordScore: String => Int,
                     words: List[String],
                     higherThan: Int): List[String] = {
  words.filter(word => wordScore(word) > higherThan)
}
```

我只是添加了一个新的函数参数。它解决了你的问题吗？

谢谢，但它难以使用，因为我需要在各处复制评分函数：
```
highScoringWords(w => score(w) + bonus(w) - penalty(w), words, 0)
highScoringWords(w => score(w) + bonus(w) - penalty(w), words, 1)
highScoringWords(w => score(w) + bonus(w) - penalty(w), words, 5)
```

在考虑API使用方式之后……　　预览！

在得出"添加新参数不足以解决问题"的结论之后，将学习新的函数式技术，这将帮助设计更好的API。注意，以下代码仅供预览。关注客户端代码。
如果你不理解发生了什么，不要担心——将在本章的下一部分加以学习

highScoringWords

```
def highScoringWords(wordScore: String => Int,
                     words: List[String]
                    ): Int => List[String] = {
  higherThan => words.filter(word => wordScore(word) > higherThan)
}
```

我使用了我从《函数式编程图解》中学到的新技术。现在函数是否更容易使用了？

那真是太棒了！我现在得到了非常易读和简洁的代码！
```
val wordsWithScoreHigherThan: Int => List[String] =
  highScoringWords(w => score(w) + bonus(w) - penalty(w), words)

wordsWithScoreHigherThan(1)
wordsWithScoreHigherThan(0)
wordsWithScoreHigherThan(5)
```

评分函数不变，仅定义一次。不再有讨厌的重复代码了。

图4-28　假设的对话

4.37 添加一个新参数不足以解决问题

当你发现不同的高分阈值的问题时，希望你的反应是："这很容易解决，添加一个新参数就可以了！"遗憾的是，这还不够。原因如下。

可以看到，新参数有所帮助，因为不必为每个高分阈值定义一个新函数。然而，仍然存在一些重复现象，无法使用新参数解决。我们需要一种技术，使我们能够仅指定函数的一些参数，而将其他参数留待以后使用。总而言之：

```scala
def highScoringWords(wordScore: String => Int,
                     words: List[String]): List[String] = {
  words.filter(word => wordScore(word) > 1)
}
```

> 需要将函数参数化，并将该值转换为Int参数

```scala
def highScoringWords(wordScore: String => Int,
                     words: List[String],
                     higherThan: Int): List[String] = {
  words.filter(word => wordScore(word) > higherThan)
}
```

> 现在，highScoringWords函数需要一个分数函数、一个String列表和一个Int。它仍然返回一个包含高分单词的String列表。分数函数和Int参数用于构造一个匿名函数，该函数内联传递给filter函数

> 现在可以使用这个新的highScoringWords函数来处理这三种(及更多)情况，而不必为每种情况创建一个新函数

```scala
highScoringWords(w => score(w) + bonus(w) - penalty(w), words, 1)
→ List("java")

highScoringWords(w => score(w) + bonus(w) - penalty(w), words, 0)
→ List("ada", "scala", "java")

highScoringWords(w => score(w) + bonus(w) - penalty(w), words, 5)
→ List()
```

> **问题！**
>
> 我们摆脱了一些重复代码，但仍有很多重复代码！每次调用highScoringWords时，仍然传递完全相同的评分函数

```scala
def highScoringWords(wordScore: String => Int,
                     words: List[String],
                     higherThan: Int): List[String]
```

> 想在一个地方提供wordScore和words

> 在另一个地方提供higherThan参数，以消除所有重复

4.38   函数可以返回函数

要在不重复的情况下解决问题，需要的不只是一个新参数，还需要一种能延迟应用这个新参数的技术。可以通过一个返回函数的函数来实现这一点。按照这种方式修改highScoringWords函数。

特征标记

我们从特征标记开始。这里定义了第一个返回函数的函数，如图4-29所示！

记住，函数特征标记说明了其作用及使用方式

该函数需要
两个参数

函数返回一个接收一个
Int并返回一个List[String]
的函数

```
def highScoringWords(wordScore: String => Int,
                     words: List[String]): Int => List[String]
```

图4-29   特征标记

函数体

如何从函数体中返回一个函数？可以使用前面已经使用过的语法来将函数传递给sortBy、map和filter，如图4-30所示。

```
def highScoringWords(wordScore: String => Int,
                     words: List[String]): Int => List[String] = {
  higherThan => words.filter(word => wordScore(word) > higherThan)
}
```

- 返回值是一个以higherThan作为参数并返回一个List[String]的函数
- 使用filter来创建这个新的筛选后的String列表
- 在传递给filter函数的函数内部使用higherThan

1 `higherThan =>` 　…

这是一个匿名函数的内联定义，该函数获取一个名为higherThan的参数

2 `higherThan => words.filter(` 　…　 `)`

这是一个匿名函数的内联定义，该函数获取一个名为higherThan的参数，并返回一个List[String]，它通过过滤定义为words的列表而创建

3 　…　 `(word =>` 　…　 `)`

这是一个匿名函数的内联定义，该函数获取一个名为word的参数

4 　…　 `(word => wordScore(word) > higherThan)`

这是一个匿名函数的内联定义，该函数获取一个名为word的参数，并返回一个Boolean

图4-30   函数体

4.39 使用可以返回函数的函数

从highScoringWords返回函数使我们能在代码的一个位置提供两个参数，然后在后续代码中提供第三个参数。分析图4-31，看看如何做到这一点。

> highScoringWords函数接收一个评分函数和一个String列表。
> 然后返回一个接收Int并返回一个List[String]的函数

```
def highScoringWords(wordScore: String => Int,
                     words: List[String]): Int => List[String] = {
  higherThan => words.filter(word => wordScore(word) > higherThan)
}
```

1 highScoringWords(w => score(w) + bonus(w) - penalty(w), words)
→ Int => List[String]
当调用这个函数时，会得到另一个函数

> 能够只提供前两个参数：
> wordScore函数
> 和words列表

2 val wordsWithScoreHigherThan: Int => List[String] =
highScoringWords(w => score(w) + bonus(w) - penalty(w), words)
可以将highScoringWords(一个匿名函数)的结果保存在一个新名称下

> 现在可以将结果
> 存储为只需要一个
> 参数(Int)的函数，
> 以获取String列表

3
> 现在，可以使用这个新的wordsWithScoreHigherThan函数来处理这三种(及更多)情况，而不必为每种情况创建一个新函数，也不必重复定义评分函数。这是可以实现的，因为已经应用了两个参数。wordsWithScoreHigherThan已经了解了单词和它操作的评分函数，它只需要higherThan参数来返回最终结果。这就是我们想要的

```
wordsWithScoreHigherThan(1)
→ List("java")
```

问题已解决！

```
wordsWithScoreHigherThan(0)
→ List("ada", "scala", "java")
```

> 没有重复！现在知道哪一段代码
> 负责定义评分函数和高分阈值。
> 此处没有出错的余地

```
wordsWithScoreHigherThan(5)
→ List()
```

图4-31 使用可以返回函数的函数

现在不需要太多代码，剩下的代码也非常简洁。甚至可能感觉在走捷径！为了摆脱这种感觉，下面来分解最关键的部分，并试着真正理解发生了什么，如图4-32所示。

此处定义一个   它是一个接收Int并
新的不可变值   返回List[String]的函数

```
val wordsWithScoreHigherThan: Int => List[String] =
  highScoringWords(w => score(w) + bonus(w) - penalty(w), words)
```

> 虽然
> wordsWithScoreHigherThan函数
> 是从highScoringWords函数得到
> 的结果，但可以一视同仁地对待
> 它和其他函数。
> 它将需要一个Int并返回一个
> List[String]：
> wordsWithScoreHigherThan(1)
> → List("java")

通过调用highScoringWords并获得其结果来创建这个值，
highScoringWords是接收一个Int并返回一个List[String]的函数

图4-32 最关键的部分

4.40 函数就是值

问：是否可以从一个函数中返回另一个函数，然后以想要的任何名称将其存储为一个val？就像返回和存储Int、String或List[String]一样？

答：是的！可以！在函数式编程中，函数的处理方式与其他值一样。可以将它们作为参数传递，将它们作为结果返回，并通过不同的名称引用它们（使用val语法）。

重点！
在FP中，函数的处理方式与其他值完全相同

作为参数传递的函数是值

当你查看highScoringWords的参数列表时，会发现它有两个参数。两者被平等对待，且两者都是不可变的值。

```
def highScoringWords(wordScore: String => Int,
                     words: List[String]
                    ): Int => List[String] = {
  higherThan =>
    words.filter(word => wordScore(word) > higherThan)
}
```

从highScoringWords返回的值是一个函数，用于需要一个以Int为参数并返回List[String]的函数的情况

从其他函数返回的函数是值

但等等，不止于此！我们还能够从函数中返回函数，将其保存在选择的名称下并调用它！

只是传递值

我们一直在将函数传递给sortBy、map和filter函数。但是，在Scala等函数语言中，函数和其他值之间没有真正的区别。在熟练使用之前，请将函数视为具有行为的对象，就像处理包含单个函数的Java Comparator对象一样：

```
Comparator<String> scoreComparator =
  new Comparator<String>() {
    public int compare(String w1, String w2) {
      return Integer.compare(score(w2), score(w1));
    }
  };
```

同样的直觉也适用于FP。函数只是值；你可以将它们用作参数，可以创建它们，并且可以从其他函数返回它们。你只需要像传递String一样传递它们。

这是FP初学者最难学习的内容之一。即使读完了本章，你可能仍然难以理解。因此，这里为你提供了另一种思维模式，而且后续讨论会不时地回到这个话题上来

4.41　小憩片刻: 返回函数

在此练习中，你将重写先前编写的一些函数。你应该了解如何将函数作为实值使用。你还将从函数中返回函数，并将函数作为参数传递到熟悉的内置函数中。请务必在思考每个要求(并在计算机上编写代码)后，再查看答案。

你的任务是实现以下四个要求，以使其设计足以适应所需更改。这就是每个练习都包含原始要求和修改后要求的原因。请确保每个解决方案都使用返回另一个函数的函数。

返回一个新List，其中所有数字都大于4。

input: List(5, 1, 2, 4, 0)　　output: List(5)

更改：现在返回一个新List，其中所有数字都大于1。

input: List(5, 1, 2, 4, 0)　　output: List(5, 2, 4)

1 提示：4和1需要在某个地方作为参数传递

返回一个新List，其中仅包含可被5整除的数字。

input: List(5, 1, 2, 4, 15)　　output: List(5, 15)

更改：现在返回一个新List，其中仅包含可被2整除的数字。

input: List(5, 1, 2, 4, 15)　　output: List(2, 4)

2 提示：5和2需要作为参数传递。也许可以传递给新函数？

返回长度小于四个字符的单词。

input: List("scala", "ada")　　output: List("ada")

更改：现在返回长度小于七个字符的单词。

input: List("scala", "ada")　　output: List("scala", "ada")

3 提示：4和7需要作为参数传递给返回函数的函数

返回至少具有两个字母s的单词。

input: List("rust", "ada")　　output: List()

更改：现在返回具有一个或多个字母s的单词。

input: List("rust", "ada")　　output: List("rust")

4 提示：你可以重用前面的名为numberOfS的函数，但这还不够

4.42 解释: 返回函数

希望你能从中获得乐趣！一如既往，这些练习有多种解法。如果你使用返回函数的函数，并且这些函数以Int作为参数，则太好了！如果你做起来很吃力，请不要担心；你迟早会弄懂的！你解题花费的时间越多，离真相就越近。下面一起解决它们。

将再次使用Scala REPL。请跟上我们的脚步，如果你还不能独自完成练习，就更应多加注意

返回一个新List，其中所有数字都大于4(或1)。

```
> def largerThan(n: Int): Int => Boolean = i => i > n
  → largerThan
  List(5, 1, 2, 4, 0).filter(largerThan(4))
  → List(5)
  List(5, 1, 2, 4, 0).filter(largerThan(1))
  → List(5, 2, 4)
```

1

定义了函数largerThan，它接收一个Int并返回一个可以在filter内使用的函数

返回一个新List，其中仅包含可被5(或2)整除的数字。

2

```
> def divisibleBy(n: Int): Int => Boolean = i => i % n == 0
  → divisibleBy
  List(5, 1, 2, 4, 15).filter(divisibleBy(5))
  → List(5, 15)
  List(5, 1, 2, 4, 15).filter(divisibleBy(2))
  → List(2, 4)
```

定义了函数divisibleBy，它接收一个Int并返回一个可以在filter内使用的函数。然后，使用此函数来过滤不同的数字

返回长度小于四个(或七个)字符的单词。

3

```
> def shorterThan(n: Int): String => Boolean = s => s.length < n
  → shorterThan
  List("scala", "ada").filter(shorterThan(4))
  → List("ada")
  List("scala", "ada").filter(shorterThan(7))
  → List("scala", "ada")
```

定义了函数shorterThan，它接收一个Int并返回一个可以在filter内使用的函数。然后，使用此函数来过滤不同的String

返回至少具有两个字母s的单词(或s的数量大于0)。

4

```
> def numberOfS(s: String): Int =
    s.length - s.replaceAll("s", "").length
  → numberOfS
  def containsS(moreThan: Int): String => Boolean =
      s => numberOfS(s) > moreThan
  → containsS
  List("rust", "ada").filter(containsS(2))
  → List()
  List("rust", "ada").filter(containsS(0))
  → List("rust")
```

定义了函数containsS，它接收一个Int并返回一个可以在filter内使用的函数。在这个新函数内部，重新使用了之前定义的函数numberOfS。然后，使用containsS来过滤不同的String

4.43   设计函数式API

前面的小节引入了一个非常重要的概念：函数只是值，可以从其他函数返回。示例中的三参数函数存在问题，于是将其转换为返回一个单参数函数的双参数函数。函数内部的逻辑没有改变，只是特征标记不同而已，但却让我们的工作变得简单多了！下面用经典的前后对比方式来比较一下，如图4-33所示。

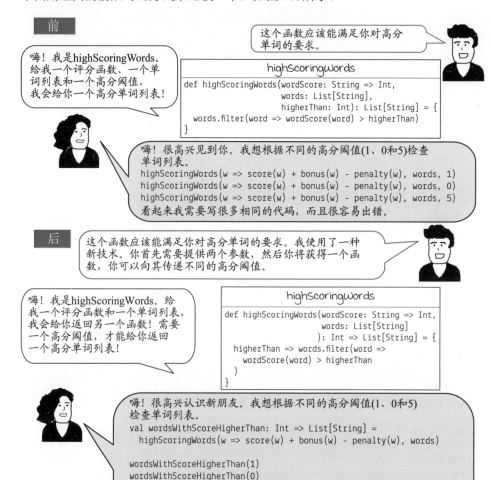

图4-33 对比两种方案

注意，我们的客户需要的所有信息都可以从特征标记中得出！通过使用这种技术，可以确保客户知道他们的选择，从而编写出可读、可测试和可维护的代码。这是良好软件设计的基础。

4.44 函数式API的迭代设计

函数式编程为我们提供了设计API的多功能工具。在本书的
这部分中，我们将学习这些工具。然而，工具本身并不能使我们
成为优秀的程序员。你还需要知道如何在不同环境中使用它们。
这是将在本书后面讨论的内容，但本章将向你展示编写软件最通
用的方式之一，以及如何使用FP进行实践：基于客户反馈的迭代
设计。设计基于当前假设而改变。根据客户对代码的要求和反馈
来塑造特征标记。变更是非常受欢迎的。

> 而且工具的数量也
> 不多，这是好事！
> 你在本章中学习了
> 纯函数、不可变值
> 和作为值的函数。
> 不需要其他

程序员不应该惊讶于需求变化或变得更具体。这正是本章下
一节的内容。看看如何充分利用工具(尤其是从函数中返回函数)
来处理不断变化的需求(见图4-34)。

> 我最近一直在使用highScoringWords函数，但遇到了一个问题。当我想
> 要根据不同的高分阈值检查不同的单词列表时，我需要重复很多代码。
> 当你自行尝试根据不同阈值检查不同单词列表的结果时，你也可以看到。

图4-34 不断变化的需求

可以看到，我们的API并没有想象的那么好。下面通过尝试
使用两个不同的单词列表来重现问题。

```
val words = List("ada", "haskell", "scala", "java", "rust")
val words2 = List("football", "f1", "hockey", "basketball")
```

除了迄今为止使用的单词
列表外，还定义了一个新
的单词列表(words2)来模拟
真实玩家玩的文字游戏

```
val wordsWithScoreHigherThan: Int => List[String] =
  highScoringWords(w => score(w) + bonus(w) - penalty(w), words)

val words2WithScoreHigherThan: Int => List[String] =
  highScoringWords(w => score(w) + bonus(w) - penalty(w), words2)
```

最大的问题出在这里。
需要为每个单词列表定义
一个非常相似的函数

```
wordsWithScoreHigherThan(1)
→ List("java"))

wordsWithScoreHigherThan(0)
→ List("ada", "scala", "java")

wordsWithScoreHigherThan(5)
→ List()
```

使用第一个函数来获取第一个单词列表的高分。
需要三个结果，因为有三个不同的阈值；
因此，只能调用函数三次

```
words2WithScoreHigherThan(1)
→ List("football", "f1", "hockey")

words2WithScoreHigherThan(0)
→ List("football", "f1", "hockey", "basketball")

words2WithScoreHigherThan(5)
→ List("football", "hockey")
```

雪上加霜的是，需要使用第二个函数来
获取第二个单词列表的高分。高分
阈值会使代码变得更加臃肿，
因为它需要额外调用三次函数

4.45　从返回的函数中返回函数

如果你对这样的标题感到头晕，不要担心：接下来的内容将介绍一种更好的定义方式

当我们仔细观察现在遇到的问题时，可以发现它与之前通过返回函数解决的问题有一些相似之处。回顾一下之前的做法，参见图4-35。

前 　**三参数函数**

```
def highScoringWords(wordScore: String => Int,
                     words: List[String],
                     higherThan: Int): List[String]
```

想要在一个地方提供wordScore和words

在另一个地方提供higherThan参数，以消除因提供不同的higherThan而造成的重复

后 　**双参数函数**

因此，将三参数函数转换为返回单参数函数的双参数函数

```
def highScoringWords(wordScore: String => Int, words: List[String]): Int => List[String]
```

图4-35　对比两种方案

通过修改后的方案，可以单独提供wordScore和words的Int(higherThan参数)。但是，仍然需要同时传递wordScore和words，这就是目前的问题所在。我们想保持相同的评分算法，并使用不同的words和higherThan值。幸运的是，这看起来与以前的问题一模一样，因此可以使用完全相同的工具来解决它，如图4-36所示。

这种技术有一个名字，在函数式编程中非常普遍。名字稍后揭晓

前 　**双参数函数**

现在将在一个地方提供wordScore

```
def highScoringWords(wordScore: String => Int
                     words: List[String]
                    ): Int => List[String]
```

在另一个地方提供words参数，以消除因提供不同words而造成的重复

后 　**单参数函数**

因此，需要将返回单参数函数的双参数函数转换为返回单参数函数的单参数函数，被返回的单参数函数反过来又返回另一个单参数函数

不，左边的句子中没有错误。真的需要这样做

```
def highScoringWords(wordScore: String => Int): Int => List[String] => List[String]
```

这个函数接收一个参数，该参数是一个接收String并返回Int的函数

这个函数返回一个函数，被返回的函数接收一个Int并返回另一个函数，此函数接收List[String]并返回一个新List[String]

图4-36　将双参数函数改为单参数函数

4.46 如何从返回的函数中返回函数

再次强调，如果你不喜欢阅读这样的标题，不要担心：稍后将介绍一种更好的方案来讨论返回函数

我们现在知道了新的单参数函数的特征标记，并且期望它能解决我们的设计问题：不喜欢重复提供相同的参数。因此，需要确保每个参数都是单独应用的，新的实现如图4-37所示。

这个函数接收一个参数，该参数是一个接收一个String并返回一个Int的函数

这个函数返回一个函数，被返回的函数接收一个Int并返回另一个函数，此函数接收一个List[String]，并返回一个新的List[String]

```scala
def highScoringWords(wordScore: String => Int): Int => List[String] => List[String] = {
  higherThan => words => words.filter(word => wordScore(word) > higherThan)
}
```

- 返回值是一个函数，该函数以higherThan作为参数并返回一个函数
- 返回的函数以words作为参数并返回一个List[String]
- 与之前一样，使用filter来创建新的过滤后的String列表
- 在传递给filter函数的函数内部使用了higherThan和words

1 `higherThan => ` …

这是一个匿名函数的内联定义，该函数接受一个名为higherThan的参数

2 `higherThan => words => ` …

这是一个匿名函数的内联定义，该函数接受一个名为higherThan的参数并返回另一个匿名函数，该函数接受一个名为words的参数

3 `higherThan => words => words.filter( ` … `)`

这是一个匿名函数的内联定义，该函数接受一个名为higherThan的参数并返回另一个匿名函数，此函数接受一个名为words的参数，并返回一个List[String]，List[String]是通过过滤定义为words的列表创建的

4 … `(word => ` … `)`

这是一个匿名函数的内联定义，该函数接受一个名为word的参数

5 … `(word => wordScore(word) > higherThan)`

这是一个匿名函数的内联定义，该函数接受一个名为word的参数并返回一个Boolean

图4-37 新的实现

如你所见，使用完全相同的双箭头语法来定义一个返回函数的函数，被返回的函数又返回另一个函数。下面测试一下新的实现并看看它的实际效果。

4.47 使用返回函数构建的灵活API

将一个三参数函数转换为只接受一个参数并返回一个函数的函数，真的能解决我们的问题吗？看看如何使用新版本的highScoringWords(见图4-38)。

嗨！我是highScoring-Words的新版本。对于每个给定的参数，我都会返回一个新函数。给我一个评分函数，我会给你返回另一个函数！它将需要一个高分阈值，并将返回另一个函数。该函数将以单词作为参数，并返回高分单词。

这个函数应该能满足你对高分单词的要求。我再次使用了相同的技术。现在，你首先需要提供一个评分算法，然后单独提供一个高分阈值。

highScoringWords

```
def highScoringWords(
  wordScore: String => Int
): Int => List[String] => List[String] = {
  higherThan => words => words.filter(word => wordScore(word) > higherThan)
}
```

嗨！很高兴认识新朋友！我想根据我选择的不同高分阈值检查单词列表。因此，我首先需要提供评分函数，然后提供高分阈值，以及我想使用的单词列表。让我试试！

1 当我应用第一个参数(评分函数)时，我将得到一个仍需要两个参数才能返回结果的函数。我稍后可以提供这两个参数。好在这个函数将"保存"评分算法，以后我不必再重复它

```
val wordsWithScoreHigherThan: Int => List[String] => List[String] =
  highScoringWords(w => score(w) + bonus(w) - penalty(w))
```

2 现在，我需要提供一个高分阈值来获取下一个函数。如果我知道只有一个高分阈值，我可以将其保存为val。然而，我们已经知道将有不同的阈值和不同的单词列表，因此可以同时应用剩余的两个参数，而不命名"中间"函数：

```
val words = List("ada", "haskell", "scala", "java", "rust")
val words2 = List("football", "f1", "hockey", "basketball")
```

```
wordsWithScoreHigherThan(1)(words)
→ List("java")

wordsWithScoreHigherThan(0)(words2)
→ List("football", "f1", "hockey", "basketball")

wordsWithScoreHigherThan(5)(words2)
→ List("football", "hockey")
```

这里将两个参数同时应用到剩余的两个函数。仍然有两个函数调用：当提供高分阈值(higherThan)时，会得到一个返回函数。不将其保存为val，而是立即使用选择的单词列表调用它。这只是此函数的使用方式之一，但它非常适合此特定情况

需要注意的是，如果想要获得充分的灵活性，仍然可以在单独的参数列表中提供每个参数，从而像使用三参数函数那样使用highScoringWords函数

```
highScoringWords(w => score(w) + bonus(w) - penalty(w))(1)(words)
→ List("java")
```

至于哪些参数应该固定(通过将函数保存为命名的val)，哪些不应该固定(通过在同一行中获取函数后立即应用参数)，这取决于函数的用户

图4-38　新版本的highScoringWords

4.48 在函数中使用多个参数列表

我们现在知道，从其他函数返回函数的方案对代码库非常有益。函数的客户端可以编写更少的代码，但仍然具有很大的灵活性。可以编写小型、独立的函数，各函数具有单一的职责，代码不会被迫重复。然而，语法仍然存在一些小问题。

> **重点！**
> 返回函数是设计灵活API的基础

问题：参数命名不一致

问题在于函数语法不一致，即使在一个函数内部，也是如此。这样做是可以的，但还是会给读者带来一些困惑。以highScoringWords函数为例：

```scala
def highScoringWords(
  wordScore: String => Int
): Int => List[String] => List[String] = {
  higherThan =>
    words =>
      words.filter(word => wordScore(word) > higherThan)
}
```

如下是三个参数列表：

— wordScore: String => Int
— higherThan: Int
— words: List[String]

不过，我们的编写方式完全不同。第一个参数列表编写为普通的函数参数列表，而其余的则是使用双箭头语法编写的，该语法已经用于内联传递的未命名匿名函数。幸运的是，可以使用更一致的语法！

> "参数列表"是指在特征标记中定义参数名称及其类型的部分

> 注意，第一个参数列表包含一个函数参数，而第二个和第三个参数列表则由基本类型参数组成

解决方案：多个参数列表

在Scala等函数式语言中，可以使用允许有多个参数列表的语法。本示例需要三个参数列表，如图4-39所示。

```scala
def highScoringWords(wordScore: String => Int): Int => List[String] => List[String] = {
  higherThan =>
    words =>
      words.filter(word => wordScore(word) > higherThan)
}
```

> highScoringWords的两个定义操作相同：都以一个函数作为参数并返回一个函数，该函数接受另一个参数并返回一个函数。只是它们使用了不同的语法

```scala
def highScoringWords(wordScore: String => Int)(higherThan: Int)(words: List[String]): List[String] = {
  words.filter(word => wordScore(word) > higherThan)
}
```

图4-39 多个参数列表

4.49　使用柯里化

可以用同样的方式解决后两个问题：将多参数函数转换为返回另一个单参数函数的单参数函数。这种技术称为柯里化(currying)。通过柯里化，可以用highScoringWords来解决最后两个问题。

"柯里化"是以逻辑学家Haskell Curry的名字命名的——还有以他的名字命名的编程语言

柯里化

将多参数函数转换为一系列相互返回的单参数函数的过程称为"柯里化"。柯里化能够创建非常通用的API。客户端代码可以在代码库的不同(且最恰当的)部分提供每个参数。这有助于避免重复，使代码更具可读性和可维护性，因为不必一次性向读者提供所有不同的参数。

```
def f(a: A, b: B, c: C): D
```
未柯里化的多参数函数接受三个参数并返回类型为D的值

```
def f(a: A): B => C => D
```
使用"返回函数"语法

柯里化的单参数函数接受一个参数并返回另一个单参数函数，后者又返回一个单参数函数，其返回类型为D的值

用法完全相同。唯一的区别是，在"返回函数"语法中，仅提供值的类型，而"多参数列表"包所有值名称

```
def f(a: A)(b: B)(c: C): D
```
使用"多参数列表"语法

柯里化的单参数函数接受一个参数并返回另一个单参数函数，后者又返回一个单参数函数，其返回类型为D的值

因此，当我们将highScoringWords转换为返回另一个函数的单参数函数时，它进行了柯里化。它允许单独提供三个参数中的每一个！仍然需要定义哪个参数是第一参数，哪个参数是第二参数，等等，参见图4-40。这个顺序非常重要，应该根据需求来确定。

在受Haskell Curry启发的Haskell语言中，所有函数都是柯里化的。也就是说，Haskell中的所有函数都只取一个参数

1
评分算法

评分算法在游戏开始时使用，并在选择游戏模式时选择

2
高分阈值

高分阈值是在程序流程后期设置难度时选择的(这就是它在分数之后的原因)

3
单词列表

在每轮游戏中，当玩家提供新的单词时，单词列表将发生动态变化

```
def highScoringWords(wordScore: String => Int)(higherThan: Int)(words: List[String]): List[String] = {
  words.filter(word => wordScore(word) > higherThan)
}
```

图4-40　参数的顺序

4.50 练习柯里化

回到上一个练习中编写的函数。请将它们转换为柯里化版本。这个练习应该帮助你获得一些肌肉记忆。同样，请使用Scala REPL以确保你真正掌握它。

你的任务：

返回一个新的List，其中包含所有大于4的数字(将4作为参数传递)。 **1**

```
input: List(5, 1, 2, 4, 0)    output: List(5)
```

返回一个新的List，其中包含可被5整除的数字(将5作为参数传递)。 **2**

```
input: List(5, 1, 2, 4, 15)    output: List(5, 15)
```

返回长度小于4个字符的单词(将4作为参数传递)。 **3**

```
input: List("scala", "ada")    output: List("ada")
```

返回至少包含两个字母s的单词(将2作为参数传递)。 **4**

```
input: List("rust", "ada")    output: List()
```

答案：

```
> def largerThan(n: Int)(i: Int): Boolean = i > n
→ largerThan
List(5, 1, 2, 4, 0).filter(largerThan(4))
→ List(5)
```
1
```
def divisibleBy(n: Int)(i: Int): Boolean = i % n == 0
→ divisibleBy
List(5, 1, 2, 4, 15).filter(divisibleBy(5))
→ List(5, 15)
```
2
```
def shorterThan(n: Int)(s: String): Boolean = s.length < n
→ shorterThan
List("scala", "ada").filter(shorterThan(4))
→ List("ada")
```
3
```
def numberOfS(s: String): Int =
  s.length - s.replaceAll("s", "").length
→ numberOfS
def containsS(moreThan: Int)(s: String): Boolean =
  numberOfS(s) > moreThan
→ containsS
List("rust", "ada").filter(containsS(2))
→ List()
```
4

4.51   通过传递函数值进行编程

现在回到假设对话(见图4-41),其中一人请求功能,而另一个人通过传递函数参数来随意实现功能。(参数只是像Int和List这样的值,对吗?)

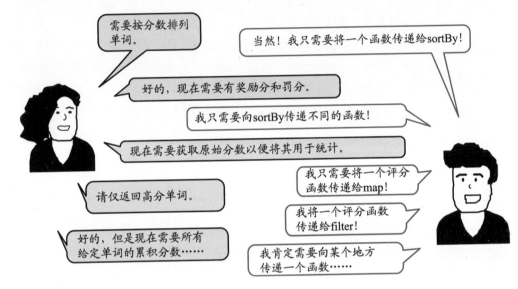

图4-41   假设的对话

又有了一个新要求!这次需要返回所有给定单词的累积分数,而且像往常一样,希望以纯函数的方式实现它:将不可变值(包括函数)传递到纯函数中。这样,可以从一开始就避免很多问题!

高阶函数

在继续用一行代码替换另一个for循环之前,我要先强调一件非常重要的事情:将函数作为参数传递给其他函数并从函数返回函数的技术在函数式代码库中是通用的。它非常通用,甚至有自己的名称:接受或返回另一个函数的函数称为高阶函数。sortBy、map和filter只是标准库中的示例,但你将遇到更多,甚至自行编写!

其次,我们不仅会在集合上使用map、filter等高阶函数,还会在其他类型上使用它们。学习一次,随处使用。

4.52 将许多值缩减为单个值

仔细看一下新要求。

> **新要求：返回累积分数**
> - 需要返回作为输入列表提供的单词的累积分数。
> - 到目前为止实现的功能应该仍然保持不变(不能更改任何现有函数)。

?

快速练习：特征标记

在函数式编程中，特征标记是非常重要的信息。总是从函数的特征标记开始设计新功能，原因就在于此。它是一种非常有用的工具，可以指导思考过程和实现过程。这也是我添加下面这个练习的原因！在继续之前，希望你试着思考一下新要求，并探究实现该要求的函数的特征标记。

答案见讨论中

参考：使用命令式Java的解决方案

在实现函数式解决方案并揭示函数特征标记的神秘面纱之前，先查看使用命令式Java的解决方案及其存在的问题。

```java
static int cumulativeScore(
  Function<String, Integer> wordScore,
  List<String> words
) {
  int result = 0;
  for (String word : words) {
    result += wordScore.apply(word);
  }
  return result;
}
```

创建一个新的可变整数并将其初始化为0

使用for循环为每个元素应用一个函数。函数的结果被添加到在开始时创建的可变整数中

上述代码中的问题我们都很熟悉：
- 它使用可变集合(List)。
- 代码不是很简洁。直观而言，对于这样一个小功能，需要阅读的代码太多了。

Scala中的特征标记

以下是Scala版本的特征标记：

请记住，尽管它与Java版本非常相似，但它使用的是不可变List

```scala
def cumulativeScore(wordScore: String => Int,
                    words: List[String]): Int
```

4.53   使用foldLeft将多个值缩减为一个

如你所见，到目前为止，所有要求都能够快速实现。使用了List的sortBy、map和filter：这些函数以其他函数作为参数，在内部使用它们，并返回新的、不可变的值。也可使用相同的技术实现4.52节中的新要求。这里介绍的函数称为foldLeft。可按如下方式使用Scala的不可变List(具有foldLeft函数)实现新要求：

```scala
def cumulativeScore(wordScore: String => Int,
                    words: List[String]): Int = {
  words.foldLeft(0)((total, word) => total + wordScore(word))
}
```

> 提供一个函数，它能够将当前元素添加到正在计算的总和中，该总和从0开始

是的，foldLeft与以前的函数有点不同，但总体规则是一样的。它所做的是获取列表中的每个元素，对其应用所提供的函数并持续计算总数，然后将其传递给下一个元素。同样，它不会改变任何内容。

特征标记

函数的特征标记如图4-42所示。

wordScore是一个接收一个String并返回一个Int的函数

```scala
def cumulativeScore(wordScore: String => Int,
                    words: List[String]): Int
```

words是一个不可变的由String组成的List

该函数返回一个Int

图4-42   函数的特征标记

函数体

如图4-43所示，函数体由一个单独的对foldLeft的调用组成，foldLeft接收一个Int和一个函数，该函数接收两个参数并返回一个Int。

这里假设传递了一个包含奖励分和罚分的wordScore函数

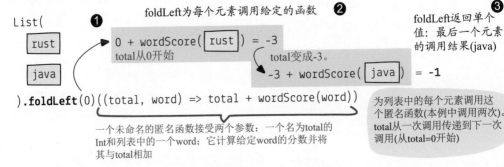

图4-43   函数体

4.54 了解foldLeft

foldLeft通过遍历列表的所有元素并调用提供的函数来累积值。它累积的值称为累加器。它的初始值作为第一个参数传递给foldLeft。本例中的累加器是一个初始值为0的Int：

```
words.foldLeft(0)
```

假设words是一个由String组成的List，上述代码段返回的函数是一个双参数函数，其接收一个Int和一个String，并返回一个Int：

```
words.foldLeft(0)((total, word) => total + wordScore(word))
```

> 使用双箭头符号创建一个内联匿名函数。这一次创建了一个双参数函数，而不是单参数函数。如你所见，语法始终相同。只需要在括号中提供参数的名称

在内部，foldLeft为单词列表的每个元素调用给定的函数(将其作为word传递)，并根据提供的函数累积total。对于第一个元素，使用累加器的初始值(在本例中为0)调用该函数。最后一个元素的函数调用结果将成为foldLeft的结果，参见图4-44。

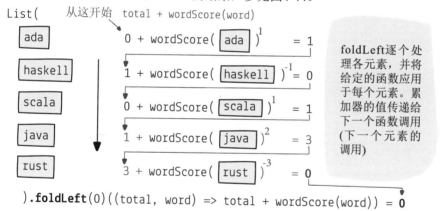

图4-44 foldLeft逐个处理各元素

```
List[A].foldLeft(z: B)(f: (B, A) => B): B
```

通过将作为f传递的函数应用于原始列表(它保存类型A的值)的每个元素，累加类型为B的值和当前的累加器值，该累加器值从值z开始。每个参数都在自己的参数列表中，因此可以使用柯里化。只返回一个值。参见图4-45。

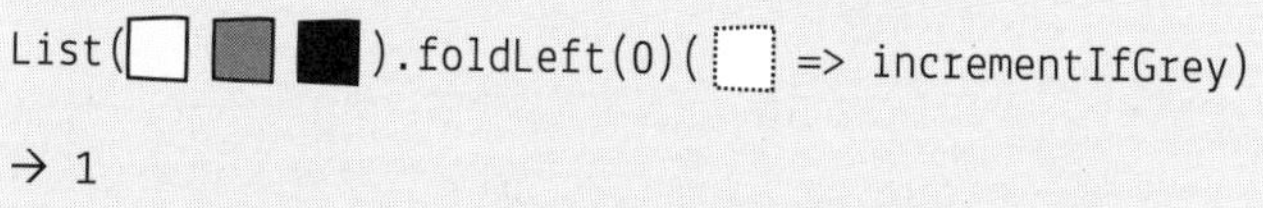

```
List(□ ▨ ■).foldLeft(0)(□ => incrementIfGrey)
```

→ 1

图4-45 foldLeft的运行

4.55 foldLeft用者须知

foldLeft可能会引起一些问题，所以在练习foldLeft之前，先来了解一下这个函数的一些有趣之处。这对于你作出正确的判断是必要的。

为什么叫 "left"

当你查看计算顺序时，会发现它是从左到右进行的。foldLeft从最左边的元素开始，将其与初始值组合在一起。然后，它开始计算下一个元素，如图4-46所示。

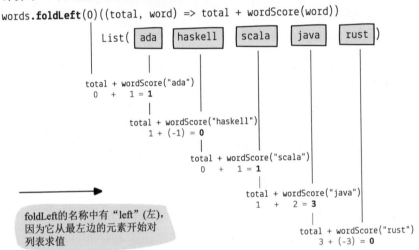

图4-46 foldLeft的计算顺序

它仅用于计算整数之和吗

不，它并非仅用于计算总和！无论基于多少值进行计算，都可以使用foldLeft。求和只是典例之一，但你可以(而且将会)计算其他值，例如最小值、最大值、最接近另一个值的值等。此外，你还将了解到如何将foldLeft用于非集合类型。注意，初始值可以是集合！

稍后将讨论一个令人费解的问题：如果你将空List作为初始值传递，则 foldLeft的结果将是不同的List

它与Java Streams reduce非常相似

本章前面提到，所有功能都可以使用Java Streams实现。它们比相对应的命令式解决方案更好，但仍存在一些问题。如果你了解Java Streams，这可能会对你有很大帮助。如果你不了解Streams，那么读完本章后应该会轻松得多。

这就是函数式解法的强大之处。你可以在多个地方重复使用这些知识

4.56 练习foldLeft

现在是时候编写自己的函数并将它们传递给foldLeft了。再次强调，请使用Scala REPL确保你理解了这一主题。

你的任务：

返回给定列表中所有整数的总和。

`input: List(5, 1, 2, 4, 100)`   `output: 112`   **1**

返回给定列表中所有单词的总长度。

`input: List("scala", "rust", "ada")`   `output: 12`   **2**

返回给定列表中所有单词里字母s的数量。

`input: List("scala", "haskell", "rust", "ada")`   `output: 3`   **3**

返回给定列表中所有整数的最大值。

`input: List(5, 1, 2, 4, 15)`   `output: 15`   **4**

答案：

```
> List(5, 1, 2, 4, 100).foldLeft(0)((sum, i) => sum + i)
→ 112
```
1

```
def len(s: String): Int = s.length
→ len
List("scala", "rust", "ada")
    .foldLeft(0)((total, s) => total + len(s))
→ 12
```
2

```
def numberOfS(s: String): Int =
  s.length - s.replaceAll("s", "").length
→ numberOfS
List("scala", "haskell", "rust", "ada")
    .foldLeft(0)((total, str) => total + numberOfS(str))
→ 3
```
3

```
List(5, 1, 2, 4, 15)
    .foldLeft(Int.MinValue)((max, i) => if (i > max) i else max)
→ 15
```
4

初始值必须是操作中的中性值。这里不能使用0，
因为列表可能包含负值，那么0将不是正确答案

也可以在这里使用
Math.max(max, i)

4.57 建模不可变数据

到目前为止，我们已经在String和Int列表上使用了map、filter 和foldLeft。这对于入门通常已经足够，但在实际生产中往往会使用更复杂的数据模型。本书重点探讨实用且可维护的代码——你可以编写并在生产中使用的代码。因此，我们还需要一样东西，才能说我们的函数式工具包已经组装完毕。

> 记住，map、filter和 foldLeft是将函数作为参数的函数。此类函数和返回函数的函数称为高阶函数

将两个信息耦合在一起

如果String表示整个实体，则可以直接使用高阶函数。但有时实体由两个或多个信息组成。例如，如果想要对某编程语言的名称和首次出现的年份进行建模，那就会遇到麻烦。

函数式语言提供了一种特殊的语言结构来定义非原语不可变值，这些值可以保存多个不同类型的值。在FP中，它被称为求积类型，并在Scala中编码为case class。

> 在Kotlin中，将其编码为data class。第7章将讨论它因何得名"求积类型"。现在，只需要假设它是一种以固定顺序表示其他类型组合的类型

在以下示例中，想要对具有名称和首次出现年份的编程语言进行建模。这意味着需要将两个信息耦合在一起：一个String和一个Int。

```scala
case class ProgrammingLanguage(name: String, year: Int)
```

就是这样！刚刚定义了一个新类型。该如何使用它？一起来试试吧。请在你的REPL会话中跟进。

```scala
case class ProgrammingLanguage(name: String, year: Int)
→ defined case class ProgrammingLanguage

val javalang  = ProgrammingLanguage("Java", 1995)
→ javalang: ProgrammingLanguage
val scalalang = ProgrammingLanguage("Scala", 2004)
→ scalalang: ProgrammingLanguage

javalang.name
→ Java
javalang.year
→ 1995
scalalang.name.length
→ 5
(scalalang.year + javalang.year) / 2
→ 1999
```

> 创建了两个ProgrammingLanguage类型的值，说明了它的名称，并提供了它所包含的两个值：一个String和一个Int。注意，不必像在Java中那样使用new关键字

> 可以使用点语法访问值的内部"字段"。此行返回一个String——"Java"

> 因为name返回一个String，所以可以将其用作普通String(例如，获取其length)

> 最后，因为year返回一个Int，所以我们可以像使用其他整数一样使用它(例如，计算两种语言的平均首次出现年份，仅供参考)

4.58 使用具有高阶函数的求积类型

事实证明，求积类型非常适合用来建模数据，它们还能很好地与高阶函数配合使用。

求积类型是不可变的

求积类型的第一大优势是其不可变性。求积类型的值一旦创建，它将保持不变，直到世界末日(或程序执行结束)。因此，你可以访问case class中的所有字段，但不能为它们赋值。

```
val javalang = ProgrammingLanguage("Java", 1995)
→ javalang: ProgrammingLanguage
javalang.year = 2021
→ error: reassignment to val
javalang.year
→ 1995
```

使用map获取名称列表

求积类型及其不可变性在高阶函数中用于创建更健壮的代码和更大的纯函数。当你有ProgrammingLanguage值的列表并且只想返回一个名称列表时：

```
val javalang   = ProgrammingLanguage("Java", 1995)
val scalalang  = ProgrammingLanguage("Scala", 2004)

val languages = List(javalang, scalalang)
→ List(ProgrammingLanguage("Java", 1995),
       ProgrammingLanguage("Scala", 2004))

languages.map(lang => lang.name)
→ List("Java", "Scala")
```

map以一个函数作为参数，该函数接受ProgrammingLanguage并返回String

使用 filter 获取更新的语言

也可以按类似的方式使用filter。只需要提供一个接受ProgrammingLanguage并返回一个Boolean的函数，该Boolean指示是否将此ProgrammingLanguage包含在结果列表中。注意，从filter调用中获取由ProgrammingLanguage值组成的List：

```
languages.filter(lang => lang.year > 2000)
→ List(ProgrammingLanguage("Scala", 2004))
```

filter获取一个函数，该函数接受ProgrammingLanguage并返回一个Boolean。使用双箭头语法编写此函数并通过内联方式传递它

4.59 内联函数的更简洁语法

如你所见，求积类型和高阶函数配合得非常好。它们是所有函数式应用程序的基础——函数式应用程序即在生产中使用以及将在本书中编写的应用程序。它们非常普遍，以至于Scala(以及其他语言)提供了一种特殊的语法来定义内联函数，这些内联函数需要一个case class类型的值，该值被传递给map、filter等函数。

用下画线语法使用map和filter

重温一下之前使用map和filter的示例。注意，当尝试快速定义并传递函数给map和filter时，我们的工作将多次重复：

```
> val javalang   = ProgrammingLanguage("Java", 1995)
  val scalalang  = ProgrammingLanguage("Scala", 2004)

  val languages = List(javalang, scalalang)
→ List(ProgrammingLanguage("Java", 1995),
       ProgrammingLanguage("Scala", 2004))
```

想要获取名称，但大部分代码只是将语言命名为lang，然后使用它来访问name字段

```
  languages.map(lang => lang.name)    ←
→ List("Java", "Scala")
```

```
  languages.filter(lang => lang.year > 2000)
→ List(ProgrammingLanguage("Scala", 2004))←
```

情况相同。想要获取年份，但大部分代码只是将语言命名为lang，然后使用它来访问year字段

可以使用下画线(_)语法，如图4-47所示。

请记住，每当你看到带有>的代码片段时，请务必在自己的REPL会话中跟进。你是否跟进了编程语言片段？

```
lang => lang.name            becomes   _.name
lang => lang.year > 2000  becomes   _.year > 2000
```

图4-47 下画线语法

注意，下画线语法只是定义函数的另一种方式！仍然将函数传递给map和filter，只不过方式更简洁。

不需要命名传入的参数，可以说只对它的一个字段感兴趣。这里，下画线只是一个ProgrammingLanguage类型的值，但它没有明确命名

```
> languages.map(_.name)
→ List("Java", "Scala")

  languages.filter(_.year > 2000)
→ List(ProgrammingLanguage("Scala", 2004))
```

小结

代码：CH04_*
通过查看本书仓库中的 ch04_*
文件来探索本章的源代码

至此，你应该了解了函数在函数式编程中的重要性(感到惊喜吧)。下面总结一下本章讨论的所有知识。

将函数作为参数传递

我们首先了解了排序以及如何用Java进行排序。sort使用Comparator，它是一个对象，但它仅包含一个用于比较两项的算法。结果证明，这种技术在Scala等函数式语言中非常普遍，在这些语言中，可使用双箭头语法直接传递函数。

以其他函数作为参数的函数称为高阶函数

sortBy函数

然后，调用sortBy函数并提供函数参数，以对Scala中给定的List进行排序。没有进行任何改变。

sortBy是高阶函数

map和filter函数

将在全书中多次讨论这样的函数，因此请务必全部掌握

在本章的后面部分，使用了完全相同的技术，通过map和filter函数来转换List(当然，我们还提供了一个用作参数的自定义函数)。它们的用法与Java Streams版本非常相似，但在Scala等FP语言中，List默认是不可变的，这使得代码更加健壮，更易于维护。

map和filter是高阶函数

从函数返回函数

然后，我们了解到有些函数可以返回函数。可以使用这种技术，根据传入的参数配置函数。还有一种特殊的语法可以用来定义许多参数列表，该语法使代码更易读，因为它确保所有参数及其类型都在特征标记内部——这被称为"柯里化"。

以其他函数作为参数和/或返回其他函数的函数称为高阶函数

foldLeft函数

在学习了上述所有内容之后，能够介绍并使用foldLeft函数，该函数能够将值列表缩减为单个值。示例包括求和，但也可以使用其他算法。

foldLeft是高阶函数，它是柯里化的。它有两个参数列表

使用求积类型建模不变数据

最后，我们介绍了求积类型，它用于将几个信息组合在一起。它们能很好地与高阶函数配合使用，因为它们是不变的。

case class是求积类型的Scala实现

第 II 部分
函数式程序

现在可以开始构建真正的函数式程序。在以下每一章中，将仅使用不可变值和纯函数，包括多个高阶函数。

第5章将介绍FP中最重要的高阶函数：flatMap。它有助于以简洁、易读的方式构建顺序值(和程序)。

在第6章中，你将学习如何构建可能返回错误的顺序程序以及如何免受不同边缘情况的影响。

第7章将正式介绍函数式设计。将对数据和函数参数进行建模，所用方案排除了许多无效的(从业务角度出发)实例和参数。

第8章将教你如何以安全的函数式解法处理非纯且具有副作用的外部数据。将进行大量IO操作(模拟外部数据库或服务调用)，包括许多失败操作。

掌握如何处理错误，如何建模数据和行为，以及如何使用外部IO操作，以便在第9章中探讨流和流系统。将使用函数式方案构建包含数十万个项的流。

在第10章中，最终将创建一些安全的函数式并发程序。将展示即使存在多个线程，之前章节中讨论的所有技术仍适用。

第**5**章 │ 顺序程序

本章内容：

- 如何使用flatten处理由列表组成的列表

- 如何使用flatMap代替for循环编写顺序程序

- 如何使用for推导式以可读的方式编写顺序程序

- 如何在for推导式中使用条件

- 如何了解更多具有flatMap的类型

> **❝** 在每个大型程序中，都有一个小程序在努力 **❞**
> 脱颖而出。
>
> ——Tony Hoare，《高效生产大型程序》

5.1 编写基于流水线的算法

现代编程语言中最普遍的模式之一是流水线(pipcline)。可以将许多计算写成操作序列——流水线，这些计算一起构成一个更大、更复杂的操作。这是创建顺序程序(sequential program)的不同方式。

下面看一个例子。以下是包含了三本有趣的书的列表：

> 本章将讨论顺序算法或顺序程序。构成顺序程序的代码片段获取一个值，逐步(依次)转换，并返回最终值

```scala
val books = List(
  Book("FP in Scala", List("Chiusano", "Bjarnason")),
  Book("The Hobbit", List("Tolkien")),
  Book("Modern Java in Action", List("Urma", "Fusco", "Mycroft"))
)
```

我们的任务是计算上述列表中有多少本书的标题中有"Scala"这个词。在已经了解map和filter的情况下，可以编写解决方案，如图5-1所示。

```scala
> books
    .map(_.title)
    .filter(_.contains("Scala"))
    .size
→ 1
```

记住，两边的代码是等效的

```scala
books
  .map(book => book.title)
  .filter(title => title.contains("Scala"))
  .size
```

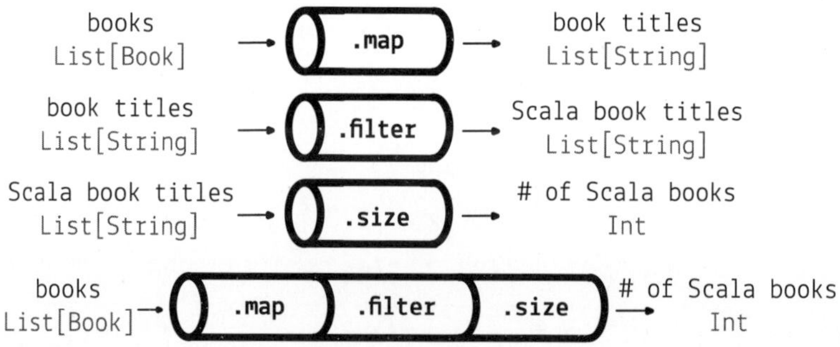

图5-1　基于map和filter的解决方案

刚刚创建了一个流水线！它由三个流程组成，每个流程都有一个输入和一个输出。只有当其中一个流程的输出与下一个流程的输入类型相同时，才能将二者连接起来。例如，map流程输出一个List[String]。因此，可以将其连接到任何以List[String]作为输入的流程上。这样，将三个流程连接起来，形成了一个流水线，它是解决原始问题的算法编码。它是一个逐步算法，或称为顺序程序，使用map和filter创建。

这是一种常见的编程技术，有时称为"连接"。如果你对它感到熟悉，你将很容易理解本章内容。如果你对它不熟悉，下面的内容会帮助你理解它

5.2 根据小模块构建大型程序

流水线可以由可组合和可重用的小代码块构建。因此，可以将一个大问题分成几个小部分，然后分别解决每个小部分，再创建一个流水线来解决原始问题。

> 这种方案被称为"分而治之"。对于几代程序员来说，它一直是一个可望而不可及的目标。采用函数式编程范式的程序员尽可能使用这种方案

推荐图书改编

看看我们的第一个目标是什么。同样，举出图书列表：

```
case class Book(title: String, authors: List[String])
val books = List(
    Book("FP in Scala", List("Chiusano", "Bjarnason")),
    Book("The Hobbit", List("Tolkien"))
)
```

还有一个函数，它可以为任何给定的作者(目前仅支持Tolkien)返回图书改编列表(Movie)：

```
case class Movie(title: String)

def bookAdaptations(author: String): List[Movie] =
  if (author == "Tolkien")
    List(Movie("An Unexpected Journey"),
        Movie("The Desolation of Smaug"))
  else List.empty
```

> bookAdaptations 是一个函数，获取署名作者并返回电影(由他们的书籍改编)列表；如果作者是Tolkien，则返回两部电影，否则不返回电影

我们的任务是基于书籍返回电影推荐反馈。上面显示的数据应该得到包含两个反馈项的列表：

```
def recommendationFeed(books: List[Book]) = ???
recommendationFeed(books)
→ List("You may like An Unexpected Journey,
        because you liked Tolkien's The Hobbit",
       "You may like The Desolation of Smaug,
        because you liked Tolkien's The Hobbit")
```

> "???" 在Scala中意味着"丢失一个实现"，它用于留下一些片段以供后续实现。这是语言的一部分。编译结果良好，但在运行时失败

实现上述结果的伪代码可能如下所示。

步骤1 For each book ➝ 针对每个book提取署名作者。
步骤2 For each author ➝ 针对每个author调用bookAdaptations函数，返回电影。
步骤3 For each movie ➝ 针对每个movie构建一个推荐反馈字符串。

在本章的第一部分，将此算法编码为纯函数流水线——顺序程序。

5.3　命令式解法

步骤1 For each book ⟶ 针对每个book提取署名作者。
步骤2 For each author⟶针对每个author调用bookAdaptations函数，返回电影。
步骤3 For each movie ⟶ 针对每个movie构建一个推荐反馈字符串。

推荐feed可以写成三个嵌套的for循环：

```
static List<String> recommendationFeed(List<Book> books) {
  List<String> result = new ArrayList<>();        ❶
  for (Book book : books)
    for (String author : book.authors)
      for (Movie movie : bookAdaptations(author)) {  ❷
        result.add(String.format(
  ❸     "You may like %s, because you liked %s's %s",
          movie.title, author, book.title));
      }
      return result;  ❶
}
```

> bookAdaptations
> 是一个函数，获
> 取署名作者并返
> 回电影(由他们
> 的书籍改编)列
> 表；如果作者是
> Tolkien，则返回
> 两部电影，否则
> 不返回电影

如果你曾使用Java或任何其他现代命令式编程语言进行编程，你应该对此代码感到非常自信。它首先创建一个可变列表，然后在嵌套的for循环中迭代三个集合。在for循环的主体中，将新的String元素添加到可变列表中。最后一行将此列表作为结果返回。

命令式解决方案的问题

上述解决方案存在三个问题。

> ❶ 需要使用并返回可变List
> 对List的读取和更新分布在整个函数中——分别在第一行、最后一行和for主体内。这样的代码更难理解。函数越大，这个问题就越难解。第3章讨论过这个问题。

> ❷ 每个for循环都会增加一个缩进级别
> 代码中嵌套的层次越多，阅读起来就越困难。带有局部变量的嵌套循环会向右缩进，因此添加的条件越多，程序就越难以阅读。

> ❸ 在for主体中使用语句而不是表达式
> 整个嵌套的for循环不返回任何东西，因此需要在主体中添加具有副作用的语句来解决原始问题。因此，需要使用可变List。此外，语句的使用使代码更难以测试。

将在本章的后续讨论中回到"表达式与语句"问题

5.4 flatten和flatMap

步骤1 For each book ⟶ 针对每个book提取署名作者。
步骤2 For each author⟶ 针对每个author调用bookAdaptations函数，返回电影。
步骤3 For each movie ⟶ 针对每个movie构建一个推荐反馈字符串。

下面按照函数范式逐步解决问题。首先提取署名作者(见上面的步骤1)。两本书组成的列表如下：

```
case class Book(title: String, authors: List[String])
val books = List(
  Book("FP in Scala", List("Chiusano", "Bjarnason")),
  Book("The Hobbit", List("Tolkien"))
)
```

> 注意，一本书可以有多个署名作者

> books是由两本书组成的列表：
> • 由Chiusano、Bjarnason撰写的 *FP in Scala*
> • 由Tolkien撰写的 *The Hobbit*

现在，想获取由这些书的所有署名作者组成的列表：

```
books.map(_.authors) // or: books.map(book => book.authors)
→ List(List("Chiusano", "Bjarnason"), List("Tolkien"))
```

但这并不是我们想要的。我们没有获取预期的"所有署名作者组成的列表"，而是得到了"由列表组成的列表"。当仔细查看传递给map函数的函数时，就会明确问题所在：book.authors是一个List[String]，因此将列表中的每个元素映射到一个新列表中，得到了由列表组成的列表。揭开谜团！

幸运的是，可以通过flatten函数来摆脱这种不必要的封装。如图5-2所示，flatten函数将多个列表组成的列表压缩为一个列表。

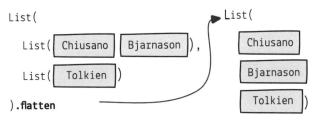

> flatten遍历多个列表组成的列表，并从第一个列表中获取所有元素，然后从第二个列表中获取所有元素，以此类推

```
books.map(_.authors).flatten // or: books.map(book => book.authors).flatten
→ List("Chiusano", "Bjarnason", "Tolkien")
```

图5-2 flatten函数

使用map函数返回正在映射的类型实例，然后使用flatten，这十分常见，所有函数式语言都提供了一个可以同时执行这两个步骤的函数。在Scala中，此函数称为flatMap。知道了这一点，现在可以使用更少的代码来获取由所有署名作者组成的列表：

> 看一下map和flatMap之间的区别

```
books.flatMap(_.authors) // or: books.flatMap(book => book.authors)
→ List("Chiusano", "Bjarnason", "Tolkien")
```

5.5 使用多个flatMap的实际案例

步骤1 For each book ⟶ 针对每个book提取署名作者。
步骤2 For each author ⟶ 针对每个author调用bookAdaptations函数，返回电影。
步骤3 For each movie ⟶ 针对每个movie构建一个推荐反馈字符串。

现在我们已经构建了流水线的第一部分，已获得作者列表。
在步骤2中，需要将此列表转换为电影列表——上述作者一些书
籍的改编版。幸运的是，可以在此处使用bookAdaptations函数。

```
> val authors = List("Chiusano", "Bjarnason", "Tolkien")
  authors.map(bookAdaptations)
  → List(List.empty,
         List.empty,
         List(Movie("An Unexpected Journey"),
              Movie("The Desolation of Smaug")))
```

> bookAdaptations是一
> 个函数，获取署名作
> 者并返回电影(由他们
> 的书籍改编)列表；
> 如果作者是Tolkien，
> 则返回两部电影，否
> 则不返回电影

再次得到由列表组成的列表，但是现在我们知道该怎么做：

```
> authors.map(bookAdaptations).flatten
  → List(Movie("An Unexpected Journey"),
         Movie("The Desolation of Smaug"))
```

如果将流水线的两个步骤(以book列表为起点，而不是author
列表)连接起来，将获得如图5-3所示结果。

> books是由两本书组
> 成的列表：
> • 由Chiusano、
> Bjarnason撰写的*FP
> in Scala*
> • 由Tolkien撰写的*The
> Hobbit*

```
> books
    .flatMap(_.authors)
    .flatMap(bookAdaptations)
  → List(Movie("An Unexpected Journey"),
         Movie("The Desolation of Smaug"))
```

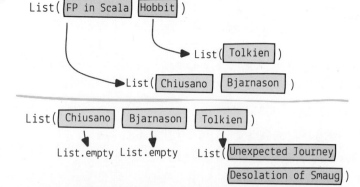

第一个flatMap：
一个给定的函数应用于
两本书，产生两个列
表，两个列表按顺序连
接以产生更大的列表

第二个flatMap：
一个给定的函数应用于
每个元素，产生三个列
表——两个空列表和一
个包含两部电影的列
表。它们连接在一起以
产生最终结果

图5-3　将流水线的两个步骤连接起来

5.6 flatMap和列表大小的更改

下面再次查看上一个示例 (见图5-4)。先从两本书开始：

- 第一个flatMap返回了由三个作者组成的列表。
- 第二个flatMap返回了由两部电影组成的列表。

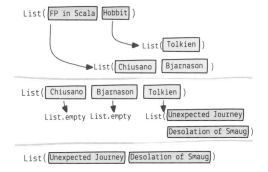

很明显，flatMap不仅可以更改列表的类型(例如，从Book到String)，还可以更改结果列表的大小，而map无法做到。

图5-4 flatMap的实际用例

但仍有一个问题：程序员在哪里决定结果列表的大小？为了回答这个问题，分析一下上一个示例中的第二个flatMap。将其分解为对map和flatten的单独调用：

```
val authors = List("Chiusano", "Bjarnason", "Tolkien")

val movieLists = authors.map(bookAdaptations)
→ List(List.empty,
       List.empty,
       List(Movie("An Unexpected Journey"),
            Movie("The Desolation of Smaug"))))
```

此处可发现，在含有三个元素的列表上使用map时会产生一个恰好由三个元素组成的新列表。但因为该列表的元素是列表，所以需要使用flatten对其进行处理以获得有意义的结果。同样，flatten遍历每个列表，并将元素提取到新的结果列表中。由于三个结果列表中有两个是空的，结果列表仅保存第三个列表中的元素。因此，上一个示例中的第三个flatMap会产生由两个元素组成的列表。

```
movieLists.flatten
→ List(Movie("An Unexpected Journey"),
       Movie("The Desolation of Smaug"))
```

快速练习: 会有多少元素

请问结果列表中将有多少个元素：

```
List(1, 2, 3).flatMap(i => List(i, i + 10))
List(1, 2, 3).flatMap(i => List(i * 2))
List(1, 2, 3).flatMap(i =>
    if(i % 2 == 0) List(i) else List.empty)
```

答案:
6、3、1

5.7　小憩片刻: 处理由列表组成的 列表

在这个练习中，将使用以下Book定义：

> ```
> case class Book(title: String, authors: List[String])
> ```

下面是一个函数，获取一个朋友的名字并返回他们推荐的书籍列表：

> ```
> def recommendedBooks(friend: String): List[Book] = {
>   val scala = List(
>     Book("FP in Scala", List("Chiusano", "Bjarnason")),
>     Book("Get Programming with Scala", List("Sfregola")))
>
>   val fiction = List(
>     Book("Harry Potter", List("Rowling")),
>     Book("The Lord of the Rings", List("Tolkien")))
>
>   if(friend == "Alice") scala
>   else if(friend == "Bob") fiction
>   else List.empty
> }
> ```

> recommendedBooks
> 获取一个朋友的名字
> 并返回他们推荐的书
> 籍列表：
> • Alice推荐*FP in Scala*
> 和*Get Programming*
> *with Scala*
> • Bob推荐*Harry Potter*
> 和*The Lord of the Rings*
> • 其他朋友无推荐

假设有一个friends列表，请计算他们推荐的所有书籍的列表 (用实际代码替换???)。

1

```
val friends = List("Alice", "Bob", "Charlie")
val recommendations = ???
→ List(Book(FP in Scala, List(Chiusano, Bjarnason)),
       Book(Get Programming with Scala, List(Sfregola)),
       Book(Harry Potter, List(Rowling)),
       Book(The Lord of the Rings, List(Tolkien)))
```

借助朋友们推荐的所有书籍的列表(上面创建的)，计算他们 推荐的作者列表。

2

```
val authors = ???
→ List(Chiusano, Bjarnason, Sfregola, Rowling, Tolkien)
```

尝试仅使用一条表达式(从friends列表开始)通过连接函数来 完成第二个练习。

3

关于List[A]中函数特征标记的快速提示：
- ```def map(f: A => B): List[B]```
- ```def flatten: List[B] // A needs to be a List```
- ```def flatMap(f: A => List[B]): List[B]```

5.8 解释: 处理由列表组成的列表

首先，查看可用的函数和数据:

— friends: List[String]
— recommendedBooks: String => List[Book]

有一个List[String]和一个以String为参数并返回List[Book]的
函数。我们的初步想法是使用**map**。

>

```
val friends = List("Alice", "Bob", "Charlie")
val friendsBooks = friends.map(recommendedBooks)
→ List(
    List(
      Book("FP in Scala", List("Chiusano", "Bjarnason")),
      Book("Get Programming with Scala",List("Sfregola"))
    ),
    List(
      Book("Harry Potter", List("Rowling")),
      Book("The Lord of the Rings", List("Tolkien"))
    ),
    List()
  )
```

> [!NOTE] recommendedBooks
> 获取朋友的名字并返回他们推荐的书籍列表:
> • Alice推荐 *FP in Scala* 和*Get Programming with Scala*
> • Bob推荐*Harry Potter* 和*The Lord of the Rings*
> • 其他朋友无推荐

可怕的由列表组成的列表! 好在我们知道如何处理它:

> ```
val recommendations = friendsBooks.flatten
→ List(Book(FP in Scala, List(Chiusano, Bjarnason)),
       Book(Get Programming with Scala, List(Sfregola)),
       Book(Harry Potter, List(Rowling)),
       Book(The Lord of the Rings, List(Tolkien)))
```

可以使用**map**以及**flatten**完成这个练习。这种组合提醒我们，
有一种称为**flatMap**的快捷方式会带来相同的结果:

```
friends.flatMap(recommendedBooks)
```

对于第二个练习，已有一个推荐的书籍列表，因此只需要使
用_.authors函数对其进行**flatMap**处理:

> ```
val authors = recommendations.flatMap(_.authors)
→ List(Chiusano, Bjarnason, Sfregola, Rowling, Tolkien)
```

可以连接**flatMap**，仅使用一个表达式进行编写:

```
friends
  .flatMap(recommendedBooks)
  .flatMap(_.authors)
```

1

2

3

5.9　连接的flatMap和map

步骤1 For each book ⟶ 针对每个book提取署名作者。
步骤2 For each author⟶ 针对每个author调用bookAdaptations函数，返回电影。
步骤3 For each movie ⟶ 针对每个movie构建一个推荐反馈字符串。

回到我们的运行示例。我们已经能够获得电影列表。现在需要构造流水线的最后一步：生成推荐feed字符串。目前，我们的流水线如下：

```
> val books = List(
    Book("FP in Scala", List("Chiusano", "Bjarnason")),
    Book("The Hobbit", List("Tolkien")))
  val movies = books
    .flatMap(_.authors)
    .flatMap(bookAdaptations)
→ List(Movie("An Unexpected Journey"),
       Movie("The Desolation of Smaug"))
```

> bookAdaptations是一个函数，获取署名作者并返回电影(由他们的书籍改编)列表；如果作者是Tolkien，则返回两部电影，否则不返回电影

对于每部电影，需要构造一个形如 "你可能喜欢$movieTitle，因为你喜欢$author的$bookTitle" 的字符串：

"You may like $movieTitle *because you liked* $author's $bookTitle.*"*

解决方案似乎非常简单。只需要对每部电影使用map，并创建一个字符串，对吧？

```
movies.map(movie => s"You may like ${movie.title}, " +
           s"because you liked $author's ${book.title}")
```

问题出在哪里？在映射函数的主体内部无法获取作者或书籍信息！只能基于movie创建字符串，而movie只包含一个title。

更正式地说，我们的多个flatMap相互连接，这意味着它们内部的函数只能访问单个元素，如图5-5所示。

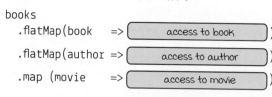

图5-5　多个flatMap相互连接

> 在Scala中，可以在任何String字面量前使用s前缀，使得编译器在给定String中插值。只考虑用${}封装的值或以$为前缀的值。例如，在运行时，${movie.title}将被改为给定电影的标题。$author和${book.title}也将被替换为它们的值。这与在Java版本中使用String.format的操作类似

首先，遍历书籍列表并将该列表转换为作者列表。然后调用下一个flatMap。这意味着只能将简单的单参数函数用于转换。

如果想写第三个flatMap并将book传递给它，会失败，因为连接之后两者处于不同的作用域。

5.10 嵌套的flatMap

步骤1 For each book ⟶ 针对每个book提取署名作者。
步骤2 For each author ⟶ 针对每个author调用bookAdaptations函数，返回电影。
步骤3 For each movie ⟶ 针对每个movie构建一个推荐反馈字符串。

为实现流水线的步骤3，真正要做的是访问所有中间值(包括book、author和movie)且在一个地方进行。因此，需要将它们保存在同一个作用域内。

这就是将多行函数传递给flatMap、map、filter等高阶函数的方式

为了实现这一点，可以使用嵌套的flatMap。每个流水线步骤应该定义在现有作用域内，因此每个中间值在所有步骤中都是可访问的，如图5-6所示。

```
books.flatMap(book =>
  book.authors.flatMap(author =>
    bookAdaptations(author).map(movie =>
```

access to all values:
- book
- author
- movie

可以基于所有中间值创建单一值，因为所有中间值现在处于作用域内

```
    )
  )
)
```

图5-6 嵌套的flatMap

可以这样做吗

你可能会想知道从连接的flatMap 转换到嵌套的flatMap的操作是否安全，能否获得相同的答案。该转换是安全的，答案将完全相同。注意，flatMap总是返回一个List，而这个List又可以进行flatMap处理。无论是连接版本还是嵌套版本，只要在使用flatMap，就会保持在List的作用域中。

```
> List(1, 2, 3)
    .flatMap(a => List(a * 2))
    .flatMap(b => List(b, b + 10))
→ List(2, 12, 4, 14, 6, 16)

  List(1, 2, 3)
    .flatMap(a =>
      List(a * 2).flatMap(b => List(b, b + 10))
    )
→ List(2, 12, 4, 14, 6, 16)
```

重点！
flatMap是FP中最重要的函数

flatMap函数非常特殊。你无法将连接的map转换为嵌套的map，因为无论传递什么函数，map都不能保证返回一个List。但是flatMap可以。

5.11　依赖其他值的值

步骤1 For each `book` ——→ 针对每个book提取署名作者。
步骤2 For each `author`——→针对每个author调用bookAdaptations函数，返回电影。
步骤3 For each `movie` ——→ 针对每个movie构建一个推荐反馈字符串。

　　下面了解嵌套的flatMap的运行情况并最终解决原始问题，参见图5-7！我们将创建一个推荐feed：流水线生成的所有电影都需要转换为人类可读的字符串。

图5-7　将连接的代码转换为嵌套的代码

　　在图5-7左侧的代码片段中，只能返回从先前flatMap生成的值创建的String(即在这个作用域内，只有movie值)。为了解决这个问题，需要额外访问book和author——我们的String值需要依赖作用域内的三个值。需要将连接的代码转换为嵌套的flatMap。

```
def recommendationFeed(books: List[Book]) = {
  books.flatMap(book =>
    book.authors.flatMap(author =>
      bookAdaptations(author).map(movie =>
        s"You may like ${movie.title}, " +
        s"because you liked $author's ${book.title}"
      )
    )
  )
}

recommendationFeed(books)
→ List("You may like An Unexpected Journey,
        because you liked Tolkien's The Hobbit",
       "You may like The Desolation of Smaug,
        because you liked Tolkien's The Hobbit"))
```

> bookAdaptations 是一个函数，获取署名作者并返回电影(由他们的书籍改编)列表；如果作者是Tolkien，则返回两部电影，否则不返回电影

> books是由两本书组成的列表：
> • 由Chiusano、Bjarnason撰写的 *FP in Scala*
> • 由Tolkien撰写的 *The Hobbit*

　　这就完成了原始问题的解决方案。recommendationFeed函数是函数式编程版本的流水线。它优于命令式版本，但仍然存在一些问题。有人可能会认为此嵌套非常类似于命令式for循环的嵌套，我完全同意这一点！幸运的是，这个问题也有解决方案。

5.12 练习嵌套的flatMap

在进行下一步之前，请确保你熟练掌握嵌套的flatMap。假设你定义了Point求积类型：

```scala
> case class Point(x: Int, y: Int)
```

填空，以生成下面指定的列表：

```scala
List(  ???  ).flatMap(x =>
  List(  ???  ).map(y =>
    Point(x, y)
  )
)
→ List(Point(1,-2), Point(1,7))
```

如你所见，对于两个列表，你需要填写数字，以生成所需的结果列表。需要记住的几件事：

- 需要嵌套flatMap，因为需要访问x和y来生成单个Point实例。
- 最后一个函数是map，因为传递给它的函数返回一个Point值，而不是List。

答案：

生成此列表的唯一可能方案如下。

```scala
> List(1).flatMap(x =>
  List(-2, 7).map(y =>
    Point(x, y)
  )
)
→ List(Point(1,-2), Point(1,7))
```

如果使用连接的flatMap和map，将无法创建这样的列表，因为Point构造器要求两个值都在其作用域内。

附加题：

进一步使用上面的示例。原始片段生成两个点。如果进行如下操作，将分别生成多少个点？

- 将List(-2,7)更改为List(-2,7,10)。
- 将List(1)更改为List(1,2)。
- 同时进行上述两个更改。
- 将List(1)更改为List.empty[Int]。
- 将List(-2,7)更改为List.empty[Int]。

如前所示，将Scala中的"???"视为"丢失的实现"。此代码编译结果良好，但在运行时失败。它用于留出一些片段以供后续实现，特别是在自上而下设计中。如果它们是练习的一部分，则需要替换为实际值，以获得给定答案

答案：
3、4、6、0、0

5.13 更好的嵌套 flatMap 语法

当开始嵌套flatMap时，flatMap将变得不够可读。对其进行嵌套，因为想要访问所有连接列表中的值，这是许多基于流水线的顺序算法所需要的。遗憾的是，嵌套会使代码不太易读，当增加缩进级别时更是如此。

```
books.flatMap(book =>
  book.authors.flatMap(author =>
    bookAdaptations(author).map(movie =>
      s"You may like ${movie.title}, " +
      s"because you liked $author's ${book.title}"
    )
  )
)
```

flatMap嵌套及其可读性并非只是Scala的问题。不管在哪种语言中，在使用map、flatMap等函数时，可能会遇到相同的问题

那么代码能否既美观又实用？事实证明，可以！Scala提供了一种特殊的语法(即for推导式)，以完美地处理嵌套的flatMap。下面介绍这个函数的实际操作！请看下面的部分，如果你不理解其中的内容，不必担心。专注于可读性，很快就会深入了解内部实现。

其他语言也有这个特性！值得注意的是，for推导式并非只是Scala特有的机制。例如，在Haskell中，有一个do符号，实现了相同的目标

开始使用for推导式

我们还没有学习for推导式，但在学习之前，先来了解其功能。for推导式的格式如下：

```
for {
  x <- xs
  y <- ys
} yield doSomething(x, y)
```

代码读起来很通顺：对于xs中的每个元素x，以及ys中的每个元素y，调用函数 doSomething(x, y)。例如，如果xs是List(1, 2)，而ys是List(3, 4)，那么for推导式最终会调用doSomething四次：

```
doSomething(1, 3), doSomething(1, 4),
doSomething(2, 3), doSomething(2, 4).
```

Scala编译器将上面的for推导式转换为更熟悉的嵌套代码(和上述操作完全相同)：

```
xs.flatMap(x => ys.map(y => doSomething(x, y)))
```

注意，这不是for循环！这是个完全不同的机制，它具有类似的名称并使用相同的关键字。在函数式编程中，不使用for循环。相反，用map来完成这个任务

5.14 使用for推导式

步骤1 For each `book` ➝ 针对每个book提取署名作者。
步骤2 For each `author` ➝ 针对每个author调用bookAdaptations函数，返回电影。
步骤3 For each `movie` ➝ 针对每个movie构建一个推荐反馈字符串。

现在你已知道如何将嵌套的flatMap调用机械地转换为更好、更易读的for推导式语法，下面尝试逐行重新编写原先有问题的例子，以使其更易于阅读。

```
                    for {
books.flatMap(book => ...
                    ➝ book <- books
book.authors.flatMap(author => ...
                    ➝ author <- book.authors
bookAdaptations(author).flatMap(movie => ...
                    ➝ movie <- bookAdaptations(author)
                    } yield s"You may like ${book.title}, " +
                        s"because you liked $author's ${book.title}"
```

下面是单独的for推导式版本的解决方案。

> ```
> for {
>   book    <- books
>   author <- book.authors
>   movie  <- bookAdaptations(author)
> } yield s"You may like ${movie.title}, " +
>         s"because you liked $author's ${book.title}"
> → List("You may like An Unexpected Journey,
>         because you liked Tolkien's The Hobbit",
>     "You may like The Desolation of Smaug,
>         because you liked Tolkien's The Hobbit"))
> ```

books是由两本书组成的列表：
• 由Chiusano、Bjarnason撰写的*FP in Scala*
• 由Tolkien撰写的*The Hobbit*

bookAdaptations是一个函数，获取署名作者并返回电影(由他们的书籍改编)列表；如果作者是Tolkien，则返回两部电影，否则不返回电影

如你所见，for推导式版本与命令式和嵌套的flatMap解决方案返回完全相同的答案。但可以说，这段代码更易于阅读。下面用自然的英语来阅读：

- 从书籍列表中提取每一本书。
- 然后从上述每一本书中提取每个署名作者。
- 然后，从bookAdaptations函数创建的书籍改编列表中提取每个作者的每部电影。
- 对于每部电影，生成一个基于先前提取的所有值(即book、author和movie)的字符串值。

5.15 小憩片刻: flatMap与for推导式

在这个练习中，将使用以下定义：

```
case class Point(x: Int, y: Int)

val xs = List(1)
val ys = List(-2, 7)
```

之前，使用嵌套的**flatMap**生成点列表：

```
xs.flatMap(x =>
  ys.map(y =>
    Point(x, y)
  )
)
→ List(Point(1, -2), Point(1, 7))
```

将此代码转换为for推导式：

```
for {
  ???
} yield ???
```

现在，假设添加了一个*z*坐标列表，生成3D点：

```
case class Point3d(x: Int, y: Int, z: Int)

val xs = List(1)
val ys = List(-2, 7)
val zs = List(3, 4)
```

创建一个**for**推导式，生成一个列表，其中包含给定坐标列表中所有可能的点：

```
for {
  ???
} yield ???
→ List(Point3d(1, -2, 3), Point3d(1, -2, 4),
       Point3d(1, 7, 3), Point3d(1, 7, 4))
```

现在，尝试创建生成上面的3D点的嵌套 **flatMap** 版本的代码：

```
xs.flatMap(x =>
  ???
)
→ List(Point3d(1, -2, 3), Point3d(1, -2, 4),
       Point3d(1, 7, 3), Point3d(1, 7, 4))
```

5.16 解释：flatMap与for推导式

要完成第一个练习，需要遵循之前定义的机械转换规则：

```
for {
  x <- xs
  ...
} yield ...
```

> **1**

左边的代码可以转换成右边的版本。可以使用相同的技术处理ys，以获得最终答案：

```
> for {
    x <- xs
    y <- ys
  } yield Point(x, y)
→ List(Point(1, -2), Point(1, 7))
```

第二个练习有点困难，但仍可使用机械转换方式来解决：

> **2**

```
> for {
    x <- xs
    y <- ys
    z <- zs
  } yield Point3d(x, y, z)
→ List(Point3d(1, -2, 3), Point3d(1, -2, 4),
       Point3d(1, 7, 3), Point3d(1, 7, 4))
```

如你所见，这看起来非常类似于以前的练习。附加列表只是for推导式中的另一行(没有嵌套)。

现在解决第三个练习，以便比较上面的for推导式和嵌套的flatMap版本。需要按相反的顺序遵循机械转换规则。

> **3**

```
> xs.flatMap(x =>
    ys.flatMap(y =>
      zs.map(z =>
        Point3d(x, y, z)
      )
    )
  )
→ List(Point3d(1, -2, 3), Point3d(1, -2, 4),
       Point3d(1, 7, 3), Point3d(1, 7, 4))
```

两种方案(嵌套或推导式)都可用，具体选择取决于哪种方案看起来更易读和自然。余下的章节将展示代表两种风格的代码片段

5.17　了解for推导式

下面详细解释for推导式的内部工作原理。首先讨论历史
背景。

for推导式被用作一种语法糖(即，它们有助于编写更易于理
解的代码，但不是必需的)。它们可以替代前面用到的三个函数：
flatMap、map和filter。

在许多语言中，这种语法被称为列表推导式。以下是一些语
言中使用列表推导式的示例，它们是等价于list.filter(n=>n<10)的
表达式：

> **重点！**
> 函数式程序中有
> 很多for推导式

Python `[n for n in list if n < 10]`

CoffeeScript `for n in list when n < 10`

Clojure `(for [n list :when (< n 10)] n)`

Haskell `[n | n <- list, n < 10]`

C# (predicates) `list.Where(n => n < 10)`

C# (queries) `from n in list where n < 10 select n`

SQL `select n from list where n < 10`

注意，一些语言使用关
键字for。这种for不同
于命令式编程中用于构
建简单循环的for

问：为什么它被称为列表推导式？

答：这可能看起来是一个非常奇怪的名字，但实际上却
是很好的命名选择。comprehension是指理解某件事
情的能力。因此，列表推导式是理解列表的能力。

问：为什么在Scala中使用"for推导式"这个名字？

答：在Scala中，它被称为for推导式，因为它可以用于其
他各种类型，而不仅仅是列表。实际上，函数式程
序员主要在除List以外的类型中使用它们，接下来的
章节也会进行相应介绍。

又如，Haskell也有其
do符号，该符号用于
相同的目的，并且适
用于除列表之外的更
多类型

5.18   这不是你想要的for

在Scala中，for推导式是该语言的一级公民。然而，命令式程序员通常使用关键字for。

不要将Scala中的for表达式与命令式编程中传统的for语句混淆。在命令式语言中，习惯使用for语句，用计数器或迭代器简单地循环遍历集合。

在Scala中，for是一个表达式。当应用于集合时，for返回另一个转换后的集合。另外，命令式for只是用于构建循环的语句，并不返回任何内容。因此，命令式for循环(语句)不可简单地用于不可变集合，因为不可变集合倾向于表达式。

语句与表达式

语句和表达式之间有一个重要的区别。语句是需要改变程序状态才有用的语言结构。在命令式语言中，语句包括for、while，甚至if。下面是Java片段：

```
List<Integer> xs = Arrays.asList(1, 2, 3, 4, 5);
List<Integer> result = new ArrayList<>();

for (Integer x: xs) {
  result.add(x * x);
}
```

而表达式不会操作全局状态，它总是返回某些内容，并且当执行多次时，它总是返回相同的结果。如果要使表达式有用，则需要在程序中使用其结果。

上述for语句可以在Scala中转换为for表达式(for 推导式)：

```
val xs = List(1, 2, 3, 4, 5)
val result = for {
  x <- xs
} yield x * x
```

记住！函数式编程是使用表达式进行编程。遵循函数式编程范式的程序员不使用语句。

你能在REPL中成功评估的所有内容都是有效表达式。值名称是一个表达式，函数名称是一个表达式，函数调用也是一个表达式

重点！
FP是使用表达式(而非语句)进行编程

5.19 在for推导式内部

下面定义for推导式的通用形状以及它如何转换为flatMap和map调用。

```
for {
  enumerators
} yield output-expression
```

本书不花费太长的篇幅介绍语法。然而，for推导式过于普遍和重要，此处专门进行介绍

枚举器是一种代码行，例如x<-xs。它意味着枚举出xs中的每个值，将其提取为x并传递给下一个枚举器或yield表达式。可以有任意多个枚举器，如图5-8所示。

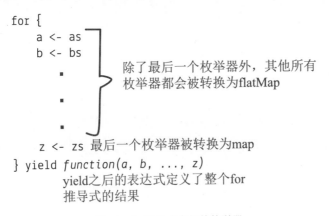

图5-8　for推导式内部的枚举器

for推导式的结果类型是什么

如果可以有多个枚举器，编译器用什么算法来确定整个for推导式的结果类型？结果容器类型由枚举器类型定义，其元素的类型由yield后的表达式定义。

```
> for {
    a <- List[Int](1, 2)          for表达式的容器
    b <- List[Int](10, 100)       类型是List
    c <- List[Double](0.5, 0.7)
    d <- List[Int](3)
  } yield (a * b * c + d).toString + "km"
→ List("8.0km", "10.0km", "53.0km", "73.0km",
       "13.0km", "17.0km", "103.0km", "143.0km")
```

尽管此推导式遍历不同的列表(如List[Int]和List[Double])，但整个表达式产生的是List[String]

在上面的代码片段中，整个表达式的容器类型是List(所有枚举器都基于List)。其元素的类型是yield后的表达式类型(这里是String)。

并非仅支持列表! 本章后面将进一步讨论这个话题

5.20 更复杂的for推导式

现在，运用到目前为止学到的技巧来建立一个全新的流水线。将尝试使用for推导式来建模更复杂的算法。

给定一个圆，判断点是否在圆内

假设有一个点列表和一个半径列表：

```
case class Point(x: Int, y: Int)

val points   = List(Point(5, 2), Point(1, 1))
val radiuses = List(2, 1)
```

我们的任务是找出哪些点在以Point(0, 0)为中心，具有给定半径的圆内。根据一个具体的点和半径组合，判断点是否在圆内的函数定义如下：

```
def isInside(point: Point, radius: Int): Boolean = {
  radius * radius >= point.x * point.x + point.y * point.y
}
```

> isInside取一个点和一个半径，并返回一个Boolean；如果给定的点在具有给定半径的圆内，则返回true

看看图5-9中的例子。假设使用radius=1和Point(1, 1)调用isInside函数。在这种情况下，isInside返回false，因为Point(1, 1)不在半径为1的圆内。不过，相同的Point(1, 1)在半径为2的圆内。因此，isInside函数返回true。

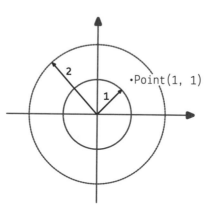

图5-9 判断点是否在圆内

这个问题可以被建模为一个流水线。需要为每个可能的"点+半径"组合调用isInside函数。具体步骤可能如下所示：

步骤1 提取每个可能的radius。
步骤2 提取每个可能的point。
步骤3 调用isInside(point, radius)函数，并返回其结果。

是的！这又是一个顺序程序！下面使用到目前为止学到的技巧编写一个for推导式来快速解决这个问题。

5.21 使用for推导式检查所有组合

步骤1 提取每个可能的radius。
步骤2 提取每个可能的point。
步骤3 调用isInside(point, radius)函数，并返回其结果。

将使用含有两个点和两个半径的列表：

> ```
val points   = List(Point(5, 2), Point(1, 1))
val radiuses = List(2, 1)
```

需要将每个半径提取为r，将每个点提取为point，并调用isInside函数以获取结果。我们已经知道如何操作：

> ```
for {
  r   <- radiuses
  point <- points
} yield s"$point is within a radius of $r: " +
        isInside(point, r).toString
→ List("Point(5,2) is within a radius of 2: false",
       "Point(1,1) is within a radius of 2: true",
       "Point(5,2) is within a radius of 1: false",
       "Point(1,1) is within a radius of 1: false")
```

此处使用了一个两步的for推导式来得出结果。如你所见，解决方案非常简洁、易读，但有一个小问题。返回一个字符串，其中包含对每个"点+半径"组合的结果描述。看来可以通过返回满足条件的点列表来提高效率。在上面的情况下，只有Point(1, 1)在给定半径内。

> isInside取一个点和一个半径，并返回一个Boolean；如果给定的点在给定半径的圆内，则返回true

在for推导式中过滤

我们已经知道如何过滤集合，并且可以在for推导式中轻松地重用这种方案，代码如下：

> ```
for {
  r   <- radiuses
  point <- points.filter(p => isInside(p, r))
} yield s"$point is within a radius of $r"
→ List("Point(1,1) is within a radius of 2")
```

有两种以上的方案可以用来在for推导式中进行过滤；其中一种主要用于集合。第二种方案更通用，适用于集合类型之外的应用，并将引出更高级的for推导式用法。

```

5.22　过滤技术

在Scala和函数式编程中，可以用三种基本技术来进行过滤。为了进行比较，将用上述技术解决同一个问题并得到相同的结果。以下是将使用的值：

```
> val points   = List(Point(5, 2), Point(1, 1))
  val radiuses = List(2, 1)
```

> isInside取一个点和一个半径，并返回一个Boolean；如果给定的点在给定半径的圆内，则返回true

使用filter

可以使用List中的filter函数来解决这个问题。

```
> for {
    r     <- radiuses
    point <- points.filter(p => isInside(p, r))
  } yield s"$point is within a radius of $r"
  → List("Point(1,1) is within a radius of 2")
```

使用保护表达式(for推导式中的if)

一些FP语言中有一个特殊语法可以用来在for推导式中过滤集合。在Scala中，if关键字可以作为for推导式中的一个单独步骤。在本例中，为了确保只生成满足isInside(r, point)条件的r和point，可以：

```
> for {
    r     <- radiuses
    point <- points
    if isInside(point, r)
  } yield s"$point is within a radius of $r"
  → List("Point(1,1) is within a radius of 2")
```

← 完整起见，此处简要介绍了这种方案。在本书的余下部分中，将使用另外两种方案，因为它们更通用

使用传递给flatMap函数的函数

本章开头讨论了flatMap如何改变列表的大小。基于此，可以编写一个特殊的函数，将其传递给flatMap(或在for推导式中)，如果满足条件，则返回具有一个元素的列表，否则返回空列表。

← 请记住，flatMap是由编译器从for推导式中生成的

```
> def insideFilter(point: Point, r: Int): List[Point] =
    if(isInside(point, r)) List(point) else List.empty

  for {
    r       <- radiuses
    point   <- points
    inPoint <- insideFilter(point, r)
  } yield s"$inPoint is within a radius of $r"
  → List("Point(1,1) is within a radius of 2")
```

← 对于这个特定的问题，这种方案有些适得其反。然而，如你所见，这是一种更通用的技术，可以用于集合类型以外的情况。敬请期待

5.23　小憩片刻: 过滤技术

在本练习中，将尝试使用过滤技术使我们免受无效数据的影响。假设半径列表中包含一些数学上无效的值:

> `val points　  = List(Point(5, 2), Point(1, 1))`
> **`val riskyRadiuses = List(-10, 0, 2)`**

如果使用这些值运行我们的解决方案，会发生什么？查看isInside函数和当前的解决方案:

> ```
> def isInside(point: Point, radius: Int): Boolean = {
>   radius * radius >= point.x * point.x + point.y * point.y
> }
>
> for {
>   r       <- riskyRadiuses
>   point <- points.filter(p => isInside(p, r))
> } yield s"$point is within a radius of $r"
> ```
> → `List("Point(5,2) is within a radius of -10",`
> 　　　`"Point(1,1) is within a radius of -10",`
> 　　　`"Point(1,1) is within a radius of 2")`

isInside函数假定传递给它的半径是非负的。如果传递负值，它将返回无效结果!

过滤无效半径

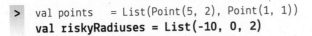

在此，你将尝试在运行isInside函数之前过滤无效半径(所有非正数半径)。你将使用在上一节中了解的三种不同的过滤技术。

你的第一个任务是编写一个for推导式，使用List上的filter函数解决问题并仅筛选有效半径。

你的第二个任务是使用保护表达式(for推导式中的if)解决完全相同的问题。

第三个任务是使用传递给flatMap函数的函数解决问题，在for推导式中将其用作枚举器。

> 注意，这个练习的主要目的是直观感受flatMap的通用性。
> 事实证明，映射和展平有很多有效应用!

5.24　解释: 过滤技术

需要使用的第一种技术是大家非常熟悉的。可以在 riskyRadiuses上使用filter函数，仅过滤非负值:

```
> for {
    r       <- riskyRadiuses.filter(r => r > 0)
    point <- points.filter(p => isInside(p, r))
  } yield s"$point is within a radius of $r"
  → List("Point(1,1) is within a radius of 2")
```

对于第二个练习，应该在for推导式中添加if保护表达式来解决:

```
> for {
    r <- riskyRadiuses
    if r > 0
    point <- points
    if isInside(point, r)
  } yield s"$point is within a radius of $r"
  → List("Point(1,1) is within a radius of 2")
```

第三个练习难度最大。需要编写新函数validateRadius，它获取一个半径，如果该半径有效，就将其作为单元素List返回；如果该半径无效，则返回一个空List。这个技巧允许在flatMap中使用新函数validateRadius，或者将其用作for推导式中的另一个枚举器:

```
> def insideFilter(point: Point, radius: Int): List[Point] =
    if (isInside(point, radius)) List(point) else List.empty

  def validateRadius(radius: Int): List[Int] =
    if (radius > 0) List(radius) else List.empty

  for {
    r             <- riskyRadiuses
    validRadius <- validateRadius(r)
    point         <- points
    inPoint       <- insideFilter(point, validRadius)
  } yield s"$inPoint is within a radius of $r"
  → List("Point(1,1) is within a radius of 2")
```

附加题: 你可以将此for推导式转换为原始的flatMap/map调用。答案可以在书的代码仓库中找到

重点!
在FP中，根据小函数构建大程序

你可能觉得最后一个解决方案有点太复杂，但有其好处。所有核心逻辑都在小函数中定义，这些函数用于构建for推导式中的更大算法。

5.25 抽象化

到目前为止，我们已经学习了如何处理不可变值和集合，特别是列表；也学习了如何在列表中使用map和filter。本章讨论了如何在列表中使用flatMap，以及它如何有助于创建基于流水线的算法。专注于创建自己的小型可重用函数——当我们试图连接函数以构建更大的算法时，map、filter和flatMap发挥了重要作用。

有人可能会想知道，为什么如此推崇列表？这真的是函数式编程中最重要的吗？好吧，答案可以是肯定的，也可以是否定的。编程中的许多内容都可以建模为列表。但这不是在这里使用列表的主要原因。事实证明，列表包含许多函数式编程技术——这些技术几乎应用于函数式代码库中的任何地方。因此，理解列表有助于理解更抽象的概念。我们通过具体的例子来学习抽象概念，而例子通常是列表。当学习如何使用列表时，可以继续尝试将其用于其他不同的场景。这就是抽象化。

> **重点！**
> FP在很大程度上依赖于提取共同特征——你只需要学习一次，便可随处使用

看看当我们尝试学习map时，上述方法是如何运作的。以下是在Scala和Java的不同类型中使用map的示例：

Scala集合

Java 8 Streams

这两个片段都返回一个新列表，其中所有整数都翻倍

```scala
val numbers = List(1, 2, 3, 4, 5)
numbers.map(_ * 2)
```

```java
List<Integer> numbers = Arrays.asList(1, 2, 3, 4, 5);
numbers.stream().map(n -> n * 2).collect(Collectors.toList());
```

基于这两个示例，可以更好地了解map在任何语言的不同类型中的工作原理。例如，树的映射会产生什么结果？参见图5-10。

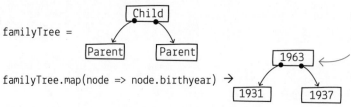

使用一种混合文本和图形的虚构语言，以表明可以基于示例直观感受抽象概念

图5-10 树的映射

期望使用我们提供的函数更改树中的所有值，并保留树数据结构的形状。这正是map蕴含的抽象概念！

5.26 比较map、foldLeft和 flatMap

在进一步讨论flatMap函数在更多类型中的使用之前，将再次使用List比较三个重要函数的实用性：map、foldLeft和flatMap。

```
List[A].map(f: A => B): List[B]
```

将传递为f的函数应用于原始列表的每个元素，产生一个包含修改后元素的新列表。保留数据结构的形状(List)、大小和元素的顺序。参见图5-11。

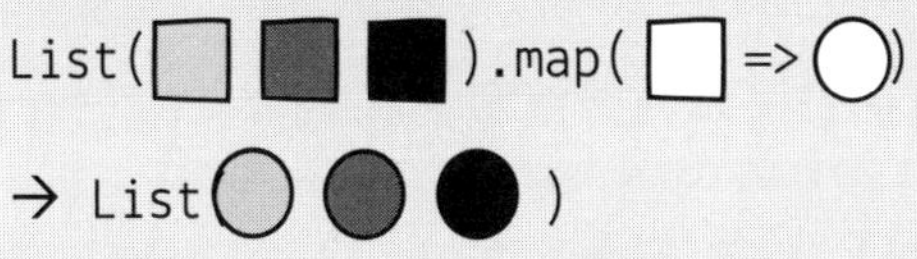

"数据结构的形状"指的是元素的内部结构(例如，列表的形状与树的形状不同)

图5-11 map函数

```
List[A].foldLeft(z: B)(f: (B, A) => B): B
```

通过将传递为f的函数应用于原始列表的每个元素(A)和当前累加器值(B)，累积类型为B的值。数据结构的形状(List)以及其大小和元素的顺序都会丢失。只返回一个类型为B的值，如图5-12所示。

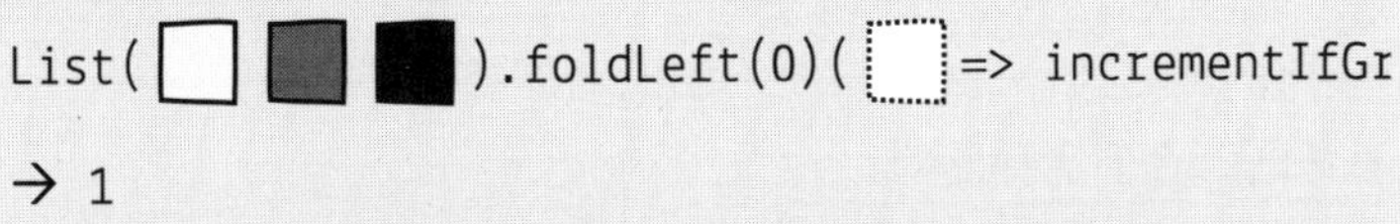

但在某些情况下，B可能是另一个List

图5-12 foldLeft函数

```
List[A].flatMap(f: A => List[B]): List[B]
```

将传递为f的函数应用于原始列表的每个元素，产生多个列表(每个元素产生一个列表)，按原始元素的顺序连接列表。结果保留数据结构的形状(List)，但大小可能不同——它可以是空列表或比原始列表大很多倍的列表，如图5-13所示。

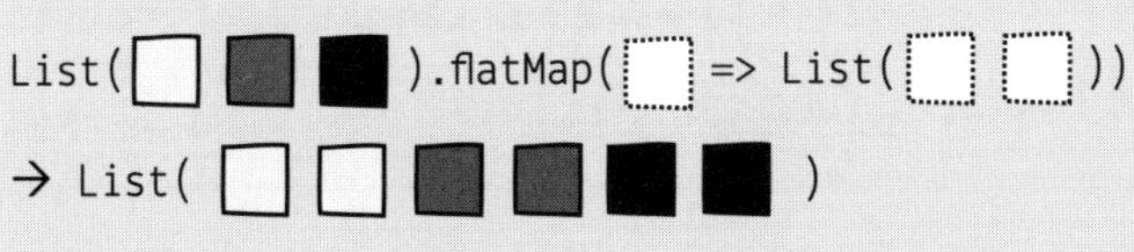

还记得如何使用flatMap过滤无效值吗

图5-13 flatMap函数

5.27　使用Set的for推导式

本章的最后一部分将集中讨论flatMap和for推导式蕴含的抽象概念，这一抽象概念将用于本书的余下部分。你已经知道如何在列表中使用它们了。现在需要另外两个示例来直观地了解抽象。

那么我们还可以对哪些其他类型使用for推导式呢？所有定义了flatMap函数的类型！相信我，在函数式编程生态系统中有很多这样的类型！你很快就会学到许多关于它们的知识，但先了解另一种集合类型：Set。

在for推导式中使用Set

就for推导式的使用而言，List和Set之间没有太大的区别。示例如下：

```
> for {
    greeting <- Set("Hello", "Hi there")
    name     <- Set("Alice", "Bob")
  } yield s"$greeting, $name!"
→ Set("Hello, Alice!", "Hello, Bob!",
      "Hi there, Alice!", "Hi there, Bob!")
```

如你所见，就机制而言，List和Set做的是完全相同的事情。但是，集合类型的选择会极大地影响for推导式可能返回的值。记住，Set仅包含未指定顺序的唯一值，而List按照附加的顺序存储所有值。可以在下面的示例中看到这种差异：

```
> for {                    > for {
    a <- List(1, 2)            a <- Set(1, 2)
    b <- List(2, 1)            b <- Set(2, 1)
  } yield a * b              } yield a * b
→ List(2, 1, 4, 2)         → Set(2, 1, 4)
```

以上两种情况都进行了四次乘法运算。每个结果都被添加到基础集合中，这意味着进行了四次添加。但是，集合本身定义了这些添加操作的执行方式。因此，List存储了四个元素。在Set的情况下，这四个元素中有两个具有相同的值(有两个2)，因此只存储了其中三个元素。

5.28 使用多种类型的for推导式

还有一个问题。可以在for推导式中使用多个类型吗？具体而言，可以在单个for推导式中使用List和Set吗？如果可以，那么从整个for推导式的解析中返回的集合类型是什么？下面通过扩展先前的示例来回答这些问题：

```
> for {
    a <- List(1, 2)
    b <- Set(2, 1)
  } yield a * b
→ List(2, 1, 4, 2)
```

这个for推导式中混合了List和Set，但返回类型是List！所以我们现在知道两者是可能混合的，但不太明白为什么选择List而不是Set。下面通过交换List和Set的顺序来搞清楚这一点：

```
> for {
    a <- Set(1, 2)
    b <- List(2, 1)
  } yield a * b
→ Set(2, 1, 4)
```

现在有些眉目了！当交换顺序并从Set开始时，返回的集合也是Set。当从List开始时，返回的集合也是List。这就是其工作原理。

可以混合枚举器类型

只要编译器可以强制转换for推导式中枚举器的集合类型，就可以轻松在一个for推导式中混合它们。Scala编译器可以将List转换为Set，亦可以将Set转换为List，因此在for推导式中可以混合这些类型。

第一个枚举器定义返回类型

当在for推导式中混合类型时，第一个枚举器的集合类型是for推导表达式将返回的类型。因此，如果从List开始，所有后续枚举器将需要转换为List。如果从Set开始，所有后续枚举器将被转换为Set。如果无法完成转换，则编译器会抛出异常。

5.29　练习for推导式

现在是时候检验你是否已理解for推导式语法了。请在代码中填写缺失的部分(???)。

1

```
for {
  x <- List(1, 2, 3)
  y <- Set(1)
} yield x * y
→ List(    ???    )
```

2

```
for {
  x <- ???
  y <- List(1)
} yield x * y
→ Set(1, 2, 3)
```

3

```
for {
  x <- ???(1, 2, 3)
  y <- Set(1)
  z <- Set(    ???    )
} yield x * y * z
→ List(0, 0, 0)
```

答案:

- 第一个推导式生成List(1, 2, 3)。

- 第二个推导式返回一个Set，因此第一个枚举器应该是Set。

> ```
> for {
>   x <- Set(1, 2, 3)
>   y <- List(1)
> } yield x * y
>   → Set(1, 2, 3)
> ```

- 第三个推导式返回一个List，因此第一个枚举器应该是List，所有的值都是0，因此yield表达式(x * y * z)应该总是得出0。由于xs和ys都被定义为非零，因此需要把0放在zs中。

> ```
> for {
>   x <- List(1, 2, 3)
>   y <- Set(1)
>   z <- Set(0)
> } yield x * y * z
>   → List(0, 0, 0)
> ```

5.30 再次定义for推导式

我们已经在本章之前正式定义了for推导式。然而，新学到了保护表达式和混合类型。下面更新定义，并在for推导式的通用形式中添加保护表达式和混合类型，如图5-14所示。

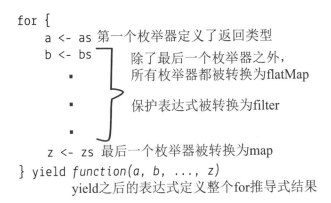

```
for {
    a <- as 第一个枚举器定义了返回类型
    b <- bs ⎫ 除了最后一个枚举器之外，
        ·  ⎬ 所有枚举器都被转换为flatMap
        ·  ⎪ 保护表达式被转换为filter
        ·  ⎭
    z <- zs 最后一个枚举器被转换为map
} yield function(a, b, ..., z)
        yield之后的表达式定义整个for推导式结果
```

图5-14 再次定义for推导式

枚举器可以是生成器或保护表达式(filter)。可以拥有任意数量的枚举器。

生成器是一种代码行，例如x <-xs。它意味着从xs中枚举每个值，将其提取为x并传递给下一个enumerator或yield表达式。在后台，它被转换为flatMap调用，如果它是for中的最后一个生成器，则转换为map调用。

保护表达式是形如if expression(x)的代码行。它接收先前步骤中生成的一个或多个值，并返回Boolean值。只有满足条件的值会被传递到下一个enumerator或yield表达式。在后台，它被转换为filter调用。

第一个枚举器是一个生成器，定义整个for推导式的集合返回类型。所有其他生成器必须生成可以转换为此类型的集合中的值。

yield表达式定义集合中对象的类型。

这是一个简单的解释。Scala将保护表达式转换为withFilter调用，这些调用是filter的惰性对应项。这不是一个重要区别，因为本书中不会使用if guard。此外，如果你想知道惰性在这一语境下的意思，请不用担心，本书后续章节将进行讨论

5.31   使用非集合类型的for推导式

我们已经学习了flatMap、流水线和顺序程序。在本书的余下部分中，将使用for推导式来处理除List和Set之外的更多类型。本章的最后一个例子也是使用非集合类型的for推导式的第一个例子。

本章的这一部分为下一章奠定了基础，下一章将重点讨论错误处理。总体而言，本章是基础性的，因为我们将在本书的余下部分中使用for推导式和flatMap。将用二者来处理集合，处理错误，进行一些输入和输出，甚至进行流处理

解析历史事件

这是一个存储有关事件信息的求积类型：

```scala
case class Event(name: String, start: Int, end: Int)
```

Event具有name、start年份和end年份。显然，Event需要遵循一些规则：

- name应为非空String。
- end年份应该是一个合理的数字——比如小于3000。
- start年份应该小于或等于end年份。

我们想编写一个函数，它将获取原始name、start年份和end年份，并在可能的情况下返回有效的Event，若不能，则返回空值。

临时解决方案

在编写基于流水线的解决方案之前，先摆脱临时、直接的解决方案，并讨论其问题。

```scala
> def parse(name: String, start: Int, end: Int): Event =
    if (name.size > 0 && end < 3000 & start <= end)
      Event(name, start, end)
    else
      null

parse("Apollo Program", 1961, 1972)
→ Event("Apollo Program", 1961, 1972))
parse("", 1939, 1945)
→ null
```

这个解决方案可行，但从关注点分离的角度来看并不完美。所有关注点都纠缠在一行代码——if行中。代码应该分别处理定义的三个要求。在这个小例子中，这并不是一个大问题，但我相信你们已经看过并讨厌包含很多if子句的函数。此外，希望避免使用null函数。下面试着解决这两个问题！

5.32 避免null函数：Option类型

现在先解决null函数问题。为什么要避免它们？有几个原因，本书将讨论其中一些。这里只回顾一个问题——函数式编程领域的一个重要问题(详见第6章)。

有趣的事实：空引用的发明者Tony Hoare称之为"十亿美元的错误"

null函数使得特征标记说谎

主要问题是null使得特征标记说谎。先看一下之前提出的解决方案：

```
def parse(name: String, start: Int, end: Int): Event
```

特征标记表示函数返回一个Event……但它也可以返回null！这是一个非常严重的信任问题。如果不能通过查看函数特征标记来判断函数的作用，那么将无法轻松地推理我们的代码。在函数式编程中，希望用较小的程序构建更大的程序，为此，需要使用纯函数，因为它们不会谎报其可能返回的内容。

输入Option类型

为了解决上述问题，许多语言引入了Option类型。它模拟了一个可能存在或不存在的值，参见图5-15。它有两个子类型：None和Some。如果值不存在，则返回None。如果值存在，则返回Some，且Some内部带有一个具体值。

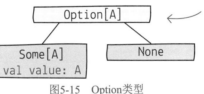

图5-15　Option类型

其他语言以不同的方式引用此类型。Haskell中使用Maybe，而Java中则使用Optional。然而，在所有这些语言中，原理是相同的。而且，函数式语言在这些类型中包含一些附加功能(见本页底部突出显示的内容)

有了这个类型，便可以重新编写解决方案，并使parse的特征标记正确说明函数：

```
def parse(name: String,
          start: Int, end: Int): Option[Event] = {
  if (name.size > 0 && end < 3000 & start <= end)
    Some(Event(name, start, end))
  else
    None
}
```

代码看起来变化不大，但Option不仅带来了更好的特征标记，还带来了一个**flatMap**函数！下面来使用它！

5.33　解析为流水线

使用if表达式的临时解决方案的第二个问题是，所有要求都交织在一行代码中。回顾一下这三个要求：

```
case class Event(name: String, start: Int, end: Int)
```

- name应该是非空String。
- end年份应该是一个合理的数字——比如小于3000。
- start年份应该小于或等于end年份。

> 下一章将更深入地探讨错误处理和解析。本节仅进行简要、初步的介绍

理想情况下，应该能够将这些要求建模为单独的小函数，这些函数可以单独维护和更改，而不影响其他函数。只有这样，才能在代码库中真正实现关注点分离。

尝试将上述要求编码为单独的函数：

```
def validateName(name: String): Option[String] =
  if (name.size > 0) Some(name) else None

def validateEnd(end: Int): Option[Int] =
  if (end < 3000) Some(end) else None

def validateStart(start: Int, end: Int): Option[Int] =
  if (start <= end) Some(start) else None
```

使用以上函数以及Option的flatMap函数，可以轻松过滤无效数据，并且使用的代码简单、平坦、少有if、易读。

```
> def parse(name: String,
           start: Int, end: Int): Option[Event] =
    for {
      validName  <- validateName(name)
      validEnd   <- validateEnd(end)
      validStart <- validateStart(start, end)
    } yield Event(validName, validStart, validEnd)

parse("Apollo Program", 1961, 1972)
→ Some(Event("Apollo Program", 1961, 1972)))
parse("", 1939, 1945)
→ None
```

> 没有null！
> 没有大的if语句！
> 由定义真正业务逻辑的较小函数构建！

> None比null好得多，因为None是类型为Option[Event]的值，你可以在任意地方使用，而不必担心

流水线有三个步骤，如果其中任何一个步骤失败(即返回None)，那么整个for推导式将返回None。这正是之前在列表中的操作；记得吗？能够通过返回空List来过滤不正确的值。这就是flatMap的特点。

> 前面讨论过，flatMap可以改变其输出的大小(相对于输入)。它也适用于Option

5.34 小憩片刻: 使用Option进行解析

在此将练习一些在软件工程领域非常普遍的操作: 添加一个新要求。基于流水线的设计将使你能够高效地进行这种更改, 而不会影响负责其他要求的代码。

新要求是:

- 只有持续时间超过10年的事件有效。

你的第一个任务是编写一个函数, 该函数获取start、end和事件最短持续时间(minLength), 并仅在持续时间大于或等于最小时长时返回Some(length)。函数特征标记如下: **1**

```
def validateLength(start: Int,
                   end: Int,
                   minLength: Int): Option[Int] = ???
```

你的第二个任务是在之前编写的for推导式中使用validateLength函数。它应该是解析原始数据并返回Option[Event]的新函数的一部分: **2**

```
> def parseLongEvent(name: String,
                     start: Int, end: Int,
                     minLength: Int): Option[Event] = ???

parseLongEvent("Apollo Program", 1961, 1972, 10)
→ Some(Event("Apollo Program", 1961, 1972)))

parseLongEvent("World War II", 1939, 1945, 10)
→ None

parseLongEvent("", 1939, 1945, 10)
→ None

parseLongEvent("Apollo Program", 1972, 1961, 10)
→ None
```

确保重用负责另外三个要求的函数。不必担心它们是否能实现, 只需要关注它们的特征标记。

```
def validateName(name: String): Option[String]
def validateEnd(end: Int): Option[Int]
def validateStart(start: Int, end: Int): Option[Int]
```

注意, 在本章中, 我们为纯函数使用了偏向于命令式的名称, 例如parse和validate。正如本书前面讨论过的那样, 经验丰富的函数式程序员倾向于使用声明性的名称: eventFromRawData或validEventName

5.35　解释: 使用Option进行解析

可以像处理其他三个函数一样编写validateLength。

```
def validateName(name: String): Option[String] =
  if (name.size > 0) Some(name) else None

def validateEnd(end: Int): Option[Int] =
  if (end < 3000) Some(end) else None

def validateStart(start: Int, end: Int): Option[Int] =
  if (start <= end) Some(start) else None
```

基于上述函数，只需要一个if表达式，如果验证成功，则返回Some，否则返回None:

1

```
def validateLength(start: Int,
                   end: Int,
                   minLength: Int): Option[Int] =
  if (end - start >= minLength) Some(end - start) else None
```

你的第二个任务是在之前编写的for推导式中使用validateLength函数。它应该是解析原始数据并返回Option[Event]的新函数的一部分:

2

```
def parseLongEvent(name: String,
                   start: Int, end: Int,
                   minLength: Int): Option[Event] =
  for {
    validName   <- validateName(name)
    validEnd    <- validateEnd(end)
    validStart  <- validateStart(start, end)
    validLength <- validateLength(start, end, minLength)
  } yield Event(validName, validStart, validEnd)
```

注意，若在一个枚举器(flatMap)中返回None，会使整个表达式变为None，这里利用了这一点。当专门返回空List时，也采用这种方式

注意，只需要定义一个新函数并在for推导式中添加另一个步骤。没有向现有if子句添加任何内容；根本没有改变任何现有代码。这很好，因为现有要求没有发生变化！这展示了真正的关注点分离和可以轻松组合的函数的作用。

有关Option的这一节是接下来第6章中内容的先导。需要为我们的顺序程序添加一些错误处理。将使用flatMap、Option等!

小结

代码：CH05_*
查看本书仓库中的 ch05_*文件来探索本章的源代码

本章介绍了五个非常重要的技能，是本书后续章节的基础，也有助于你进行编程。

使用flatten处理由列表组成的列表

当尝试处理具有多个署名作者的书籍时，首先遇到了棘手的List[List[String]]。我们了解到，List具有flatten函数，该函数按顺序连接所有内部List，生成一个大的列表，并将其作为List[String]返回。

使用flatMap代替for循环编写顺序程序

然后，本章介绍了一个基于flatten和map构建的函数：flatMap。结果证明，该函数有助于构建基于函数流水线的代码——仍然是顺序程序。

使用for推导式以可读的方式编写顺序程序

我们仍然不确定基于flatMap的代码的可读性。它仍然具有多级缩进。我们了解到，可以通过使用for推导式来解决这个问题，这在函数式编程中非常普遍。在Scala中，编译器将for推导式转换为嵌套的flatMap/map调用。

在for推导式中使用条件

我们了解到，for推导式中有三种过滤方式：使用filter函数，使用保护表达式(for推导式中的if)，以及使用传递给flatMap函数的函数。filter和保护表达式只能用于特定类型，例如集合，而最后一种方案更通用，可用于具有flatMap的任何类型。后面将使用这种方案。

了解更多具有flatMap的类型

在本章的最后一部分，我们熟悉了更多具有flatMap函数的类型：Set和Option。学习了如何在for推导式中使用多个类型，以及如何使用for推导式和Option类型将解析功能构建为顺序流水线。

第**6**章 | 错误处理

本章内容：

- 如何在不使用null函数和异常的情况下处理所有错误

- 如何确保所有边缘情况得到处理

- 如何在函数特征标记中指示所有可能的错误

- 如何在存在不同错误的情况下用较小的函数构建更大的功能

- 如何返回对用户友好且描述性强的错误

> 66 编写无错误程序的方式有两种；只有第三种 99
> 方式有效。
>
> ——Alan Perlis，《编程格言》

6.1 从容处理许多不同的错误

我们无法编写永远不出故障的代码。因此，需要接受所有可能的错误，并确保代码可以从容处理它们并恢复。在本章中，你将认识到可以将错误视为从纯函数返回的不可变值。像往常一样，将基于示例进行学习。

电视节目解析引擎

在本章中，将处理受欢迎的电视节目。将从简单的要求开始，然后添加一些要求，以创建一个完整的电视节目解析引擎。将需要处理许多边缘案例。将利用它们来学习如何使用FP技术，以确保可以从容处理所有这些案例，而不会破坏代码库。

将使用原始值(即String值)。这将模拟从外部获取数据的实际应用程序：Web服务或数据库。它还可以模拟获取真实用户输入的操作。你将自己完成一些要求，如图6-1所示，但在此之前，先看一下最难的要求，以初步掌握所学内容。

本章主要内容

本章后面的示例代码片段如下。你将获得表示电视节目的String列表。你的函数parseShows需要解析所有这些String，并将节目作为一个定义良好的三字段TvShow值返回：

```
val rawShows = List("Breaking Bad (2008-2013)",
                    "The Wire (2002-2008)",
                    "Mad Men (2007-2015)")

parseShows(rawShows)
→ List(TvShow("Breaking Bad", 2008, 2013),
       TvShow("The Wire", 2002, 2008),
       TvShow("Mad Men", 2007, 2015))
```

假设有一个电视节目列表，它们由来自外部世界(服务或数据库)的原始字符串表示

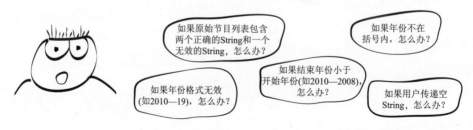

> 如果原始节目列表包含两个正确的String和一个无效的String，怎么办？
>
> 如果年份不在括号内，怎么办？
>
> 如果年份格式无效(如2010—19)，怎么办？
>
> 如果结束年份小于开始年份(如2010—2008)，怎么办？
>
> 如果用户传递空String，怎么办？

图6-1 示例要求

6.2 是否可能处理所有问题

真的能处理所有这些错误并同时拥有出色的特征标记、小的实现、不可变值和纯函数吗？本章将解决这些疑虑。parseShows 用于处理各种错误，但在实现真正的parseShows版本之前，需要回顾一下如何将函数作为参数传递和返回函数(高阶函数)。然后，将通过查看小函数和小错误来学习如何处理错误。接下来，将通过组合其他小函数来构建更多函数。即使所有这些函数都失败，这种方案也能奏效。图6-2展示了本章的学习过程。

注意，现在所学的内容建立在之前章节的基础之上。从根本上说，我们是在越来越高级的场景中重复使用相同的程序代码

本章的学习过程包含五个步骤。将学习如何以函数的方式指示和处理错误，并了解这种方式在哪些方面优于异常

步骤1

回顾高阶函数
使用在第4章中学习的高阶函数来处理错误

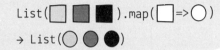

```
List(□ ▨ ■).map(□ => ○)
→ List(○ ◐ ●)
```

步骤2

使用Option指示错误
通过使用在第5章学习的for推导式返回不可变值来指示错误

在本章中，将使用这种方式直观展示我们的进度

步骤3

函数式错误处理与已检查的异常
相较于已检查的异常，函数式解法使我们可以用更可读和简洁的方式指示和处理错误

步骤4

同时处理多个错误
使用仅处理单个错误的代码，定义处理多个错误的高阶函数

步骤5

使用Either指示描述性错误
通过返回包含更多失败信息的不可变值来指示错误

图6-2 本章的学习过程

除了学习函数式错误处理外，你还将有机会使用迄今为止学到的几乎所有内容。让我们开始吧！

6.3 按照播出时长对电视节目列表进行排序

先做一个热身练习，在这个过程中回顾一下在第4章中学到的关于高阶函数的知识，并熟悉新问题及其领域。

> 要求：给定一个电视节目列表，按运行时间对其进行排序
> - 获得一个电视节目列表。
> - 每个电视节目都有一个名称、开始播出的年份和结束的年份。
> - 需要返回一个按播出时间倒序排序的新电视节目列表。

快速练习：特征标记

在继续之前，需要你设计两样东西：将使用的一个电视节目模型和一个满足要求的纯函数特征标记。无论是在本书还是实际应用程序中，这都是实现要求时首先要做的事情。因此，不能轻易跳过这部分内容。请先尝试回答以下问题：

1. 名为TvShow的求积类型会是什么样子的？
2. 名为sortShows的函数的特征标记会是什么样子的？

答案见讨论中

> 问：之前没有实现类似的函数吗？
> 答：实现过。此处有意进行重复。如果你觉得很容易，那是好事！新的问题很快就会出现，请继续往下阅读。

不可变模型和特征标记

模型和函数特征标记通常难以确定，但如果处理正确，将获得简单、直观的实现。

将使用以下求积类型来模拟电视节目。TvShow应该有一个名称、开始播出的年份和结束的年份。只需要将这个句子翻译成Scala语言：

```scala
case class TvShow(title: String, start: Int, end: Int)
```

sortShows的特征标记也可以直接翻译成Scala语言：

```scala
def sortShows(shows: List[TvShow]): List[TvShow]
```

注意，这在本书中反复提及。先用两个步骤实现要求：一个模型(求积类型)和一个纯函数的特征标记
这就是FP的工作原理：使用纯函数来操作不可变值

6.4 实现排序要求

现在我们已经有了特征标记，因此大部分要求已经完成。
接下来需要给出满足特征标记的实现。

> 要求：给定一个电视节目列表，按运行时间对其进行排序
> - 得到一个电视节目列表。
> - 每个电视节目都有一个名称、开始播出的年份和结束的年份。
> - 需要返回一个按播出时间倒序排序的新电视节目列表。

为了实现sortShows，需要回顾以前学过的知识——图6-3展示的为List定义的函数(sortBy和reverse)：

```
def sortShows(shows: List[TvShow]): List[TvShow] = {
  shows
    .sortBy(tvShow => tvShow.end - tvShow.start)
    .reverse
}
```

sortBy按自然顺序排序(从最小的Int到最大的Int)，因此若要按降序排序，将需要对List进行reverse处理

sortBy返回一个包含与输入List相同元素的新List，但使用作为参数提供的函数进行排序。这里，这个匿名函数返回一个Int：一个给定节目播出的年数

图6-3 为List定义的函数

使用sortShows

下面尝试使用新的sortShows函数，并确保它正常运行：

```
val shows = List(TvShow("Breaking Bad", 2008, 2013),
                 TvShow("The Wire", 2002, 2008),
                 TvShow("Mad Men", 2007, 2015))
```

《广告狂人》(*Mad Men*)播出
了八年，所以它在列表顶部

```
sortShows(shows)
→ List(TvShow("Mad Men", 2007, 2015),
       TvShow("The Wire", 2002, 2008),
       TvShow("Breaking Bad", 2008, 2013))
```

新问题

好了，热身练习做得差不多了！有什么陷阱？事实证明，无法将电视节目列表输出为List[TvShow]。得到的是List[String]！这是一个十分常见的场景——从外部世界获取数据：数据库、Web服务或用户输入。因此，通常需要处理原始String。在本例中，处理的是由String组成的List，每个String表示一个单独的电视节目及其详细信息。欢迎来到现实世界！

这是第一次考虑到没有哪个应用程序是孤立的。创建的每个应用程序都需要与外部世界通信。这种通信通常使用低级别原语，例如String

6.5　处理来自外部世界的数据

到目前为止，我们一直在处理理想情况。总是有只包含有效格式化数据的对象实例。一直在操作Books、Events、Points、ProgrammingLanguages，现在操作的是TvShows。这很好理解，但有点不现实。现实世界更复杂。我们需要操作更基础的东西；从用户那里获取原始输入；从其他服务和/或自己的数据库获取原始数据。总是可能出错。

现在将基于解析传入数据开始学习这些可怕的现实场景。实际上我们不会获得一个List[TvShow]，而是得到一个List[String]，每个String都表示一个电视节目，但我们的任务是确保每个String确实是一个电视节目。这个操作被称为"解析"。

> 你肯定知道解析是什么。这里明确提到它，因为它在函数式编程中占据特殊地位。例如，我们有解析器组合器，使用高阶函数从基本解析器创建更复杂的解析器。这是FP的本质

> **解析**
>
> 解析是一种操作，将原始数据(如String)转换为域模型，通常表示为求积类型(不可变值)。下面将使用解析操作来展示如何处理来自外部世界的原始数据。这意味着需要处理各种问题场景。
>
> 注意，本章的主题不是解析。解析仅被用作一个可能失败的操作示例。用于解析String的所有技术都可以并且将在本书后面用于其他失败操作。

现在要处理的问题如下：

```
> val rawShows: List[String] = List(
    "Breaking Bad (2008-2013)",
    "The Wire (2002-2008)",
    "Mad Men (2007-2015)")

sortShows(rawShows)
→ compilation error: sortShows takes List[TvShow]
```

> 现在有一个String列表，每个String都可能表示一个电视节目

> sortShows需要List[TvShow]，因此，如果提供一个List[String]，它会出现严重错误

问题自然出现了：现在需要重新实现sortShows吗？它需要一个新特征标记！它需要接收一个List[String]并返回一个排序后的List[TvShow]，是这样吗？不是，答案是否定的！

6.6 函数式设计: 利用小代码块构建

函数式设计的重点是利用小代码块构建更大的功能: 用较小的纯函数构建更大的纯函数。下面将这个原则用到目前的例子上。我们已了解排序的要求, 并且刚刚已实现该要求:

```
def sortShows(shows: List[TvShow]): List[TvShow] = {
  shows
    .sortBy(tvShow => tvShow.end - tvShow.start)
    .reverse
}
```

这是一个纯函数, 它获取一个List[TvShow]并返回一个新列表, 该列表根据要求进行排序。输入类型的更改对于这个要求并不重要; 这是完全不同的要求, 应该作为一个单独函数来实现! 这样每次就可以专注于一件事情。之前专注于排序, 现在该专注于解析原始输入了。

新要求需要一个新函数。想一想: 有一个List[String], 需要一个函数, 该函数需要以一个List[TvShow]作为输入。这意味着需要一个新函数, 将List[String]转换为List[TvShow]。然后就能使用一种顺序程序的技术来组合这两个函数。图6-4展示了所需的函数和已完成的函数。

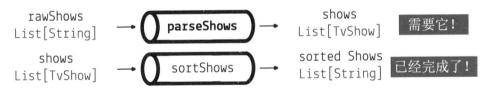

图6-4 parseShows和sortShows

这样就不必改变sortShows了! 它很小, 而且做好了自己的本职工作。这就是函数式设计的美妙之处。使用具有单一职责的小函数来完成所有事情。组合操作也是一个具有单一职责的小函数(合并另外两个函数)。

```
def sortRawShows(rawShows: List[String]): List[TvShow] = {
  val tvShows = parseShows(rawShows)
  sortShows(tvShows)
}
```

现在将转向更高级的案例。然而, 请记住, 排序仍然存在, 可以在不修改的情况下使用

下面将重点介绍带有错误处理的parseShows函数的实现。

6.7　将String解析为不可变对象

现在暂时不考虑排序。排序已经完成，我们知道它可以按预期运行。它是使用纯函数和不可变值实现的，因此以后使用起来会很方便。

但是，在使用它之前，需要确保拥有用作sortShows的输入的List[TvShow]。然而，现在只有一个List[String]。因此，需要一个函数，以获取一个List[String]并返回一个List[TvShow]：

```
def parseShows(rawShows: List[String]): List[TvShow]
```

在尝试实现这一函数之前，先列出解析的要求。你可能已经猜到了。

> #### 新要求：原始电视节目的格式
>
> 我们的应用程序获取由原始电视节目组成的List。每个原始电视节目只是一个String，应具有以下格式：
>
> ```
> TITLE (YEAR_START-YEAR_END)
> ```
>
> 例如：在"The Wire(2002-2008)"中，TITLE是The Wire，YEAR_START是2002，YEAR_END是2008。因此，String "The Wire(2002-2008)"应转换为TvShow("The Wire", 2002, 2008)的不可变值。

格式为TITLE(YEAR_START-YEAR_END)。因此，算法应执行以下步骤：

1. 查找'('，并将它之前的所有内容视为标题(同时删除所有空格)。

2. 查找'-'，并将'('和'-'之间的所有内容视为起始年份(它应该可以解析为Int)。

3. 查找')'，并将'-'和')'之间的所有内容视为结束年份(它也应该可以解析为Int)。

如你所见，这里步骤繁多。除此之外，有一个List[String]，因此需要将此算法应用于此列表中的每个String。这里很多操作都可能会出错，因此希望进一步对其进行拆分！

6.8 解析一个List只是解析一个元素

我们有一个List[String]，并希望用一个算法将一个String转换为TvShow。

快速练习

在继续学习之前，先思考一下，你还记得List上定义的哪个函数可以用来减少工作量吗？

在回答问题之前，先从软件架构和设计的角度来解决它。函数式设计的第一条规则是，在实现任何功能之前先将给定的要求分解为小函数。可以通过仅使用小的一行实现和特征标记来进行拆分，从而专注于设计，而不是烦琐细节。在本例中，我们想将传入的List[String]解析为List[TvShow]。

?

答案见讨论中

通过分别解析每个元素来解析List

解决问题的函数式方案是先提取将一个String解析为TvShow的功能，然后使用它来解析整个List。听起来很熟悉吗？正是学过的map！

> 步骤1
> **回顾高阶函数**
> 使用在第4章中学习的高阶函数处理错误(完整步骤见6.2节)

```
def parseShows(rawShows: List[String]): List[TvShow] = {
  rawShows.map(parseShow)
}
```

如你所见，正在使用parseShow函数映射每个String元素，结果应返回一个TvShow。我们还没有编写这个函数，但是已经知道需要什么特征标记！

现在要实现的是一个较小的函数，它负责解析单个电视节目：

```
def parseShow(rawShow: String): TvShow
```

使用map实现parseShows；对于parseShow，尽管我们已经知道如何使用，但尚未进行编写。注意二者之间的细微差别

现在可以专注于实现较小的函数(parseShow)，因为较大的函数(parseShows)已经完成！在实现解析一个String的小函数之后，将自动拥有解析List[String]的能力！这就是函数式设计的原理！我们已经思考了功能，将其分解为更小的部分，并利用了一些已学的技能。

下面实现parseShow函数！

6.9 将String解析为TvShow

现在尝试实现将一个String解析为TvShow的函数。根据要求，给定格式正确的String TITLE(YEAR_START-YEAR_END)，parseShow首先应该查找分隔符(括号、连接符)，然后提取信息，其实现如图6-5所示。

```scala
def parseShow(rawShow: String): TvShow = {
  val bracketOpen  = rawShow.indexOf('(')
  val bracketClose = rawShow.indexOf(')')
  val dash         = rawShow.indexOf('-')

  val name      = rawShow.substring(0, bracketOpen).trim
  val yearStart = Integer.parseInt(rawShow.substring(bracketOpen + 1, dash))
  val yearEnd   = Integer.parseInt(rawShow.substring(dash + 1, bracketClose))

  TvShow(name, yearStart, yearEnd)
}
```

首先，需要找到分隔符的索引 **1**

然后，需要使用这些索引来根据要求中的格式提取三个信息 **2**

最后，获得三个参数后，就可以创建并返回一个TvShow **3**

在Scala中，可以使用Java的类型和函数。在本书中，一直将这个特性用作学习工具。在这里，使用Java的Integer.parseInt，它获取一个String并返回给定String包含的int值。你可能想知道：如果String不包含int，会发生什么？我们很快就会解决这个问题

图6-5 实现parseShow函数

尝试使用它，看看它是否正常工作。

```scala
> parseShow("Breaking Bad (2008-2013)")
→ TvShow("Breaking Bad", 2008, 2013)
```

它确实可以正常工作！另外，如前所述，实现parseShow函数后应该自然能够使用parseShows，而parseShows是使用map实现的。

```scala
def parseShows(rawShows: List[String]): List[TvShow] = {
  rawShows.map(parseShow)
}
```

当尝试使用它时，一切都很顺利！结果返回一个列表！

```scala
val rawShows: List[String] = List(
  "Breaking Bad (2008-2013)",
  "The Wire (2002-2008)",
  "Mad Men (2007-2015)")
```

有一个原始节目的输入列表：三个String(表示格式符合要求的潜在电视节目)

```scala
> parseShows(rawShows)
→ List(TvShow("Breaking Bad", 2008, 2013),
       TvShow("The Wire", 2002, 2008),
       TvShow("Mad Men", 2007, 2015))
```

当把rawShows列表用作parseShows函数的输入时，它使用parseShow(单数)函数映射每个String，并返回一个新列表，其中包含适当的TvShow不可变值

6.10 如何处理潜在错误

我们现在有了新的parseShow和parseShows函数，并且它们为原始电视节目样本列表生成了正确结果。那算完成了吗？坏消息是，还没有完成。如前所述，原始String来自外部世界、数据库或用户输入。这意味着很可能并非所有String都符合标准格式：TITLE(YEAR_START-YEAR_END)。那么会发生什么？

下面来看看，如果得到了一个格式不正确的原始节目：

```
> val invalidRawShow = "Breaking Bad, 2008-2013"
```
← 年份应该在括号内，但并没有！注意，这只是可能失败的一种情况。我们很快就会讨论这一问题

```
parseShow(invalidRawShow)
Exception in thread "main": String index out of range: -1
```

它不仅没有返回一个TvShow，还抛出了异常并使整个应用程序崩溃了。因此，该函数违反了它的特征标记：

```
def parseShow(rawShow: String): TvShow
```

如果parseShow是一个人，你可能会问道："亲爱的parseShow，对于提供的String，你似乎不会返回TvShow。你为什么要这样说谎呢？"

纯函数不应该抛出异常

图6-6列出了纯函数的特征。我们的parseShow函数会在给出的String格式不正确时抛出异常。这一事实本身证明了parseShow函数不是纯函数——它并不总是返回承诺的值(一个TvShow)。该怎么解决呢？通过寻找潜在的解决方案来找出答案。

纯函数
- ☐ 返回单个值
- ☑ 仅使用其参数
- ☑ 不改变现有值

图6-6 纯函数的特征

在Java中，可以使用try...catch，如果有东西被抛出，就返回null，但这不是一个好办法。

```java
try {
  return parseShow(invalidRawShow);
} catch(Exception e) {
  return null;
}
```
→ 也可以抛出异常，把问题留给客户端。同样的问题还在：该函数的用户需要用两种办法处理它——一种针对正确值，一种针对异常/null。这意味着代码中将充斥着if和try...catch

这种方案确保了我们的应用程序在可以解析电视节目时不会崩溃。但是这种解决方案有什么代价？

6.11 返回null是不是一个好办法

可能在错误情况下返回null的函数存在两个问题。这两个问题会影响代码的用户:

- 函数的返回值不包含任何提示,表明它可能会失败(它本应该始终返回一个TvShow,但有时会返回null)。
- 用户不能信任函数,并且需要在各个地方避免可能出现的null的影响!

站在用户的角度来看待这个问题。尝试使用一个函数,如果String格式不正确,该函数则返回null。这意味着客户端代码可能如下所示:

```
TvShow show = parseShow(invalidRawShow);
if(show != null) {
  // do more things with the show
}
```

← 非常糟糕的设计!
使用函数的开发人员不再关注业务逻辑,而是需要考虑函数可能的两种不同行为

这不是函数式的解决方案!特征标记总是指示所有可能的返回值。用户总是会得到一个值! parseShow特征标记需要改变:对于某些String,没有正确的 TvShow。

使用Option

好消息是,可以通过使用在上一章中遇到的Option类型来解决这两个问题! 类型为Option的值有两种可能:存在的值或不存在的值。

在上一章中,你了解到Option可以在顺序程序中使用,因为它具有flatMap函数。在本章中,将使用这一知识,并将Option视为表示成功和失败计算的类型。请回想一下,返回None的枚举器将整个for推导式展平为None。当对空List使用flatMap时,发生了同样的事情

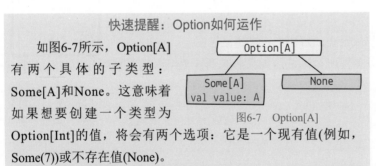

快速提醒:Option如何运作

如图6-7所示,Option[A] 有两个具体的子类型: Some[A]和None。这意味着如果想要创建一个类型为 Option[Int]的值,将会有两个选项:它是一个现有值(例如, Some(7))或不存在值(None)。

图6-7 Option[A]

```
val existing: Option[Int] = Some(7)
val nonExisting: Option[Int] = None
```

没有其他办法!要创建Option类型的值,就需要选择Some或None。需要注意的是,Some和None都是值——它们的处理方式相同。

6.12 如何更从容地处理潜在错误

步骤2
使用Option指示错误
通过使用在第5章学习的for推导式返回不可变值来指示错误(完整步骤见6.2节)

现在尝试使用Option类型的函数,使parseShow函数更加可靠。parseShow函数将返回一个Option类型的值,让用户知道解析是否成功。图6-8展示了两种不同的方案,以直观地体现Option类型的优势。

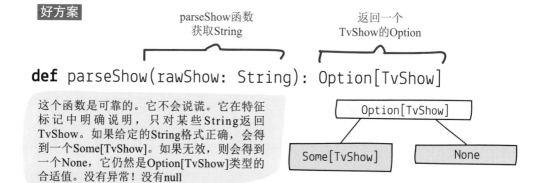

> **好方案**
>
> parseShow函数 获取String 返回一个 TvShow的Option
>
> **def** parseShow(rawShow: String): Option[TvShow]
>
> 这个函数是可靠的。它不会说谎。它在特征标记中明确说明,只对某些String返回TvShow。如果给定的String格式正确,会得到一个Some[TvShow]。如果无效,则会得到一个None,它仍然是Option[TvShow]类型的合适值。没有异常!没有null
>
> Option[TvShow]
> Some[TvShow]   None

> **坏方案**
>
> **def** parseShow(rawShow: String): TvShow
>
> 这个函数是不可信的。它说谎。它在特征标记中明确说明,对所有String都返回TvShow,但我们知道不是这样。它可能抛出异常或返回null,特征标记根本没有提到这些

图6-8 对比两种方案

我们现在知道parseShow应该返回一个Option[TvShow]。如果你感到有点惊讶,不要担心,很快就会弄清楚。你可能觉得,抛出一个已检查的异常,并使之在特征标记中可见,是完全可以接受的。然而,不使用异常的原因不仅仅在于语言机制问题,我们很快就会详细讨论。在此之前,先专注于新parseShow。

在此提醒,如果你的函数抛出了一个已检查的异常,它需要在特征标记中添加一个throws子句来指出这一点。我们很快就会讲到这一点,并将这种方案与函数式方案进行比较

如你所知,希望设计有用的函数,它使用起来方便而安全。因此,总是从用户角度出发。下面探究如何使用基于Option的parseShow。

```
> parseShow("The Wire (2002-2008)")
  → Some(TvShow("The Wire", 2002, 2008))
  parseShow("The Wire aired from 2002 to 2008")
  → None
```

如你所见,当提供一个格式正确的String时,得到了封装在Some中的TvShow。对于无效String,则得到了None。

没有异常!

6.13　实现返回Option的函数

我们已经讨论了特征标记，以及用户如何使用parseShow函数。通过查看特征标记，用户知道parseShow函数会得到一个String，如果String格式正确，该函数可能返回Some(TvShow)，否则返回None。现在该尝试实现parseShow了。但再次看一下之前的实现(如果得到一个格式不正确的String，则会抛出异常)，并将其与基于Option的实现进行比较，如图6-9所示。

> 这正是我们想从纯函数中获取的。希望它们不会说谎

前　返回TvShow(或者如果出现错误，则抛出异常)

```
def parseShow(rawShow: String): TvShow = {
  val bracketOpen  = rawShow.indexOf('(')
  val bracketClose = rawShow.indexOf(')')
  val dash         = rawShow.indexOf('-')

  val name      = rawShow.substring(0, bracketOpen).trim
  val yearStart = Integer.parseInt(rawShow.substring(bracketOpen + 1, dash))
  val yearEnd   = Integer.parseInt(rawShow.substring(dash + 1, bracketClose))

  TvShow(name, yearStart, yearEnd)
}
```

> 如果rawShow不包含这些分隔符中的一个或多个，那么其中一个值将为-1

> 若使用-1调用substring，将在无意中导致StringIndexOutOfBoundsException

> 应该在这里定义并抛出自己的异常，但是代码会变得非常混乱，所以现在暂时不讨论

后　始终返回Option[TvShow]

```
def parseShow(rawShow: String): Option[TvShow] = {
  for {
    name      <- extractName(rawShow)
    yearStart <- extractYearStart(rawShow)
    yearEnd   <- extractYearEnd(rawShow)
  } yield TvShow(name, yearStart, yearEnd)
}
```

> 只有当上述三个步骤都返回Some时，才会生成一个TvShow。如果任何步骤返回None，则整个for推导式将为None。注意，name是一个String，而yearStart和yearEnd是Int。for推导式中的<-语法确保当右侧是Some(value)时，将在左侧得到裸value

> 使用for推导式来确保所有操作都在Option的语境内完成，以逐步按顺序进行评估，就像流水线一样。每个步骤都是一个函数调用。每个extract函数都需要返回Option以满足编译器的要求。下面将实现它们。它们的特征标记是：
> ```
> def extractName(rawShow: String): Option[String]
> def extractYearStart(rawShow: String): Option[Int]
> def extractYearEnd(rawShow: String): Option[Int]
> ```

> 这个函数是完全安全的。无论你给出什么String，它总是会返回一个类型为Option[TvShow]的值。这是在特征标记中得到的承诺

图6-9　对比两种实现

想象一下如何使用这样的函数。希望当接收无法解析的String时，整个函数返回None，而不是抛出异常并崩溃。

```
parseShow("Mad Men (-2015)")
→ None
```

但是，如果String有效，它应该返回封装在Some中的TvShow。

```
parseShow("Breaking Bad (2008-2013)")
→ Some(TvShow("Breaking Bad", 2008, 2013))
```

> 注意，仍然没有完全函数式的解决方案。只是比较特征标记和用法，以直观感受基于Option与基于异常的区别

6.14　Option强制处理可能的错误

你可能会想知道，为什么在基于Option的版本中引入了小的extract函数，而在基于异常的版本中没有。简单来说，在基于Option的版本中extract函数非常重要，而在基于异常的版本中，这只是美观问题。若要详细解释，则需要讨论强制处理错误和能够处理错误之间的重要区别，如图6-10所示。

基于选项　强制处理错误

```scala
def parseShow(rawShow: String): Option[TvShow] = {
  for {
    name      <- extractName(rawShow)
    yearStart <- extractYearStart(rawShow)
    yearEnd   <- extractYearEnd(rawShow)
  } yield TvShow(name, yearStart, yearEnd)
}
def extractName(rawShow: String): Option[String]
def extractYearStart(rawShow: String): Option[Int]
def extractYearEnd(rawShow: String): Option[Int]
```

基于异常　能够处理错误

```scala
def parseShow(rawShow: String): TvShow = {
  val name      = extractName(rawShow)
  val yearStart = extractYearStart(rawShow)
  val yearEnd   = extractYearEnd(rawShow)

  TvShow(name, yearStart, yearEnd)
}
def extractName(rawShow: String): [String]
def extractYearStart(rawShow: String): [Int]
def extractYearEnd(rawShow: String): [Int]
```

这是首选版本，其中使用的都是纯函数。它们在特征标记中告诉我们，它们不会为某些String生成TvShow。然而，最重要的是，如果想使用这种函数，不能忽略一个事实：它们会返回Option！这是什么意思？

假设你想要忽略extract函数返回Option这一事实。你想以与基于异常的解决方案相同的方式快速编写一些内容：

```scala
def parseShow(rawShow: String): Option[TvShow] = {
  val name      = extractName(rawShow)
  val yearStart = extractYearStart(rawShow)
  val yearEnd   = extractYearEnd(rawShow)

  TvShow(name, yearStart, yearEnd)
}
```

不想使用这个版本，因为其中使用的不是纯函数。更糟糕的是，它们看起来像纯函数！这会损害可读性和可维护性。这个版本极具误导性，因为其没有提到解析错误的可能性！你需要深入了解extract函数的实现，才能得知它们不是纯函数，并且如果你操作不小心，可能会让应用程序崩溃。运行时异常即使不包含在特征标记中，也可以抛出，因此可以仅调用函数并假设它将返回适当的值

这就是函数式编译器！从现在开始，它将提供有用的编译错误来帮助编写更好的代码

即使存在的未处理异常可能会使应用程序崩溃，此版本仍会编译！

此版本无法编译，因为extract函数返回Option。而为了创建TvShow，你需要一个裸String和两个Int。此外，函数需要返回Option，而不是TvShow。

基于Option的版本之所以更好，是因为当不使用for推导式(即map/flatMap)安全地从Option中获取值时，它不会编译！在基于Option的解决方案中，当我们创建小的extract函数时，强制所有客户端(使用此函数的函数)处理可能的错误(None)。而基于异常的解决方案仅使你能够处理错误，只有确实想要处理错误时才是如此……除非使用已检查的异常，情况才会不同，这将在本章后续部分中讨论

图6-10　强制处理错误与能够处理错误

6.15　基于小代码块进行构建

当尝试使用Option值时，将被迫处理值为None的情况。这是
无法避免的！对于将在后面章节中学习的其他编程机制，也是如
此。目前，我们只进行错误处理。当想编写一个仅为某些情况返
回值的函数时，应在特征标记中表示它：

重点！
在FP中指示错误
意味着返回表示
错误的不可
变值

```
def extractName(rawShow: String): Option[String]
def extractYearStart(rawShow: String): Option[Int]
def extractYearEnd(rawShow: String): Option[Int]
```

通过特征标记，可以准确地了解情况。当然，我们并不知道
所有细节，因为解析每个字段的细节隐藏在三个函数中。不过，
即使它们被隐藏了，我们也可以确信不会发生意外。这些只是返
回不可变值的纯函数！

但还有更多！通过创建返回Option的小函数，为代码库中的
所有其他内容设立基准！我们正在创建的小代码块可以用于构建
更大的结构，但仅当定义的规则得到满足时才能使用！你可能会
问：这是什么规则？例如，Option类型中包含的规则(见图6-11)。
正如刚才讨论的那样，当返回一个Option时，强制客户(代码的用
户)处理出现错误的可能性！他们需要知道Option值可能为None。
这是正在强制执行的规则！

当使用Option时，
以None作为表示错
误的值。也可以使
用其他类型，你很
快就会看到

图6-11　Option类型中包含的规则

6.16 函数式设计是基于小代码块 进行构建

前面已经多次讨论过函数式设计。函数式设计的第一条规则是将函数分解为小的代码块，而在本例中，它们始终是纯函数。这些代码块(即函数)返回不可变值，可以按特定的方式组合使用以计算另一个表示更大事物的值。将不同且独立的值组合起来使用以计算另一个值的理念称为组合(composability)。

下面从组合的角度看待当前的示例。在本例中，有三个小函数：extractName、extractYearStart和extractYearEnd。它们都返回Option，因此我们知道，要使用它们，就需要处理Some和None情况。我们需要构建一个更大的函数，以解析原始电视节目，处理由extract函数中的Option表示的所有边缘案例，如图6-12所示。使用的for推导式就是其中一个例子；它将三个不同的Option值组合起来以产生单个输出值：一个Option[TvShow]。

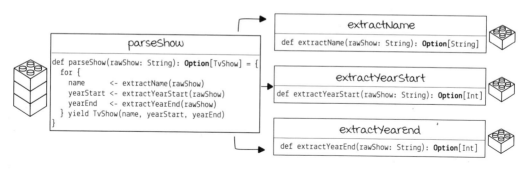

图6-12 基于小代码块构建更大的函数

将各项要求分解为较小的代码块在函数式编程中是一种非常自然的方案，比其他范式更容易实现。我知道你在想什么。"这比已检查异常好在哪里？"有道理。我们很快将比较这种方案与在Java中抛出已检查异常的方案。但在这之前，通过实现剩下的三个小extract函数来完成基于Option的parseShow。这将包含有关如何从原始字符串提取数据的详细信息。我将向你展示如何实现extractYearStart，并请你练习编写剩下的两个函数。

6.17　编写一个小而安全的函数，使其返回一个Option

现在看看函数式设计如何应用于实践。我们创建了parseShow函数，它由较小的代码块构建而成。这些块(较小的纯函数)尚未实现。目前我们只知道它们的特征标记！知道它们需要返回Option，因为有可能无法提取所需的内容。

我们通过创建四个特征标记(parseShow和三个extract函数)来设计代码，并实现了parseShow，并证明了这些特征标记是有意义的，并且可以很好地协同工作。现已证明这些函数是有用的，可以单独关注每个函数，而不假设其他函数的任何内容！这是函数式编程的作用之一；只需要关注一件事而不必担心干扰其他事情。让我们实现extractYearStart，具体步骤如图6-13所示。

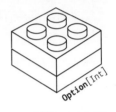

> **重点！**
> 在FP中，你可以专注于实现一个小函数而不必担心其他函数

> 你可能会担心rawShow在此处为空。在整个代码库中，只使用FP概念(如Option)，因此不必担心null。但是，如果需要与非纯的基于null的代码库集成，那么需要防御性检查null，并将其转换为Option

❶ 从特征标记开始。我们的函数获取一个String并返回一个Option[Int]：

```scala
def extractYearStart(rawShow: String): Option[Int] = {
  ???
}
```

❷ 为了获取开始年份，需要先找到分隔符："TITLE(START-END)"

bracketOpen ⤴　　⤴ dash

```scala
def extractYearStart(rawShow: String): Option[Int] = {
  val bracketOpen = rawShow.indexOf('(')
  val dash        = rawShow.indexOf('-')
  ???
}
```

❸ 我们知道String.substring可能会抛出异常，但想要改用Option，因此，需要仅在知道String.substring不会失败时调用它：

```scala
def extractYearStart(rawShow: String): Option[Int] = {
  val bracketOpen = rawShow.indexOf('(')
  val dash        = rawShow.indexOf('-')
  if (bracketOpen != -1 && dash > bracketOpen + 1)
    Some(rawShow.substring(bracketOpen + 1, dash))        编译错误
  else None                                               Option[String]
}
```

如果无法找到给定字符，则rawShow.indexOf返回-1。需要确保bracketOpen不是-1。我们要提取存在于bracketOpen和dash之间的非空String。因此，要确保dash在rawShow中的位置比bracketOpen更远。如果两个条件都满足，就可以安全地调用rawShow.substring并将该值封装在Some中。如果至少一个条件不满足，将返回None，而不调用rawShow.substring并避免抛出异常。

此时仍然存在编译错误：我们有Option[String]，但需要Option[Int]

图6-13　实现extractYearStart

❹ 特征标记显示返回一个Option[Int]，但函数的实现实际上返回了一个Option[String]。
需要将Option[String]转换为Option[Int]：

编译错误！
Option[Option[Int]]

```
def extractYearStart(rawShow: String): Option[Int] = {
  val bracketOpen = rawShow.indexOf('(')
  val dash        = rawShow.indexOf('-')
  val yearStrOpt  = if (bracketOpen != -1 && dash > bracketOpen + 1)
                       Some(rawShow.substring(bracketOpen + 1, dash))
                    else None
  yearStrOpt.map(yearStr => yearStr.toIntOption)
}
```

Option[String]　　　　String　　　Option[Option[Int]]　　　Option[Int]

yearStrOpt是一个类型为Option[String]的值，这意味着它可以是Some[String]或None。
需要将String转换为Int，但只有在yearStr是Some[String]时才能这样做，因为不能操作None。
结果表明，这是我们在第4章和第5章学到的一种模式：需要使用map！如果对None使用map，
则结果为None，其值由传递给map的函数产生：

> Some(☐).map(☐ => ◯)　　　　　> None.map(☐ => ◯)

→ Some(◯)　　　　　　　　　　　→ None

向map传递了什么函数？在本例中，传递了String.toIntOption——Scala对Java String的一个补
充。它尝试从给定的String中解析整数值。如果可能，它将返回一个Option[Int]。如果不可能，
则返回None！而且，它已经在标准库中了：

> "1985".toIntOption　　　> "MCMLXXXV".toIntOption　　　> "".toIntOption

→ Some(1985)　　　　　　→ None　　　　　　　　　　　　→ None

编译器仍不满意：有Option[Option[Int]]，但需要Option[Int]

❺ 特征标记表示，返回一个Option[Int]，但函数的实现实际上返回了一个Option[Option[Int]]。
需要将Option[Option[Int]]转换为Option[Int]：

```
def extractYearStart(rawShow: String): Option[Int] = {
  val bracketOpen = rawShow.indexOf('(')
  val dash        = rawShow.indexOf('-')
  val yearStrOpt  = if (bracketOpen != -1 && dash > bracketOpen + 1)
                       Some(rawShow.substring(bracketOpen + 1, dash))
                    else None
  yearStrOpt.map(yearStr => yearStr.toIntOption).flatten
}
```

现在它按预期编译并工作

❻ 等等！map和flatten？这不是很熟悉吗？这是一个flatMap！如果它是一个flatMap，
那么它是一个for推导式：

```
def extractYearStart(rawShow: String): Option[Int] = {
  val bracketOpen = rawShow.indexOf('(')
  val dash        = rawShow.indexOf('-')
  for {
    yearStr <- if (bracketOpen != -1 && dash > bracketOpen + 1)
                  Some(rawShow.substring(bracketOpen + 1, dash))
               else None
    year <- yearStr.toIntOption
  } yield year
}
```

Option[Int]

此处的小而纯的函数是由更小的代码块构建的！第一个代码块
安全地获取子字符串，第二个代码块安全地将String解析为Int

图6-13　实现extractYearStart(续)

6.18　函数、值和表达式

借此机会快速回顾一下函数应用、值和表达式之间的区别。实际上，在FP中，它们之间没有实际区别。下面将以刚刚编写的 extractYearStart(见图6-14)作为示例来证明这一点。

这是一个纯函数定义，应用于rawShow之后成为一个表达式！此外，对于相同的rawShow，该表达式始终会生成相同的值

这是一个纯函数应用，也是一个表达式！对于相同的rawShow，indexOf('(')函数始终生成相同的值

```scala
def extractYearStart(rawShow: String): Option[Int] = {
  val bracketOpen = rawShow.indexOf('(')
  val dash        = rawShow.indexOf('-')
  for {
    yearStr <- if (bracketOpen != -1 && dash > bracketOpen +1)
                 Some(rawShow.substring(bracketOpen +1, dash))
               else None
    year <- yearStr.toIntOption
  } yield year
}
```

这是一个生成值的for表达式，对于相同的rawShow，该值始终相同

这是一个生成值的if表达式，对于相同的rawShow，该值始终相同

这是一个纯函数应用，也是一个表达式。toIntOption函数对于相同的yearStr始终会生成相同的值，对于相同的rawShow，也始终如此

图6-14　extractYearStart

extractYearStart可以用于生成值的表达式中。

> extractYearStart("Breaking Bad (2008-2013)")
→ Some(2008)

extractYearStart("Mad Men (-2015)")
→ None

extractYearStart("(2002- N/A) The Wire")
→ Some(2002)

extractYearStart函数应用于不同的String值。这些是生成值的三个表达式；对于相同的String，每个值始终相同。实际上，在FP中，表达式和它们生成的值是可以互换的。这就是之前讨论的引用透明

回顾：语句与表达式

语句和表达式之间存在区别。语句是需要更改程序状态才能发挥作用的语言构造。在Java中，以下内容是无用的：

```java
if (bracketOpen != -1 && dash > bracketOpen + 1)
  rawShow.substring(bracketOpen + 1, dash);
else null;
```

另外，表达式总是返回某些东西，并且当执行多次时，它总是返回相同的结果——一个值。事实上，甚至可以说以下if表达式是一个值：

```scala
val yearStrOpt = if (bracketOpen != -1 && dash > bracketOpen + 1)
                   Some(rawShow.substring(bracketOpen + 1, dash))
                 else None
```

重点!
FP是用表达式进行编程；函数式编程者不使用语句

6.19 练习返回Option的安全函数

如图6-15所示，我们设计了一个新parseShow函数，它获取三个信息并生成一个TvShow，或者将可能发生的任何错误表示为None。我们已了解到如何实现这三个函数之一——extractYearStart。

flatMap用于表示错误。将在练习后快速进行回顾

---

parseShow

```scala
def parseShow(rawShow: String): Option[TvShow] = {
  for {
    name      <- extractName(rawShow)
    yearStart <- extractYearStart(rawShow)
    yearEnd   <- extractYearEnd(rawShow)
  } yield TvShow(name, yearStart, yearEnd)
}
```

extractYearStart

```scala
def extractYearStart(rawShow: String): Option[Int] = {
  val bracketOpen = rawShow.indexOf('(')
  val dash        = rawShow.indexOf('-')
  for {
    yearStr <- if (bracketOpen != -1 && dash > bracketOpen + 1)
                 Some(rawShow.substring(bracketOpen + 1, dash))
               else None
    year <- yearStr.toIntOption
  } yield year
}
```

图6-15 parseShow和extractYearStart

你的任务是实现剩余的两个函数。它们都获取一个rawShow String并返回一个Option。如果可以从原始电视节目中提取特定信息，则返回值应该是Some；如果由于无效格式而无法提取，则返回None。更具体地说，你需要实现以下两个函数：

```scala
def extractName(rawShow: String): Option[String]
def extractYearEnd(rawShow: String): Option[Int]
```

使用REPL实现并测试这两个函数。在查看以下内容之前，请确保测试正确和不正确格式的String。

答案：

```scala
> def extractName(rawShow: String): Option[String] = {
    val bracketOpen = rawShow.indexOf('(')
    if (bracketOpen > 0)
      Some(rawShow.substring(0, bracketOpen).trim)
    else None
  }

  def extractYearEnd(rawShow: String): Option[Int] = {
    val dash         = rawShow.indexOf('-')
    val bracketClose = rawShow.indexOf(')')
    for {
      yearStr <- if (dash != -1 && bracketClose > dash + 1)
                   Some(rawShow.substring(dash + 1, bracketClose))
                 else None
      year <- yearStr.toIntOption
    } yield year
  }
```

1 找到括号的索引。如果找到，则返回Some，并且名称包含在其内部。如果没有找到，则返回None

2 获取连接符和结束括号的索引。如果找到它们，并且结束括号在String中的位置比连接符更远，则可以安全地调用substring函数并将String传递到下一阶段，该阶段解析整数

6.20　错误如何传播

如你所见，我们使用四个非常小的函数来实现解析原始电视节目的功能。它们都返回一个Option值，由于Option包含一个flatMap函数，因此可以在for推导式内部使用。我们专注于正确路径，但可以确信，如果出现任何错误(即任何函数返回None值)，则None值将冒泡到最顶层的函数，并作为整个计算的结果返回，表示解析不成功。简而言之，此处正在讨论短路。

你可能会想知道，它的原理如何？它是Scala特定的还是Option特定的？事实证明，两者都不是。它是flatMap特定的！之前已经学习过flatMap，但这次我们处于错误处理的语境内，需要重新定义。下面通过图6-16了解其原理。

短路是一种编程概念，允许在满足特定条件时跳过对某些表达式的求值。在这里，如果extractName返回None，则不会对extractYearEnd求值

```scala
def parseShow(rawShow: String): Option[TvShow] = {
  for {
    name      <- extractName(rawShow)
    yearStart <- extractYearStart(rawShow)
    yearEnd   <- extractYearEnd(rawShow)
  } yield TvShow(name, yearStart, yearEnd)
}
```

转化成 ➡

```scala
def parseShow(rawShow: String): Option[TvShow] = {
  extractName(rawShow).flatMap(name => {
    extractYearStart(rawShow).flatMap(yearStart => {
      extractYearEnd(rawShow).map(yearEnd => {
        TvShow(name, yearStart, yearEnd)
      })
    })
  })
}
```

> 提醒一下，上面的for推导式代码与右侧基于flatMap的代码功能完全相同。将在本书中使用for推导式，但再次模拟原始的flatMap，以确保我们知道错误如何传播

> 两个版本操作相同！flatMap版本是for推导式的一种转化。了解其原理有助于直观感受错误处理 ⚠

有效电视节目　假设将一个有效的String传递给parseShow，rawShow = `Mad Men (2007-2015)`

如果rawShow有效，则extractName(rawShow)返回Some("Mad Men")，extractYearStart(rawShow)返回Some(2007)，extractYearEnd(rawShow)返回Some(2015)。让我们用它们的值替换表达式以加深认识：

```scala
def parseShow(rawShow: String): Option[TvShow] = {
  for {
    name      <- Some(Mad Men)
    yearStart <- Some(2007)
    yearEnd   <- Some(2015)
  } yield TvShow(Mad Men, 2007, 2015)
}
```

转化成 ➡

```scala
def parseShow(rawShow: String): Option[TvShow] = {
  Some(Mad Men).flatMap(name =>
    Some(2007).flatMap(yearStart =>
      Some(2015).map(yearEnd =>
        TvShow(Mad Men, 2007, 2015)
      )
    )
  )
}
```

最终结果是Some(TvShow("Mad Men"，2007，2015))。

> flatMap取一个函数，该函数取一个参数。只有当正在进行flatMap的Option是Some时才能执行这个函数

无效电视节目　假设将一个无效String传递给parseShow，rawShow = `Mad Men (-2015)`

如果rawShow是"Mad Men(-2015)"，则extractName(rawShow)返回Some("Mad Men")，extractYearStart(rawShow)返回None，extractYearEnd(rawShow)返回Some(2015)。可用它们的值替换表达式以加深认识：

```scala
def parseShow(rawShow: String): Option[TvShow] = {
  for {
    name      <- Some(Mad Men)
    yearStart <- None
    yearEnd   <- Won't be executed
  } yield Won't be executed
}
```

转化成 ➡

```scala
def parseShow(rawShow: String): Option[TvShow] = {
  Some(Mad Men).flatMap(name =>
    None.flatMap(yearStart =>
      Won't be executed
      Won't be executed
    )
  )
}
```

最终结果是None

> flatMap取一个函数，该函数取一个参数。如果选项是None，则无法执行此函数，因为没有值可以传递。整个表达式变成None

图6-16　错误如何传播

6.21 值代表错误

注意，虽然我们谈论的是错误处理，但实际上并没有抛出或捕获任何异常。我们只处理值，而parseShow是一个纯函数，它获取一个值并返回一个值。flatMap是一个纯函数，它获取一个Option和一个函数，并返回一个Option。因为for推导式只是flatMap的语法糖，所以上述原理同样适用于它们；for推导式是生成值的表达式，参见图6-17。

> flatMap获取两个参数：一个是对其调用flatMap的Option，另一个是返回Option的函数

```scala
def parseShow(rawShow: String): Option[TvShow] = {
  for {
    name      <- extractName(rawShow)
    yearStart <- extractYearStart(rawShow)
    yearEnd   <- extractYearEnd(rawShow)
  } yield TvShow(name, yearStart, yearEnd)
}
```

生成类型为Option的值的表达式

Option[TvShow]

Some[TvShow]　　　None

如果此值为Some，则说明一切操作顺利，得到了一个TvShow

如果此值为None，则表示出了问题——没有得到TvShow

图6-17　生成值的for推导式

再次强调，返回的Option类型传达了潜在错误的信息。它通过显式将其作为特征标记的一部分来实现！没有意外——纯函数取胜！

快速练习: 分析值

在尝试将此技术与抛出和捕获异常的技术进行比较之前，需要确保你理解上述所有操作都是调用纯函数，纯函数获取并返回不可变值，就连错误也是由不可变值表示的。现在轮到你解析一些电视节目了！在你的头脑中，为以下三个String执行上面显示的parseShow函数，并注意返回值：

- "Stranger Things(2016-)"
- "Scrubs(2001-2010)"
- "Chernobyl(2019)"

值，无处不在

这可能是你的范式转变。但是，希望你能逐渐感受到函数式编程风格。在第5章中，将顺序程序表示为不可变值上的纯函数调用序列。现在，将故障表示为值，但程序仍然只是纯函数调用序列。这个技术功能强大，可以加以利用！很快，你将能够传递更具描述性的值，并获得错误处理超能力！

答案:
None,
Some(TvShow(
    "Scrubs",
    2001,
    2010)),
None

6.22　Option、for推导式和已检查的异常

就算Option看起来很不错，但它到底比Java中的经典throws Exception好在哪里？为什么应该使用Option？

这是一个很好的问题，你稍后将得到答案。但是先快速了解一下学习函数式错误处理的进展情况，如图6-18所示！

步骤1

回顾高阶函数
使用在第4章中学习的高阶函数来处理错误

我们回顾了如何使用像map和flatMap这样的高阶函数，然后利用这些知识以完全函数式的方式处理了第一个错误——Option的for推导式。下面是真正吸引人的内容：

步骤2

使用Option指示错误
通过使用在第5章学习的for推导式返回不可变值来指示错误

步骤3

函数式错误处理与已检查的异常
相较于已检查的异常，函数式解法使我们可以用更可读和简洁的方式指示和处理错误

在了解了函数式错误处理为何优于使用已检查的异常的方案之后，将尝试更多地利用这种新技术，并以这种方式处理多个错误：

步骤4

同时处理多个错误
使用仅处理单个错误的代码，
定义处理多个错误的高阶函数

步骤5

使用Either指示描述性错误
通过返回包含更多失败信息的不可变值来指示错误

图6-18　学习函数式错误处理的进展情况

现在回到parseShow函数，尝试使用已检查的异常在Java中重新实现它。这会有什么不同？函数式错误处理真的更好吗？下面通过查看一些代码来找出答案！

6.23　已检查异常怎么样

那么，相比于使用已检查异常的方案，Option方案究竟好在哪里？下面将查看一些解析原始电视节目String并使用异常来指示问题的Java代码来回答这个问题。注意，仍然希望使用相同的代码结构，其中小单元负责提取名称和年份。唯一的区别是，将使用基于Exception的错误处理，而不是Option。

需要重写四个函数：extractName、extractYearStart、extractYearEnd和parseShow。图6-19只展示了extractName和parseShow的实现，因为剩下的两个extract函数看起来类似于extractName。

函数式

```
def extractName(rawShow: String): Option[String] = {
  val bracketOpen = rawShow.indexOf('(')
  if (bracketOpen > 0)
    Some(rawShow.substring(0, bracketOpen).trim)
  else None
}
```

命令式

```
public static String extractName(String rawShow) throws Exception {
  int bracketOpen = rawShow.indexOf('(');
  if(bracketOpen > 0)
    return rawShow.substring(0, bracketOpen).trim();
  else throw new Exception();
}
```

为了与函数式版本等效，Java版本需要在无法解析时显式抛出已检查的Exception

```
def parseShow(rawShow: String): Option[TvShow] = {
  for {
    name      <- extractName(rawShow)
    yearStart <- extractYearStart(rawShow)
    yearEnd   <- extractYearEnd(rawShow)
  } yield TvShow(name, yearStart, yearEnd)
}
```

```
public static TvShow parseShow(String rawShow) throws Exception {
  String name   = extractName(rawShow);
  int yearStart = extractYearStart(rawShow);
  int yearEnd   = extractYearEnd(rawShow);
  return new TvShow(name, yearStart, yearEnd);
}
```

注意，最好的方案可能是自定义一个已检查异常，但Exception足以用于说明

图6-19　对比两种方案

问：等等！它看起来完全相同！既然Exception可以完成相同操作，为什么还要看Option？

答：没错。假设使用了已检查的异常，编译器会确保所有错误都已处理或存在于特征标记中。但是，当要求变得更加复杂(它们总是这样)时，基于异常的解决方案会崩溃，而函数式解决方案几乎保持不变。

下面添加一个小要求，以展示函数式错误处理的巧妙之处(与命令式类型相比)。

6.24 条件恢复

到目前为止，我们没有看到基于Option的FP解决方案和基于异常的解决方案之间有任何实际区别。它们的结构和功能几乎一样。无论使用已检查的异常还是Option，都可以获得完全相同的好处：

1. 两个特征标记都不说谎，它们指示返回的内容，并指示函数可能会失败，而没有任何结果。

2. 两个函数都不会使整个应用程序崩溃，并确保所有可能的错误都在其他地方处理(由它们的一个客户处理)。

当尝试根据可能的错误实现评估不同代码路径的分支时，就会出现很大的差异。在出现错误的情况下执行的代码称为恢复代码。整个过程称为条件恢复，你可能已经处理了许多这样的情况。下面引入另一个要求，来查看一个例子。

> 如果一个函数中有一个分支，这意味着至少有两种不同的代码流。如果分支与错误相关，则需要一个代码流来处理此错误

> **新要求：某些节目可能只播出一年**
>
> 有些电视节目只有一季，它们表示为以下格式的原始String: TITLE(YEAR)。例如：
>
> ```
> val singleYearRawShow = "Chernobyl (2019)"
> ```
>
> 为了简洁起见，假设在这种情况下，函数应返回Some(TvShow("Chernobyl", 2019, 2019))。重要的是它应该为只播出一年的节目和连续多年播出的节目返回成功解析的电视节目。

当然，parseShow的当前版本不遵循预期的格式，函数将返回None(在命令式版本中则返回异常)。如果尝试使用基于Option的parseShow来解析它，会发生什么？

```
parseShow("Chernobyl (2019)")
→ None
```

同样，基于异常的版本会抛出Exception：

```
parseShow("Chernobyl (2019)")
→ Exception in thread "main" Exception
```

我们猜到了这一点。现在的任务是向这两个版本添加上述新功能，并使当前的功能保持不变，然后再次进行比较。先分析基于异常的代码。在继续之前，请先考虑可能的解决方案。

6.25 使用命令式风格进行条件恢复

要实现的逻辑如图6-20所示。

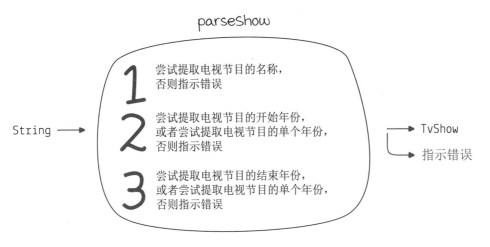

图6-20 要实现的逻辑

如果无法解析开始年份，那么需要通过回退到单年情况来恢复此错误。对于结束年份，采用相同的操作。

请记住，对于"Chernobyl (2019)"，开始年份和结束年份都回退到单年的情况。因此，得到了TvShow("Chernobyl", 2019，2019)

要回退到解析单年的情况，需要先尝试解析开始年份，并且需要知道它是否失败。在基于异常的代码中，唯一的办法是使用try...catch语法：

```
public static TvShow parseShow(String rawShow) throws Exception {
  String name = extractName(rawShow);
  Integer yearStart = null;
  try {
    yearStart = extractYearStart(rawShow);
  } catch(Exception e) {
    yearStart = extractSingleYear(rawShow);
  }
  Integer yearEnd = null;
  try {
    yearEnd = extractYearEnd(rawShow);
  } catch(Exception e) {
    yearEnd = extractSingleYear(rawShow);
  }
  return new TvShow(name, yearStart, yearEnd);
}
```

需要先尝试获取开始年份

在捕获Exception之后，知道无法解析开始年份，因此可以尝试提取单个年份

需要将yearStart和yearEnd初始化为null，这会提升代码阅读难度

注意，在这种情况下，可以不重新计算单个年份两次，从而优化此代码，但主要结论不会改变

注意，仍然需要实现一个新函数——extractSingleYear。它将看起来非常类似于其他"extract"函数，此处不再赘述

好吧，正如预计的一样，它崩溃了！将需要实现的逻辑与上面的代码进行比较，并思考需要引入多少复杂性来处理基于异常的代码的条件恢复。

6.26　使用函数式的条件恢复

我们已经看到了使用基于异常的代码的命令式解决方案。它可以生效，但代码更复杂，这反过来又影响了可维护性。请记住，代码被阅读的频率远远超过被编写的频率，因此为了提高可维护性，需要尽可能地使代码易于阅读。(这也意味着需要写无聊的代码。)

好了，鼓励的话就说到这儿，下面来看一些代码！如果Java基于异常的代码如此复杂且不可维护，那么FP解决方案是什么样的？在FP中，一切都是不可变值，所以不需要任何特殊的语法。只需要一个新的纯函数！

Option已经有一个名为orElse的便于使用的函数。

虽然这一点被反复提及，但这真的很重要。无聊的代码是好代码。编写无聊的代码很难，但会有回报

```
> def parseShow(rawShow: String): Option[TvShow] =
    for {
      name <- extractName(rawShow)
      yearStart <- extractYearStart(rawShow).orElse(extractSingleYear(rawShow))
      yearEnd <- extractYearEnd(rawShow).orElse(extractSingleYear(rawShow))
    } yield TvShow(name, yearStart, yearEnd)
```

extractYearStart返回一个Option类型的值，因此可以在其上调用orElse，并获得另一个Option类型的值

Find the extractSingleYear implementation below.

不，这不是伪代码。它是一段可以编译的Scala代码。它正确地实现了要求！orElse只是Option上定义的另一个函数，与map、flatMap等函数相似。我们很快就会解释orElse的原理。现在，只需要将其视为另一个纯函数，相较于异常，它可以更好地实现条件错误处理和恢复。

重点！
在FP中，通常用一个函数解决代码中的每个问题

它真的按预期工作吗？请自行查看。

```
> def extractSingleYear(rawShow: String): Option[Int] = {
    val dash         = rawShow.indexOf('-')
    val bracketOpen  = rawShow.indexOf('(')
    val bracketClose = rawShow.indexOf(')')
    for {
      yearStr <- if (dash == -1 && bracketOpen != -1 && bracketClose > bracketOpen + 1)
                   Some(rawShow.substring(bracketOpen + 1, bracketClose))
                 else None
      year <- yearStr.toIntOption
    } yield year
  }

parseShow("Chernobyl (2019)")
→ Some("Chernobyl", 2019, 2019)
parseShow("Breaking Bad (2008-2013)")
→ Some("Breaking Bad", 2008, 2013)
parseShow("Mad Men (-2015)")
→ None
```

需要最终实现处理新要求的extractSingleYear函数。此处不涉及新知识，它非常类似于其他示例

一切操作都很顺利！能够在不对原始函数进行任何大更改的情况下实现新要求。这是因为不需要新语法，只需要一个新函数

6.27 已检查异常不可组合, 但 Option可以

使用已检查异常的方案和函数式错误处理方案之间的主要区别在于, 已检查异常不可组合, 而函数式处理程序可以组合。

函数和值组合得很好

当说某些东西"组合得很好"时, 我们的意思是能够轻松地将两个小事物组合起来, 以构建一个更大的事物。例如, 当你拥有返回Option的两个小型独立纯函数时, 你可以将它们组合成一个更大的函数, 并通过调用一个函数(orElse)来处理更多情况:

```
extractYearStart(rawShow).orElse(extractSingleYear(rawShow))
```

可以简单地将extractYearStart和extractSingleYear函数组合成一个更大的函数。

命令式代码不易组合

在命令式方案中, 如果你想根据某个特定的代码段是否失败来进行决策, 你需要显式捕获异常并执行后续代码:

```
Integer yearStart = null;
try {
  yearStart = extractYearStart(rawShow);
} catch(Exception e) {
  yearStart = extractSingleYear(rawShow);
}
```

为了组合可以抛出异常的两个函数, 需要显式捕获那些异常并指定程序所需要采取的确切步骤以使其正确地恢复。

重点!

函数和值可以很好地组合——使用它们来基于较小部分构建大型程序

只能通过命令式方法处理异常

try...catch的数量增长得非常快。当尝试只使用一级分支时会受到影响! 想象一下, 如果你需要根据另一个故障做出另一个决策, 会发生什么(例如, 如果提供的年份格式为2008—13, 会发生什么)。我们将在本章后面探讨这样的情况, 但请放心, 函数式编程足以解决问题。函数组合不仅能用于高级错误处理, 而且能用于副作用编程、多线程和测试!

6.28　orElse的工作原理

　　我们现在知道函数式错误处理的好处了。在FP中，使用纯函数基于不可变值创建新的不可变值。若使用已检查异常，则需要运行代码，查看是否失败，并据此运行另一段代码。这又归结为声明式编程与命令式编程的区别。声明式方案专注于定义值之间的关系，而命令式方案则试图按步骤使计算机执行程序。

你可能觉得本书内容在不断重复。自第2章以来，一直在谈论不可变值和纯函数。这是因为整本书都是关于纯函数和不可变值的。可以用它们完成更多操作

　　如图6-21所示，orElse是一个完美的纯函数，它获取两个不可变值并产生另一个不可变值。它也完美定义值之间的关系。

> 重点！
> 在FP中处理错误是指将错误值转换为另一个值

```
val seven: Option[Int] = Some(7)
val eight: Option[Int] = Some(8)
val none: Option[Int] = None

seven.orElse(eight)
→ Some(7)
none.orElse(eight)
→ Some(8)
seven.orElse(none)
→ Some(7)
none.orElse(none)
→ None
```

第一个Option是Some，因此返回第一个Option

第一个Option是None，因此无论第二个Option是Some还是None，都返回第二个Option

如果这是Some(value)，orElse就返回它

但如果不是，那么无论alternative是Some还是None，都返回alternative

```
Option[A].orElse(alternative: Option[A]): Option[A]
```

图6-21　orElse

　　在这里，orElse反映了代表潜在解析问题的值之间的关系。在本例中，orElse负责描述错误处理！

```
> val chernobyl = "Chernobyl (2019)"
extractYearStart(chernobyl)
→ None
extractSingleYear(chernobyl)
→ Some(2019)
extractYearStart(chernobyl).orElse(extractSingleYear(chernobyl))
→ Some(2019)
extractYearStart(chernobyl).orElse(extractSingleYear("not-a-year"))
→ None
```

第一个Option是None，因此无论第二个Option是Some还是None，都返回第二个Option

6.29 练习函数式错误处理

我们设计了一个新parseShow函数，它获取三个信息并生成一个TvShow。使用小函数来提取这三个信息并返回Option以表示潜在成功或解析问题。然后将它们组合成一个更大的函数，解析一个String并返回一个Option[TvShow]。它能够处理一些潜在错误，并使用orElse从其中一些错误中恢复。已知如何实现parseShow，但尝试使用目前已实现的同一组小函数来练习一些不同的错误处理场景：

```
def extractName(rawShow: String): Option[String]
def extractYearStart(rawShow: String): Option[Int]
def extractYearEnd(rawShow: String): Option[Int]

def extractSingleYear(rawShow: String): Option[Int]
```

> 如果你没有打开之前的REPL会话，那么不妨先重新实现这三个函数，这会很有帮助

> 在收到新的"TITLE (YEAR)"要求后，刚刚实现了这一要求

你的任务是通过组合上述函数来实现以下场景。确保测试不同的String："A(1992-)"、"B(2002)"、"C(-2012)"、"(2022)"、"E(-)"。

具体要求如下：

1. 提取单个年份，如果失败，则提取结束年份。

2. 提取开始年份，如果失败，则提取结束年份。如果提取结束年份也失败了，则回退到提取单个年份。

3. 只在可以提取名称时提取单个年份。

4. 如果存在名称，则提取开始年份；如果失败，则提取结束年份。如果提取结束年份也失败了，则回退到提取单个年份。

> 提示：这个场景不需要orElse！它需要我们之前学习过的另一个函数

答案：

```
def extractSingleYearOrYearEnd(rawShow: String): Option[Int] =
  extractSingleYear(rawShow).orElse(extractYearEnd(rawShow))

def extractAnyYear(rawShow: String): Option[Int] =
  extractYearStart(rawShow)
    .orElse(extractYearEnd(rawShow))
    .orElse(extractSingleYear(rawShow))

def extractSingleYearIfNameExists(rawShow: String): Option[Int] =
  extractName(rawShow).flatMap(name => extractSingleYear(rawShow))

def extractAnyYearIfNameExists(rawShow: String): Option[Int] =
  extractName(rawShow).flatMap(name => extractAnyYear(rawShow))
```

1 这个要求类似于使用orElse进行的操作

2 可以通过在末尾粘贴另一个orElse来实现更复杂的情况

3 传递给flatMap的函数仅在Option为Some时执行

4 函数组合得很好！在这里可以利用这一功能

6.30 即使存在错误，仍组合函数

我希望你已经开始了解并赞同这种模式。在整本书中，学习如何以不同的方式思考我们遇到的问题。我们了解到一切都只是一个值，可以获取它并返回另一个值。这就是函数式编程的本质。我们在第5章中了解到，可以使用值表示顺序程序。在本书的后面，将把完整的要求建模为值(见第7章)，甚至将基于IO的并发程序表示为值！这些操作都将使用相同的模式：在纯函数内获取不可变值并创建另一个不可变值。map、flatten、flatMap、filter、foldLeft和orElse都是此模式的示例，后面还有更多。

在本章中，我们学习了如何将错误表示为值。Option仅是一个开始，还有更多的方式。如图6-22所示，经过对比，我们发现函数式方案更好，因为小函数可以方便地组合成更大的函数，即使存在错误，也可以这样做。异常不能做到这一点。

步骤3 ✔

函数式错误处理与已检查的异常
相较于已检查的异常，函数式解法使我们可以用更可读和简洁的方式指示和处理错误(完整步骤见6.2节)

图6-22 函数式错误处理与已检查的异常

现在，是时候提升错误处理技能，开始进入下一步——同时处理多个错误(见图6-23)。为什么这么说？我们已经专注于解析单个电视节目并已处理多个可能的问题，例如缺少名称、缺少年份等。然而，下一个问题完全相同，但要求考虑传入List中的原始String的数量。请记住，最初的要求是解析List[String]并返回List[TvShow]：

```scala
def parseShows(rawShows: List[String]): List[TvShow]
```

知道这并不那么简单，因为有许多边缘情况。但这会有多难呢？下面进行探究！

下一步

同时处理多个错误
使用仅处理单个错误的代码，定义处理多个错误的高阶函数

图6-23 下一步

6.31 编译器提醒需要覆盖错误

通过创建一个接收String并返回一个Option[TvShow]的纯函数，能够解析一个特定的电视节目：

```
def parseShow(rawShow: String): Option[TvShow]
```

> 注意，此处使用了两个类似的函数名。解析单个电视节目的函数称为parseShow，解析电视节目列表的函数称为parseShows

现在知道它的工作效果很好，并且是由更小且独立的纯函数构建的。但是，请记住，最初，我们的任务是处理更大的要求——解析列表。

初始要求回顾：解析电视节目列表

应用程序获得一个原始电视节目列表。每个原始电视节目只是一个应该采用特定格式的String：

TITLE (YEAR_START-YEAR_END) 或 TITLE (YEAR) (后续添加)

例如：

```
> val rawShows = List("The Wire (2002-2008)", "Chernobyl (2019)")
  parseShows(rawShows)
  → List(TvShow("The Wire", 2002, 2008), TvShow("Chernobyl", 2019, 2019))
```

我们已经使用map实现了parseShows，但之前使用的是命令式的parseShow，而当前版本无法编译。参见图6-24。

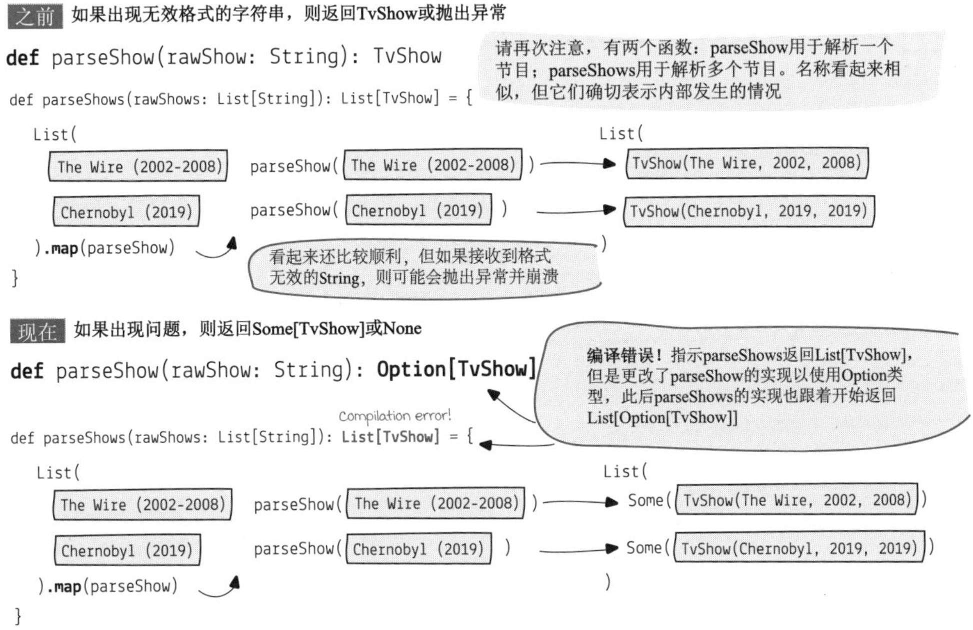

图6-24 对比两种方案

6.32　编译错误对我们有好处

　　问题很微妙：编译器不喜欢它看到的东西。parseShow返回一个Option[TvShow]，所以如果在一个String列表上进行映射，会得到一个List[Option[TvShow]]，而不是特征标记中指示的List[TvShow]。这会导致编译错误！

> 问：我讨厌编译错误！为什么不能都正常工作？函数式编程是否意味着我会遇到更多的编译错误？
>
> 答：是的！函数式编程通常意味着你会遇到更多的编译错误。然而，好处是运行时错误会减少！编译错误通常比运行时错误更易于处理。在本书的剩下章节中，我们会了解这一点。

> **重点！**
> 在FP中，更喜欢编译错误而不是运行时崩溃

　　从现在开始，把编译器当作朋友，而不是敌人。在运行前尽量做好准备对我们有很大帮助。查看图6-25，看看我们的新朋友(编译器)向我们表明了什么信息。

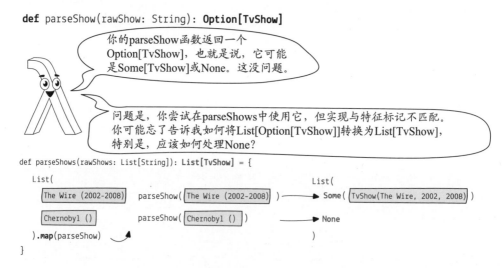

图6-25　编译器传达的信息

　　看到了吗？没有什么可怕的！也许编译器有时有点被动攻击性，但应知它没有恶意，只是试图帮助我们避免在生产中出现运行时异常。

6.33 将由Option组成的List转换为扁平 List

在函数式编程中，我们使用值，因此可以很容易地将一个值转换为另一个值。刚刚学习了在Option中定义的orElse。之前有很多类似的函数(如map、flatten、flatMap、foldLeft、filter和sortBy)，后面还会出现很多。标准库提供了很多内置的纯函数，它们获取不可变值并返回一些新的值。当遇到类似于"如何将X转换为Y"的问题时，应该先看看你已经拥有的东西。在这种情况下，你可以使用toList。

当你觉得你所处理的值可以直接转换为List时，可以通过调用toList来实现！

在本例中，我们正在处理一个Option，它可以是None或Some。因此，它可以在不丢失任何信息的情况下转换为List。因此，Option内置了一个toList函数。如果调用它，你将得到一个空List(如果Option为None)或一个单元素List(如果Option为Some)，参见图6-26。

```
> Some(7).toList
  → List(7)

  None.toList
  → List()
```

如果这是Some(value)，toList会将其作为单元素List(value)返回；
但如果这是None，toList会返回一个空List

Option[A].**toList**: List[A]

图6-26   toList

现在，可以使用这些信息来修改parseShows函数，并看看编译器这次有什么指示(见图6-27)。

```
def parseShows(rawShows: List[String]): List[TvShow] = {
  rawShows              // List( The Wire (2002-2008) , Chernobyl () )
    .map(parseShow)     // List(Some( TvShow(The Wire, 2002, 2008) ), None)
    .map(_.toList)      // List(List( TvShow(The Wire, 2002, 2008) ), List())
}
```

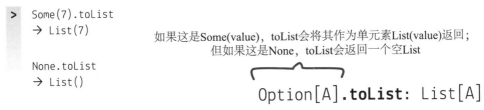

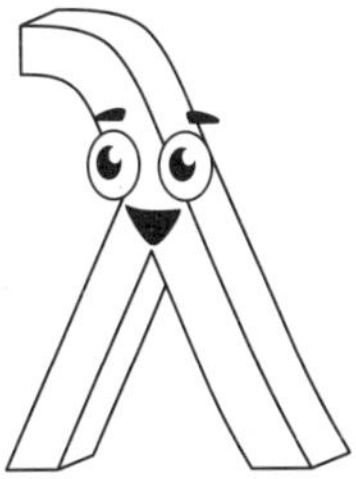

好的，首先你使用parseShow函数对一个List[String]进行映射，得到一个List[Option[TvShow]]。
然后，你对每个元素使用toList，对此列表进行映射，得到一个List[List[TvShow]]，但我期望得到一个List[TvShow]！

图6-27   编译器的指示

6.34　让编译器成为我们的向导

编译器指示我们还没有成功。在特征标记中，想承诺返回一个List[TvShow]，但上述实现返回了一个List[List[TvShow]]！再次说明，这是一个熟悉的问题："如何将*X*转换为*Y*？"如何将List[List[TvShow]]转换为一个List[TvShow]？有许多可能的解决方案，但我们特别熟悉其中一种方案——flatten(见图6-28)。

在第 5 章中主要将map与flatten结合起来使用(它们两个定义了flatMap函数)。但flatten是一个正常的独立函数，可以像此处这样显式使用

flatten遍历此列表中的每个列表，并按相同顺序将它们的所有元素添加到结果列表中

$$List[List[A]].\textbf{flatten: } List[A]$$

List(List ▢▨), List(), List(■), List(▧)).flatten

☒ List(▢ ▨ ■ ▧)

图6-28　flatten

使用flatten后应该最终让编译器满意。让我们看看图6-29。

```
def parseShows(rawShows: List[String]): List[TvShow] = {
  rawShows                // List( The Wire (2002-2008) , Chernobyl () )
    .map(parseShow)       // List(Some( TvShow(The Wire, 2002, 2008) ), None)
    .map(_.toList)        // List(List( TvShow(The Wire, 2002, 2008) ), List())
    .flatten              // List( TvShow(The Wire, 2002, 2008) )
}
```

哎呀！编译成功！parseShows返回一个List[TvShow]！

图6-29　编译成功

我们做到了！代码编译成功，能够解析多个节目而不会出现任何异常，也没有使应用程序崩溃。听从编译器指导，最终得到了一个顺序程序。然而，请再次思考这个解决方案。忽略了什么吗？可以忽略它吗？

 你能用一个flatMap调用替换map/flatten组合吗？

6.35 不要过于相信编译器

我们成功实现了要求：函数获取一个String列表并返回一个
有效的电视节目列表。相信编译器可以指导我们实现处理节目列
表的逻辑。但需要记住，编译器以纯机械的方式工作！它没有实
现特性的语境。这是我们的工作！每当让编译器指导我们时，需
要控制和验证它是否确实是我们想要的。现在回到我们的例子。
有一个顺序程序，如图6-30所示。

图6-30　一个顺序程序

我们在第5章中遇到了许多顺序程序。从本质上讲，现在正
在处理的程序与它们非常相似。不错，可以尝试利用完全相同的
直觉！从机械的角度来看，错误处理与顺序程序非常相似。使用
许多纯函数来转换不可变值，这些函数通常是map、flatMap(或for
推导式)、filter等。让我们记住这一点，并在此基础上直观感受新
的错误处理。

更准确地说，函
数式编程中的所
有技术都是相似
的：它们总是由
一些纯函数组
成，这些函数转
换不可变值

那么，在听从编译器并盲目地跟随它的指导时，忽略了什
么？下面运行代码：

```
val rawShows = List("Breaking Bad (2008-2013)",
                    "The Wire 2002 2008",
                    "Mad Men (2007-2015)")
parseShows(rawShows)
→ List(TvShow("Breaking Bad", 2008, 2013),
       TvShow("Mad Men", 2007, 2015))
```

发生了什么？有一个由三个原始节目组成的列表，但其中
一个使用了无效格式。幸好这并没有使应用程序崩溃。但是，
有一件事可能会困扰我们，那就是，我们只得到了两个TvShow
值，却没有任何有关无效格式的String的信息！通过使用 toList和
flatten，可确保所有的None都被忽略，而不影响其余结果。这可
能是你想要的，也可能不是，这是开发人员需要决定的。编译器
不会帮助我们。目前的解决方案在尽力而为模式下工作——它仅
返回正确解析的电视节目。另一种方案是在parseShows特征标记
中指示可能的错误！这是接下来要实现的。

6.36　小憩片刻: 错误处理策略

刚刚在parseShows函数中实现了尽力而为的错误处理策略, 现在是时候讨论更多的策略了。接下来将实现孤注一掷的错误处理策略。为此, 需要一个辅助函数, 我要求你实现它。你的任务是实现addOrResign函数, 其定义如下:

```
def addOrResign(
  parsedShows: Option[List[TvShow]],
  newParsedShow: Option[TvShow]
): Option[List[TvShow]]
```

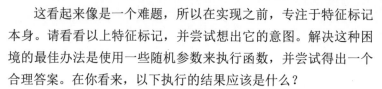

孤注一掷的错误处理逻辑意味着如果有一个已解析的节目列表, 那么可以添加一个新节目, 但前提是可以解析它。如果不能解析新节目(None), 那么返回None, 整个操作失败

这看起来像是一个难题, 所以在实现之前, 专注于特征标记本身。请看看以上特征标记, 并尝试想出它的意图。解决这种困境的最佳办法是使用一些随机参数来执行函数, 并尝试得出一个合理答案。在你看来, 以下执行的结果应该是什么?

```
addOrResign(Some(List.empty), Some(TvShow("Chernobyl", 2019, 2019)))
→ ???
addOrResign(Some(List(TvShow("Chernobyl", 2019, 2019))),
            Some(TvShow("The Wire", 2002, 2008)))
→ ???
addOrResign(Some(List(TvShow("Chernobyl", 2019, 2019))), None)
→ ???
addOrResign(None, Some(TvShow("Chernobyl", 2019, 2019)))
→ ???
addOrResign(None, None)
→ ???
```

1

如果你成功地为上述函数执行想出了一些合理结果, 那么这个练习的第二部分应该更容易一些。然而, 如果没有, 不要担心, 可尝试通过满足编译器来实现函数。你会得到两个作为参数的Option, 并且需要返回一个Option。你需要通过合并这两个作为参数的Option来实现addOrResign, 并返回结果。这可能具有挑战性, 所以请多花点时间考虑。

2

提示

尝试将这个函数实现为一个顺序程序, 它有两个步骤, 如果其中任何一个失败, 那么整个程序都会失败。

如果你还没有花足够的时间去考虑解决方案, 请不要看这里

6.37 解释: 错误处理策略

先尝试回答虚构的函数执行结果, 以直观感受这个函数, 再尝试实现它, 记住你正在实现孤注一掷的错误处理策略。如果任何一个节目无法解析, 将返回一个错误:

```
addOrResign(Some(List.empty), Some(TvShow("Chernobyl", 2019, 2019)))
→ Some(List(TvShow("Chernobyl", 2019, 2019)))

addOrResign(Some(List(TvShow("Chernobyl", 2019, 2019))),
            Some(TvShow("The Wire", 2002, 2008)))
→ Some(List(TvShow("Chernobyl", 2019, 2019),
            TvShow("The Wire", 2002, 2008)))

addOrResign(Some(List(TvShow("Chernobyl", 2019, 2019))), None)
→ None

addOrResign(None, Some(TvShow("Chernobyl", 2019, 2019)))
→ None

addOrResign(None, None)
→ None
```

1 有一个空节目列表, 已经解析了新节目

有一个现有节目列表, 并已解析新节目。期望获得一个新列表, 其返回两个节目

有一个现有节目列表, 但是无法解析新节目。得到一个错误

没有节目列表, 因此无法添加新解析的节目。得到一个错误

没有节目列表, 也无法解析新节目。得到一个错误

如你所见, **addOrResign**负责将新解析的节目添加到已解析节目的现有列表中, 但仅当此列表存在(即之前没有遇到任何错误)时才会这样操作。尽管如此, 如果无法解析新节目, **addOrResign**将返回None。稍后将在本章中使用此函数, 但希望你已经对此有所了解。如果没有, 请按照编译器指示执行大致满足上面测试用例的机械实现。

如果至少有一个参数为None, 则返回None。如果两者都是Some, 则将新节目附加到现有列表中并返回此新创建列表的Some。如果你在完成此练习时使用了**for**推导式和**flatMap**函数, 你的工作会变得容易。

2 如果parsedShows为Some, 则获取"内部"列表, 并将其保存为shows。如果它为None, 则立即返回None

```
> def addOrResign(
    parsedShows: Option[List[TvShow]],
    newParsedShow: Option[TvShow]): Option[List[TvShow]] = {
    for {
      shows      <- parsedShows ←
      parsedShow <- newParsedShow ←
    } yield shows.appended(parsedShow)
}
```
附加新的节目, 返回Some的结果

如果newParsedShow为Some, 则获取"内部"解析的节目, 并将其保存为parsedShow。如果它为None, 则立即返回None

希望你有所收获! 本练习具有挑战性, 因为你需要参考在本书前面学到的概念。

6.38　两种不同的错误处理策略

步骤4
同时处理多个错误
使用仅处理单个错误的代码，定义处理多个错误的高阶函数(完整步骤见6.2节)

在本章中，基于parseShows示例，介绍了两种用于解析多个String的错误处理策略：

- 尽力而为策略(best-effort strategy)
- 孤注一掷策略(all-or-nothing strategy)

注意，还有许多其他策略，这里不着重介绍。重要的是为每个特定的业务案例选择最佳策略。我想强调的是，这些策略都可以使用函数式方案来实现，其中仅使用不可变值来创建新的不可变值。下面看看如何在parseShows中实现这些策略。

尽力而为错误处理

我们使用尽力而为策略实现了parseShows：

```
def parseShows(rawShows: List[String]): List[TvShow] = {
  rawShows            // List[String]
    .map(parseShow) // List[Option[TvShow]]
    .map(_.toList)  // List[List[TvShow]] // or: .flatMap(_.toList)
    .flatten          // List[TvShow]
}
```

尽力而为意味着尝试从传入列表中解析每个原始电视节目，并仅返回有效节目，忽略无效节目

这是非常简洁的操作。它使用parseShow来完成其工作(该函数反过来又使用了更小的函数)，但如果开始使用它处理真实数据，很快就会发现，很难获取仅包含想要解析的某些节目的List。

```
> parseShows(List("Chernobyl [2019]", "Breaking Bad (2008-2013)"))
  → List(TvShow("Breaking Bad", 2008, 2013))
  parseShows(List("Chernobyl [2019]", "Breaking Bad"))
  → List()
```

需要比较传入列表大小和结果大小，以了解是否出现问题。即使这样，仍然不知道哪个项出了问题以及其原因

孤注一掷错误处理

可以使用孤注一掷策略来实现parseShows。这需要在特征标记中进行编码。以什么方式？再次使用Option！

```
def parseShows(rawShows: List[String]): Option[List[TvShow]]
```

我们的方案发生了变化，特征标记也需要更改。将在下一步中实现这个新版本的parseShows，但希望你已经大致了解如何实现它，因为你刚刚在上一个练习中实现了addOrResign！

孤注一掷意味着尝试从传入列表中解析每个原始电视节目，并仅在所有节目都有效时返回解析的节目列表

6.39　孤注一掷错误处理策略

下面使用孤注一掷策略重新实现parseShows。在此之前，重新审视特征标记并尝试理解：

```
def parseShows(rawShows: List[String]): Option[List[TvShow]]
```

特征标记表明可以获得两个值之一：

● 如果至少有一个原始电视节目String无效(无法解析)，则值为None。
● 如果一切顺利并且解析了所有节目，则值为Some[List[TvShow]]。

这就是我们所需要的。为了印证你对这个问题的直觉是否正确，接下来快速做一个练习。

快速练习

你的任务是猜测在下面三种情况下调用parseShows的孤注一掷版本的结果。

```
parseShows(List("Chernobyl (2019)", "Breaking Bad"))
parseShows(List("Chernobyl (2019)"))
parseShows(List())
```

在parseShows中实现孤注一掷策略

函数式程序员一直在解决这些快速练习。首先创建一个特征标记，然后通过提供输入并思考输出来尝试在脑海中运行它。上面的快速练习可能会让你感到头痛。当输入的是空列表时，应该返回什么？如下：

```
> parseShows(List("Chernobyl (2019)", "Breaking Bad"))
  → None
  parseShows(List("Chernobyl (2019)"))
  → Some(List(TvShow("Chernobyl", 2019, 2019)))
  parseShows(List())
  → Some(List())
```

None表示至少有一个原始String无效。Some表示所有原始String都有效，并返回解析的电视节目。因此，当得到一个空List时，返回一个空列表的成功Some

现在尝试实现这个新版本，至少将其实现为伪代码，参见图6-31。

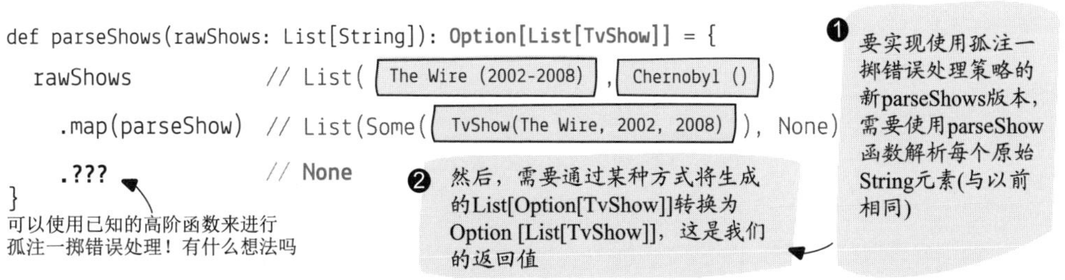

```
def parseShows(rawShows: List[String]): Option[List[TvShow]] = {
  rawShows              // List( The Wire (2002-2008) , Chernobyl () )
    .map(parseShow)     // List(Some( TvShow(The Wire, 2002, 2008) ), None)
    .???                // None
}
```

可以使用已知的高阶函数来进行孤注一掷错误处理！有什么想法吗

图6-31　实现新版本的错误处理策略

再次注意，在上一个版本中，parseShows返回一个List[TvShow]，如果某个地方失败了，它就不会在此列表中返回。这是尽力而为策略

答案见讨论中

如果这听起来很熟悉，那么你可能知道有关测试驱动开发的知识。首先通过调用未实现的函数并断言其输出来定义测试。然后，实现该函数并重新运行测试以检查其是否有效。有关此内容的更多信息将在第12章中介绍

❶ 要实现使用孤注一掷错误处理策略的新parseShows版本，需要使用parseShow函数解析每个原始String元素(与以前相同)

❷ 然后，需要通过某种方式将生成的List[Option[TvShow]]转换为Option[List[TvShow]]，这是我们的返回值

6.40 将Option组成的List折叠为一个List的Option

将使用foldLeft遍历List中的每个Option[TvShow]并仅在没有None的情况下返回Some[List[TvShow]]，从而累积结果。下面简要回顾foldLeft。

```
List[A].foldLeft(z: B)(f: (B, A) => B): B
```

通过将传递为f的函数应用于原始列表的每个元素(A)和当前累加器值(B)来累积类型为B的值。数据结构的形状(List)、大小和元素的顺序都丢失了。仅返回一个类型为B的值，如图6-32所示。

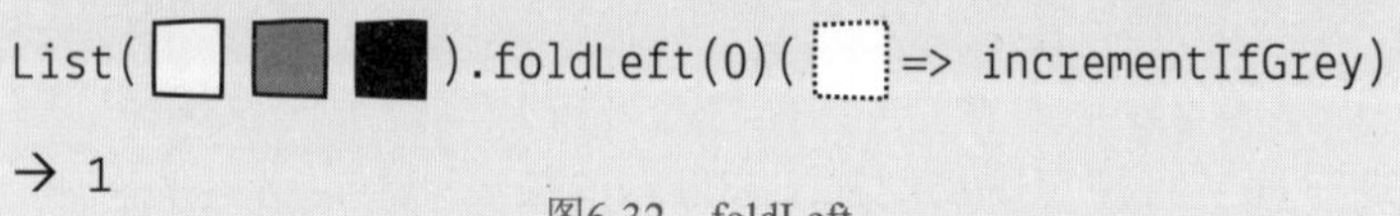

```
List(□ ■ ■).foldLeft(0)(□ => incrementIfGrey)
→ 1
```

图6-32 foldLeft

在第4章中遇到了foldLeft。那时，认为你可能也知道这个用作reduce的函数。其名称隐含的意义是，将列表折叠成单个值

我们需要做的是从Some(List.empty)的累加器值开始，然后将成功解析的电视节目添加到列表中或当列表上出现None时使累加器也为None，从而折叠(或减小)Option[TvShow]值的列表，详见图6-33。

```
def parseShows(rawShows: List[String]): Option[List[TvShow]] = {
  val initialResult: Option[List[TvShow]] = Some(List.empty)

  rawShows                           // List( The Wire (2002-2008) , Chernobyl () )
    .map(parseShow)                  // List(Some( TvShow(The Wire, 2002, 2008) ), None)
    .foldLeft(initialResult)(addOrResign)  // None
}
```

在这里，foldLeft需要一个函数，将针对列表的每个元素调用该函数。它获取当前类型为Option[List[TvShow]]的累加器和类型为Option[TvShow]的当前元素，并返回类型为Option[List[TvShow]]的新累加器。由于正在实现孤注一掷策略，因此如果在列表上遇到None，则新累加器应变为None。你已经在上一个"小憩片刻"练习中将此函数实现为addOrResign

```
def addOrResign(
  parsedShows: Option[List[TvShow]],
  newParsedShow: Option[TvShow]
): Option[List[TvShow]] = {
  for {
    shows     <- parsedShows
    parsedShow <- newParsedShow
  } yield shows.appended(parsedShow)
}
```

详细查看最后一个转换的操作。当对List[Option[TvShow]]进行foldLeft处理时会发生什么？

累加器从Some(List.empty)开始，并传递给addOrResign，该函数返回累加器的新值，然后传递给下一个addOrResign调用，以此类推

```
List(
  Some( The Wire ),    addOrResign(Some(List.empty), Some( The Wire )) = Some(List( The Wire ))
  None                 addOrResign(Some(List( The Wire )), None) = None
).foldLeft(Some(List.empty))(addOrResign)                            = None
```

图6-33 将Option组成的List折叠为一个List的Option

6.41 现已知道如何处理多个可能的错误

快要完成了！在介绍本章的最后一个主题之前，看看我们顺利完成了哪些步骤，参见图6-34。在本章的开头，我们接到了一个要求：解析原始电视节目。经历了一段相当漫长的学习路程：

1. 了解到可以使用map和parseShow实现parseShows函数。

2. 在parseShow中，可以专注于解析一个电视节目，并从这个函数中直接返回一个TvShow。

3. 了解到当给定的rawShow字符串格式无效时，会得到一个异常并使应用程序崩溃。

4. 记得有一个Option类型，可以模拟可能存在或不存在的值。

5. 开始将Option[TvShow]用作parseShow的返回类型，将其变成一个不会说谎(或抛出异常)的纯函数。

6. 能够将parseShow的功能分成三个独立的小函数：extractName、extractYearStart和extractYearEnd。它们都返回一个Option，以表示解析失败或成功。

7. 我们了解到，已检查的异常不像Option那样易于组合，后者具有orElse函数。

8. 然后，继续在parseShows中解析String列表。编译器让我们决定如何处理具有无效格式的rawShow String。先使用toList和flatten忽略错误并返回一个List[TvShow]，而不表明某些节目未被解析——尽力而为错误处理策略。

9. 我们发现，甚至可以更进一步，从parseShows返回一个Option[List[TvShow]]，并使用foldLeft累积结果，此时使用不同的策略：孤注一掷。

现在，是时候总结本章并向你展示最后一个技巧了，这将保证你永远不再错过异常。指示描述性错误，详见图6-35！

步骤1 ✔

回顾高阶函数
使用在第4章中
学习的高阶函数
来处理错误

步骤2 ✔

使用Option指示错误
通过使用在第5章中
学习的for推导式
返回不可变值来
指示错误

步骤3 ✔

函数式错误处理与
已检查的异常
相较于已检查的异常，
函数式解法使我们可
以用更易读和简洁的
方式指示和处理错误

步骤4 ✔

同时处理多个错误
使用仅处理单个
错误的代码，定
义处理多个错误
的高阶函数

图6-34 已完成的步骤

下一步

使用Either指示描述性错误
通过返回包含更多失败信息的不
可变值来指示错误

图6-35 下一步

6.42 如何知道哪里出错了

在上一部分中，我们在parseShows函数内部实现了孤注一掷错误处理策略。假设这是客户对我们的要求。现在，如果至少有一个原始电视节目无法解析，该函数将返回一个Option。

```
> parseShows(List("Chernobyl (2019)", "Breaking Bad (2008-2013)"))
  → Some(List(TvShow("Chernobyl", 2019, 2019),
              TvShow("Breaking Bad", 2008, 2013)))
  parseShows(List("Chernobyl [2019]", "Breaking Bad (2008-2013)"))
  → None
  parseShows(List("Chernobyl (2019)", "Breaking Bad"))
  → None
```

正如我们所见，一切都正常工作！设法通过仅更改一个函数来实现完全不同的错误处理逻辑！不必更改负责解析一个节目的函数(parseShow仍然返回Option[TvShow])。这展示了FP所重视的模块化的强大功能

打破这个美好景象，从更批判的角度来看待新版parseShows的使用方式。查看上面的代码清单中最后两个结果。我们得到了None——知道发生了一些错误。但是，不知道错误是什么！parseShows涉及很多函数以及它使用的函数——每个函数都返回一个Option。任何地方都可能"失败"，而得到的只是None。无法知道为什么一些rawShows没有被解析。可能使用了错误的括号，忘记了年份，连接符使用有误，或者各种其他问题。而我们得到的只是None。当尝试在更复杂的逻辑中将Option用作错误指示器时，这种方案的问题更加层出不穷。在巨大的列表中，许多事情可能会出错，Option不再是最好的选择。

问：它不比异常更糟糕吗？当抛出异常时，知道具体位置和原因！

答：知道异常提供的信息比Option多。然而，正如已经讨论过的那样，基于异常的代码不可组合，每当想要有条件地或部分地从错误中恢复时，就需要编写更多代码。

问：既然你已经用了40页的篇幅讨论使用Option的错误处理策略，现在你告诉我它不好？

答：Option类型可能不是最好的选择，但基于Option使用的所有操作都可以立即用于其他更具描述性的类型！这会有所回报！

6.43 需要在返回值中传达错误的详细信息

如果出现错误，我们需要知道原因！Option有助于处理错误和从错误中恢复，但如果出现错误，我们只能得到None。因此，需要使用一个像Option一样工作的函数，另外，该函数还应允许提供和传播有关错误的特定信息。

幸运的是，Scala等FP语言仍然能派上用场。有一种类型可以传达有关特定错误的信息，并且它给出我们在使用Option处理错误时学到的所有函数。你没有看错，是所有。如果你知道如何使用Option处理错误，那么你已经知道如何使用这种新类型处理错误了。

它被称为Either

这种新类型称为Either，或者更具体地称为Either[A, B]。就像Option一样，它有两个子类型，如图6-36所示。

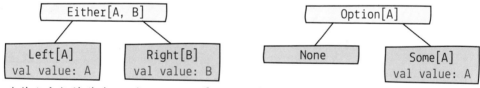

为什么它们被称为Left和Right而不是Success和Failure？将在第12章中解释

图6-36 对比Either和Option

如你所见，这些数据类型看起来非常相似。特别是，Right和Some看起来完全相同，这不是巧合。在处理可能的错误情况时，这些类型用于传达有关成功情况的信息。主要区别在于第二个子类型：None只是一个值。然而，Left可以像Some和Right一样保存一个value！因此，在 Either中，可以指定一个值，该值在成功(Right)和错误(Left)情况下都会出现在结果中。下面来进行比较：

> 如果Either是Left(A)，存储的值的类型可以是任何类型(原始或求积类型)。在本章中，将使用String，但"错误描述"通常是更复杂的类型

```scala
def extractName(show: String): Either[String, String] = {
  val bracketOpen = show.indexOf('(')
  if (bracketOpen > 0)
    Right(show.substring(0, bracketOpen).trim)
  else
    Left(s"Can't extract name from $show")
}
```

> 如果你在String前面加上s，则可以使用$前缀打印此字符串中的值

```scala
> extractName("(2022)")
→ Left("Can't extract name from (2022)")
```

```scala
def extractName(rawShow: String): Option[String] = {
  val bracketOpen = rawShow.indexOf('(')
  if (bracketOpen > 0)
    Some(rawShow.substring(0, bracketOpen).trim)
  else
    None
}
```

```scala
> extractName("(2019)")
→ None
```

6.44　使用Either传达错误详情

步骤5
使用Either指示描述性错误
通过返回包含更多失败信息的不可变值来指示错误(完整步骤见6.2节)

如果你仍然不知道 Either 为何如此重要，下面将进一步阐明！将重申有关函数式错误处理的知识，以及它如何用于表明描述性错误。你将了解到将parseShows的返回类型从Option改为Either后，可以更快地理解错误，而且几乎使用相同的代码！

一般来说，每当引入新类型或函数时，都会从特征标记和用法开始。Either不是例外(exception)！在开始编码之前，比较基于Option的特征标记(不给任何有关错误详情的提示)和基于Either的特征标记(以String的形式给出错误描述)，参见图6-37。

exception还有"异常"的意思，是个双关语，希望它有助于理解：使用Either是基于异常的命令式错误处理的函数式替代方案

之前 返回Some[TvShow](如果出现问题，则返回None)

```scala
def parseShows(rawShows: List[String]): Option[List[TvShow]]
```

现在 返回Right[List[TvShow]](如果出现问题，则返回 Left[String])

```scala
def parseShows(rawShows: List[String]): Either[String, List[TvShow]]
```

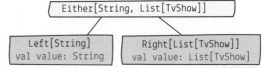

parseShows返回Either[String, List[Tv-Show]]，将其解读为"String或List[TvShow]之一"。特征标记明确表明，它将返回两个值中的一个。如果得到一个String(封装在Left中)，假定它包含提供的至少一个原始节目的错误的描述。否则，它将返回一个List[TvShow](封装在Right中)

请再次注意，Either有两个子类型：Left(value: A)和Right(value: B)。这很重要，因为它意味着无论何时需要Either[A,B]，都可以使用两个子类型。因此，可以从返回Either[A,B]的函数中返回任何一个子类型

图6-37　对比两种特征标记

现在检验我们的想法，并看看这种类型的函数在现实世界中如何使用。同样，目前还没有实现，只是对特征标记进行了空运行，以确保知道它应该返回什么：

这又称为测试驱动开发，或TDD！通过预先调用未实现的函数并断言其输出来定义测试。将在第12章中介绍TDD

```scala
parseShows(List("The Wire (2002-2008)", "[2019]"))
→ Left("Can't extract name from [2019]")

parseShows(List("The Wire (-)", "Chernobyl (2019)"))
→ Left("Can't extract single year from The Wire (-)")

parseShows(List("The Wire (2002-2008)", "Chernobyl (2019)"))
→ Right(List(TvShow("The Wire", 2002, 2008),
             TvShow("Chernobyl", 2019, 2019)))
```

注意，Left("Can't extract name from [2019]")和Right(List(TvShow(...)))都是Either类型的不可变值！

Left比None更有用，因为它包含了描述

6.45 重构以使用Either

我们将在本章的剩余部分中重构parseShows及其依赖的函数，以使用Either代替Option。我保证，学习 Either不会像学习Option那样困难，因为这两种类型有很多共同之处。这意味着你现有的Option经验将会派上用场。在进行重构时，注意代码中的一些变化会使客户端代码产生较大差异。

这就是获取和返回不可变值的纯函数的威力

如何处理代码库中如此大的更改？如图6-38所示，逐步进行重构，查看当前解决方案的整体情况，并看看在引入Either后它如何变化。

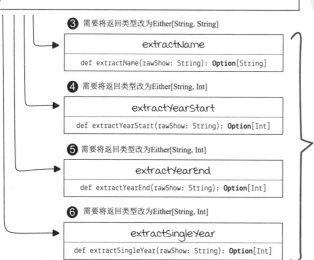

❶ 需要将返回类型改为Either [String, List[TvShow]]

parseShows
```
def parseShows(rawShows: List[String]): Option[List[TvShow]]
```

parseShows是主函数：它获取原始节目列表，如果提供的所有原始节目都可以解析，则返回Some[List[TvShow]]；如果至少有一个无法解析，则返回None。此函数使用parseShow解析每个原始节目

❷ 需要将返回类型改为Either[String, TvShow]

parseShow
```
def parseShow(rawShow: String): Option[TvShow] = {
  for {
    name      <- extractName(rawShow)
    yearStart <- extractYearStart(rawShow).orElse(extractSingleYear(rawShow))
    yearEnd   <- extractYearEnd(rawShow).orElse(extractSingleYear(rawShow))
  } yield TvShow(name, yearStart, yearEnd)
}
```

parseShow承担重任。它使用for推导式创建一系列操作，这些操作都需要返回Some，以便产生新TvShow值。请记住，for推导式中的所有元素都需要返回用第一个生成器选择的相同类型的值(在本例中，它是Option，因为extractName返回Option)

❸ 需要将返回类型改为Either[String, String]

extractName
```
def extractName(rawShow: String): Option[String]
```

❹ 需要将返回类型改为Either[String, Int]

extractYearStart
```
def extractYearStart(rawShow: String): Option[Int]
```

❺ 需要将返回类型改为Either[String, Int]

extractYearEnd
```
def extractYearEnd(rawShow: String): Option[Int]
```

parseShow使用这四个纯函数从原始String中提取不同的值。它们都返回一个Option，因此可以轻松地在for推导式中使用，for推导式按顺序运行它们，并在其中一个生成器返回None时停止

❻ 需要将返回类型改为Either[String, Int]

extractSingleYear
```
def extractSingleYear(rawShow: String): Option[Int]
```

图6-38 重构以使用Either

有六个重构步骤。需要重写现在返回Option的六个函数，从而返回Either。重构将从最小的extract函数开始，最后重写parseShow和parseShows。

除了String之外，可以使用任何其他类型参数化Either的Left值。将在第12章中展示一个示例

6.46　返回Either而不是Option

在结束本章之前，需要完成六个重构步骤：

❶ 将parseShows的返回类型改为Either[String, List[TvShow]]

❷ 将parseShow的返回类型改为Either[String, TvShow]

❸ 将extractName的返回类型改为Either[String, String]

从这里开始 ➡ ❹ 将extractYearStart的返回类型改为Either[String, Int]　**你将自行完成这些操作**

❺ 将extractYearEnd的返回类型改为Either[String, Int]

❻ 将extractSingleYear的返回类型改为Either[String, Int]

　　这将提供描述性错误——我们将准确地知道哪里出错了！可以将工作量几乎平均分配给你和我。我将向你展示如何重构extractYearStart(列表中的第4项，详见图6-39)，而剩下三个extract函数的重构将留作练习。希望你现有的Option经验以及下面将了解到的extractYearStart重构方式将足以让你自己重构这三个函数。让我们开始。

4a 从特征标记开始：函数获取一个String并返回一个Either[String, Int]：

```
def extractYearStart(rawShow: String): Either[String, Int] = {
  ???
}
```

```
Either[A, B]
   /         \
Left[A]     Right[B]
val value: A  val value: B
```

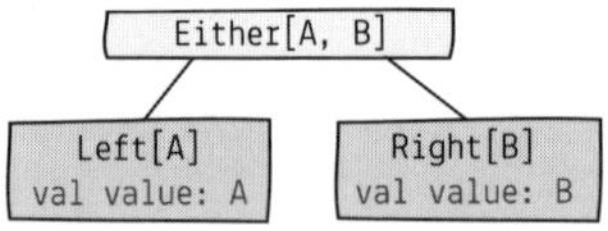

4b 要获取开始年份，需要先找到分隔符："TITLE (**START**-END)"：
　　　　　　　　　　　　　　　　　bracketOpen ➡　　⬅ dash

```
def extractYearStart(rawShow: String): Either[String, Int] = {
  val bracketOpen = rawShow.indexOf('(')
  val dash        = rawShow.indexOf('-')
  ???
}
```

4c 知道String.substring可能会抛出异常，但想使用Either。因此，仅在已知String.substring不会失败的情况下进行调用：

```
def extractYearStart(rawShow: String): Either[String, Int] = {
  val bracketOpen = rawShow.indexOf('(')
  val dash        = rawShow.indexOf('-')
  if (bracketOpen != -1 && dash > bracketOpen + 1)
    Right(rawShow.substring(bracketOpen + 1, dash))
  else Left(s"Can't extract start year from $rawShow")
}
```

编译错误
Either[String, String]

> 这看起来几乎与Option版本相同，对吗？有两个区别。其一，将值封装在Right中，而不是Some中。其二，返回更具描述性的错误消息，错误消息封装在Left中，而不是在Option版本的不具描述性的None中。这将确保，如果此函数返回Left，它将出现在顶部。将通过查看它来获得将要失败的内容："Can't extract start year from Chernobyl [2019]"。但是仍然存在编译错误：有一个Either[String, String]，但需要一个Either[String, Int]！请记住，Either中的left类型是Left的类型参数——在本例中是String；right类型是Right的类型参数，在本例中应该是Int

图6-39　extractYearStart的重构

4d 特征标记指示返回Either[String, Int]，但我们的实现返回了 Either[String, String]。
需要将右侧的String转换为Int

```
def extractYearStart(rawShow: String): Either[String, Int] = {
  val bracketOpen  = rawShow.indexOf('(')
  val dash         = rawShow.indexOf('-')
  val yearStrEither = if (bracketOpen != -1 && dash > bracketOpen + 1)
                        Right(rawShow.substring(bracketOpen + 1, dash))
                      else Left(s"Can't extract start year from $rawShow")
  yearStrEither.map(yearStr => yearStr.toIntOption)
}
```

`Either[String, String]` `String` `Option[Int]` *编译错误* `Either[String, Option[Int]]`

yearStrEither是类型为Either[String,String]的一个值，这意味着它可以是 Left[String]或Right[String]。如果它是Left[String]，那么需要返回它，因为它是一个错误，而String包含错误消息。但如果它是Right[String]，则知道这是一个包含起始年份的子字符串。所以想要将这个String转换为Int，但只有当yearStrEither是Right[String]时才能这样做。事实证明，这是之前学过的一个模式，我们已经在基于Option的版本中使用过了：我们需要使用map！如果对Left进行map，结果是相同的Left。如果对Right进行map，则结果是一个Right，其值由我们给map的函数生成！就像在Option中一样，Some被map处理，而 None相反：

```
> val e: Either[String, String] = Right("1985")    > val e: Either[String, String] = Left("Error")
  e.map(_.toIntOption)                                e.map(_.toIntOption)
  ☒ Right(Some(1985))                                 ☒ Left("Error")
```

在这种情况下，再次使用了String.toIntOption进行映射。它尝试从给定的String中解析整数值。如果可能，它返回一个Option[Int]。如果不可能，则返回None！因此，正在使用一个函数String=>Option[Int]对Either[String, String]的右侧String进行map，因此会得到一个Either[String,Option[Int]]

编译器不高兴；它想要Either[String, Int]，而不是Either[String, Option[Int]]

4e 特征标记指示返回Either[String, Int]，但我们的实现返回了 Either[String,Option[Int]]。需要将内部的Option[Int]转换为Int。但是，不能安全地从Option[Int]中获取Int，因为它可能是None。可以通过使用一个新纯函数toRight将Option[Int]转换为Either[String, Int]。这样，最终会得到Either[String, Either[String, Int]]

```
def extractYearStart(rawShow: String): Either[String, Int] = {
  val bracketOpen  = rawShow.indexOf('(')
  val dash         = rawShow.indexOf('-')
  val yearStrEither = if (bracketOpen != -1 && dash > bracketOpen + 1)
                        Right(rawShow.substring(bracketOpen + 1, dash))
                      else Left(s"Can't extract start year from $rawShow")
  yearStrEither.map(yearStr =>
    yearStr
      .toIntOption
      .toRight(s"Can't parse $yearStr")
  )
}
```

`Either[String, String]` `String` `Option[Int]` `Either[String, Either[String, Int]]` *编译错误* `Either[String, Either[String, Int]]` `Either[String, Option[Int]]`

使用取一个String并返回一个Either[String, Int]的函数对yearStrEither进行map。记住，map只关注Right值——只对成功值(而不是错误值)进行map。因此，调用map只会改变右侧类型，其中得到的不再是String，而是 Either[String, Int]。这意味着表达式创建了一个类型为Either[String, Either[String, Int]]的值，这看起来很复杂，但非常有用，我们很快就会进一步了解这一点。在转换String的map函数内部，添加了toRight函数调用。这个函数将Option转换为Either。如果Option是Some，它会在Right内返回相同值。如果Option是None，则返回提供的值(在本例中是一个String)，封装在Left中：

```
> Some(1985).toRight("Can't parse it")        > None.toRight("Can't parse it")
  → Right(1985)                                 → Left("Can't parse it")
```

但是代码无法编译；想要Either[String, Int]，而不是Either[String, Either[String, Int]]

图6-39 extractYearStart的重构(续)

(4f) 特征标记表明会返回一个Either[String, Int]，但我们的实现实际上返回了一个
Either[String, Either[String, Int]]。可以将其展平为 Either[String, Int]

```
def extractYearStart(rawShow: String): Either[String, Int] = {
  val bracketOpen  = rawShow.indexOf('(')
  val dash         = rawShow.indexOf('-')
  val yearStrEither = if (bracketOpen != -1 && dash > bracketOpen + 1)
                        Right(rawShow.substring(bracketOpen + 1, dash))
                      else Left(s"Can't extract start year from $rawShow")
  yearStrEither.map(yearStr =>
    yearStr.toIntOption.toRight(s"Can't parse $yearStr")
  ).flatten
}
```
[Either[String, String]]
[Either[String, Either[String, Int]]]
[Either[String, Int]]

> yearStrEither是一个类型为Either[String, String]的值，使用map调用将其转换为一个
> Either[String,Either[String, Int]]。每当我们有这样一个嵌套类型时，都可以进行flatten处理，
> 以摆脱一个嵌套级别。它的工作方式与List和Option完全相同：
>
> > List(List(1985)).flatten   > Some(Some(1985)).flatten   > Right(Right(1985)).flatten
> > → List(1985)   → Some(1985)   → Right(1985)
> >
> >   List(List()).flatten   Some(None).flatten   Right(Left("Error")).flatten
> >   → List()   → None   → Left("Error")
>
> 现在它可以编译了！注意，展平部分确保如果有任何错误，它将成为我们的结果。同样，这是一个
> flatten(和flatMap)传播第一个错误("短路")的示例

(4g) 你是否注意到再次使用了map和flatten？这意味着可以将整个过程简化为一个flatMap调用，就像在Option中一样。
如果可以使用flatMap，也可以将其编写为一个for推导式，现在这对你来说应该非常简单：

```
def extractYearStart(rawShow: String): Either[String, Int] = {
  val bracketOpen = rawShow.indexOf('(')
  val dash        = rawShow.indexOf('-')
  for {
    yearStr <- if (bracketOpen != -1 && dash > bracketOpen + 1)
                 Right(rawShow.substring(bracketOpen + 1, dash))
               else Left(s"Can't extract start year from $rawShow")
    year <- yearStr.toIntOption.toRight(s"Can't parse $yearStr")
  } yield year
}
```

> for推导式在Either的语境中工作，它由第一个生成器定义。它创建了一个类型为Either[String,String]的值，
> 并将右侧的String保存为yearStr(如果表达式返回它，则停止并返回Left[String])。然后，第二个生成
> 器使用第一个表达式的值——yearStr，并返回Either[String, Int]。同样，如果这是Left[String]，它会立
> 即作为整个for推导式的结果返回。如果是Right[Int]，那么右值Int会作为year保存，它作为表达式
> 的结果在Either内部产生
>
> 现在有一段安全可读的代码。基于提供的String，它返回Either[String, Int]，这意味着如果函数可以
> 从String中提取年份，则返回Right[Int]，否则返回包含错误描述的Left[String]

图6-39 extractYearStart的重构(续)

现在测试一下这个函数在现实世界中的表现。

```
> extractYearStart("The Wire (2002-2008)")
  → Right(2002)

  extractYearStart("The Wire (-2008)")
  → Left("Can't extract start year from The Wire (-2008)")

  extractYearStart("The Wire (oops-2008)")
  → Left("Can't parse oops")

  extractYearStart("The Wire (2002-)")
  → Right(2002)
```

注意，无论传递什么
String，总是会得到一个
返回值！一些值是封装在
Right中的年份，还有一些
是封装在Left中的错误消
息。但不管怎样，总是会
得到返回值

6.47 练习返回Either的安全函数

我们之后会
处理它们

① 将parseShows的返回类型改为Either[String, List [TvShow]]

② 将parseShow的返回类型改为Either[String, TvShow]

③ 将extractName的返回类型改为Either[String, String]

刚刚实现
了这一步

④ 将~~extractYearStart的返回类型改为Either[String, Int]~~

现在你
需要编写
这些

⑤ 将extractYearEnd的返回类型改为Either[String, Int]

⑥ 将extractSingleYear的返回类型改为Either[String, Int]

现在轮到你编写一些代码了。你的任务是实现三个缺失的
extract函数。每个函数都获取一个rawShow String并返回一个
Either。使用REPL编写和测试剩余的三个函数。

答案：

```
def extractName(rawShow: String): Either[String, String] = {
  val bracketOpen = rawShow.indexOf('(')
  if (bracketOpen > 0)
    Right(rawShow.substring(0, bracketOpen).trim)
  else
    Left(s"Can't extract name from $rawShow")
}

def extractYearEnd(rawShow: String): Either[String, Int] = {
  val dash         = rawShow.indexOf('-')
  val bracketClose = rawShow.indexOf(')')
  for {
    yearStr <- if (dash != -1 && bracketClose > dash + 1)
                 Right(rawShow.substring(dash + 1, bracketClose))
               else Left(s"Can't extract end year from $rawShow")
    year <- yearStr.toIntOption.toRight(s"Can't parse $yearStr")
  } yield year
}
```

这一行在三个函数中重复。也许应该
将它提取到自己的小函数中？

```
def extractSingleYear(rawShow: String): Either[String, Int] = {
  val dash         = rawShow.indexOf('-')
  val bracketOpen  = rawShow.indexOf('(')
  val bracketClose = rawShow.indexOf(')')
  for {
    yearStr <- if (dash == -1 && bracketOpen != -1 &&
                   bracketClose > bracketOpen + 1)
                 Right(rawShow.substring(bracketOpen + 1, bracketClose))
               else Left(s"Can't extract single year from $rawShow")
    year <- yearStr.toIntOption.toRight(s"Can't parse $yearStr")
  } yield year
}
```

3 得到括号的索引。
如果找到，则返回
Right，其中带有名
称。如果没有找到，
则返回一个Left，其
中带有错误消息

5 得到连接符和右括号
的索引。如果它们被
找到并且右括号在字
符串中的位置在连接
符之后，则可以安全
地调用substring函数
并将字符串传递给下
一个阶段，即解析
整数的阶段

6 得到连接符以及左
括号和右括号的索
引。如果没有连接符
但找到了括号，并
且右括号在String中
的位置在左括号之
后，则可以安全地调
用substring函数并将
String传递给下一个
阶段

6.48 学到的Option相关知识也适用于Either

步骤5
使用Either指示描述性错误
通过返回包含更多失败信息的不可变值来指示错误(完整步骤见6.2节)

我们一起完成了六个重构步骤中的四个。希望你已经注意到,使用Either时与使用Option时用了几乎相同的代码。唯一的区别是,不再使用None,而是使用一个Left值,其中带有描述问题的String。现在,是时候使用新的四个函数来解析单个原始节目了,具体步骤见图6-40。

2a 想要将返回类型改为Either[String, TvShow]

```
def parseShow(rawShow: String): Option[TvShow] = {      编译错误!
  for {                                                 Either[String, TvShow]
    name       <- extractName(rawShow)
    yearStart  <- extractYearStart(rawShow).orElse(extractSingleYear(rawShow))
    yearEnd    <- extractYearEnd(rawShow).orElse(extractSingleYear(rawShow))
  } yield TvShow(name, yearStart, yearEnd)
}
```

parseShow返回一个Option,但是extractName和其他extract函数已经返回Either!这意味着,我们的for推断表达式已经是Either[String, TvShow]类型了!但是我们的特征标记仍然表示返回一个Option[TvShow]。这是一个编译错误:我们的实现返回Either[String, TvShow],但特征标记表示Option[TvShow]!为了解决这个编译错误,需要根据实现调整特征标记,然后就完成了!是的,这意味着Either版本的parseShow与Option版本相同

2b 需要在特征标记中将返回类型改为Either[String, TvShow],但不需要进行更多更改,因为Either也具有orElse

```
def parseShow(rawShow: String): Either[String, TvShow] = {
  for {
    name       <- extractName(rawShow)
    yearStart  <- extractYearStart(rawShow).orElse(extractSingleYear(rawShow))
    yearEnd    <- extractYearEnd(rawShow).orElse(extractSingleYear(rawShow))
  } yield TvShow(name, yearStart, yearEnd)
}
```

图6-40 解析单个原始节目

就是这样!当我们对extractName等extract函数进行重构以使用Either时,已经完成了所有繁重操作!因此,对于parseShow,只需要更改特征标记。结果发现,Either还有一个orElse函数(见图6-41),其工作方式与Option类似。

如果这是Right(value),那么orElse将返回它

但如果不是,那么无论它是Left还是Right,orElse都将返回alternative

```
Either[A, B].orElse(alternative: Either[A, B]): Either[A, B]
```

```
parseShow("The Wire (-)")
→ Left("Can't extract single year from The Wire (-)")

parseShow("The Wire (oops)")
→ Left("Can't parse oops")

parseShow("(2002-2008)")
→ Left("Can't extract name from (2002-2008)")

parseShow("The Wire (2002-2008)")
→ Right(TvShow("The Wire", 2002, 2008))
```

一旦使用了Option / Either,其他一切都会被"污染"并出现在客户端代码中!以此确保错误得到明确处理

图6-41 orElse函数

6.49 小憩片刻: 使用Either进行错误处理

我们现在知道, 使用Option实现错误指示和处理的所有知识都适用于Either。本章的最后一个练习将确保你了解函数式错误处理。你的任务是重构parseShows:

❶ 将parseShows的返回类型改为Either[String, List[TvShow]]

❷ ~~将parseShow的返回类型改为Either[String, TvShow]~~ ——

❸ ~~将extractName的返回类型改为Either[String, String]~~ ——

❹ ~~将extractYearStart的返回类型改为Either[String, Int]~~ ——

❺ ~~将extractYearEnd的返回类型改为Either[String, Int]~~ ——

❻ ~~将extractSingleYear的返回类型改为Either[String, Int]~~ ——

> 你的最终任务

下面提示parseShows的原理。它实现了孤注一掷错误处理逻辑, 这意味着如果至少有一个原始电视节目无法解析, 则返回错误(在Left内)。在继续探索之前尝试从头开始实现此函数。

> 这是这个练习的加强版, 但你已经具备完成它所需的所有知识。多花些时间, 尝试解决它。如果你能够解决, 本书的其余部分将变得更加容易

```
parseShows(List("The Wire (2002-2008)", "[2019]"))
→ Left("Can't extract name from [2019]")
parseShows(List("The Wire (-)", "Chernobyl (2019)"))
→ Left("Can't extract single year from The Wire (-)")
parseShows(List("The Wire (2002-2008)", "Chernobyl (2019)"))
→ Right(List(TvShow("The Wire", 2002, 2008),
            TvShow("Chernobyl", 2019, 2019)))
```

提示

如果你花费了大量时间尝试从头开始实现parseShows, 并且无法弄清楚, 请使用基于Option的版本, 如图6-42所示。

parseShows
| ```
def parseShows(rawShows: List[String]): Option[List[TvShow]] = {
  val initialResult: Option[List[TvShow]] = Some(List.empty)
  rawShows
    .map(parseShow)
    .foldLeft(initialResult)(addOrResign)
}
``` |

addOrResign
| ```
def addOrResign(
  parsedShows: Option[List[TvShow]],
  newParsedShow: Option[TvShow]
): Option[List[TvShow]] = {
  for {
    shows     <- parsedShows
    parsedShow <- newParsedShow
  } yield shows.appended(parsedShow)
}
``` |

parseShows使用addOrResign辅助函数。两者都将Option用作传达有关错误信息的类型。你需要使它们使用Either来工作

图6-42 Option版本的实现

6.50 解释: 用Either进行错误处理

本章的最后一个练习应该具有挑战性, 希望你有所收获! 让我们一起按图6-43的指示逐步完成该练习。

1a 希望将返回类型改为Either[String, List[TvShow]]:

```
def parseShows(rawShows: List[String]): Option[List[TvShow]] = {
  val initialResult: Option[List[TvShow]] = Some(List.empty)

  rawShows  List[TvShow]

    .map(parseShow)  List[Option[TvShow]]

    .foldLeft(initialResult)(addOrResign)
}                    Option[List[TvShow]]
```

```
def addOrResign(
  parsedShows: Option[List[TvShow]],
  newParsedShow: Option[TvShow]
): Option[List[TvShow]] = {
  for {
    shows       <- parsedShows
    parsedShow <- newParsedShow
  } yield shows.appended(parsedShow)
}
```

1b 将特征标记改为Either[String, List[TvShow]], 看看编译器有什么指示:

```
def parseShows(rawShows: List[String]): Either[String, List[TvShow]] = {
  val initialResult: Option[List[TvShow]] = Some(List.empty)

  rawShows  List[TvShow]

    .map(parseShow)  List[Either[String, TvShow]]

    .foldLeft(initialResult)(addOrResign)
}                    Option[List[TvShow]]

Compilation error!
```

```
def addOrResign(
  parsedShows: Option[List[TvShow]],
  newParsedShow: Option[TvShow]
): Option[List[TvShow]] = {
  for {
    shows       <- parsedShows
    parsedShow <- newParsedShow
  } yield shows.appended(parsedShow)
}
```

> parseShows表示将返回Either[String, List[TvShow]], 但尚未实现。我们已经重构了parseShow, 现在它返回Either[String, TvShow]。这意味着若使用parseShow进行映射, 将会创建Either组成的List。然后, 继续折叠此List, 使用一个能够折叠Option(而不是Either)的函数。这是一个编译错误! 为了解决这个编译错误, 需要调整initialResult和addOrResign函数

1c 更改initialResult和addOrResign, 以使用Either代替Option, 从而使编译器满意:

```
def parseShows(rawShows: List[String]): Either[String, List[TvShow]] = {
  val initialResult: Either[String, List[TvShow]] = Right(List.empty)

  rawShows  List[TvShow]

    .map(parseShow)  List[Either[String, TvShow]]

    .foldLeft(initialResult)(addOrResign)
}                    Either[String, List[TvShow]]
```

```
def addOrResign(
  parsedShows: Either[String, List[TvShow]],
  newParsedShow: Either[String, TvShow]
): Either[String, List[TvShow]] = {
  for {
    shows       <- parsedShows
    parsedShow <- newParsedShow
  } yield shows.appended(parsedShow)
}
```

> 现在, parseShows返回Either[String, List[TvShow]]! 尝试使用parseShow函数进行映射以创建Either组成的List。然后, 使用现在能够处理Either的函数折叠此List。注意, 两个实现非常相似。但是不要被误导! 基于Either的版本为我们提供了更详细的错误。我们将始终准确地知道哪个电视节目无法解析以及其原因。这些都在extract函数中完成。这里提供了一种通过电视节目List使用基于Either的parseShow的方案

图6-43　用Either进行错误处理

6.51　使用Option/Either 进行工作

在继续探索之前，务必理解所有这些函数。使用REPL，并跟随代码以确保你真正掌握了它们

在最终结束本章之前，谈谈函数式错误处理的本质。错误被编码为不可变值。为了处理错误，我们编写纯函数，它们在内部使用map、flatten、flatMap、orElse和toRight/toOption。所有这些函数都在Option和Either类型中定义，它们看起来相似，操作也相似。图6-44总结了在本章中如何使用它们。

使用Option进行工作

```
> val year: Option[Int] = Some(996)
  val noYear: Option[Int] = None
```

map
```
year.map(_ * 2)
→ Some(1992)
noYear.map(_ * 2)
→ None
```

flatten
```
Some(year).flatten
→ Some(996)
Some(noYear).flatten
→ None
```

flatMap
```
year.flatMap(y => Some(y * 2))
→ Some(1992)
noYear.flatMap(y => Some(y * 2))
→ None
year.flatMap(y => None)
→ None
noYear.flatMap(y => None)
→ None
```

orElse
```
year.orElse(Some(2020))
→ Some(996)
noYear.orElse(Some(2020))
→ Some(2020)
year.orElse(None)
→ Some(996)
noYear.orElse(None)
→ None
```

toRight
```
year.toRight("no year given")
→ Right(996)
noYear.toRight("no year given")
→ Left("no year given")
```

使用Either进行工作

```
> val year: Either[String, Int] = Right(996)
  val noYear: Either[String, Int] = Left("no year")
```

map
```
year.map(_ * 2)
→ Right(1992)
noYear.map(_ * 2)
→ Left("no year")
```

flatten
```
Right(year).flatten
→ Right(996)
Right(noYear).flatten
→ Left("no year")
```

flatMap
```
year.flatMap(y => Right(y * 2))
→ Right(1992)
noYear.flatMap(y => Right(y * 2))
→ Left("no year")
year.flatMap(y => Left("can't progress"))
→ Left("can't progress")
noYear.flatMap(y => Left("can't progress"))
→ Left("no year")
```

orElse
```
year.orElse(Right(2020))
→ Right(996)
noYear.orElse(Right(2020))
→ Right(2020)
year.orElse(Left("can't recover"))
→ Right(996)
noYear.orElse(Left("can't recover"))
→ Left("can't recover")
```

toOption
```
year.toOption
→ Some(996)
noYear.toOption
→ None
```

图6-44　使用Option/Either进行工作

小结

代码：CH06_*
通过查看本书仓库中的ch06_*文件，探索本章的源代码

在本章中，你学习了很多关于函数式错误处理的知识，具体步骤如图6-45所示。此外，你还验证了在之前章节中学到的所有知识。你现在可以熟练使用不可变值和纯函数。

在没有null和异常的情况下处理错误

我们发现substring调用在某些String上会失败，了解到在FP中所有错误都只是值，可以使用它们代替null和异常。

确保处理所有边缘情况

相较于使用已检查异常的方案，使用Option或Either进行错误处理时，代码的可组合性更强。当函数返回异常时，需要先捕获它，然后决定如何处理错误并从中恢复。在Option和Either中，能够使用orElse函数，该函数接收可能表示错误的两个不可变值，并返回其中之一。这种方案的可扩展性非常好。

在函数特征标记中指示错误

纯函数通过它们的特征标记来指示它们可能会失败。如果一个函数返回Option或Either，则表示对于某些参数，可能无法生成结果。

错误出现时用较小的函数构建更大的函数

可以将要求分解为非常小的部分，并为每个部分实现一个函数，其中带有自定义错误消息，如果遇到该错误消息，则将其传播。通过组合这些小函数来构建更大的函数(处理列表)。编译器要求在整个过程中处理所有可能的错误。最后，使用foldLeft实现了孤注一掷错误处理策略。

返回用户友好的描述性错误

除此之外，当使用Either时，能够通过Left[String]提供非常详细的错误消息。

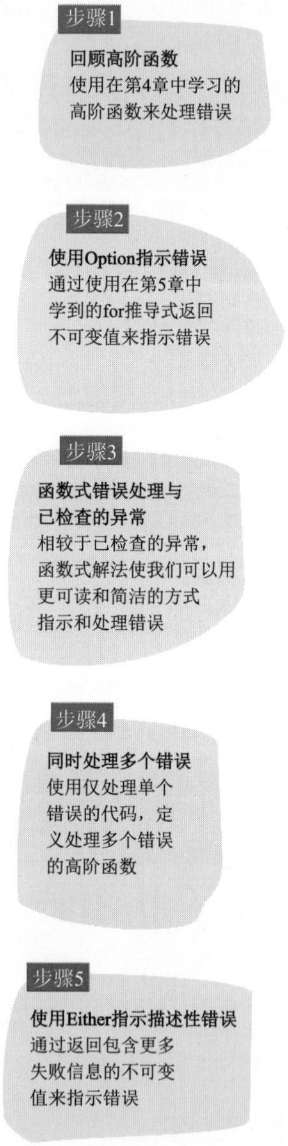
步骤1
回顾高阶函数
使用在第4章中学习的高阶函数来处理错误
步骤2
使用Option指示错误
通过使用在第5章中学到的for推导式返回不可变值来指示错误
步骤3
函数式错误处理与已检查的异常
相较于已检查的异常，函数式解法使我们可以用更可读和简洁的方式指示和处理错误
步骤4
同时处理多个错误
使用仅处理单个错误的代码，定义处理多个错误的高阶函数
步骤5
使用Either指示描述性错误
通过返回包含更多失败信息的不可变值来指示错误

图6-45 函数式错误处理学习过程

第**7**章 作为类型的要求

本章内容：

- 如何建模不可变数据以尽量减少错误

- 如何将要求建模为不可变数据

- 如何使用编译器查找要求中的问题

- 如何确保逻辑始终处理有效数据

> "设计恰好足够强大的东西是一种艺术。
>
> ——Barbara Liskov

7.1 建模数据以尽量减少程序员的错误

在本章中，我们将改变应用程序中建模数据的方式；将使用更多类型来尽量减少可能的编程错误；将学习增强代码库可维护性的技术；还将使实现变得更小而不那么复杂！太好了，是真的吗？下面通过一个例子来感受这个过程。

> 本书非常注重可维护性。提醒一下，如果说给定的代码库是可维护的，则意味着它易于更改而不引入错误

音乐艺术家目录

像之前一样，将从一个潜在的实际应用程序开始。我们将实现一个音乐艺术家目录，以帮助按流派、位置或活跃年份查找艺术家。有很多特殊情况需要处理，重点是数据建模。我们将对艺术家进行建模。每个艺术家将有一个名字、一个主要流派和一个原籍地。看起来很容易，对吧？只需要定义一个求积类型。

```scala
case class Artist(name: String, genre: String, origin: String)
```

你觉得这个艺术家定义有什么问题吗

这种方案有很多问题，但可以将它们总结为，这个数据模型增加了实现难度，并且容易出错。编译器允许许多无效实例，如Artist("","","")或Artist("Metallica", "U.S", "Heavy Metal")，并强制程序员在代码中处理每一个实例。你看到后一个值的问题了吗？很容易犯这类错误；它们没有经过编译器的检查，在许多情况下很难调试。有趣的是，它们之所以出现，都是因为程序员使用原始类型(如String和Int)来建模真实世界中更复杂的业务实体和关系。

> 这只是本章中将使用的简化版的Artist定义。很快将定义完整要求

到目前为止，已经使用String或Int来描述在纯函数中使用的数据。在本章中，终于可以尝试在数据建模方面做得更好。我们将列出多个问题，对其进行解释，并提出功能性解决方案。你将学习如何建模数据以使实现变得更简单，一开始只使用之前学到的内容(和原始类型)来建模Artist。然后，将讨论和分析程序员使用这种简单模型时可能会犯的每种错误。接下来会介绍解决方案。让我们开始吧！

> 从面向对象的世界中获得的一些经验也会很有用

7.2 精心建模的数据不会说谎

迄今为止，在本书中，专注于使用纯函数来实现要求，其特征标记告诉读者内部的信息。纯函数不会说谎，这使代码变得易于阅读；读者若想了解情况，不需要逐行查看代码。他们只需要查看特征标记，就可以继续进行下一步。

本章将展示如何使用完全相同的技术来对数据进行建模！在FP中，建模数据时应注意防止表示一些无效组合，从而使工作变得更加轻松！这就是函数式设计的功能。

就介绍到这里，让我们开始编码吧！需要编写新软件——一个新函数，以满足以下要求。

> **要求：音乐艺术家目录**
>
> 1. 函数应该能够搜索音乐艺术家列表。
> 2. 每个搜索应支持不同的条件组合：按流派、按原籍地(位置)和按他们活跃的时期。
> 3. 每个音乐艺术家都有一个名字、流派、原籍地(位置)、职业生涯的起始年份和停止表演的年份(如果他们不再活跃)。

注意，以上三个要求中的前两个是行为要求，而最后一个是数据要求。到目前为止，一直专注于行为(函数)，并将数据要求建模为简单类型：String、Int和Boolean。我们将从这种方案开始，并迅速改用更安全的函数式编程技术来处理行为和数据。

良好的设计易于实现

本例中将有五个大的一般性问题，我们将通过引入函数式编程技术来解决特定问题，并使模型更加牢固。牢固意味着实现中只可能存在业务领域的有效数据组合。这种方案在编译时减少了很多不可能的边缘情况，因此程序员不需要担心如何处理它们。最终，Artist定义不仅牢固，而且更小、更易读，也更易于使用。有兴趣吗？

> **重点！**
> 在FP中，对数据进行建模，以使现实中只存在有效的业务组合

快速练习

编写你的Artist求积类型版本，实现上述第三个要求。展示你最好的设计！

答案见讨论中

7.3 使用已知内容(即原始类型) 进行设计

注意，在本书中，将"数据建模"和"数据设计"互换使用。它们意思相同(都表示如何将业务实体转换为数据结构)

希望你已经完成了快速练习，并在纸上编写了自己的Artist数据模型，以便比较并验证你的想法。我们将使用在前几章中学到的工具和技术来实现音乐艺术家目录数据模型。数据要求如下：

> 每个音乐艺术家都有一个名字、流派、原籍地(位置)、职业生涯的起始年份和停止表演的年份(如果他们不再活跃)。

似乎可以使用求积类型建模(见图7-1)。

```
case class Artist(
    name: String,
    genre: String,
    origin: String,
    yearsActiveStart: Int,
    isActive: Boolean,
    yearsActiveEnd: Int
)
```

姓名、流派和原籍地(位置)被建模为原始String

艺术家始终有一个开始活跃的年份。我们将其建模为原始Int。如果艺术家不再活跃(isActive=false)，则用yearsActiveEnd表示他们停止活动的年份。然而，有些人可能仍然活跃(isActive=true)，那么yearActiveEnd应该为0

图7-1　使用求积类型建模

实现使用数据的行为

既然已经使用求积类型对数据进行了建模，那么可以实现使用此数据的行为——作为一个纯函数。先来看FP中最重要的东西：函数特征标记(见图7-2)。

> 函数应该能够搜索音乐艺术家列表。

> 每个搜索应支持不同的条件组合：按流派、按原籍地(位置)和按他们活跃的时期。

传入的Artist列表包含要搜索的所有艺术家

```
def searchArtists(
    artists: List[Artist],
    genres: List[String],
    locations: List[String],
    searchByActiveYears: Boolean,
    activeAfter: Int,
    activeBefore: Int
): List[Artist]
```

这两个List表示两个搜索条件，并且它们的工作方式相似。如果List为空，则不希望使用此条件进行搜索。如果List不为空，则要求所得到的艺术家具有列表中指定的流派/位置

这三个参数一起表示一个搜索条件。如果布尔标志为false，则不触发此条件；如果为true，则只想返回在activeAfter~activeBefore期间(以年为单位给出，作为Int)内活跃的艺术家

结果列表包含满足给定条件的所有艺术家

图7-2　函数特征标记

7.4 使用建模为原始类型的数据

我们已使用原始类型来建模数据要求。正如你所想的，这远非理想模型。不过，这仍然是一种十分常见的做法，许多软件架构都是这样构建的。你可能已经意识到了这种方案的某些限制，我们将试着列出所有限制。

将创建一个Artist列表，并通过搜索来感受基于原始类型的模型在现实世界中的行为方式。(此外，你很快就需要实现这个原始searchArtists版本，所以现在请多加注意。)

以下是将在本章中使用的包含所有艺术家的小列表。该列表中有一个活跃的艺术家(截至出版日期)，以及两个不活跃的艺术家。

> 注意，并不是说这种设计普遍不好。它可能有其优点，比如性能更优。然而，本书侧重于代码库的可读性和可维护性。我们认为，在这方面，基于原始类型的建模不是一个好选择

```
val artists = List(
  Artist("Metallica", "Heavy Metal", "U.S.", 1981, true, 0),
  Artist("Led Zeppelin", "Hard Rock", "England", 1968, false, 1980),
  Artist("Bee Gees", "Pop", "England", 1958, false, 2003)
)
```

> 仍然没有searchArtists的具体实现，而且你可能已经习惯了这种方式。记住：使用优先，实现次之

希望按如下方式使用searchArtists函数：

```
searchArtists(artists, List("Pop"), List("England"), true, 1950, 2022)
→ List(Artist("Bee Gees", "Pop", "England", 1958, false, 2003))
```

> 英国流行艺术家，活跃时间为1950年至2022年

```
searchArtists(artists, List.empty, List("England"), true, 1950, 2022)
→ List(
    Artist("Led Zeppelin", "Hard Rock", "England", 1968, false, 1980),
    Artist("Bee Gees", "Pop", "England", 1958, false, 2003)
  )
```

> 英国艺术家，活跃时间为1950年至2022年。空列表表示不关心流派

```
searchArtists(artists, List.empty, List.empty, true, 1981, 2003)
→ List(
    Artist("Metallica", "Heavy Metal", "U.S.", 1981, true, 0),
    Artist("Bee Gees", "Pop", "England", 1958, false, 2003)
  )
```

> 1981年至2003年间活跃的艺术家。空列表表示不关心流派和原籍地

```
searchArtists(artists, List.empty, List("U.S."), false, 0, 0)
→ List(Artist("Metallica", "Heavy Metal", "U.S.", 1981, true, 0))
```

> 美国艺术家，所有其他条件都被禁用

```
searchArtists(artists, List.empty, List.empty, false, 2019, 2022)
→ List(
    Artist("Metallica", "Heavy Metal", "U.S.", 1981, true, 0),
    Artist("Led Zeppelin", "Hard Rock", "England", 1968, false, 1980),
    Artist("Bee Gees", "Pop", "England", 1958, false, 2003)
  )
```

> 所有条件都被禁用。注意，提供的年份不重要，因为标志为false

7.5 小憩片刻: 原始类型之苦

刚刚介绍的方案存在几个严重的问题。它看起来没有错误，运行也正确，但很容易出错，接下来将展示程序员可能犯错的所有地方。这就是这个练习的作用。你将尝试自己实现searchArtists函数。你第一次就能做对吗？第二次呢？我们将学习如何建模数据，以便轻松实现searchArtists等操作。不过，让我们先苦后甜！

你的任务是将searchArtists实现为一个纯函数，其特征标记如图7-3所示。

传入的Artist列表包含要搜索的所有艺术家

```
def searchArtists(
    artists: List[Artist],
    genres: List[String],
    locations: List[String],
    searchByActiveYears: Boolean,
    activeAfter: Int,
    activeBefore: Int
): List[Artist]
```

这两个List表示两个搜索条件，并且它们的工作方式类似。如果List为空，则不希望使用此条件进行搜索。如果List不为空，则要求所得到的艺术家具有列表中指定的流派/位置

这三个参数共同表示一个搜索条件。如果布尔标志为false，则不触发此条件；如果为true，则仅返回在activeAfter-activeBefore期间(以年为单位给出，作为Int)内活跃的艺术家

结果列表包含满足给定条件的所有艺术家

图7-3 函数的特征标记

你应该针对以下用例进行测试以确保你已经做好准备。

- 搜索英国流行艺术家，活跃时间为1950年至2022年：

```
searchArtists(artists, List("Pop"), List("England"), true, 1950, 2022)
```

- 搜索1950年至2022年间活跃的英国艺术家：

```
searchArtists(artists, List.empty, List("England"), true, 1950, 2022)
```

- 搜索1950年至1979年间活跃的艺术家：

```
searchArtists(artists, List.empty, List.empty, true, 1950, 1979)
```

- 搜索1981年至1984年间活跃的艺术家：

```
searchArtists(artists, List.empty, List.empty, true, 1981, 1984)
```

- 搜索2019年至2022年间活跃的重金属艺术家：

```
searchArtists(artists, List("Heavy Metal"), List.empty, true, 2019, 2022)
```

- 搜索1950年至1959年间活跃的美国艺术家：

```
searchArtists(artists, List.empty, List("U.S."), true, 1950, 1959)
```

- 搜索没有任何条件的艺术家：

```
searchArtists(artists, List.empty, List.empty, false, 2019, 2022)
```

测试使用的艺术家列表
使用以下三个艺术家进行测试:

- Metallica，重金属，美国，1981年至今
- Led Zeppelin，硬摇滚，英国，1968年至1980年
- Bee Gees，流行，英国，1958年至2003年

这不是错误，但这里包含的年份有些误导，不是吗

7.6 解释: 原始类型之苦

希望你在实现searchArtists函数时有所收获。仍然有不同的解决方案。确保满足任务描述中列出的所有测试用例! 下面是一个可能的(并带有注释的)解决方案:

```
def searchArtists(artists: List[Artist], genres: List[String],
        locations: List[String], searchByActiveYears: Boolean,
        activeAfter: Int, activeBefore: Int
): List[Artist] =
  artists.filter(artist =>
    (genres.isEmpty || genres.contains(artist.genre)) &&
    (locations.isEmpty || locations.contains(artist.origin)) &&
    (!searchByActiveYears || (
      (artist.isActive || artist.yearsActiveEnd >= activeAfter) &&
      (artist.yearsActiveStart <= activeBefore)))
  )
```

需要使用filter高阶函数, 它获取一个函数, 该函数针对每个艺术家执行, 如果应将其包含在输出列表中, 则返回true

如果genres不为空, 则检查艺术家是否具有列表中的流派。对于locations, 也是如此

如果searchByActiveYears为true, 则检查艺术家在指定期间是否活跃。如果艺术家仍活跃, 则仅检查开始年份, 否则检查开始和结束年份

你喜欢处理讨厌的嵌套if语句吗? 看看它们是如何工作的:

```
searchArtists(artists, List("Pop"), List("England"), true, 1950, 2022)
→ List(Artist("Bee Gees", "Pop", "England", 1958, false, 2003))
searchArtists(artists, List.empty, List("England"), true, 1950, 2022)
→ List(Artist("Led Zeppelin", ...), Artist("Bee Gees", ...))
searchArtists(artists, List.empty, List.empty, true, 1950, 1979)
→ List(Artist("Led Zeppelin", ...), Artist("Bee Gees", ...))
searchArtists(artists, List.empty, List.empty, true, 1981, 2003)
→ List(Artist("Metallica", ...), Artist("Bee Gees", ...))
searchArtists(artists, List("Heavy Metal"), List.empty, true, 2019, 2022)
→ List(Artist("Metallica", "Heavy Metal", "U.S.", 1981, true, 0))
searchArtists(artists, List.empty, List("U.S."), true, 1950, 1959)
→ List()
searchArtists(artists, List.empty, List.empty, false, 2019, 2022)
→ List(Artist("Metallica", ...), Artist("Led Zeppelin", ...),
    Artist("Bee Gees", ...))
```

它们工作得很顺利! 然而, 这个练习给你的感觉是, 它不应该那么难。应该能够在不考虑内部的情况下实现这些功能, 对吧? 如果我告诉你, 建模Artist的方式导致难以实现searchArtists, 又该如何? 既然你已经感受到实现这个函数的痛苦, 看看如何使用函数式方案来建模数据, 从而使工作变得更轻松。

7.7 使用原始类型建模的问题

我们知道，基于原始类型数据模型实现行为(如searchArtists函数)的方案可行但容易出错。下面直接列举三个最重要的问题，并在本章中提供一个函数式的解决方案。

基于原始类型的模型   现在的版本能够工作，但容易出错：

```
case class Artist(name: String, genre: String, origin: String,
                  yearsActiveStart: Int, isActive: Boolean, yearsActiveEnd: Int)
```

问题1

程序员需要注意参数的顺序
不看求积类型定义，回答这个问题：下面的代码是否有效表示艺术家？

```
Artist("Metallica", "U.S.", "Heavy Metal", 1981, true, 0)
→ 可以编译! (并非好事)
```

它适用于编译器，因为它可以正确编译！但它不是一个有效值，因为genre和origin的参数已经被颠倒了。虽然我敢肯定有人喜欢Heavy Metal，但不存在以它为名的地理位置

问题2

程序员需要知道参数组合的额外含义
下面这个呢？这是一个有效的艺术家吗？

```
Artist("Metallica", "Heavy Metal", "U.S.",  1981, false, 2022)
→ 可以编译!(但它是无效的)
```

我们一致认为，若想对一个活跃的艺术家进行建模，应该将isActive设置为true。如果isActive为true，则yearsActiveEnd参数不重要，应该设置为0。这些参数相互关联，这意味着可以表示许多不同的组合，但是其中许多参数在特定领域中无效

问题3

程序员需要确保某些参数具有有限的值集
如下是一个艺术家的有效表示吗？

```
Artist("Metallica", "Master of Puppets", "U.S.",  1981, true, 0)
→ 可以编译! (同样，编译器没有报错)
```

以专辑的名称作为流派，编译器欣然接受了它。但我们知道，可以选择的音乐流派数量有限。如果正在制作一种音乐软件，可以安全地缩小支持的流派范围。String在这方面对我们毫无帮助。它可以容纳比音乐流派更多的值

7.8 使用原始类型加大工作难度

7.7节列出了使用原始类型建模的若干问题，但是还有更多问题！在行为(searchArtists纯函数)方面也存在类似的问题！当仔细看时，你会发现它也以原始类型作为参数。类似的问题会出现。

基于原始类型的模型　当前的函数参数易错：

```
def searchArtists(artists: List[Artist], genres: List[String],
                  locations: List[String], searchByActiveYears: Boolean,
                  activeAfter: Int, activeBefore: Int): List[Artist]
```

问题4

程序员需要思考、理解和传达原始类型的其他含义

在searchArtists特征标记中，genres:List[String]是什么意思？如果它为空，这意味着不应使用流派标准进行搜索。如果它不为空，则意味着这是一个必需标准：返回的艺术家应该至少拥有列表中的一个流派。看看需要多少解释？若仅写出流派List[String]，将无法传达这个解释，因为它只是一个恰好名为genres的String列表

问题5

程序员需要记住，某些参数仅在一起使用时才有意义

activeAfter和activeBefore参数只能一起使用。它们都实现了"过滤给定期间内活跃的艺术家"的要求。此外，它们仅适用于searchByActiveYears为true的情况。因此，如你所见，有许多不同参数的语义绑定，这也不能直接通过查看函数特征标记和求积类型定义来解释

如你所见，若在模型和函数中使用原始类型，将导致许多愚蠢错误。例如，一些组合在业务领域中无效，但对编译器来说却是可行的。因此，除了表示用户所需逻辑的真正有效组合之外，还需要理解和处理所有无效组合，这仅仅是因为我们在使用原始类型对数据进行建模。还有更多的操作需要完成！我们可以，而且将会做得更好。将通过重用已经知道的一些技术并学习两个非常重要的新技术来解决所有问题。此外，和之前一样，还将使用编译器找到和报告错误。本章的剩下部分将依次解决所有问题。

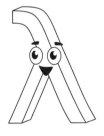

7.9 newtype使参数不被错放

现在从最简单的新技术开始，该技术在函数式编程中广泛使用。让我们解决第一个问题。

当前模型 目前的版本可以工作但容易出错：

```scala
case class Artist(name: String, genre: String, origin: String,
                  yearsActiveStart: Int, isActive: Boolean, yearsActiveEnd: Int)
```

问题1

程序员需要注意参数的顺序
String参数(如genre和origin)可能被错放

再次看一下上面的定义。看到三个String参数，这意味着它们都可能被错放，编译器不会抱怨。因此，以下所有无效组合都可能存在(即可编译)：

```scala
> Artist("Metallica", "U.S.", "Heavy Metal", 1981, true, 0)
  Artist("U.S.", "Metallica", "Heavy Metal", 1981, true, 0)
  Artist("U.S.", "Heavy Metal", "Metallica", 1981, true, 0)
```

引入newtype

有一种非常简单的技术可以使我们免受这些错误的影响。它被称为newtype，也称为零成本封装器。不使用像String这样的原始类型，而是将其封装在一个命名类型中，如图7-4所示。

使用Scala的opaque type来声明Location在内部只是一个String。
编译器将在Location定义范围外将其视为不同类型

如果要在REPL中定义Location类型，请确保将其放在object定义内：
object model{...}
然后使用
import model._

```scala
opaque type Location = String

object Location {
  def apply(value: String): Location = value
  extension(a: Location) def name: String = a
}
```

使用apply，可以从任何String创建Location。apply是一种特殊函数，当某人调用Location(...)时会被调用

使用extension关键字将name函数添加到任何Location值中。它返回基础String值。注意，只能在此范围内将String a视为Location

图7-4 引入newtype

现在可以将Location作为单独的类型使用(不会使用String)：

```scala
val us: Location = Location("U.S.")
val wontCompile: Location = "U.S."
→ 编译错误！
```

可以通过创建case class Location(name: String)来实现完全相同的结果。但是，newtype是零成本封装器，这意味着在运行时它们只是String

编译器知道一个String不是Location。让我们使用它！

7.10 在数据模型中使用newtype

现在可以使用刚刚创建的Location newtype来更新Artist模型。

更新模型 现在使用Location newtype：

```
case class Artist(name: String, genre: String, origin: Location,
              yearsActiveStart: Int, isActive: Boolean, yearsActiveEnd: Int)
```

这意味着现在当参数被错放时，编译器可以报错。

> ```
> Artist("Metallica", Location("U.S."), "Heavy Metal", 1981, true, 0)
>  → 编译错误!
>
> Artist(Location("U.S."), "Metallica", "Heavy Metal", 1981, true, 0)
>  → 编译错误!
>
> Artist(Location("U.S."), "Heavy Metal", "Metallica", 1981, true, 0)
>  → 编译错误!
> ```

newtype模式在函数式编程中普遍存在。你可以在许多语言中进行编码，包括Haskell、Rust和Kotlin。然而，在其中一些语言中，它涉及一些样板代码

纯胜利！Location只适合一个地方，但它仍会像裸String一样运行！不会弄错。这是一个非常小而微妙的变化，但它为我们提供了一个额外的安全层，而且不需要任何性能成本。

在使用方面，新、旧方案没有太大区别。现在需要在searchArtists的布尔表达式中使用artist.origin.name，而不是以前的artist.origin，它是一个裸String。

注意，本章的这一部分专注于数据建模。因此，searchArtists特征标记仍将使用原始类型。当开始进行行为建模时，将对此进行处理

```
def searchArtists(artists: List[Artist], genres: List[String],
            locations: List[String], searchByActiveYears: Boolean,
            activeAfter: Int, activeBefore: Int
): List[Artist] =
  artists.filter(artist =>
    (genres.isEmpty || genres.contains(artist.genre)) &&
    (locations.isEmpty || locations.contains(artist.origin.name)) &&
    (!searchByActiveYears || (
      (artist.isActive || artist.yearsActiveEnd >= activeAfter) &&
      (artist.yearsActiveStart <= activeBefore)))
  )
```

在引入Location newtype之后，唯一需要更改的是这里。需要提取raw String以进行比较

问题1 ✔ 用newtype解决

程序员需要注意参数的顺序
String参数(如genre和origin)可能被错放

7.11　练习newtype

现在该在Artist的其余定义中使用newtype了。

练习 用更多的newtype替换原始类型：

```
case class Artist(name: String, genre: String, origin: Location,
                  yearsActiveStart: Int, isActive: Boolean, yearsActiveEnd: Int)
```

现在暂时将name保留为String。在完成此练习后，定义中不应该再有任何String(除了name之外)。注意，还有两个Int可以移动。也对其使用newtype。你的任务是引入三个newtype并在Artist和searchArtists中使用它们。它们是：Genre(String)、YearsActiveStart(Int)和YearsActiveEnd(Int)。

答案：

将把模型中的所有类型捆绑到model模块

创建了三个newtype，将原始值"封装"在编译时(请记住，在运行时它们仍然像原始值一样运行)。从Genre开始，它在内部只是一个String，但编译器不允许将String用作Genre

```
> object model {
    opaque type Genre = String
    object Genre {
      def apply(value: String): Genre = value
      extension(a: Genre) def name: String = a
    }

    opaque type YearsActiveStart = Int
    object YearsActiveStart {
      def apply(value: Int): YearsActiveStart = value
      extension(a: YearsActiveStart) def value: Int = a
    }

    opaque type YearsActiveEnd = Int
    object YearsActiveEnd {
      def apply(value: Int): YearsActiveEnd = value
      extension(a: YearsActiveEnd) def value: Int = a
    }

    case class Artist(name: String, genre: Genre, origin: Location,
                      yearsActiveStart: YearsActiveStart,
                      isActive: Boolean, yearsActiveEnd: YearsActiveEnd)
  }
  import model._

  artists.filter(artist =>
    (genres.isEmpty || genres.contains(artist.genre.name)) &&
    (locations.isEmpty || locations.contains(artist.origin.name)) &&
    (!searchByActiveYears || (
      (artist.isActive || artist.yearsActiveEnd.value >= activeAfter) &&
      (artist.yearsActiveStart.value <= activeBefore)))
  )
```

向所有newtype添加了两个函数。apply函数允许从原始值(Int)创建newtype值(如YearsActiveStart)

value扩展函数允许从newtype封装值中提取原始值(如下所述)

想使用数据模型的函数将需要从model模块中导入所有内容

需要更改searchArtists函数的实现，并在内部的调用站点上"取消封装"基于newtype的值(使用在每个值上定义的扩展函数)

newtype没有什么神奇之处。它是一个可以让编译器帮助我们的工具。它也可以提高可读性！

7.12 确保只存在有效数据组合

有一种更好的技术可以用来建模genre和活跃年份，因此下面撤销你所做的更改，仅保留Location newtype。第二种技术比newtype稍微复杂一些，但是普遍存在。再次看一下定义。

当前模型 当前的模型使用Location newtype：

```
case class Artist(name: String, genre: String, origin: Location,
                  yearsActiveStart: Int, isActive: Boolean, yearsActiveEnd: Int)
```

看到三个参数用于描述活跃年份要求：yearsActiveStart、isActive 和 yearsActiveEnd。注意，isActive 和 yearsActiveEnd是相互关联的。每当看到一个以上的参数被用来描述数据类内部的单个逻辑业务实体时，可以确定它会带来问题。

> 注意，到目前为止，只介绍了Location newtype。流派和活跃年份也可以建模为newtype(在之前的练习中展示过)，但现在要使用更合适的技术

```
Artist("Metallica", "Heavy Metal", Location("U.S."),
       1981, true, 2022)
```
这里的2022并不重要，因为 isActive = true。这可能会误导你

```
Artist("Led Zeppelin", "Hard Rock", Location("England"),
       1968, true, 1980)
```
1980年是 Led Zeppelin 停止活动的真正年份，但同样，它并不重要，因为 isActive = true。程序员可能不会立即看到它

建模复杂实体

我们的问题是，有三个参数，它们共同组成单一的业务实体。我们想要建模一个时间段，它可能是开放式的；它总是有一个开始，但可能没有结束。下面将向你展示处理这种问题的最佳函数式方案，但从建模end部分开始。知道有什么类型可以用来表示可能存在或不存在的东西吗？

使用Option描述数据

我们已经将Option类型用作纯函数(行为)的返回类型。但是，这种简单的类型具有多种功能，甚至可以完成更多操作！它可以模拟潜在的缺失值，因此它恰好满足了活跃年份的要求。看到了吗？在前几章学到的知识可以用在更多情景中——事实是，函数式程序员真的经常使用Option类型。这就是本书很早就引入这一概念的原因。

7.13　建模数据缺失的可能性

　　每当看到单一业务实体有多个值时，请停下来并思考如何更好地对其进行建模。例如，现在有两个参数，它们共同组成单一的实体。这是编程中十分常见的模式：布尔标志加上仅在布尔标志为true时适用的参数。相信你能认出这种模式。下面将向你展示两种使用函数式编程技术来处理此模式的方式：Option类型和代数数据类型。先来看Option类型。

当前模型　使用原始类型表示活跃年份的版本如图7-5所示：

```
case class Artist(name: String, genre: String, origin: Location,
                  yearsActiveStart: Int, isActive: Boolean, yearsActiveEnd: Int)
```

这两个参数表示单个逻辑实体：艺术家停止活动的时间。它们在逻辑上相互关联，但代码并不能保证这一点，因为这两个参数都可以独立设置为任何值

图7-5　当前模型

更新后的模型　使用Option类型的版本如图7-6所示：

```
case class Artist(name: String, genre: String, origin: Location,
                  yearsActiveStart: Int, yearsActiveEnd: Option[Int])
```

将两个需要一起写入和解释的参数替换为单一参数，该参数模拟了值的潜在缺失(在这种情况下，值是时间段中的结束年份)

图7-6　更新后的模型

看看问题示例，以确保它确实有帮助。

```
Artist("Metallica", "Heavy Metal", Location("U.S."),
       1981, None)
```
None表示没有结束年份，因为艺术家仍在活跃期。不能将任何年份用作结束年份

```
Artist("Led Zeppelin", "Hard Rock", Location("England"),
       1968, Some(1980))
```
1980年是Led Zeppelin停止活动的真实年份，因此为了定义它，需要传递Some，这意味着艺术家有一个结束年份，因此不再活跃

　　现在，由于只有一个参数来模拟结束年份的整个逻辑实体，因此不可能犯任何错误。Option类型模拟可能不存在的值。这正是这里需要的。只有当艺术家仍然活跃时，才可能不存在结束年份！

7.14　模型变化导致逻辑变化

我们大幅改变了Artist数据模型(少了一个参数)，这意味着需要改变使用该数据的模型的行为——实现为函数的逻辑。看看用于实现主要需求的searchArtists函数将如何使用新的Artist模型定义。

```scala
def searchArtists(artists: List[Artist], genres: List[String],
        locations: List[String], searchByActiveYears: Boolean,
        activeAfter: Int, activeBefore: Int
): List[Artist] =
  artists.filter(artist =>
    (genres.isEmpty || genres.contains(artist.genre)) &&
    (locations.isEmpty || locations.contains(artist.origin.name)) &&
    (!searchByActiveYears || (
      (artist.isActive || artist.yearsActiveEnd >= activeAfter) &&
      (artist.yearsActiveStart <= activeBefore)))
  )
```

哦不！我无法编译它，因为artist没有isActive字段！另外，我该如何比较Option与Int？

得到了一个编译错误！如我们所见，使用Option并不像使用原始类型那么简单。我们知道如何比较String和Int，以及如何将Boolean用作条件。正如searchArtists案例所示，正确地获取条件，对于逻辑的实现非常有价值。但是该案例还表明，仅使用原始类型来建模数据并不是创建可维护软件的最佳方式。因此引入(并计划引入更多)使模型更加健壮的技术。这些重构的代价是我们还需要在逻辑上进行修改。它们并不直观，但令人惊喜的是它们也使逻辑更加健壮！让我们看看！

在本例中，现在的模型内部有一个Option值，如图7-7所示。该值代表艺术家活跃期的结束年份。根据给定艺术家是否停止表演，该值可能存在，也可能不存在。这是有意义的，但现在如何检查艺术家是否在指定的activeAfter和activeBefore期间活跃？

```scala
case class Artist(name: String, genre: String, origin: Location,
        yearsActiveStart: Int, yearsActiveEnd: Option[Int])
```

需要在artist内部将这两个值与搜索逻辑中指定的activeAfter和activeBefore参数进行比较。注意，不能直接将Int与Option[Int]进行比较，因为它们是不同的类型

图7-7　当前的模型

7.15 在逻辑中使用建模为 Option的数据

现在面临的问题是如何实现一定的逻辑来检查艺术家在给定的activeAfter和activeBefore年份之间是否活跃。具体来说，在知道artist.yearsActiveEnd是一个Option[Int]的情况下，如何检查artist.yearsActiveEnd >= activeAfter？

```
artist.yearsActiveEnd: Option[Int]
activeAfter: Int
```

> 你可能会尝试使用yearsActiveEnd== Some(year)条件或yearsActiveEnd==None条件，虽然这是可能的，但这不是FP中的首选方案

该如何比较这两个值？到目前为止，我们已经有了Int-Int比较，但只在isActive不为true时触发：

```
(artist.isActive || artist.yearsActiveEnd >= activeAfter)
```

现在已经摆脱了isActive，并将yearsActiveEnd建模为一个Option。该怎么做？事实证明，Option的隐藏好处远超我们的想象。隐藏的好处当然是指高阶函数：将函数作为参数(或返回函数)的函数！我们很快就会遇到更多这样的函数！先回顾一下已学的知识。图7-8展示了Option的高阶函数。

> **重点!**
> 在FP中，每种类型都有许多高阶函数

```
> val year: Option[Int] = Some(996)
  val noYear: Option[Int] = None
```

map	flatMap	filter
year.map(_ * 2) → Some(1992) noYear.map(_ * 2) → None	year.flatMap(y => Some(y * 2)) → Some(1992) noYear.flatMap(y => Some(y * 2)) → None year.flatMap(y => None) → None noYear.flatMap(y => None) → None	year.filter(_ < 2020) → Some(996) noYear.filter(_ < 2020) → None year.filter(_ > 2020) → None noYear.filter(_ > 2020) → None

还有一些新函数： **forall** **exists** ！

图7-8 Option的高阶函数

第一个新函数称为forall。针对活跃年份的要求，可按如下方式编写条件：

```
artist.yearsActiveEnd.forall(_ >= activeAfter)
```

> 记住，_ >= activeAfter是以下代码的简写形式：
> activeEnd =>
> activeEnd >=
> activeAfter
> 它是一个获取一个参数并返回布尔值的函数

如果给定的Option内部的元素(如果Option是Some)满足作为匿名函数传递的条件，或者Option内部没有元素(即它是None)，则forall返回true。

7.16　高阶函数获胜

forall是在Option上定义的一个高阶函数。它像map、flatMap和filter一样，以一个函数作为参数。

> `Option[A].forall(f: A => Boolean): Boolean`
> 将传递为f的函数应用于此Option所持有的元素。如果此Option为空(值为None)或者给定的函数f在应用于此Option的值时返回true，则返回true。

直观而言，可以说："如果这表示一个值，请检查它是否满足给定条件，如果没有值，则忽略条件。"

```
def searchArtists(artists: List[Artist], genres: List[String],
                  locations: List[String], searchByActiveYears: Boolean,
                  activeAfter: Int, activeBefore: Int
): List[Artist] =
  artists.filter(artist =>
    (genres.isEmpty || genres.contains(artist.genre)) &&
    (locations.isEmpty || locations.contains(artist.origin.name)) &&
    (!searchByActiveYears || (
      (artist.yearsActiveEnd.forall(_ >= activeAfter)) &&
      (artist.yearsActiveStart <= activeBefore)))

  )
```

> 从模型中删除了一个参数，并在逻辑中删除了一个额外条件。现在，模型更加健壮，逻辑也更加简单易懂

掌握许多高阶函数是成为函数式程序员的基础。本书只展示了你可以使用的一小部分。然而，希望你能理解它们的用处并且知道如何应用它们来满足许多不同要求。记住：特征标记、文档和示例都可以为你所用！看forall的一些用法示例，将它与filter和一个全新的exists函数进行比较，参见图7-9。仅查看exists的特征标记和示例，你能够了解这一函数吗？

```
> val year: Option[Int] = Some(996)
  val noYear: Option[Int] = None
```

forall
```
year.forall(_ < 2020)
→ true
noYear.forall(_ < 2020)
→ true
year.forall(_ > 2020)
→ false
noYear.forall(_ > 2020)
→ true
```

exists
```
year.exists(_ < 2020)
→ true
noYear.exists(_ < 2020)
→ false
year.exists(_ > 2020)
→ false
noYear.exists(_ > 2020)
→ false
```

filter
```
year.filter(_ < 2020)
→ Some(996)
noYear.filter(_ < 2020)
→ None
year.filter(_ > 2020)
→ None
noYear.filter(_ > 2020)
→ None
```

图7-9　对比forall、exists和filter

7.17 可能存在符合要求的高阶函数

从前面的小节中学到的教训是，当你使用像Option、List或Either这样的不可变FP类型时，如果逻辑的实现有问题，你应该记住可能存在一个符合要求的高阶函数。(如果没有这样的函数，是什么阻止你实现它？你可能会再次需要它！)

刚刚认识了forall和exists。事实证明，这些函数不仅适用于Option，还可以在Either、List等类型中找到！FP的强大之处在于，从一种类型中学到的知识几乎可以立即应用于许多不同的场景。forall只是一个例子，但如果你想了解更多示例，那就请继续阅读。还记得在String和List上使用过的contains吗？你认为它也适用于Option吗？如果是的话，你认为它的行为是什么样子的？

> **重点！**
> 所有常见用例都有一个高阶函数可用

是的，Option确实定义了contains函数。你很快就会了解到如何使用它。注意，contains实际上不是一个高阶函数，因为它既不获取函数也不返回函数。然而，它是一个在多个不可变类型上定义的函数示例，被开发人员普遍认可。如果你仍然对高阶函数的有用性感到困惑，那么这个例子无疑是为你准备的直观示例。

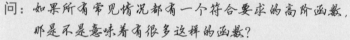

问：如果所有常见情况都有一个符合要求的高阶函数，那是不是意味着有很多这样的函数？

答：确实有很多，但注意，通常它们可以应用于许多情况，并且当你使用一个类型学习一个新的高阶函数时，你已经了解它在许多其他类型上的工作方式。例如，你知道forall如何在Option上工作。这意味着你已经知道forall如何在Either、List，乃至你尚未学习的类型上工作！exists、map、flatMap、flatten、filter、foldLeft、orElse等也是如此。你只需要学习一次就可以随时使用它。作为奖励，这种知识不会过期，并且可以应用于其他函数式语言！这多棒啊！

7.18 小憩片刻: forall/exists/contains

现在该暂时搁置Artist数据模型，练习使用三个函数(forall、exists和contains)，将其应用于两种类型——Option和List，来实现行为。前面只谈到了Option.forall和List.contains。这意味着你需要在此练习中自己弄清楚List.forall、Option.exists、List.exists和Option.contains!

用户搜索功能

假设你已经有一个不可更改的数据模型：

```
> case class User(name: String, city: Option[String],
                  favoriteArtists: List[String])
```

系统的用户信息包括名字、所在的城市(可有可无)，以及喜欢的艺术家的列表(提供为String，以使此练习更完整——希望你顺其自然，不要因为仍然使用原始类型而不是newtype而不屑一顾)。

以下是将在此练习中使用的用户列表：

```
> val users = List(
    User("Alice", Some("Melbourne"), List("Bee Gees")),
    User("Bob", Some("Lagos"), List("Bee Gees")),
    User("Eve", Some("Tokyo"), List.empty),
    User("Mallory", None, List("Metallica", "Bee Gees")),
    User("Trent", Some("Buenos Aires"), List("Led Zeppelin"))
  )
```

你的任务是实现六个函数，这些函数获取用户列表并返回满足给定条件的用户列表。为简化操作，每个函数实现一个条件：

- f1：没有指定城市或居住在Melbourne的用户
- f2：居住在Lagos的用户
- f3：喜欢Bee Gees的用户
- f4：居住在以字母T开头的城市的用户
- f5：仅喜欢名字超过八个字符的艺术家(或根本没有喜欢的艺术家)的用户
- f6：喜欢名字以M开头的艺术家的用户

在查看下一页之前，请测试你的解决方案！

提示：所有实现都应非常简洁，因此，如果你觉得某个条件需要很多实现，请休息一下，转换一下思维，然后重新思考。记住，要展示定义在两种类型上的三个函数之间的差异

7.19 解释: forall/exists/contains

希望你有所收获，并且能够自己解决其中一些函数！以下是六个标准的用FP实现上述要求的解决方案。

- **f1**: 没有指定城市或居住在Melbourne的用户

```
def f1(users: List[User]): List[User] =
  users.filter(_.city.forall(_ == "Melbourne"))
f1(users).map(_.name)
→ List("Alice", "Mallory")
```

正在使用一个仅保留名称的函数来映射返回列表，以使输出更清晰

- **f2**: 居住在Lagos的用户

```
def f2(users: List[User]): List[User] =
  users.filter(_.city.contains("Lagos"))
f2(users).map(_.name)
→ List("Bob")
```

- **f3**: 喜欢Bee Gees的用户

```
def f3(users: List[User]): List[User] =
  users.filter(_.favoriteArtists.contains("Bee Gees"))
f3(users).map(_.name)
→ List("Alice", "Bob", "Mallory")
```

- **f4**: 居住在以字母T开头的城市的用户

```
def f4(users: List[User]): List[User] =
  users.filter(_.city.exists(_.startsWith("T")))
f4(users).map(_.name)
→ List("Eve")
```

- **f5**: 只喜欢名字超过八个字符的艺术家(或根本没有喜欢的艺术家)的用户

```
def f5(users: List[User]): List[User] =
  users.filter(_.favoriteArtists.forall(_.length > 8))
f5(users).map(_.name)
→ List("Eve", "Trent")
```

- **f6**: 喜欢名字以M开头的艺术家的用户

```
def f6(users: List[User]): List[User] =
  users.filter(_.favoriteArtists.exists(_.startsWith("M")))
f6(users).map(_.name)
→ List("Mallory"))
```

1 Option有一个获取条件的forall函数。如果Option是None，或者Some内部的值满足条件，则返回true

2 Option有一个contains函数，它获取内部Option类型的值。在本例中，它是一个String。如果此Option的String等于给定的String，则contains返回true

3 List也有一个contains函数！它获取内部List类型(String)的值，并在此List包含给定String时返回true

4 Option有一个exists函数。它获取一个作为条件的函数。如果此Option为Some并且其值满足给定条件，则返回true

5 List有一个forall函数。它获取一个作为条件的函数。如果此List为空或所有值都满足给定条件，则返回true

6 List具有exists函数。它获取一个作为条件的函数。如果此List包含至少一个满足给定条件的元素，则返回true

7.20　将概念耦合在单个求积类型内

你解决了Option及其超强伙伴forall的问题吗？

 问题2　✔　Option类型只能在某些情况下解决这个问题

程序员需要知道参数组合的额外含义
Boolean 标志和Int参数(如isActive和activeYearsEnd)是相互关联的(完整问题列表见7.7~7.8节)

我们解决了这个问题，但并非完全解决。还有一个与此问题相关的细节尚未处理。注意，我们正在谈论参数组合。yearsActiveStart和yearsActiveEnd都代表一个概念：艺术家活跃的时间段。每当你得出这样的结论时，这表明你需要创建另一个求积类型。

```
case class PeriodInYears(start: Int, end: Option[Int])
```

看到了吗？现在这两个参数被耦合在一个代表一段时间(单位：年)的单个实体中。结束时间仍然表示为Option，因为该值可能不存在(None)，这反过来使此 Period实例没有结尾。现在，可以在Artist定义中使用这个新定义的Period。

当前模型　使用另一种求积类型来定义活跃年份的版本：

```
case class Artist(name: String, genre: String, origin: Location, yearsActive: PeriodInYears)
```

这不是更好吗？定义变得更加健壮，同时变得更小、更易于理解。这有何不可？现在介绍如何使用它。它极具描述性，并且降低了程序员犯错的风险：

```
val artists = List(
  Artist("Metallica", "Heavy Metal", Location("U.S."), PeriodInYears(1981, None)),
  Artist("Led Zeppelin", "Hard Rock", Location("England"), PeriodInYears(1968, Some(1980))),
  Artist("Bee Gees", "Pop", Location("England"), PeriodInYears(1958, Some(2003)))
)

def searchArtists(...): List[Artist] =
  ...
  (artist.yearsActive.end.forall(_ >= activeAfter) &&
  (artist.yearsActive.start <= activeBefore)))
```

} searchArtists函数只需要稍微更改一下。对于end和start值，有一个额外访问级别。没有什么复杂的

正在朝着正确的方向前进！但不要满足于现状！

问题2　✔　由具有原始类型和Option的求积类型解决

程序员需要知道参数组合的额外含义
几个参数(如Boolean标志和两个Int)代表一个业务实体

7.21   建模有限可能性

希望你掌握了截至目前已介绍的技术。它们简单易用，被函数式程序员普遍认可。下一个技术是本章的主要内容，也是许多人偏爱函数式域设计的原因。看看下一个问题。

问题3

程序员需要确保某些参数具有有限的值集
域中的某些实体具有一组有限的可能值(如音乐genre)(完整问题列表见7.7~7.8节)

以下是问题的一些表现形式：

- Artist("Metallica", **"Heavy Meta"**, Location("U.S."),
      PeriodInYears(1981, None))
- Artist("Led Zeppelin", **""**, Location("England"),
      PeriodInYears(1968, None))
- Artist("Pop", **"Bee Gees"**, Location("England"),
      PeriodInYears(1958, Some(2003))).

"Heavy Meta"不是可能的值，但它可以编译

""不是可能的值，但它可以编译

"Bee Gees"不是可能的值，但它可以编译(回顾：可以通过在练习中定义的newtype来解决这个问题)

以上所有问题都没有引起编译器报错。谁能责怪编译器呢？问题在于，我们认为这些实例可能存在，并对Artist进行了建模。好消息是，可以使用函数式编程中最强大的工具之一来解决这个问题：一个只能使用有限值集的类型。在FP中，这是求和类型的工作。在Scala中，它被编码为enum：

很快就会解释求和类型的名称。此处先进行实际应用

```
> enum MusicGenre {
    case HeavyMetal
    case Pop
    case HardRock
  }
```

在此定义了四种类型：MusicGenre及其三种可能值——HeavyMetal、Pop和HardRock

刚刚定义了一个名为**MusicGenre**的求和类型。在将其用于Artist定义之前，先在REPL会话中使用它。

```
> import MusicGenre._
  val genre: MusicGenre = Pop
  → Pop
  val x: MusicGenre = HeavyMeta
  → compilation error!
  val y: MusicGenre = "HeavyMeta"
  → compilation error!
```

求和类型可以把更多工作交给编译器。

现在我可以帮助你了！

7.22　使用求和类型

求和类型确保其值始终合法；它来自预先定义的集合，并且在运行时不可更改。这由最值得信赖的朋友之一——编译器来检查和保证。应用程序不可能使用错误的MusicGenre值进行编译。也就是说，不能使用String(因此它不能被错放)，也不能拼错流派。因此，得到的保护比使用newtype时还多。

> 问：这不仅仅是一个普通的enum吗？
>
> 答：展示的示例看起来和enum的作用相似。然而，Scala中的enum比Java中的更强大。求和类型并非只是一个值的封装器。求和类型和求积类型可以共同模拟更复杂的概念，稍后就会进行介绍。

再次记住，本书中使用了很多求积类型，我们即将对求积类型和求和类型进行深入解释

Artist定义现在变得更加精练：

```
case class Artist(name: String, genre: MusicGenre,
                  origin: Location, yearsActive: PeriodInYears)
```

仅通过查看定义，就可以看出正在发生什么以及需要什么。记住，到目前为止，一直在使用类型定义数据模型：newtype、求积类型和求和类型。使用这个新定义来定义Artist实际值的方式如下：

```
val artists = List(
  Artist("Metallica", HeavyMetal, Location("U.S."), PeriodInYears(1981, None)),
  Artist("Led Zeppelin", HardRock, Location("England"), PeriodInYears(1968, Some(1980))),
  Artist("Bee Gees", Pop, Location("England"), PeriodInYears(1958, Some(2003)))
)
```

看，不需要引号了！音乐流派不再是String

只需要在searchArtists函数中对特征标记进行微调。需要传递一个 MusicGenre值的List，而不是String。实现不需要更改

```
def searchArtists(artists: List[Artist], genres: List[MusicGenre], locations: List[String],
                  searchByActiveYears: Boolean, activeAfter: Int, activeBefore: Int): List[Artist]
```

看起来不错吧？此外，注意它变得越来越难犯错误了。这些技术确保代码既安全又易于阅读。当所有这些技术一起使用时，构成了可维护性很高的代码。现在我们给编译器提供了更多的信息，它正在用这些信息来帮助我们！

问题3　◆　求和类型解决了这个问题

程序员需要确保某些参数具有有限的值集
域中的一些实体具有一组有限的可能值(如音乐genre)(完整问题列表见7.7~7.8节)

7.23 使用求和类型改善模型

MusicGenre类型看起来比String更好，但你可能还不相信。为什么这么推崇这个想法呢？它看起来像一个类型安全性更高的enum，但仍然是一个enum！

如果我告诉你，可以使用求和类型(这些受到推崇的enum)来进一步改善Artist模型呢？具体来说，可以使用它们来增强活跃年份模型。通过使模型变得更具体来提高模型的可读性(和可维护性)。此时可以抛弃普通、过时的enum。当前的模型如下。

当前模型 使用求和类型、newtype和求积类型的版本：

```
case class Artist(name: String, genre: MusicGenre, origin: Location, yearsActive: PeriodInYears)
```

你可能会问想要改进什么？看着这个类型，无法找出任何实际问题，或者有实际问题吗？关注代表活跃年份要求的PeriodInYears类型：

```
case class PeriodInYears(start: Int, end: Option[Int])
```

想要建模一个时间段，以年为单位，表示一个给定艺术家的活跃期。有两个选择(option)：艺术家可能仍然活跃，在这种情况下，期限没有结尾(end=None)；或者艺术家不再活跃，在这种情况下，有一个固定的时间段(end=Some(endYear))。

你注意到刚刚写了什么吗？有两个"选择"。它们是互斥的——它们不能同时用于同一个Artist，而且它们是唯一可能的值。这正是建模有限可能性时的情况。需要再次使用求和类型！

```
enum YearsActive {
  case StillActive(since: Int)
  case ActiveBetween(start: Int, end: Int)
}
```

看吧？为YearsActive类型定义了两个可能的值：StillActive和ActiveBetween。它们以业务术语解释了它们的含义。注意，此处将求积类型用作可能的值，而在MusicGenre中使用单例时则没有这种情况：

```
enum MusicGenre {
  case HeavyMetal
  case Pop
  case HardRock
}
```

ActiveBetween是一个求积类型，将两个值捆绑在一起。MusicGenre没有这样的情况

重点！
"求和类型+求积类型"的组合赋予我们建模超能力

7.24 使用"求和类型+求积类型"的组合

注意，将更多的业务语境编码到类型本身中。现在不需要猜测或拥有任何内部知识就能知道这是什么意思。将其与旧版本进行比较，以真正理解这些小改变如何在可读性方面产生如此大的差异。(我是否曾提到程序员读取代码的频率远大于编写代码的频率？少猜测，多做事！)

前　使用"求积类型+Option"

```scala
case class PeriodInYears(start: Int, end: Option[Int])

Artist("Metallica", HeavyMetal, Location("U.S."), PeriodInYears(1981, None))
Artist("Led Zeppelin", HardRock, Location("England"), PeriodInYears(1968, Some(1980)))
```

后　使用"求和类型+求积类型"

```scala
enum YearsActive {
  case StillActive(since: Int)
  case ActiveBetween(start: Int, end: Int)
}
```

> 命名总是很难。也可以使用 ActiveSince代替StillActive。此外，可以始终明确重复参数的名称以提高可读性

```scala
Artist("Metallica", HeavyMetal, Location("U.S."), StillActive(since = 1981))
Artist("Led Zeppelin", HardRock, Location("England"), ActiveBetween(1968, 1980))
```

在使用"求和类型+求积类型"以及newtype来建模genre和yearsActive之后，模型如下：

```scala
enum MusicGenre {
  case HeavyMetal
  case Pop
  case HardRock
}
opaque type Location = String
object Location {
  def apply(value: String): Location = value
  extension(a: Location) def name: String = a
}
enum YearsActive {
  case StillActive(since: Int)
  case ActiveBetween(start: Int, end: Int)
}
case class Artist(name: String, genre: MusicGenre,
                  origin: Location, yearsActive: YearsActive)
```

> 注意，只能使用非常具体的值来创建Artist，许多约束由老朋友编译器保证

> 在FP中，还有一些超出了本书范围的高级技术，例如类型级编程和依赖类型，它们可以建模更复杂的约束，但基于newtype、求积类型和求和类型的方案仍然是FP程序员的基础和主要工具

这是一个非常牢固的模型——既可读又可维护。

7.25　求积类型+求和类型=代数数据类型

你刚刚学习了函数式域设计中最有影响力和有用的概念之一：代数数据类型(algebraic data type，ADT)。在Scala中，case class和enum一起用于实现此概念，这在许多其他函数式语言中也可用。它们是什么？有什么代数特点？为了回答此问题，先回顾在数据建模部分所做的工作。

首先，本书前面的章节介绍了求积类型，但在本章中，开始更加专注地使用它。它本质上与其他类型捆绑在一起，共同被视为具有名称的一个类型。因此，每当你获得一个要求时，如果其中两个业务概念一起构成一个更大的业务概念，你会想要使用求积类型，就像使用PeriodInYears时一样(见图7-10)：

```scala
case class PeriodInYears(start: Int, end: Option[Int])
```

求积类型

PeriodInYears

Int　Option[Int]

图7-10　PeriodInYears

其次，了解到可以使用具有单例对象的求和类型来实现可能值的有限值集(见图7-11)：

```scala
enum MusicGenre {
  case HeavyMetal
  case Pop
  case HardRock
}
```

求和类型

MusicGenre

HeavyMetal　Pop　HardRock

图7-11　MusicGenre

此外，我们了解到，有一些求和类型以求积类型作为实例，而且其中每个子类型具有不同的字段集(见图7-12)：

```scala
enum YearsActive {
  case StillActive(since: Int)
  case ActiveBetween(start: Int, end: Int)
}
```

求和类型

YearsActive

StillActive
Int

ActiveBetween
Int　Int

求积类型　　　求积类型

图7-12　YearsActive

那它们有什么代数特点？当你查看MusicGenre或YearsActive时，你会发现它们一次只能建模一件事：第一件事、第二件事或第三件事，以此类推。所有这些可能选项共同形成一个求和类型。另外，当你查看PeriodInYears或其他已经使用的求积类型时，你会发现它们是相反的：一次能建模一件或多件事——同时处理第一件事、第二件事和第三件事。因此，它是较小东西的乘积，因此被称为求积类型。我们会经常使用代数数据类型！

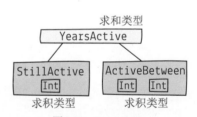

在与编程和类型理论有关的集合理论中，类型可以被视为值集。FP中的许多名称都和数学有关

7.26 在行为(函数)中使用基于ADT的模型

现在，已知五个建模问题中的两个(见图7-13)是使用ADT解决的。本章中要学习的最后一个新知识点涉及如何在纯函数中使用ADT值。回到我们的运行示例。想要搜索艺术家，但Artist模型已更改，yearsActive现在是ADT，因此不能像使用原始值时一样直接将其与activeBefore和activeAfter进行比较。也不能再使用Option.forall，因为已经在较好的业务语境中摆脱了Option，并建模值的潜在缺失。

问题2 ✔ 由ADT解决

程序员需要知道参数组合的额外含义(完整问题列表见7.7~7.8节)

问题3 ✔ 由ADT解决

程序员需要确保某些参数具有有限的值集

图7-13 由ADT解决的两个问题

```
> def searchArtists(artists: List[Artist], genres: List[MusicGenre],
        locations: List[Location], searchByActiveYears: Boolean,
        activeAfter: Int, activeBefore: Int
  ): List[Artist] =
    artists.filter(artist =>
      (genres.isEmpty || genres.contains(artist.genre)) &&
      (locations.isEmpty || locations.contains(artist.origin)) &&
      (!searchByActiveYears || ???)
    )
```

如何检查artist.yearsActive是否在activeAfter和activeBefore之间？

还记得以前是如何解决这些问题的吗？每当拥有缺失某部分功能的复杂逻辑时，只需要提取一个具有正确定义的特征标记和描述性名称的函数。然后，可以专注于实现较小的函数。这可以使你从不必要的负担中解脱出来，并帮助你更快地完成工作。这里需要一个函数，如果艺术家在给定的时间段内处于活跃状态，则返回true。

```
> def wasArtistActive(
    artist: Artist, yearStart: Int, yearEnd: Int
  ): Boolean =

    ???
```

请记住，???是Scala语言的一部分。它可以编译但在运行时会抛出异常。它有助于设计函数并留下一些实现以供后续使用。在本例中，缺失的部分是想要介绍的新内容

在展示处理ADT的新技术之前，可以从searchArtists调用此新函数并暂时搁置它：

```
(!searchByActiveYears ||
  wasArtistActive(artist, activeAfter, activeBefore))
```

现在是时候学习如何解构ADT了。

7.27　使用模式匹配解构ADT

在纯**wasArtistActive**函数中，需要根据具有yearsActive 的艺术家来做出决策。YearsActive是一个带有两种情况的 ADT：StillActive和ActiveBetween。如图7-14所示，根据artist. yearsActive是StillActive还是ActiveBetween，有 不同的值可供使用(前者只有一个名为since的 Int，后者有两个Int，分别名为start和end)。这 一切都证明需要(并且希望)为每种情况拥有略 微不同的逻辑。

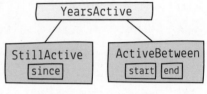

图7-14　YearsActive

```
enum YearsActive {
  case StillActive(since: Int)
  case ActiveBetween(start: Int, end: Int)
}
```

这正是要做的。下面进入模式匹配，具体步骤见图7-15！

❶ 先使用match关键字匹配artist.yearsActive，这是YearsActive的一个值：

```
def wasArtistActive(artist: Artist, yearStart: Int, yearEnd: Int): Boolean =
  artist.yearsActive match
    ???
```

❷ 编译器要求处理所有情况。YearsActive有两种情况(因为它是一个带有两种情况的求和类型)：

```
def wasArtistActive(artist: Artist, yearStart: Int, yearEnd: Int): Boolean =
  artist.yearsActive match {
    case StillActive(since)        => since <= yearEnd
    case ActiveBetween(start, end) => start <= yearEnd && end >= yearStart
  }
```

如果yearsActive是StillActive，则将其解构为一个名为since的Int。然后返回since <= yearEnd

如果yearsActive是ActiveBetween，则将其解构为两个Int：start和end。然后返回=>右侧表达式 计算出的值

图7-15　模式匹配

模式匹配表达式将求和类型的具体值解构为其求积类型之 一，提取内部值，并使用在=>运算符右侧提供的表达式计算结 果。这成为整个模式匹配表达式的结果。

我们知道，并且编译器也知道，YearsActive有两种可能的 值。因此，每当想要解构一个YearsActive值时，编译器都会确保 完全解构(即不会错过任何情况)。这有很大帮助。每当向我们的 求和类型添加新情况(向enum添加新case)时，编译器都会指出每 个未处理此新情况的地方。很快将在艺术家搜索引擎中添加新要 求，届时将看到它的效果。敬请关注。

我会为你 提供支持！

7.28　重复和DRY

问：对于以下模式匹配中的重复：

```
artist.yearsActive match {
    case StillActive(since) =>
      since <= yearEnd
    case ActiveBetween(start, end) =>
      start <= yearEnd && end >= yearStart
  }
```

不应该尝试创建一个抽象来消除*since/start <= yearEnd*的重复吗？

答：在本书中，我们追求代码的可维护性和可读性。这意味着如果重复有助于更好地理解潜在决策过程，则应接受重复。当解构*YearsActive*值时，向读者展示了两种情况，它们略有不同。我们直接表明，如果艺术家仍然活跃，则只关心搜索期限的结束。这里没有需要解码的东西。

将目前的解决方案与编写的第一个版本进行比较：

```
def searchArtists(artists: List[Artist], genres: List[String],
        locations: List[String], searchByActiveYears: Boolean,
        activeAfter: Int, activeBefore: Int
): List[Artist] =
  artists.filter(artist =>
    (genres.isEmpty || genres.contains(artist.genre)) &&
    (locations.isEmpty || locations.contains(artist.origin)) &&
    (!searchByActiveYears || (
      (artist.isActive || artist.yearsActiveEnd >= activeAfter) &&
      (artist.yearsActiveStart <= activeBefore)))
  )
```

当然，它没有任何重复。它有多容易阅读？你还记得编写它并正确执行的难度吗？当使用ADT模拟数据并在函数中使用模式匹配时，将工作分成小步，并分别关注每个步骤。随后，读者可以遵循我们的思考过程。这使得代码更易读。这里不是为重复辩解，而是为代码的可维护性辩解。有时候不需要担心DRY原则，因为两个重复的代码片段有可能本质上是独立的，只是出于偶然而共享相似结构。这种情况下，最好让它们保持重复，各自朝着自己的方向发展。

如果允许按活跃期长度进行搜索，或者如果艺术家可以有一个以上的活跃期，实现这个新要求会有多容易？

本书的第Ⅰ部分提到了DRY(避免重复自己)。回顾一下，它是软件开发中一个众所周知的原则，旨在通过创建抽象来增强两个或多个实体之间的代码共享，从而减少代码的重复。它与其他软件原则一样，不应该被刻板看待

7.29 练习模式匹配

模式匹配就像ADT 一样，在函数式编程中被广泛使用。因此，有必要训练你的肌肉记忆。你的任务是实现一个函数，它获取一个艺术家和当前年份，并返回这个艺术家活跃的年数。

> **当前模型** 使用一个newtype和两个ADT的版本：

```
case class Artist(name: String, genre: MusicGenre, origin: Location, yearsActive: YearsActive)

enum YearsActive {
  case StillActive(since: Int)
  case ActiveBetween(start: Int, end: Int)
}
```

请记住YearsActive有两个选项。这意味着你的模式匹配表达式需要考虑到两种情况。

在查看答案之前，请确保你的函数通过了以下测试：

```
def activeLength(artist: Artist, currentYear: Int): Int = ??? // TODO

activeLength(
  Artist("Metallica", HeavyMetal, Location("U.S."), StillActive(1981)),
  2022
)
→ 41
```

截至2022年，Metallica已经活跃了41年

```
activeLength(
  Artist("Led Zeppelin", HardRock, Location("England"),
        ActiveBetween(1968, 1980)),
  2022
)
→ 12
```

Led Zeppelin活跃了12年

```
activeLength(
  Artist("Bee Gees", Pop, Location("England"),
        ActiveBetween(1958, 2003)),
  2022)
→ 45
```

Bee Gees活跃了45年

附加题：为什么需要传递当前年份(2022)？为什么不能在函数内部获取当前年份？

答案：

编码问题的答案见右侧。附加题有更深层次的答案。简短

```
def activeLength(artist: Artist, currentYear: Int): Int =
  artist.yearsActive match {
    case StillActive(since) => currentYear - since
    case ActiveBetween(start, end) => end - start
  }
```

来说，如果不将年份作为参数传递，函数就不再是纯函数！获取当前年份是一种有副作用的操作，此问题将在第8章中解决。

7.30 实际应用中的newtype、 ADT和模式匹配

问：本书是关于函数式编程的，但是newtype、ADT和模式匹配似乎是Scala特有的。是这样吗？

答：它们并不特定于Scala！正如第1章中提到的，本书中Scala只是作为教学工具使用。newtype、ADT和模式匹配在其他语言中也都可用，因此理解这些概念并练习它们对你而言是非常有益的。此外，额外收获是你学习了一些Scala知识！

此外，这些工具正被添加到传统命令式语言中。例如，模式匹配已被添加到Java和Python中

为了证明这一点，来看一些其他语言中的newtype、ADT和模式匹配的例子：F#和Haskell。

F# (你不需要理解这些代码，它们仅用于展示这些工具在许多函数式语言中是可重用的)

MusicGenre是一个求和类型

```
type MusicGenre = HeavyMetal | Pop | HardRock
type YearsActive = StillActive of int | ActiveBetween of int * int
type Location = struct
    val value:string
    new(value) = { value = value }
end

type Artist = {Name:string; Genre:MusicGenre;
               Origin:Location; Active: YearsActive}

let metallica = {Name="Metallica"; Genre=HeavyMetal;
                 Origin=Location "U.S."; Active=StillActive 1981}

let totalActive = match metallica.Active with
| StillActive since -> 2022 - since
| ActiveBetween (activeStart, activeEnd) -> activeEnd - activeStart
```

可以使用带有一个字段的struct(带有一些性能成本)代替newtype

YearsActive是由两个求积类型组成的求和类型

Artist是一个求积类型

这是一个在F#中创建Artist值的示例

由于YearsActive是一个求和类型，可以使用模式匹配表达式解构它

Haskell

```
data MusicGenre = HeavyMetal | Pop | HardRock
data YearsActive = StillActive Int | ActiveBetween Int Int
newtype Location = Location { value :: String }
data Artist = Artist { name :: String, genre :: MusicGenre,
                origin :: Location, yearsActive :: YearsActive }

let metallica = Artist "Metallica" HeavyMetal
                (Location "U.S.") (StillActive 1981)
let totalActive = case yearsActive metallica of
                StillActive since -> 2022 - since
                ActiveBetween start end -> end - start
```

也可在Haskell中编写非常相似的代码。如你所见，这些概念确实是通用的！一旦你在Scala中学会了它们，你就能够很快地将这些知识应用到其他语言中。学习语法将是唯一障碍

7.31　如何继承呢

问：*ADT概念不就是继承吗？可以定义一个接口或抽象类的两个或三个子类型，从而实现类似的结果，对吧？还是不止于此？*

答：*ADT和OOP中的继承概念之间的相似性可能很明显，但很快你就会清楚，它们其实不同。这些概念之间有两个重要的、决定性的区别：*

1. *ADT不包含行为，而在OOP中，数据(可变字段)和行为(改变这些字段的方法)被捆绑在一个对象中。在FP中，数据和行为是独立的实体。我们使用不可变值(如ADT或原始值)建模数据，而行为则是独立的纯函数。*

2. *当定义一个求和类型时，必须提供此类型的所有可能值，并且编译器始终检查是否在解构此求和类型的函数中处理了所有情况。*

请记住，可以使用模式匹配轻松解构ADT，这是不可能通过使用命令式对象来完成的

在FP中，行为和数据之间有一个非常大的区别。行为是函数；数据是不可变值。函数使用值，这些值可能是函数，但一个值中包含的函数不可能像在OOP中那样改变该值。在FP中，首先对数据进行建模，以可读和可维护的方式传达业务要求和限制，尽可能由编译器强制执行。通过定义ADT和其他不可变类型来实现这一点。这是数据部分。然后，转向行为部分，并创建使用这些不可变的、可能是ADT的值的纯函数。这些纯函数实现选择和逻辑。这就是我们在Artist示例中所采取的过程。

重点！
在FP中，行为与数据模型分离

现在，是时候转向本章的建模行为部分了。你已经学习了在应用程序中创建安全、可读和可维护的数据模型所需的一切知识。newtype和ADT将让你走得更远。但是，若要擅长设计，你需要设计很多东西。关键是要实践。因此，在转向建模行为(纯函数)之前，让我们进行设计练习！

本章的剩余部分包含两个设计练习，它们应该会加深你对这些简单但强大的工具和技术的了解。请认真对待它们

7.32 小憩片刻: 函数式数据设计

现在是时候从零开始设计自己的东西了, 你需要使用本章中学习的知识: newtype和ADT。本章如音乐一般。请记住, 就像旋律定义了一首悦耳歌曲一样, 需要一个良好的设计来构建一个引人注目的数据模型。既然刚刚对音乐艺术家进行了建模, 那么你现在的任务是对播放列表进行建模。

要求

1. 播放列表有一个名称、一种类型和一组歌曲。

2. 有三种类型的播放列表: 用户创建的、基于特定艺术家的和基于特定流派的。

3. 歌曲有一个艺术家和一个名称。

4. 用户有一个名称。

5. 艺术家有一个名称。

6. 只有三种音乐流派: 使用你最喜欢的三种流派。

你的答案应该是一个Playlist类型, 以可读的方式模拟上述要求。这个练习中的大部分工作是权衡不同的选择并命名事物。鼓励你自己制作原型并通过尝试创建不同值来对模型进行实验。可以通过查看类型定义来获得多种不同视角。请记住, newtype、ADT和编译器是你的朋友。要警惕想要避免的问题。

以下是几个要测试的播放列表的示例:

- 一个名为 "This is Foo Fighters" 的播放列表, 基于特定艺术家(Foo Fighters), 包含两首歌: "Breakout" 和 "Learn To Fly"。

- 一个名为 "Deep Focus" 的播放列表, 基于两种流派(Funk和House), 包含三首歌: "One More Time" (由Daft Punk演唱)和 "Hey Boy Hey Girl" (由The Chemical Brothers演唱)。

- 一个名为 "<Your Name>'s playlist" 的播放列表, 由用户创建。

你的第二个任务是在一个名为gatherSongs的新函数中使用你创建的Playlist模型, 该函数应该具有以下特征标记:

```
def gatherSongs(playlists: List[Playlist], artist: Artist,
                genre: MusicGenre): List[Song]
```

它应该从给定的playlists中返回一些歌曲, 包括来自基于用户的播放列表的artist演唱的歌曲、来自基于artist的播放列表的所有歌曲, 以及来自基于genre的播放列表的所有歌曲。

1

2

提示: 这可能比寻常的练习难一些。返回类型是List[Song], 因此filter函数不会起作用! 不过, 你已经学会了解决这个问题的所有方案

7.33 解释：函数式数据设计

有多种方式可以建模Playlist。这个练习最重要的一点是，使用ADT和newtype，尽可能创建一个具有可读性和牢固性的设计。以下是可能的解决方案之一：

```scala
object model {
  opaque type User = String
  object User {
    def apply(name: String): User = name
  }

  opaque type Artist = String
  object Artist {
    def apply(name: String): Artist = name
  }

  case class Song(artist: Artist, title: String)

  enum MusicGenre {
    case House
    case Funk
    case HipHop
  }

  enum PlaylistKind {
    case CuratedByUser(user: User)
    case BasedOnArtist(artist: Artist)
    case BasedOnGenres(genres: Set[MusicGenre])
  }

  case class Playlist(name: String, kind: PlaylistKind, songs: List[Song])
}

import model._, model.MusicGenre._, model.PlaylistKind._

val fooFighters = Artist("Foo Fighters")
val playlist1 = Playlist("This is Foo Fighters",
  BasedOnArtist(fooFighters),
  List(Song(fooFighters, "Breakout"), Song(fooFighters, "Learn To Fly"))
)

val playlist2 = Playlist("Deep Focus",
  BasedOnGenres(Set(House, Funk)),
  List(Song(Artist("Daft Punk"), "One More Time"),
       Song(Artist("The Chemical Brothers"), "Hey Boy Hey Girl"))
)

val playlist3 = Playlist("My Playlist",
  CuratedByUser(User("Michał Płachta")),
  List(Song(fooFighters, "My Hero"),
       Song(Artist("Iron Maiden"), "The Trooper"))
)

def gatherSongs(playlists: List[Playlist], artist: Artist, genre: MusicGenre): List[Song] =
  playlists.foldLeft(List.empty[Song])((songs, playlist) =>
    val matchingSongs = playlist.kind match {
      case CuratedByUser(user)          => playlist.songs.filter(_.artist == artist)
      case BasedOnArtist(playlistArtist) => if (playlistArtist == artist) playlist.songs
                                            else List.empty
      case BasedOnGenres(genres)        => if (genres.contains(genre)) playlist.songs
                                            else List.empty
    }
    songs.appendedAll(matchingSongs)
  )
```

为了确保String不会被错放，为User和Artist定义了newtype

Song是一个普通求积类型，捆绑了一个Artist和一个String

MusicGenre是一个简单的求和类型，带有案例对象。它确保只支持一个有限的流派集合(在本例中为三个)

PlaylistKind是一个完整的ADT。它是一个求和类型，包含三个求积类型：每个类型对应一个要求

Playlist是一个包含三个参数的求积类型，每个参数都是不同类型

这里创建了三个用于测试的播放列表

需要使用foldLeft将所有过滤过的歌曲收集到聚合器中，这是一个Song列表

新的聚合器值在此处创建

7.34 建模行为

回到最初的问题：搜索音乐艺术家。我们使用newtype和ADT解决了数据的三个问题(见图7-16)。

问题1 ✔ newtype解决了这个问题
程序员需要注意参数的顺序

问题2 ✔ ADT解决了这个问题
程序员需要知道参数组合的额外含义

问题3 ✔ ADT解决了这个问题
程序员需要确保某些参数具有有限的值集

图7-16 数据的三个问题

但任务还没有完成！当回顾我们的要求时，可以看到我们忽略了其中的一大部分。具体而言：

> 每次搜索应支持不同的条件组合：按流派、按原籍地和按活跃期。

我们关注了Artist数据模型，并从使用原始类型转换为使用强大的函数模型。编译器为我们提供帮助。但是，我们忽略了搜索逻辑，也就是使用此数据模型的行为。只是将行为编码为searchArtists函数的参数，并在此过程中改为使用MusicGenre和Location，但没有其他变化。现在面临的问题类似于在建模数据时已经解决的问题。

基于原始类型的行为 函数参数仍然存在问题：

```
def searchArtists(artists: List[Artist], genres: List[MusicGenre],
                  locations: List[Location], searchByActiveYears: Boolean,
                  activeAfter: Int, activeBefore: Int): List[Artist]
```

问题4

程序员需要思考、理解和传达原始类型的其他含义

在searchArtists特征标记中，genres:List[MusicGenre]意味着什么？如果它为空，这意味着不应该使用流派标准进行搜索。如果它不为空，则意味着这是一个必需的标准：返回的艺术家应该至少有列表中的一个流派。看看需要多少解释？若仅写genres:List[MusicGenre]，将无法传达这种解释，因为它只是一个在搜索艺术家语境中不具描述性的MusicGenre列表

问题5

程序员需要记住，某些参数仅在一起使用时才有意义

activeAfter和activeBefore参数只能一起使用。它们都实现了“过滤给定期间内活跃的艺术家”的要求。此外，它们只在searchByActiveYears为true时才适用。因此，如你所见，存在许多不同参数的语义捆绑。仅通过查看函数特征标记和求积类型定义，并不能直接解释

7.35　将行为建模为数据

可喜的是，可以重复利用数据建模的知识，将完全相同的技术应用于行为建模。关键是要开始将要求视为数据。因此，要求中的搜索条件可以是以下三种之一：按流派搜索、按原籍地搜索或按活跃期搜索。通过创建一个求和类型，可以直接将上一句话翻译成Scala编程语言：

```scala
enum SearchCondition {
  case SearchByGenre(genres: List[MusicGenre])
  case SearchByOrigin(locations: List[Location])
  case SearchByActiveYears(start: Int, end: Int)
}
```

惊讶吗？但要如何使用这个新SearchCondition类型呢？它真的比以前的版本更好吗？需要支持不同的条件组合，这意味着有些搜索可能只使用一个条件。应该如何对此进行建模？嗯，列表似乎是一个完美的选择！看看这个：

```scala
def searchArtists(artists: List[Artist],
                  requiredConditions: List[SearchCondition]): List[Artist] =
  artists.filter(artist => ???)
```

清晰且更易读，你不觉得吗？

```scala
searchArtists(artists, List(
  SearchByGenre(List(Pop)),
  SearchByOrigin(List(Location("England"))),
  SearchByActiveYears(1950, 2022)
)
→ List(Artist("Bee Gees", Pop, Location("England"), ActiveBetween(1958, 2003)))
```

如果只想使用某些条件，则应使列表中只包含它们：

```scala
searchArtists(artists, List(SearchByActiveYears(1950, 2022)))      一个条件
searchArtists(artists, List(SearchByGenre(List(Pop)),
                            SearchByOrigin(List(Location("England")))))   两个条件
searchArtists(artists, List.empty)      无条件
```

不可能错放任何参数，对于空列表，没有隐藏的处理情况，所有参数组合都被编码在正确命名的求积类型中，函数的参数更少。胜利，胜利，胜利！注意，在类型名称中使用动词。这是一种常见模式，表明将行为建模为数据。从客户端的角度来看，这个新API更加易读和易于理解。错误可能性更小，并且传达了所有必要的含义。当然，一定会有问题，对吧？

> **重点!**
> 在FP中，一些行为可以建模为数据

7.36 使用基于ADT的参数
实现函数

实际上并没有什么难点。这些工具确实如此出色。但是要知道，数据和行为建模的最难部分仍然相同：程序员的任务是理解业务要求并将其编码为newtype和ADT。现在，看看如何将searchArtists重构为这个更安全的新API，具体步骤如图7-17所示。

❶ 像往常一样，先从特征标记开始。得到一个List[Artist]，需要返回List[Artist]。
这是一个过滤操作
```
def searchArtists(artists: List[Artist],
                  requiredConditions: List[SearchCondition]): List[Artist] =
  artists.filter(artist => ???)
```
需要返回一个Boolean，如果一个给定的artist满足了所有的requiredConditions条件，则返回true；如果至少有一个条件不被满足，则返回false

❷ 可以使用forall！它将遍历每个条件，并应用作为参数传递的函数
```
def searchArtists(artists: List[Artist],
                  requiredConditions: List[SearchCondition]): List[Artist] =
  artists.filter(artist =>
    requiredConditions.forall(condition => ???)
  )
```
如何检查这个Artist是否满足一个SearchCondition(一个ADT)？

❸ 如果一个值是ADT，那么总是可以使用模式匹配为每个条件提供一个表达式
```
def searchArtists(artists: List[Artist],
                  requiredConditions: List[SearchCondition]): List[Artist] =
  artists.filter(artist =>
    requiredConditions.forall(condition =>

      condition match {
        case SearchByGenre(genres)        => genres.contains(artist.genre)
        case SearchByOrigin(locations)    => locations.contains(artist.origin)
        case SearchByActiveYears(start, end) => wasArtistActive(artist, start, end)
      }
    )
  )
```
需要解构condition并为每个可能性提供行为

记住，编译器将确保处理了所有可能的条件

图7-17 重构searchArtists

就是这样！通过使用ADT来编码行为要求，创建了一个安全、可读和可维护的searchArtists版本。现在，有了两个参数而不是七个，没有原始类型，没有嵌套的if条件，没有布尔标志，只有真正需要的代码。此外，利用了两个高阶函数：filter和forall。为了处理传给forall的函数中的ADT参数，使用了模式匹配语法。

希望你不会厌倦ADT，因为在接下来的章节中将使用更多的ADT。我们也会更加关注建模。最后的练习将帮助你做好准备！

问题4 ✔
由ADT解决

问题5 ✔
由ADT解决

7.37　小憩片刻: 设计与可维护性

前面展示了如何设计Artist数据模型和searchArtists行为,以便以安全(即尽量减少编程错误风险)和可读的方式实现给定要求。这种设计也提高了代码库的可维护性。由于给定软件的可维护性被定义为进行修正(修复或满足新要求)的容易程度,现在该付诸实践了,探究在现有解决方案中构建一些新功能会有多容易。

> **新要求**
> * 模型变化——支持一些艺术家闭关的情况。例如,Bee Gees乐队活跃于1958年至2003年,然后活跃于2009年至2012年。
> * 新搜索条件——searchArtists函数应处理新搜索条件:返回在给定(总)年限内活跃的艺术家。

你在本章的最后一个练习中的任务是使用学到的所有工具、技术和功能修改Artist模型和searchArtists行为。它们应该适应上述新要求。Artist模型和searchArtists函数的当前特征标记如下:

```
case class Artist(name: String, genre: MusicGenre,
                  origin: Location, yearsActive: YearsActive)
def searchArtists(
  artists: List[Artist],
  requiredConditions: List[SearchCondition]
): List[Artist]
```

这些特征标记是否需要更改以适应新要求?

技巧和提示

确保在查看答案之前先自己解决此问题。建模很难,但正确建模非常有价值。如果你遇到了困难,可查看下面的提示:

1. 从要求出发直接写下所有可能性,并查看它们是否可以形成求和类型。这将是你的起点。

2. 通过创建实例来测试模型。注意很容易创建新值,并且编译器有很大帮助。

3. 通过在函数中使用模型来进行测试。如果很难,则重新建模、重构并重新开始。

一如既往,建议从本书的代码库运行 sbt console

7.38 解释：设计与可维护性

恭喜！这是本书中最难的练习，相信你在尝试完成它的过程中一定收获颇丰。与其他设计练习一样，本练习有多种解决方案。以下是其中一种可能的设计：

```
case class PeriodInYears(start: Int, end: Int)

enum YearsActive {
  case StillActive(since: Int, previousPeriods: List[PeriodInYears])
  case ActiveInPast(periods: List[PeriodInYears])
}

case class Artist(name: String, genre: MusicGenre,
                  origin: Location, yearsActive: YearsActive)

enum SearchCondition {
  case SearchByGenre(genres: List[MusicGenre])
  case SearchByOrigin(locations: List[Location])
  case SearchByActiveYears(period: PeriodInYears)
  case SearchByActiveLength(howLong: Int, until: Int)
}

import SearchCondition._, YearsActive._

def periodOverlapsWithPeriods(checkedPeriod: PeriodInYears,
                              periods: List[PeriodInYears]): Boolean =
  periods.exists(p =>
    p.start <= checkedPeriod.end && p.end >= checkedPeriod.start
  )

def wasArtistActive(artist: Artist, searchedPeriod: PeriodInYears): Boolean =
  artist.yearsActive match {
    case StillActive(since, previousPeriods) =>
      since <= searchedPeriod.end || periodOverlapsWithPeriods(searchedPeriod, previousPeriods)
    case ActiveInPast(periods) =>
      periodOverlapsWithPeriods(searchedPeriod, periods)
  }

def activeLength(artist: Artist, currentYear: Int): Int = {
  val periods = artist.yearsActive match {
    case StillActive(since, previousPeriods) =>
      previousPeriods.appended(PeriodInYears(since, currentYear))
    case ActiveInPast(periods) =>
      periods
  }
  periods.map(p => p.end - p.start).foldLeft(0)((x, y) => x + y)
}
```

> 可以定义一个有结尾的PeriodInYears(不带有Option)，而不是使用一对Int，以使代码更易读

活跃和非活跃的艺术家之前都有非活跃期

> SearchCondition求和类型现在需要第四种情况

> 新的辅助函数将检查checkedPeriod是否与给定期间重叠

> 新版本的YearsActive求和类型要求重新实现wasArtistActive。我们还开始使用PeriodInYears代替原始Int

在定义了模型和一些小的辅助函数之后，在searchArtists中唯一需要更改的是新条件模式匹配情况。实现新要求并不是太难

```
def searchArtists(artists: List[Artist],
                  requiredConditions: List[SearchCondition]): List[Artist] =
  artists.filter(artist =>
    requiredConditions.forall(condition =>
      condition match {
        case SearchByGenre(genres)               => genres.contains(artist.genre)
        case SearchByOrigin(locations)           => locations.contains(artist.origin)
        case SearchByActiveYears(period)         => wasArtistActive(artist, period)
        case SearchByActiveLength(howLong, until) => activeLength(artist, until) >= howLong
      }
    )
  )
```

> 在最终条件中使用activeLength函数。它返回给定艺术家的总活跃年数，即使存在多个活跃期间，也是如此

小结

在这一章中，我们学习了newtype和ADT(在Scala中实现为enum的求和类型和/或作为case class实现的求积类型)。学习了模式匹配，它帮助在纯函数(行为)中处理ADT。解决了代码重复的问题，并将ADT与面向对象继承进行了比较。我们还学习了一些非常通用的新高阶函数。它们定义在Option、List等类型上。但最重要的是，我们学会了如何将所有这些技术用作设计工具。

> ADT代表代数数据类型

> 代码：CH07_*
> 通过查看本书仓库中的ch07_*文件，探索本章的源代码

为不可变数据建模以尽量减少错误

使用的原始类型越少，遇到的问题就越少。通常可将类型封装在newtype中或使用业务导向的ADT。通过这种方式，尽量减少潜在错误。

将要求建模为不可变数据

可以将ADT用作函数的参数，并使特征标记和实现更安全且更易读。

> 此外，将Option类型用作模型的一部分，这和以前了解的语境完全不同。请记住，到目前为止，已经将Option用作返回类型，提示函数可能不会返回或计算值

使用编译器查找要求中的问题

进一步使用编译器。当开始使用newtype和ADT代替原始类型时，编译器会大有用处。

确保逻辑始终在有效数据上执行

我们解决了与上一章类似的问题。但是，并不需要像上一章介绍的那样使用Either进行全面的运行时错误处理。之所以不需要Either，是因为我们使用类型将各项要求建模得非常详细，以至于甚至无法举例说明许多不正确的值。尽管这种所谓的编译级错误处理并非总能实现，但远优于运行时版本。

> ADT和Either有类似用法，将在第12章中进一步了解

> 将在第12章中再次讨论此主题

这些技术在FP中是无处不在的。它们简单而强大，就像纯函数、不可变值和高阶函数一样。因此，我们花费了这么多时间实践不同的软件设计方案并展示函数式域设计的优势。现在，可以从所有这些艰苦的设计工作中获益，因为ADT将一直陪伴我们。(其实ADT从一开始就以List、Option和Either等形式与我们同在，但是不要盲目自信！)下一站：IO！

第8章 作为值的IO

本章内容：

- 如何使用值来表示有副作用的程序

- 如何使用来自不安全来源的数据

- 如何安全地把数据存储在程序外部

- 如何指示代码具有副作用

- 如何分离纯代码和非纯代码

"……如果不想被自己制造的复杂性所压垮，就必须使代码保持简洁、易分离和简单……"

——Edsger Dijkstra，《未来四十年》

8.1　与外界交流

在本章中，将最终解决真正让我们头疼的问题。

> 问：我现在明白了纯函数和可信特征标记如何帮助我编写更好、更易于维护的软件。但说实话，总是需要从外部获取一些东西——无论是API调用还是从数据库中获取东西。此外，几乎世界上的每个应用程序都有一个需要在某处持久化的状态。所以这个纯函数概念不是有点局限吗？
>
> 答：可以与外界交流，同时使用纯函数工具！这在原理上与错误处理(详见第6章)和将要求建模为类型(详见第7章)完全相同。将所有内容都表示为描述性类型的值！

请记住，如果编写一个可能会失败的函数，则不会抛出异常。相反，通过返回特定类型的值(如Either)来表明它可能会失败。同理，当想要一个只接受特定参数组合的函数时，可以采用模拟这种假设的特定类型，从而在特征标记中指出这一点。

下面将展示如何应用完全相同的方案来生成和处理副作用！请记住，副作用是指使函数非纯的任何操作。执行IO操作的代码是具有副作用的，并使函数非纯。看一个这种类型的函数示例。下面的代码需要维持一个给定的会议：

```
void createMeeting(List<String> attendees, MeetingTime time)
```

正如第 2 章讨论的那样，这样的函数不是纯函数。更重要的是，它的特征标记指示不返回任何东西(Java中的void)，所以函数说了谎。这种技术在命令式语言中非常流行。如果一个函数不返回任何东西，那么它可能在底层做了一些重要的事情。为了了解具体内容——是将某些东西保存到数据库中，还是仅仅更新内部ArrayList，程序员需要深入研究实现。

图8-1展示了纯函数的特征。纯函数不会说谎，这确保了代码的可读性，因为读者不需要阅读实现的每一行就能理解它在更高层级的作用。通过将createMeeting调用封装在纯函数中，将展示如何以FP的方式来完成这些事情！

IO和副作用

在本章和本书的剩下部分中，将交替使用“IO”和“副作用”。函数非纯的原因通常并不重要。重要的是需要处理并假设最坏的情况，这通常是某种类型的IO

纯函数
- [ ] 返回单个值
- [ ] 仅使用其参数
- [ ] 不改变现有值

图8-1　纯函数的特征

8.2　与外部 API 集成

稍微回顾一下本章应用程序的要求。我们的任务是创建一个简单的会议调度程序。

> **要求：会议调度程序**
>
> 1. 对于给定的两个与会者和会议长度，函数应能够找到一个共同的空闲时间段。
>
> 2. 函数应该在所有与会者的日程的给定时段中维持会议。
>
> 3. 函数应该使用与外界通信的非纯函数calendarEntriesApiCall和createMeetingApiCall，而不修改它们。(假设它们由外部客户端库提供)

calendarEntriesApiCall和createMeetingApiCall函数执行一些IO操作。在这种情况下，这些具有副作用的IO操作正在与某种日历API通信。假设这些函数由外部客户端库提供。这意味着不能更改它们，但有义务使用它们以正确实现函数，因为日历API保存了所有人的日历状态。

> 请记住，IO操作指的是需要从程序之外获取数据或维持数据的操作。这些操作通常被称为副作用

日历 API 调用

为了便于操作，不会使用真正的API(目前还没有)，而是使用模拟它的东西，这个替代物会表现出类似于现实世界API的行为。如图8-2所示，将使用一个MeetingTime求积类型作为数据模型。该模型由模拟API调用支持——可能不总是成功并且每次调用时可能返回不同的结果。这模拟了访问程序之外的未知数据。

> 稍后介绍更多"客户端库"函数的问题版本。此外，将在第11章和第12章中使用真正的API

```
case class MeetingTime(startHour: Int, endHour: Int)
```

在Java中以命令式方案实现模拟的API客户端库函数。我们无法控制它们，也无法改变它们。这里提供了非纯的"封装器"，它们可以用于代码库中

```
def createMeetingApiCall(
  names: List[String],
  meetingTime: MeetingTime
): Unit = {

  static void createMeetingApiCall(
    List<String> names,
    MeetingTime meetingTime) {              25% chance
    Random rand = new Random();
    if(rand.nextFloat() < 0.25)
      throw new RuntimeException("");
    System.out.printf("SIDE-EFFECT");
  }
}
```

```
def calendarEntriesApiCall(name: String): List[MeetingTime] = {

  static List<MeetingTime> calendarEntriesApiCall(String name) {
    Random rand = new Random();                           25% chance
    if (rand.nextFloat() < 0.25)
      throw new RuntimeException("Connection error");
    if (name.equals("Alice"))
      return List.of(new MeetingTime(8, 10),
                     new MeetingTime(11, 12));
    else if (name.equals("Bob"))
      return List.of(new MeetingTime(9, 10));
    else
      return List.of(new MeetingTime(rand.nextInt(5) + 8,
                     rand.nextInt(4) + 13));
  }
}
```

对于除Alice和Bob之外的任何人，成功的API调用返回在8:00到12:00之间开始且在13:00到16:00之间结束的随机会议。用闪电图标标记这样的具有副作用的非纯函数

图8-2　由模拟API调用支持的模型

8.3 具有副作用的IO操作的属性

我们的任务是创建一个会议调度函数。它也应当是一个纯函数！也就是说，它需要有一个不会说谎的特征标记。它还应使用我们提供的两个非纯函数，这些函数处于代码外部，但进行一些关键的IO操作，会议调度函数将依赖于它们：calendarEntriesApiCall和createMeetingApiCall。将它们封装为非纯的Scala函数。

> Scala中的Unit类型等同于Java等语言中的void。如果一个函数返回Unit，那就意味着它在内部进行了一些非纯操作

```scala
def calendarEntriesApiCall(name: String): List[MeetingTime]
def createMeetingApiCall(names: List[String],
                         meetingTime: MeetingTime): Unit
```

同样，必须使用这两个非纯函数，且不能改变它们。此外，甚至可能不知道它们的内部实现方式(当客户端库作为二进制文件提供时，通常是这种情况)。此外，真的不需要关心它们的内部情况。重要的是它们是不被信任的。对于我们来说，这是外部世界。应该假设它们所有可能的最坏情况！这些函数可能(并且将)表现出不确定性。

> 为了完整起见，我们展示了一个模拟实现，有时会失败并返回随机结果。将不再展示它，重点关注FP如何处理这样的函数

IO操作可能如何表现(表现不佳)

在本章中，将使用一个API调用的示例，它代表一个IO操作。这是一种实用的方式，因为一切都可以表示为API调用(甚至是数据库调用)。与外部API集成是常见的编程活动，包括与纯FP代码库集成，因此重要的是使我们的逻辑能够从容地处理所有特殊情况。图8-3列出了三种特殊情况。

> Scala可以使用命令式代码
>
> 值得注意的是，可以在Scala中使用Java函数，因为它们都是JVM语言。这是一个非常常见的场景，因为许多客户端库都是用Java编写的，它们是命令式的。你将能够在FP应用程序中使用它们，包括第11章中的大型真实应用程序

> ✘ API调用可能会为相同的参数返回不同的结果
>
> ✘ API调用可能因连接(或其他)错误而失败
>
> ✘ API调用可能需要太长时间才能完成

图8-3 三种特殊情况

我们将在本书中处理这三种情况，但本章主要关注前两种情况，并以两个"客户端库"*ApiCall函数为例(需要与之集成)。这两个非纯函数作为任务的一部分，返回随机结果并抛出随机异常。作为惯例，它们通常是用Java编写的，但也是为了确保你知道它们不是代码库的一部分。请记住，不能更改它们以使之更具函数性。但需要处理纯函数中所有的非纯性！

8.4 带有副作用的IO代码的命令式解决方案

在开始介绍纯函数IO概念之前，先来看看这一章中需要实现的会议调度程序在命令式Java中是什么样子的。将直接使用提供的API客户端库函数。注意，这个解决方案包含了前几章已经讨论过的诸多缺点，详见图8-4。将解决所有问题(作为回顾)，同时将这个命令式、非纯的schedule函数重构为一个用Scala编写的纯函数版本。

> 毋庸置疑，现代Java更具函数性，但我们的Java程序明确使用更经典的命令式方案，以便我们比较这些方案。你将能够在Java(和Kotlin)程序中应用本书中的许多函数技术

```java
static MeetingTime schedule(String person1, String person2,
                            int lengthHours) {
```

❶ 需要调用外部API(即模拟潜在表现不佳的日历API的calendarEntriesApiCall函数)以获取两个与会者的所有当前日历项

```java
    List<MeetingTime> person1Entries = calendarEntriesApiCall(person1);
    List<MeetingTime> person2Entries = calendarEntriesApiCall(person2);

    List<MeetingTime> scheduledMeetings = new ArrayList<>();
    scheduledMeetings.addAll(person1Entries);
    scheduledMeetings.addAll(person2Entries);
```

❷ 创建一个包含所有已安排的会议时间的列表

```java
    List<MeetingTime> slots = new ArrayList<>();
    for (int startHour = 8; startHour < 16 - lengthHours + 1; startHour++) {
      slots.add(new MeetingTime(startHour, startHour + lengthHours));
    }
```

❸ 生成给定长度(lengthHours)工作时间(8—16)内所有可能的时间段

```java
    List<MeetingTime> possibleMeetings = new ArrayList<>();
    for (var slot : slots) {
      var meetingPossible = true;
      for (var meeting : scheduledMeetings) {
        if (slot.endHour > meeting.startHour
            && meeting.endHour > slot.startHour) {
          meetingPossible = false;
          break;
        }
      }
      if (meetingPossible) {
        possibleMeetings.add(slot);
      }
    }
```

❹ 现在，可以遍历每个可能的时间段并检查它是否与任何现有会议重叠，从而创建一个不与已安排的会议时间重叠的所有时间段的列表。如果没有重叠，就将其添加到结果possibleMeetings列表中

❺ 如果有任何possibleMeetings，则可以获取第一个，调用外部API以维持这个会议并返回它。如果没有找到任何匹配的时间段，且不能维持任何东西，则返回null

```java
    if (!possibleMeetings.isEmpty()) {
      createMeetingApiCall(List.of(person1, person2),
                           possibleMeetings.get(0));
      return possibleMeetings.get(0);
    } else return null;
}
```

> MeetingTime是一个具有两个字段(startHour和endHour)、equals、hashCode和toString的类。它可以定义为Java record类型(参见本书代码库)

图8-4 命令式的会议调度程序

8.5 命令式IO方案存在许多问题

即使命令式解决方案可以(在某种程度上)正确运行，也存在许多问题：

```
schedule("Alice", "Bob", 1)    1-hour meeting
→ MeetingTime[startHour=10, endHour=11]

schedule("Alice", "Bob", 2)    2-hour meeting
→ MeetingTime[startHour=12, endHour=14]

schedule("Alice", "Bob", 5)        5-hour meeting
→ null                             can't be

schedule("Alice", "Charlie", 2)scheduled.
→ MeetingTime[startHour=14, endHour=16]
```

然而，正如本书中多次讨论的那样，代码被阅读的次数远远多于编写的次数，因此应该始终为提升可读性而进行优化。这是确保代码可维护的唯一方式(即未来可以由许多程序员以尽可能高的确定性进行更新或更改)。根据目前所知，图8-5列出了可以想到的问题。

> **calendarEntriesApiCall**
> 调用了一个日历 API。我们的模拟版本：
> * 为Alice返回两次会议：8—10，11—12
> * 为Bob返回一次会议：9—10
> * 为其他人返回一次会议：
>   * 随机开始时间为8点至12点之间，结束时间为12点至16点之间
>   * 它也可能失败(25%的概率)，因此你需要运气(或坚持不懈)才能得到这些结果

注意，"Charlie"的API调用在每次调用时可能返回不同的值(它是非纯的)，因此当你为"Charlie"调用schedule时，可能会获得不同的结果(甚至为null)

命令式解决方案 适用于正常情况

```
static MeetingTime schedule(String person1, String person2, int lengthHours)
```

问题1

该函数至少具有两个职责
它调用外部API，同时找到空闲时间段，所有这些都在一个函数内完成

问题2

如果三个外部API调用中的任何一个失败，则整个函数都会失败
如果API调用中存在任何问题(如网络错误、服务器错误等)，那么整个函数都将失败并引发异常，这可能会使用户感到困惑。目前，模拟的API客户端库有时会失败，但这不应该是一种慰藉，因为它严重影响了刚刚编写的schedule函数的命令式实现。不应该假设API调用总能成功

问题3

特征标记会说谎
特征标记说明该函数返回一个MeetingTime，但是，如果API调用失败，它将抛出异常而不是返回MeetingTime。此外，如果没有可用的时间段，它将返回null(已经知道如何对不存在的事物进行建模，将在函数版本的schedule函数中使用这些知识。你还记得可以使用哪些选项吗？)

图8-5 命令式IO方案存在的问题

8.6 能通过FP完善方案吗

问：这不是徒劳无功吗？大多数现实应用程序需要进行IO操作，处理连接错误，或进行其他非纯的操作。我认为没有明显比你展示的Java代码更优的方案了。

答：不，存在更优的方案。不必让基于IO的代码散布在代码库中。这会非常痛苦。我们通过将大多数函数的非纯性推出来以解决前面提到的三个问题。这是一种函数式的方案。

重点！
在FP中，将大多数函数的非纯性推出来

在本章结束时，你将能够编写和理解如下问题的函数式解决方案：

```
def schedule(attendees: List[String],
             lengthHours: Int): IO[Option[MeetingTime]] = {
  for {
    existingMeetings <- scheduledMeetings(attendees)
    possibleMeeting = possibleMeetings(scheduledMeetings,
                                       8, 16, lengthHours).headOption
    _ <- possibleMeeting match {
      case Some(meeting) => createMeeting(attendees, meeting)
      case None => IO.unit
    }
  } yield possibleMeeting
}
```

还没有介绍IO类型的工作原理，但注意函数的特征标记以及它所表达的内容

此外，注意，这个函数能实现更多功能，因为它能够为多人安排会议

预览版

我们的旅程已经开始。本章将介绍函数式编程的方案，并使用这些新概念将schedule函数重写为Scala，从而解决上述三个问题(见图8-6)。此外，正如前面所讲的那样，你将有机会回顾之前章节的内容，并了解到所有这些函数性部件如何各就各位。

问题1
该函数至少具有两个职责

在本章中，将学习如何使用FP逐一解决这些问题

问题2
如果三个外部API调用中的任何一个失败，则整个函数都会失败

问题3
特征标记会说谎

看看上面的片段中使用了多少熟悉的技术

图8-6 命令式方案中的三个问题

8.7　执行IO与使用IO的结果

IO是输入/输出的缩写。因此，有两种类型的IO，如图8-7所示。

IO操作

输入操作

这包括所有需要离开程序并获取一些东西的操作(例如从数据库读取值、执行API调用或从用户获取一些输入)，还包括读取可变的共享内存地址

输出操作

这包括所有需要存储一些东西以供后续使用的操作(例如输出到数据库或API或输出到GUI)，还包括写入可变的共享内存地址，以及许多其他情况

图8-7　IO操作

> 这种区分旨在帮助你从不同的角度思考IO。一些操作可以被归类为输入和输出，详见本章后续小节

> **不安全的代码**
>
> 　　两种类型的IO操作的主要属性是，它们执行不安全的代码，可能因多种因素而不同。因此，读取和写入共享可变内存地址的操作被视为不安全的操作，并属于具有副作用的IO操作类别。记住，纯函数无论在何时何地使用，都应该始终表现完全相同。

　　这两个操作已经表示在我们的API客户端库函数中。calendarEntriesApiCall是一种输入操作，从可能不安全的位置读取值，而createMeetingApiCall是一种输出操作，将值写入可能不安全的位置。

　　自然地，先使用IO获取数据(即输入操作)。深入了解schedule函数的开头：

> 注意，仍在分析几页前编写的命令式Java版本

```
List<MeetingTime> person1Entries = calendarEntriesApiCall(person1);
List<MeetingTime> person2Entries = calendarEntriesApiCall(person2);
```

　　函数的第一行常见于许多代码库中。这很糟糕，因为它做了两件事：

- 包含某些IO操作(最可能是网络上的API调用)
- 提供IO操作的结果(List<MeetingTime>)

> 换句话说，读取IO操作关注它们产生的值，而写入IO操作关注副作用本身

　　注意，对我们来说真正重要的是结果，而不是操作本身。想要一个MeetingTime值的List，以便为会议产生潜在的时间段。但是，这个值来自外部世界，因此它可能失败(连接错误)，花费太长时间或者具有不同于期望的格式并由于某种反序列化错误而失败。总之，执行读取IO操作只是为了获取值，但在这个过程中，陷入了一些棘手的边缘情况。需要处理上述全部问题！

8.8 命令式处理IO

尽管只关心由IO操作产生的值，但被迫考虑它作为IO操作的
所有后果。在Java中，你需要以命令式方案执行以下操作：

```
List<MeetingTime> person1Entries = null;
try {
  person1Entries = calendarEntriesApiCall(person1);
} catch(Exception e) {
  // retry:
  person1Entries = calendarEntriesApiCall(person1);
}
```

此外，person2Entries也有类似
代码！这可能会封装在它自己
的函数/对象中，但它不会帮助
解决现有问题

当然，这只是解决检测和处理故障这一更加复杂的问题的方
案之一。基本上，在这种情况下，尝试在故障发生时拥有恢复机
制。这里使用了一个重试策略，其中包含单次重试。但是还有更
多选项：多次重试，使用缓存值，使用默认值(回退)或在某些回
退期之后进行重试，等等。恢复机制是一个非常重要的主题，足
以单独成书。此处的重点是：真的应该在schedule函数中关心恢
复策略吗？

不应该！重试和try-catch越多，整个业务逻辑就越不明显。
在schedule函数中使用IO这一事实应该只是一个小细节，因为最
重要的是为新会议找到空闲时间并将其存储在API中。业务要求
是否已提及重试策略呢？

纠缠的问题

这种不同职责和抽象级别的混合称为纠缠的问题。一个函数
中纠缠的问题越多，该函数就越难以更改、更新和维护。

注意，不是说重试可能失败操作的问题不重要。它是重要
的！重点是它不能被纠缠在业务逻辑代码中(即不能使代码读者分
心)。当然，如果schedule函数由大量try-catch或其他故障处理机
制组成，它就不会非常易读，并且因此难以维护。

接下来将在业务相关代码中获取和使用值的操作与用来读取
该值的IO操作分隔开来。

用本章开头引用的
Edsger Dijkstra的话来
说：将被"自己制造
的复杂性所压垮"

注意，在schedule函数
中, List<Meeting Time>
的使用与用来获取它
的不安全的IO操作相
纠缠

8.9 作为IO值的计算

幸运的是，函数式编程为我们提供了支持。就像使用Either类型来处理错误和使用Option类型来处理可能不存在的内容一样，可以使用IO类型来将获取和使用值的操作与用来获取该值的IO操作分隔开。先看看IO的操作，然后将深入探讨它，以直观地感受它。这应该很容易，因为IO非常类似于Either、Option和List——它甚至具有你已经知道的一些函数！

要明确的是，IO[A]是一个值，正如Option[A]是一个值，Either[A, B]是一个值。FP关乎函数和不可变值。

> **重点！**
> 在FP中，只传递不可变值

IO如何工作

IO[A]有几种具体的子类型，但是为了简单起见，这里只介绍两种：Pure[A]和Delay[A](见图8-8)。

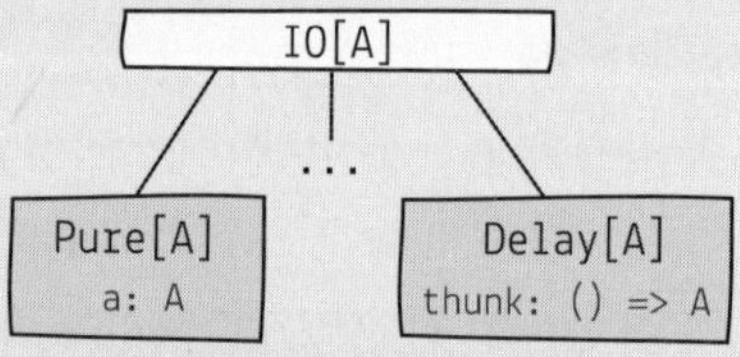

图8-8 IO[A]的子类型

如果想创建类型为IO[Int]的值，那么需要决定它是已经知道的值，还是需要运行不安全的、具有副作用的代码来获取它。

如果知道该值，则可以使用IO.pure构造器来封装该值并返回IO[A](在内部，它是一个Pure[A])：

```
val existingInt: IO[Int] = IO.pure(6)
```

如果需要调用不安全的函数getIntUnsafely()(它是一个可能抛出异常的非纯函数)，那么需要使用IO.delay构造器来封装潜在的不安全调用，而不执行它(使用类似于闭包的机制)：

```
val intFromUnsafePlace: IO[Int] =
  IO.delay(getIntUnsafely())
```

无论选择哪个构造器(pure或delay)，都会得到一个IO[Int]值。它是一个表示潜在不安全计算(如具有副作用的IO操作)的值，如果成功，将产生一个Int值。注意上面的陈述中使用的"表示"(represent)一词。IO[Int]值只表示将提供Int值的计算。需要以某种方式执行或解释这个IO[Int]来获得结果Int值。

Scala中的函数式IO类型是cats-effect库的一部分。要使用IO，你需要先导入cats.effect.IO。如果你使用本书仓库中的sbt console，则已经在范围内

IO.pure和IO.delay之间的区别在于前者是及早求值的示例，而后者是惰性求值的示例。将在本章后面更深入地讨论这个问题

现在重要的是，利用惰性求值的力量，不调用不安全的代码，并将这个责任委托给不同位置的某个实体

8.10 IO 值

记住，IO[Int]或IO[MeetingTime]和任何其他不可变值一样。

什么是IO

IO[A]是一个值，表示可能具有副作用的IO操作(或另一个不安全操作)，如果成功，会产生类型A的值。

问：那么IO到底如何帮助我们呢？而且需要使用外部提供的不安全的非纯calendarEntriesApiCall函数，该如何处理这个要求？当然，不能改变它的特征标记，因为根本不能改变它！

答：不会改变calendarEntriesApiCall函数。通常，当你获得与外部系统集成的外部库时，你不能轻易地改变任何东西。所以calendarEntriesApiCall保持不变！然而，将在一个返回IO值的函数中封装这个外部的、非纯的、具有副作用的函数！

本例中有一个不安全函数，它作为一个客户端库函数，具有以下不可更改的特征标记：

```
def calendarEntriesApiCall(name: String): List[MeetingTime]
```

比较两个特征标记。有一个根本的区别，将在稍后深入探讨

由于这是一个IO操作，我们只想用它来获取一个值，不想执行它；可以使用IO.delay构造器将其放在IO[List[MeetingTime]]值内：

```
> import ch08_SchedulingMeetings.calendarEntriesApiCall
  def calendarEntries(name: String): IO[List[MeetingTime]] = {
    IO.delay(calendarEntriesApiCall(name))
  }
```

如果你想在自己的REPL中跟着做，请从ch08_Scheduling-Meetings模块导入非纯的API客户端库函数，如该代码片段所示

就是这样！我们按要求使用了calendarEntriesApiCall。新函数返回 IO[List[MeetingTime]]，这是一个表示IO操作的纯值，一旦成功执行，将提供List[MeetingTime]。calendarEntries函数的厉害之处在于，无论calendarEntriesApiCall抛出多少异常，它都不会失败！那么它到底是如何工作的？通过这样做，到底实现了什么呢？接下来，将通过一个更小的例子来使用IO类型，这样你就能更直观地感受其用法。

值不会抛出异常，纯函数也不会抛出异常

8.11　实际运行中的IO值

IO.delay获取一个代码块而不执行它，但它返回一个值，表示传递的代码块和它在执行时将产生的值。在会议调度程序中使用并执行IO之前，先看一个更小的例子。假设有一个非纯的Java函数(见图8-9)，它打印一行，然后返回1到6之间的随机数。

```
def castTheDieImpure(): Int = {
    static int castTheDieImpure() {
      System.out.println("The die is cast");
      Random rand = new Random();
      return rand.nextInt(6) + 1;
    }
}
```

将这个非纯函数封装起来，不做任何修改，这样它就可以在我们的项目中使用了

图8-9　castTheDieImpure

在执行这个函数之后，出乎意料地得到了两个结果。

```
> import ch08_CastingDie.castTheDieImpure
  castTheDieImpure()
  → console output: The die is cast
  → 3    发生了什么？调用一个函数，获得了比特
         征标记所表示的更多的结果？
```

若要跟着做，请将此函数导入sbt console REPL会话中

实际上，你只得到了一个结果——一个Int，但函数本身额外打印了一行内容，你可以将其视为副作用，因为它做了比特征标记中承诺的更多的事情(承诺只返回一个Int)。此外，当你第二次运行它时，可能会得到不同结果！它不是一个纯函数，所以FP程序员需要知道它对代码的可维护性构成潜在威胁——它是一段不安全的代码，需要封装在IO中！

使用IO.delay将非纯函数调用封装在IO中。

```
> def castTheDie(): IO[Int] = IO.delay(castTheDieImpure())
  → def castTheDie(): IO[Int]
  castTheDie()
  → IO[Int]
```

怎么样？什么都没有发生！IO.delay 获取一个代码块(调用castTheDieImpure())，但没有执行它。它返回了一个表示传递的代码块的值，而没有执行它。无论执行多少次castTheDie()，它都将返回相同的IO[Int]值，就像List(1, 2, 3)始终返回相同的List[Int]值一样。没有执行任何副作用，没有 println，也没有返回随机数。castTheDie()返回一个值，该值稍后可以被解释(执行)，并可能通过调用惰性存储在内部的castTheDieImpure()函数最终提供一个Int值。这使我们可以专注于使用生成的Int值，而不必运行生成它的代码。下面将展示如何运行和使用IO。

记住，可以使用Scala中的Java代码，因为它们都是JVM语言。我们将在本书的剩下部分中使用这种规定。Java代码代表着命令式解决方案，通常是非纯函数。在Scala中，将以FP的方式使用它们，不做任何修改。希望这种方式适用于你未来的经验

函数式程序员对所有非纯函数进行与IO操作同等的审查

重点！
在FP中，将非纯函数视为不安全的代码

问题1
该函数至少具有两个职责

换句话说，运行不安全代码的责任被委托了

8.12　将非纯性排出

我们将区分使用IO操作生成的值和运行此IO操作的责任。先来看看如何运行IO值。

运行IO值

可以通过执行一个名为unsafeRunSync()的特殊函数来运行IO[A]。

```
> val dieCast: IO[Int] = castTheDie()
→ dieCast: IO[Int]
  import cats.effect.unsafe.implicits.global
  dieCast.unsafeRunSync()
→ console output: The die is cast
→ 3
```

> 在运行IO值之前，需要插入此导入语句。它使得可以访问线程池，线程池用于执行延迟计算和副作用。将在第10章中讨论线程和并发(顺便说一句，本书的sbt console会自动导入它)

看到了吗？可以运行它，得到与之前运行的castTheDieImpure()完全相同的行为(一行打印和一个随机Int值)。然而，在FP中，通常只在程序末尾调用一次unsafeRunSync，其中只包含少量的非纯代码！另一个实体负责运行它。

使用IO的主要好处在于它只是一个值，因此它属于纯净的世界。希望尽可能多地使用纯代码，以利用在本书中学到的所有功能。所有非纯的函数——随机生成器、打印行、API调用和数据库获取，都属于非纯的世界。可以通过图8-10直观地对比纯净的世界与非纯的世界。

> **重点！**
> 在FP中，从大多数函数中推出非纯性

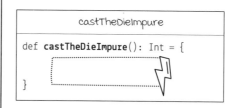

纯净的世界　　　非纯的世界

```
          castTheDie
def castTheDie(): IO[Int] = {
  IO.delay(castTheDieImpure())
}
```

```
        castTheDieImpure
def castTheDieImpure(): Int = {

}
```

将执行不安全代码的责任推给了castTheDie函数的调用者。调用者位于非纯的世界中。可以安全地在纯净的世界中仅使用IO值编写其余的业务逻辑

```
     main application process
val dieCast: IO[Int] = castTheDie()
dieCast.unsafeRunSync()
```

图8-10　纯净的世界与非纯的世界

现在，看看如何仅使用IO值表示具有副作用的IO操作，而不运行它们！IO值，就像List、Option和Either一样，可以使用纯函数进行转换。而且，你已经很熟悉这些函数了！感受纯净世界的真正力量！

8.13　使用从两个IO操作获取的值

理论就说到这儿！现在是时候串联所有知识，利用函数式编程了。将首先完成较小的掷骰子示例，然后要求你在会议调度程序中实现类似的解决方案！

假设你想掷两次骰子并返回两个结果的总和。非纯版本的方案(见图8-11)看起来很简单：

```
> castTheDieImpure() + castTheDieImpure()
  → console output: The die is cast
  → console output: The die is cast
  → 9
```

容易吧？得到两行打印和函数的最终结果，在本例中，最终结果是9。现在，请记住，IO操作通常与某事不按计划进行的风险相关联。骰子有可能从桌子上掉下来。

```
def castTheDieImpure(): Int = {

    static int castTheDieImpure() {
      Random rand = new Random();
      if (rand.nextBoolean())
        throw new RuntimeException("Die fell off");
      return rand.nextInt(6) + 1;
    }

}  import ch08_CastingDie.WithFailures.castTheDieImpure
```

图8-11　非纯版本的方案

问题1

该函数至少具有两个职责

在你看来，castTheDieImpure()+castTheDieImpure()看起来还不错吗？如果你不知道castTheDieImpure函数内部是什么，并只依赖于其特征标记，该特征标记承诺始终返回Int，那么你将遇到大麻烦。在实际项目中，代码库通常很大，你没有足够的时间仔细调查每个实现的每一行，对吧？

IO类型在此发挥作用。我们不想在代码库的这个特定位置考虑try-catch，只想指示程序的逻辑，即从某处获取两个数字并将它们相加。说明这一点，并返回表示此内容且没有附加字符串的值，这不是很好吗？

当函数返回一个Int时，其客户端可以假设在调用时它将返回一个Int

若函数返回IO[Int]，则意味着它会返回一个值，该值稍后可以执行，但其中可能包含一些不安全的代码并且可能失败。它仅在成功时返回一个Int

```
> def castTheDie(): IO[Int] = IO.delay(castTheDieImpure())
  → def castTheDie(): IO[Int]
  castTheDie() + castTheDie()
  → compilation error!
```

这会在编译时失败，因为IO[Int]没有定义相加操作。你不能简单地添加代表潜在不安全计算的两个值

8.14　将两个IO值组合成单个IO值

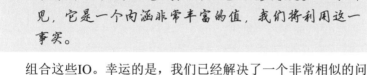

问：不能简单地将两个IO值相加吗？那么如何将它们组合成一个值？这为什么会这么难？

```
castTheDie() + castTheDie()
→ compilation error!
```

答：不能进行添加，因为IO[Int]值表示的不仅仅是Int值。它还表示可能具有副作用和不安全的操作，这个操作会在稍后完成，因为它可能失败。如你所见，它是一个内涵非常丰富的值，我们将利用这一事实。

组合这些IO。幸运的是，我们已经解决了一个非常相似的问题：获取两个数字，如果两个数字都存在，则将它们相加。

```
> val aOption: Option[Int] = Some(2)
  val bOption: Option[Int] = Some(4)
  aOption + bOption
  → compilation error!
```

这会在编译时失败，因为Option[Int]没有定义相加操作。你不能简单地将两个可能不存在的值相加

你还记得用什么来组合两个或多个Option值吗？答案是在for推导式中使用的flatMap。

```
> val result: Option[Int] =
    for {
      a <- aOption
      b <- bOption
    } yield a + b
```

整个for表达式产生类型为Option[Int]的值。在本例中，它是Some(6)，但如果aOption或bOption中有任何一个为None，则它将产生None

希望这对你来说不算惊喜，因为自从第5章引入概念以来，一直在使用flatMap和for推导式。flatMap在函数式程序中无处不在

结果IO也有flatMap！

```
> def castTheDieTwice(): IO[Int] = {
    for {
      firstCast <- castTheDie()
      secondCast <- castTheDie()
    } yield firstCast + secondCast
  }
```

整个for表达式产生类型为IO[Int]的值。它描述了在不同位置执行的程序

创建了一个新函数，它返回IO[Int]——一个程序的描述，稍后执行时将生成一个Int，这将是掷骰子两次的结果。由于IO只是一个纯值，因此这里不会抛出异常，因为还没有运行它。

由于castTheDieTwice属于纯净的世界，因此不会在此运行此值。它将被委托给此函数的客户端

8.15 练习创建和组合IO值

刚刚描述的掷骰子设置与本章中一直在开发的会议调度程序中的一个功能非常相似。需要获取两个与会者的日历项，然后将这两个列表合并在一起，以获取他们两人的所有已安排会议的列表。

给定一个可能不安全且具有副作用的函数，该函数返回给定与会者的会议列表：

```
def calendarEntriesApiCall(name: String): List[MeetingTime]
> import ch08_SchedulingMeetings.calendarEntriesApiCall
```

1

记得将两个非纯函数都导入书中的sbt console REPL会话中

编写一个纯calendarEntries函数，它使用上面这个函数，但仅返回一个值，该值描述执行后会发生什么。

给定一个可能不安全且具有副作用的非纯函数，该函数保存给定的会议以供将来使用：

```
def createMeetingApiCall(names: List[String], meetingTime: MeetingTime): Unit
> import ch08_SchedulingMeetings.createMeetingApiCall
```

2

编写一个纯函数，它使用上面这个API调用函数，但仅返回一个值，该值描述执行后会发生什么。

3

你的最终任务是编写一个纯函数，该函数返回一个程序的说明，该程序获取person1和person2的日历项，并返回其所有会议的单个列表。它应在内部使用calendarEntries(上面实现)。此函数的特征标记如下：

```
def scheduledMeetings(person1: String, person2: String): IO[List[MeetingTime]]
```

答案(见图8-12)：

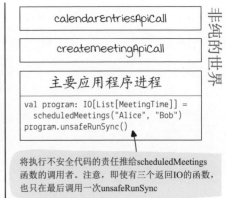

纯净的世界

```
def calendarEntries(name: String): IO[List[MeetingTime]] = {
  IO.delay(calendarEntriesApiCall(name))
}  此函数描述输入操作(读取值)
```
1

```
def createMeeting(names: List[String],
                  meeting: MeetingTime): IO[Unit] = {
  IO.delay(createMeetingApiCall(names, meeting))
}
  IO[Unit]表示它是输出操作(写入值)
```
2

```
def scheduledMeetings(person1: String,
  person2: String): IO[List[MeetingTime]] = {
  for {
    person1Entries <- calendarEntries(person1)
    person2Entries <- calendarEntries(person2)
  } yield person1Entries.appendedAll(person2Entries)
}   你还记得如何附加两个不可变列表吗
```
3

非纯的世界

calendarEntriesApiCall

createmeetingApiCall

主要应用程序进程

```
val program: IO[List[MeetingTime]] =
  scheduledMeetings("Alice", "Bob")
program.unsafeRunSync()
```

将执行不安全代码的责任推给scheduledMeetings函数的调用者。注意，即使有三个返回IO的函数，也只在最后调用一次unsafeRunSync

图8-12 习题答案

8.16　仅使用值来解决问题

问题1

该函数至少具有两个职责

现在有三个返回IO值的函数。calendarEntries和createMeeting是它们非纯的对应函数(API调用)的简单封装器。scheduledMeetings函数利用calendarEntries返回在person1和person2日程中安排的所有会议。

命令式的calendarEntriesApiCall(String name)和其函数式的封装器calendarEntries(name: String)之间有一个细微但非常重要的区别。命令式的函数执行以下两个操作：

- 返回给定人员的List[MeetingTime]
- 执行负责获取List[MeetingTime]的IO操作

函数式版本不执行任何IO操作，它的唯一工作是指示它将返回一个List[MeetingTime]，而其他人将需要执行它(使用unsafeRunSync())。因此，其中一个职责被委托给calendarEntries的客户端或任何其他在内部使用calendarEntries并返回IO值的函数。

```
> val scheduledMeetingsProgram = scheduledMeetings("Alice", "Bob")
  → IO[List[MeetingTime]]
```

什么都没有发生，仅仅获得一个程序的描述(作为值)

同时，对于非纯世界，在主要过程中：

```
> scheduledMeetingsProgram.unsafeRunSync()
  → List(MeetingTime(8, 10), MeetingTime(11, 12), MeetingTime(9, 10))
```

执行了由给定的IO值描述的IO操作，并获得了一些结果。请记住，由于正在进行不安全的操作，并且尚未讨论故障处理，因此这一行可能还会导致异常。如果发生这种情况，请重试

注意使用新函数scheduledMeetings返回程序的描述(IO值)。在内部，此函数使用了程序的不同描述(由calendarEntries返回的IO值)。当调用calendarEntries时，没有执行任何IO操作，调用scheduledMeetings时也没有执行任何IO操作。只是使用IO值并将scheduledMeetingsProgram值作为程序的最终版本。然后，直接执行它。这是整个应用程序中唯一的非纯行。应用程序的其余部分仍然是纯函数，因为只使用操作值的函数。

FP的本质是编写将输入值转换为新输出值的函数。自第1章以来，一直在这样做。一直在使用List、String、Set、Option、Either和现在的IO，它们都是不可变值。

这是函数式程序的设计方式。将在本章后面和第11章中更详细地讨论它

8.17   IO类型是病毒性的

使用IO的另一个非常重要的后果是，如果想使用在编写的函数中返回IO的函数，那么编写的函数将被迫返回IO值！例如，当开发scheduledMeetings函数时，知道需要为person1和person2调用calendarEntries，否则将无法实现此要求：

```
def scheduledMeetings(person1: String,
                      person2: String): IO[List[MeetingTime]] = {
  for {
    person1Entries <- calendarEntries(person1)
    person2Entries <- calendarEntries(person2)
  } yield person1Entries.appendedAll(person2Entries)
}
```

注意，返回类型是IO[List[MeetingTime]]，这是因为在内部使用了calendarEntries。这是无法避免的。为了在由IO操作生成的值上执行任何计算(即被封装为IO值)，还需要产生一个新的IO值。(禁止使用unsafeRunSync或其他unsafe函数，因为它们不是纯函数。)IO类型是病毒性的；一旦你的函数返回IO，所有其他使用它的函数也需要返回IO。它会传播，这有三个重要后果。

> **重点!**
> 当使用返回IO的函数时，被迫返回IO

尽可能少使用IO

希望尽可能地给函数的用户更多自由。返回IO的函数会限制用户的自由，因为它会强制用户也返回IO。因此，需要尽可能少使用IO。本章介绍了IO，因此大量使用它，但是随着我们实现更多功能，注意尝试将大部分逻辑提取到纯非IO函数中。

IO作为可能失败情况的标记

病毒性IO的好处是，无法绕过它。这意味着它有助于识别需要特殊关注的函数。所有返回IO的函数都描述执行时可能失败的程序。因此，IO类型是代码库中随处可见的标记。

在解决下一个练习之后，将处理故障和恢复策略

没有人可以隐藏不安全的副作用代码

这意味着如果函数不返回IO，那么可以确定它不会创建任何不安全的副作用。

8.18 小憩片刻: 使用值

为了让你更好地使用值(并回顾之前章节的一些内容), 你将编写会议调度应用程序的下一个重要部分!

你的第一个任务是编写possibleMeetings函数:

```
def possibleMeetings(existingMeetings: List[MeetingTime],
                     startHour: Int, endHour: Int,
                     lengthHours: Int): List[MeetingTime]
```

1

它应该返回所有MeetingTime, 从startHour(或更晚)开始, 到endHour(或更早)结束, 持续lengthHours个小时, 且不与任何existingMeetings重叠。你已经知道编写此类函数时所需的一切, 但你可能需要查找List API文档以找到一个非常方便的函数, 并用它创建包含一系列Int的列表。

文档和API文档可以在https://scala-lang.org/api/3.x/找到

使用上一步实现的函数实现schedule函数, 该函数查找空闲时间段, 如果找到, 则返回Some中创建的会议, 否则返回None:

2

```
def schedule(person1: String, person2: String, lengthHours: Int): IO[Option[MeetingTime]]
```

注意返回类型: IO[Option[...]]! 要注意, 只允许在工作时间(8—16)内安排会议。使用你之前实现的scheduledMeetings函数(见图8-13)。你不必使用API调用来维持会议。稍后会处理它, 但是不妨考虑一下它可能看起来像什么。

```
                    scheduledMeetings
def scheduledMeetings(person1: String,
  person2: String): IO[List[MeetingTime]] = {
    for {
    person1Entries <- calendarEntries(person1)
    person2Entries <- calendarEntries(person2)
  } yield person1Entries.appendedAll(person2Entries)
}
```

图8-13 scheduledMeetings

技巧和提示

请记住, 在FP中, 使用值并以声明性方式将它们转换为新值。

先尝试自己完成, 不要提前查看提示或答案:

1. List类API有一个range函数, 它可以帮助你生成所有可能的起始时间List。这可以用作进一步转换的基础, 例如, 创建所有可能的MeetingTime时间段列表(记住map、filter和forall)。

2. 建议再次浏览List API, 并弄清楚如何返回List的第一个元素的Option。

8.19　解释：使用值

　　希望你已经尽力完成这个练习。记住，如果学习过程充满疑问，那么代表你收获很多！所以，如果第一次尝试没有得到正确的答案，不用担心。看看图8-14中的解决方案，找出你遇到困难的地方。

```scala
def meetingsOverlap(meeting1: MeetingTime, meeting2: MeetingTime): Boolean = {
  meeting1.endHour > meeting2.startHour && meeting2.endHour > meeting1.startHour
}
```

> 首先，创建一个辅助纯函数，它将表明两个会议时间是否重叠

```scala
def possibleMeetings(
    existingMeetings: List[MeetingTime],
    startHour: Int,
    endHour: Int,
    lengthHours: Int
): List[MeetingTime] = {
  val slots = List
    .range(startHour, endHour - lengthHours + 1)
    .map(startHour => MeetingTime(startHour, startHour + lengthHours))

  slots.filter(slot =>
    existingMeetings.forall(meeting => !meetingsOverlap(meeting, slot))
  )
}
```

> 使用List.range创建一个List[Int]，从startHour开始，并结束在长度为lengthHours的会议的最后可能开始时间。现在，我们已经拥有所有可能开始时间的列表

> 然后，将这个所有可能开始时间的List[Int]映射到一个List[MeetingTime]

> 最后，给定所有可能的时间段，过滤所有与现有会议重叠的时间段，然后就得到了所有可能的会议列表

```scala
def schedule(person1: String, person2: String, lengthHours: Int): IO[Option[MeetingTime]] = {
  for {
    existingMeetings <- scheduledMeetings(person1, person2)
    meetings          = possibleMeetings(existingMeetings, 8, 16, lengthHours)
  } yield meetings.headOption
}
```

> 需要使用由不安全IO操作产生的值——我们知道这一点，因为scheduledMeetings通过其特征标记中的IO表明这一点。因此，就像在List的语境中使用值或在Option的语境中使用值一样，在for推导式内部使用IO类型的flatMap功能，从而提取和处理最终由scheduledMeetings产生的值

> possibleMeetings返回一个List，因此会议是一个List[MeetingTime]。headOption只获取这个列表的第一个元素(如果列表为空，则为None，否则为Some)

> possibleMeetings函数产生直接使用的值(它不包含在IO中)，因此我们使用等号。它的工作方式就像对val赋值一样，但是for推导式内部省略了val关键字

图8-14　使用值的方案

　　恭喜你！这个练习是本书中的里程碑式练习之一。如果你对自己的解决方案感到满意，那么这意味着你已经掌握了第5～7章讨论的主题。这将有助于我们理解下一个主题——故障处理！

8.20 向函数式IO前进

IO的引入解决了我们的第一个问题(见图8-15)：现在函数描述了一个将执行一些IO操作的程序，但是执行它们的职责被委托给应用程序中由其客户端选择的不同位置。某人最终仍需要调用unsafeRunSync()，但这不再是schedule函数的关注点。schedule提供了一个IO值，在运行(或解释)之前什么都不会发生。

```
> val program = schedule("Alice", "Bob", 1)
  → IO[Option[MeetingTime]]
  program.unsafeRunSync()
  → Some(MeetingTime(10, 11))
```
> 如果你运气不好，可能需要多次运行才能得到这个答案。马上会进行讨论

重要的是，创建了一个值来表示相当复杂的程序。使用许多值来表示较小的程序，并对其进行map和flatMap操作。这不仅是本章的关键点，还是整本书的关键点之一。函数式编程本质上是使用纯函数转换不可变值。

> **重点!**
> FP是使用纯函数转换不可变值，即使在处理IO时也是如此

当前解决方案

> 这两个函数都只是封装器，用于不可更改的客户端库中定义的潜在不安全的副作用IO操作。使用IO.delay确保稍后对它们进行惰性求值

```
def calendarEntries(name: String): IO[List[MeetingTime]]
```
此函数返回一个对副作用IO操作的描述，当执行时，将返回MeetingTime列表

```
def createMeeting(names: List[String], meeting: MeetingTime): IO[Unit]
```
此函数返回一个对副作用IO操作的描述，当执行时，不会返回任何东西(因此是IO[Unit])

```
def scheduledMeetings(person1: String, person2: String): IO[List[MeetingTime]]
```
此函数返回一个对副作用IO操作的描述，当执行时，将为两个与会者返回MeetingTime列表

```
def schedule(person1: String, person2: String, lengthHours: Int): IO[Option[MeetingTime]]
```
此函数返回一个对副作用IO操作的描述，当执行时，将返回可能的MeetingTime。它是使用较小的描述(IO值)构建的，但在此函数中不执行任何操作。这只是描述的组合

问题1 ✔ 由IO类型解决

该函数至少具有两个职责
它调用外部API，同时找到空闲时间段，所有这些都在一个函数内完成

↓ 第一个问题已经解决了，下面解决第二个问题

问题2

如果三个外部API调用中的任何一个失败，则整个函数都会失败 →

问题3

特征标记会说谎

图8-15 当前情况

8.21 如何处理IO故障

现在解决一开始发现的第二个问题(见图8-16)。我们已经遇到了它几次,但先回顾一下在此处真正面临的问题。如图8-17所示,calendarEntriesApiCall函数可能会失败(在本例中将抛出异常)。将运行IO操作的职责委托给他人,但当它们运行时仍会失败。大事不妙!

问题2

如果三个外部API调用中的任何一个失败,则整个函数都会失败
如果API调用出现任何问题(网络错误、服务器错误等),则整个函数都会失败并抛出异常,这可能会使用户感到困惑。从业务逻辑的角度看,不能对任何API调用做出任何假设

图8-16   问题2

```
def calendarEntriesApiCall(name: String): List[MeetingTime] = {

  static List<MeetingTime> calendarEntriesApiCall(String name) {
    Random rand = new Random();
    if (rand.nextFloat() < 0.25)
      throw new RuntimeException("Connection error");
    if (name.equals("Alice"))
      return List.of(new MeetingTime(8, 10), new MeetingTime(11, 12));
    else if (name.equals("Bob"))
      return List.of(new MeetingTime(9, 10));
    else
      return List.of(new MeetingTime(rand.nextInt(5) + 8, rand.nextInt(4) + 13));
  }
}
```

25%概率

注意,此函数是非纯和不安全的,因为它并不总是返回结果(有时会失败),而且当它返回结果时,对于相同的参数,其结果并不总是相同的

图8-17   calendarEntriesApiCall

在命令式解决方案中,尝试编写一个简单的恢复策略,其中包括单次重试。显然,还有更复杂的策略可用,但重点在于它们的实现不应过多纠缠于业务逻辑。不希望在单个业务逻辑行中纠缠十几行恢复代码!它们的职责不同。

```
List<MeetingTime> person1Entries = null;
try {
  person1Entries = calendarEntriesApiCall(person1);
} catch(Exception e) {
  person1Entries = calendarEntriesApiCall(person1);
}
```

在本章的前面,实现了一个简单的恢复机制,如果失败,则会对同一个调用重试一次。对于其他API调用,也需要编写相同的代码

在命令式编程中编写"配方":处理器执行的分步指南。因此恢复代码经常纠缠在业务逻辑行之间,使整个代码难以阅读和维护。在FP中,使用声明式风格——描述需求并将执行的责任委托给他人。这有助于设计,因为可以使用兼容块(值)构建程序。令人惊讶的是,前面已经介绍过一个函数,它将用于构建恢复策略。快问快答:你是否记得如何转换可能为None的Option值?

答案:
Option.orElse

8.22 运行由IO描述的程序可能会失败

由于IO操作有时会失败(与大多数具有副作用的IO调用一样)，因此基于IO操作的程序也可能会失败！将不安全的调用封装为IO值，可以让我们免受直接失败的影响。将程序的描述(IO值)与其执行(调用unsafeRunSync())分离开来，这样只要保持在IO的语境中，就不会遇到任何失败。因此，保证对这些函数的调用是安全的，而且不会失败——它们只返回值！

> 这些函数永远不会失败

```
def calendarEntries(name: String): IO[List[MeetingTime]]
def createMeeting(names: List[String], meeting: MeetingTime): IO[Unit]
def scheduledMeetings(person1: String, person2: String): IO[List[MeetingTime]]
def schedule(person1: String, person2: String, lengthHours: Int): IO[Option[MeetingTime]]
```

但是，这并不意味着绝对安全。如果基础IO操作随机失败(如无法更改的calendarEntriesApiCall，其失败率约为25%)，则当描述(IO值)执行时，程序可能会失败。如果你一直在REPL中跟着做，你可能已经发现了这一点。

> 注意，由schedule函数返回的IO值描述的程序可能包含多个不安全的API调用。只有它们都成功了，整个执行才能成功

```
val program = schedule("Alice", "Bob", 1)
→ IO[Option[MeetingTime]]

program.unsafeRunSync()
→ Exception in thread "main": Connection error
```

但是，有时基础操作可能全部成功，因此如果多次尝试，应该最终会有好运气。

```
program.unsafeRunSync()        这次不行
→ Exception in thread "main": Connection error
program.unsafeRunSync()        由于程序只是一个不可变值，因此可以多次重复使用
→ Some(MeetingTime(10, 11))    它并运行。这一次它奏效了，得到了一个结果
```

因此，如果IO操作不安全且可能会失败，则调用此操作的IO值描述的程序也可能会失败。这只能在使用unsafeRunSync()运行IO值之后发生，而不是之前(因为之前它只是一个值)。尽管已将执行与描述分离开来，但是仍然需要声明在发生故障的情况下会发生什么。仍然需要一种描述恢复机制的方式，例如单次重试。幸运的是，也可以在IO值中编写恢复机制！这也可以是非常复杂的恢复机制！将使用一个熟悉的函数来执行此操作。

8.23 记得orElse吗

IO类型能够描述当某些事情失败时该使用什么，正如Option和Either能描述当值为None或Left时该使用什么。Option和Either有orElse，IO也有！

掌握IO的主要困难在于如何在直觉上从运行IO代码转变为具有描述基于IO的代码的值。一旦你掌握了它，一切都变得更容易，因为你可以利用已经建立的直觉。在处理失败时，直觉告诉你IO与Option和Either非常相似。当你需要从不属于程序正常路径的操作中恢复时，你使用orElse，它会创建一个新值。下面来看具体操作，如图8-18所示。

> IO类型是cats-effect库的一部分。要使用IO，你需要先导入 cats.effect. IO。要使用通用函数 orElse，你还需要导入 cats.implicits._。同理，如果你从本书的仓库使用sbt console，那么你所需的一切都已经被导入了

Option.orElse

```
> val year: Option[Int] = Some(996)
  val noYear: Option[Int] = None

  year.orElse(Some(2020))
→ Some(996)
  noYear.orElse(Some(2020))
→ Some(2020)
  year.orElse(None)
→ Some(996)
  noYear.orElse(None)
→ None
```

Either.orElse

```
> val year: Either[String, Int] = Right(996)
  val noYear: Either[String, Int] = Left("no year")

  year.orElse(Right(2020))
→ Right(996)
  noYear.orElse(Right(2020))
→ Right(2020)
  year.orElse(Left("can't recover"))
→ Right(996)
  noYear.orElse(Left("can't recover"))
→ Left("can't recover")
```

IO.orElse

寻找输出中的相似之处。Some和Right值类似于成功的IO值执行。None和Left值类似于失败的IO值执行

```
> val year: IO[Int] = IO.delay(996)
  val noYear: IO[Int] = IO.delay(throw new Exception("no year"))

  val program1 = year.orElse(IO.delay(2020))
→ IO[Int]
  val program2 = noYear.orElse(IO.delay(2020))
→ IO[Int]
  val program3 = year.orElse(IO.delay(throw new Exception("can't recover")))
→ IO[Int]
  val program4 = noYear.orElse(IO.delay(throw new Exception("can't recover")))
→ IO[Int]

  program1.unsafeRunSync()
→ 996
  program2.unsafeRunSync()
→ 2020
  program3.unsafeRunSync()
→ 996
  program4.unsafeRunSync()
→ Exception in thread "main": can't recover
```

> noYear是一个程序的描述，如果成功，将返回一个Int。然而，当运行它时，它总是失败！那么该如何恢复呢

> 到目前为止，只创建了IO值，所以year和noYear都是值。program1~4也只是值。然而，其中一些值包含一个简单的故障恢复策略！使用unsafeRunSync()，可以通过运行由这些值描述的程序来查看此策略

> 异常消息来自传递给orElse的IO值。运行noYear失败，因此使用orElse中的值，结果同样失败了

图8-18 使用orElse

8.24 惰性求值和及早求值

IO.orElse的行为与Either和Option非常相似。orElse获取另一个IO值，仅在原始值不成功时使用。Option的不成功情况是None，Either的不成功情况是Left，而IO的不成功情况则是一个具有副作用的IO操作，执行后失败(抛出异常)。

下面以另一种方式来查看orElse的工作方式，如图8-19所示。

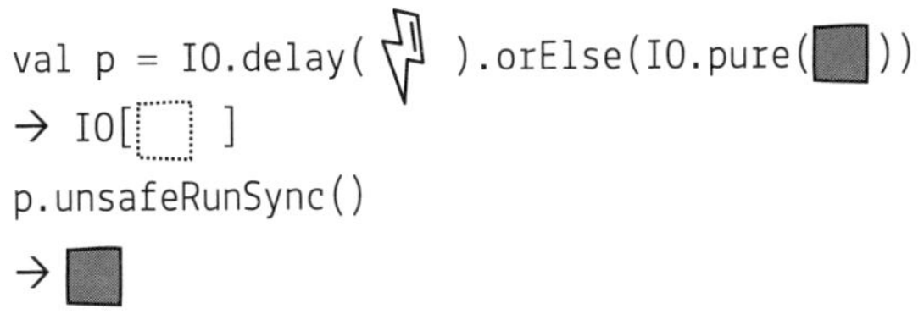

```
val p = IO.delay( ⚡ ).orElse(IO.pure(■))
→ IO[ □ ]
p.unsafeRunSync()

→ ■
```

图8-19 orElse的工作

orElse需要一个IO值作为其参数，就像Option.orElse需要一个Option以及Either.orElse需要一个Either一样。你是否注意到，这次使用IO.pure生成始终成功的IO，并带有硬编码值？

存储传递给IO.delay的代码的方式类似于存储闭包以供后续使用的方式。在IO的情况下，仅在某人调用unsafeRunSync()时执行一次

```
val alwaysSucceeds: IO[Int] = IO.pure(42)
```

顾名思义，传递给IO.delay的代码不会被求值(它被延迟)，直到在此IO或使用此IO的另一个IO值上调用unsafeRunSync()时为止。然而，IO.pure会立即对给定的代码进行求值(在本例中为42)并将其保存在IO值中。这极好地展示了惰性求值和及早求值之间的差异，详见图8-20。

惰性求值

对表达式的惰性求值是延迟求值——直到某个地方需要时才进行求值

对函数体进行惰性求值。你在函数内部编写的代码在调用函数之前不会执行

传递给IO.delay的代码也进行惰性求值。以下语句将始终成功(值的创建和unsafeRunSync()的调用均适用)

```
val program = IO.delay(
  throw new Exception() <- 这个永远不会
                            被执行
).orElse(IO.pure(2022))
→ IO[Int]

program.unsafeRunSync()
→ 2022
```

及早求值

对表达式的及早求值是立即求值——在定义代码的同一位置执行代码(求值)

对值定义进行及早求值。编写在等号右侧的代码将立即执行

传递给IO.pure的代码也被及早求值。以下语句将在值创建时失败，因为代码被及早求值并且总是抛出异常

```
val program = IO.pure(
  throw new Exception()
).orElse(IO.pure(2022))
→ Exception thrown
```

异常被及早求值——甚至没有调用unsafeRunSync，因为没有值可调用它

其他函数语言的IO类型也使用相同技术

图8-20 惰性求值与及早求值

8.25 使用IO.orElse实现恢复策略

对于之前使用**try-catch**命令式实现的单次重试策略，现在使用IO及其orElse函数实现。基于我们的知识，这应该很简单，参见图8-21。

```
calendarEntries("Alice").orElse(calendarEntries("Alice"))
```

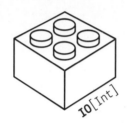

calendarEntries("Alice")返回一个IO值，描述一个程序，该程序在执行时将尝试调用外部API并返回日历项列表(MeetingTime)

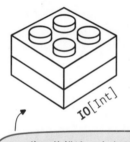

orElse返回另一个IO值，描述一个程序，该程序在执行时将尝试执行原始IO所描述的程序，并且仅在该程序失败时，它将尝试执行作为参数传递给orElse的IO值所描述的程序(这恰好是对calendar Entries("Alice")的另一个调用)

此IO值描述一个实现单次重试恢复策略的程序

图8-21 使用IO.orElse实现恢复策略

就是这样！好消息是，一旦你清楚地知道IO只是一个值，就很容易实现许多可能复杂的策略，涉及的不仅是重试，还包括回退、退避和缓存值，其中一些将在本章后面看到。orElse的工作方式与我们预期的一样，只涉及一些Either和Option。这也是一个巨大胜利，你一定也会同意。

还有一件重要的事情要讨论，即orElse返回IO，这意味着可以多次连接orElse调用，以根据小型IO值创建更大、更复杂的IO值。将经常使用此功能，但在使用之前，应确保你掌握了目前的知识。

答案:
```
calendarEntries(...)
.orElse(
calendarEntries(...)
).orElse(
calendarEntries(...)
)
```

快速练习

编写一个表达式，它创建一个IO值，描述一个将重试calendarEntries两次的程序。

8.26 使用orElse和pure 实现回退

问题2

如果三个外部API调用中的任何一个失败，则整个函数都会失败(详见8.5节)

下面将连接orElse的功能与IO构造器的惰性求值和及早求值(分别是IO.delay和IO.pure)结合起来，创建一个更复杂的恢复策略，该策略被编码为单个IO值。可以使用IO.pure作为orElse链中最后一个调用，因为我们知道它总是会成功。我们之所以知道它总是会成功，是因为传递给IO.pure的表达式被及早求值。当我们使用IO.pure创建的值作为链中最后一个orElse调用的参数时，得到了一个IO值，当该值被执行时，永远不会失败。这就是实现另一种恢复策略的方式，该策略先进行重试，如果再次失败，则使用安全回退值。

```
calendarEntries("Alice")
  .orElse(calendarEntries("Alice"))
  .orElse(IO.pure(List.empty))
```

一个IO值描述以下行为: 调用具有副作用的IO操作, 如果成功, 则返回结果。如果失败, 则最多重试一次。如果重试失败, 则返回一个IO值, 该值将始终成功并返回一个空列表

> 问: 如果连续两次调用外部API失败, 可以只返回一个空列表吗?
>
> 答: 视情况而定! 注意, 现在只讨论可以用来实现不同故障恢复策略的工具。但是, 仍有必要了解这些策略如何影响业务逻辑。在给定的业务语境中, 返回空列表的做法可能合适, 也可能不合适。在本章后面更深入地介绍函数式架构时, 将继续讨论这种权衡。

很快将在"函数式架构"一节中讨论它

总之，以下所有值都描述了具有不同故障恢复行为的不同程序。

```
calendarEntries("Alice")
  .orElse(calendarEntries("Alice"))
```

一个IO值，描述以下行为: 调用具有副作用的IO操作, 如果成功, 则返回结果; 如果失败, 则最多重试一次

```
calendarEntries("Alice")
  .orElse(IO.pure(List.empty))
```

一个IO值，描述以下行为: 调用具有副作用的IO操作, 如果成功, 则返回结果; 如果失败, 则返回一个IO值, 该值始终成功并返回空列表

```
calendarEntries("Alice")
  .orElse(calendarEntries("Alice"))
  .orElse(calendarEntries("Alice"))
  .orElse(IO.pure(List.empty))
```

一个IO值，描述以下行为: 调用具有副作用的IO操作, 如果成功, 则返回结果; 如果失败, 则最多重试两次; 如果所有重试都失败, 则返回一个IO值, 该值总是会成功并返回空列表

8.27 练习IO值的故障恢复

现在是时候自己写一些代码了。图8-22中的两个函数在Java
中返回Int且不是纯函数。

```
def castTheDie(): Int = {
  static int castTheDieImpure() {
    Random rand = new Random();
    if (rand.nextBoolean())
      throw new RuntimeException("Die fell off");
    return rand.nextInt(6) + 1;
  }
}
              import ch08_CardGame.castTheDie
```

```
def drawAPointCard(): Int = {
  static int drawAPointCard() {
    Random rand = new Random();
    if (rand.nextBoolean())
      throw new RuntimeException("No cards");
    return rand.nextInt(14) + 1;
  }
}
              import ch08_CardGame.drawAPointCard
```

图8-22 两个非纯函数

> 这些是非纯且不安全
> 的函数，可能会抛出
> 异常。这些函数按
> 本书惯例使用Java编
> 写。将它们封装在
> Scala函数中，以便
> 你将其导入REPL会
> 话中

你的任务是创建三个不同的IO值，描述以下程序：

1. 投掷骰子，如果无法产生结果，则返回0。

2. 抽一张牌，如果失败，则掷骰子。

3. 投掷骰子，如果失败，则重试一次；如果再次失败，则返
回0。

4. 投掷骰子，抽一张牌，对每个操作都回退0。返回两者的
总和。

5. 抽一张牌，投掷两次骰子。返回三个数字的和(如果其中任
何一个失败，则返回0)。 提示：请记住，FP中的一切都是产生值的表
达式

答案：

```
IO.delay(castTheDie()).orElse(IO.pure(0))
```
1

```
IO.delay(drawAPointCard()).orElse(IO.delay(castTheDie()))
```
2

```
IO.delay(castTheDie())
  .orElse(IO.delay(castTheDie()))
  .orElse(IO.pure(0))
```
3

```
for {
  die <- IO.delay(castTheDie()).orElse(IO.pure(0))
  card <- IO.delay(drawAPointCard()).orElse(IO.pure(0))
} yield die + card
```
4

```
(for {
  card <- IO.delay(drawAPointCard())
  die1 <- IO.delay(castTheDie())
  die2 <- IO.delay(castTheDie())
} yield card + die1 + die2).orElse(IO.pure(0))
```
5

> 此for表达式也
> 会生成IO值。因
> 此，可以在整个
> 值上使用orElse，
> 并具有更广泛的
> 回退方案

8.28 应该在哪里处理潜在的故障

你还记得处理命令式代码中的潜在故障时需要多个try-catch吗？现在，将其与以下IO版本进行比较，这些版本使用单次重试和默认值，以防任何内容(包括重试)失败。无论如何选择，都不必花费太多精力，因为对值进行操作，所以可以在任何需要和想要的级别上实现故障处理。

是的，这仍然不是一个完美的解决方案，但它显示了故障处理逻辑。稍后将使用相同概念构建一个更安全的版本

1 第一种选择是在calendarEntries中实现故障处理。然后，不需要更改schedule：

```
def calendarEntries(name: String): IO[List[MeetingTime]] = {
  IO.delay(calendarEntriesApiCall(name))
    .orElse(IO.delay(calendarEntriesApiCall(name)))
    .orElse(IO.pure(List.empty))
}
```

2 第二种选择是在scheduledMeetings辅助函数的级别上实现故障处理：

```
def scheduledMeetings(person1: String,
                      person2: String): IO[List[MeetingTime]] = {
  for {
    person1Entries <- calendarEntries(person1)
                        .orElse(calendarEntries(person1))
                        .orElse(IO.pure(List.empty))
    person2Entries <- calendarEntries(person2)
                        .orElse(calendarEntries(person2))
                        .orElse(IO.pure(List.empty))
  } yield person1Entries.appendedAll(person2Entries)
}
```

3 第三种选择是在schedule函数的级别上实现故障处理：

```
def schedule(person1: String, person2: String,
             lengthHours: Int): IO[Option[MeetingTime]] = {
  for {
    existingMeetings <- scheduledMeetings(person1, person2)
      .orElse(scheduledMeetings(person1, person2))
      .orElse(IO.pure(List.empty))
    meetings = possibleMeetings(existingMeetings, 8, 16, lengthHours)
  } yield meetings.headOption
}
```

你可以使用上述任何一种方案或混合使用多种方案！最终决定取决于多种因素，包括业务逻辑语境和处理故障的总体结构。关键是，仅使用IO值即可有许多可能性。现在将选择第三种方案。

8.29 具有故障处理的函数IO

IO的引入已经解决了本章前面列出的三个问题中的两个，如图8-23所示。通过描述复杂的恢复策略，而不影响业务逻辑流程(这反过来大幅影响可读性和可维护性)，现在拥有能够处理故障的代码。对函数式方案与命令式Java版本进行了比较，发现在Java版本中业务逻辑在许多try-catch行和相关机制中丢失

```
def schedule(person1: String, person2: String,
              lengthHours: Int): IO[Option[MeetingTime]] = {
  for {
    existingMeetings <- scheduledMeetings(person1, person2)
      .orElse(scheduledMeetings(person1, person2))
      .orElse(IO.pure(List.empty))
    meetings = possibleMeetings(existingMeetings, 8, 16, lengthHours)
  } yield meetings.headOption
}
```

记住，以上解决方案在发现一段空闲时间时，仍然没有维持任何会议——它不会调用所需的createMeetingApiCall函数之一。我们将在本章末尾处理这一问题。

这个问题也将作为IO值得到解决，但由于这是一个输出操作，需要讨论一些注意事项

故障与错误

你是否注意到本章中讨论的是故障而不是错误？当提及故障时，通常指运行某些不安全的、有副作用的代码时出现的问题：连接断开、服务器意外失败等。通常用错误来指示一些业务级别的错误，例如用户提供了错误的密码或提供的String无法解析。第6章讨论了错误处理——那里没有讨论故障！

但是，可以通过明确地将一个值转换为另一个值来将故障转换为错误。将在本书的最后一部分展示它

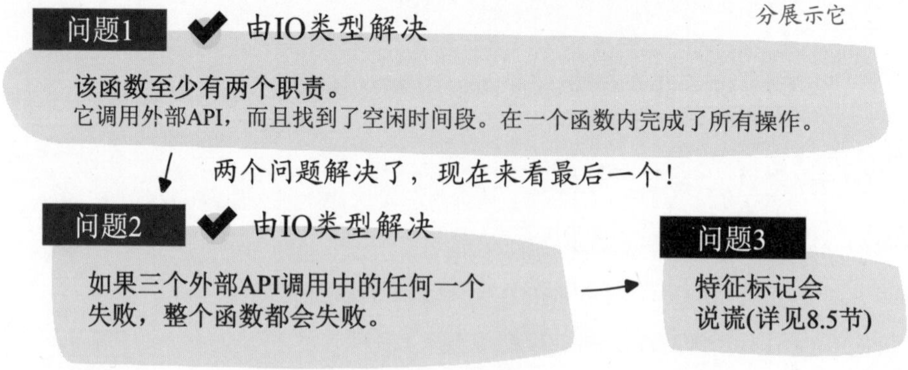

问题1 ✔ 由IO类型解决

该函数至少有两个职责。
它调用外部API，而且找到了空闲时间段。在一个函数内完成了所有操作。

两个问题解决了，现在来看最后一个！

问题2 ✔ 由IO类型解决

如果三个外部API调用中的任何一个失败，整个函数都会失败。

问题3

特征标记会说谎(详见8.5节)

图8-23 当前情况

8.30　纯函数不会说谎，即使在不安全的世界中也是如此

问题3
特征标记会
说谎(详见8.5节)

编写的初始命令式解决方案的第三个问题与自本书开头以来一直在练习的旧观念有关。比较以下两个函数特征标记。第一个特征标记是命令式版本，而第二个是已经调整了一段时间的函数式IO版本，两者之间最明显的区别是什么？

命令式 `static MeetingTime schedule(String person1, String person2, int lengthHours)`

函数式 `def schedule(person1: String, person2: String, lengthHours: Int): IO[Option[MeetingTime]]`

这两个特征标记看起来相似；它们都接受三个参数，但返回了不同的东西：命令式版本返回MeetingTime，而函数式版本返回IO[Option[MeetingTime]]。哪一个在说谎，哪一个在说真话？

如果特征标记说实话，我们的工作就变得容易得多！不必分析所有实现就能了解在调用函数时可能发生什么。此外，编译器也更容易帮助我们！

那 不 是 一 个 引 导 性 问 题 吗 ？
我们已经知道，尽管命令式schedule在特征标记中承诺返回MeetingTime，但它并不总是这样做！它无法兑现承诺的两种情况如下：

1. 检索某个人的日历项时出现连接错误，然后函数抛出异常，而不是返回 MeetingTime。

2. 对于两个与会者和长度为lengthHours的会议，没有可安排的共同时间段，然后函数返回null，这不是它承诺的MeetingTime。

现在对命令式与函数式特征标记进行比较，函数式特征标记不会说谎，并且始终返回IO[Option[MeetingTime]]。它表明这个函数返回一个值，描述了一个程序：

- 执行一些IO操作，这些操作可能具有副作用并且因许多原因而失败，原因之一是它们依赖于外部世界(IO)。
- 当它(稍后在程序中)执行并成功时，它将返回一个Option[MeetingTime]，这意味着需要考虑不存在MeetingTime的可能性。注意，特征标记强制通过返回Option[MeetingTime]处理此可能性。

如果存在多种业务相关问题(不只是缺少共同时间段)，可以使用Either[String, MeetingTime]进一步描述这种可能性

8.31 函数式架构

我们的软件需要执行不安全的IO操作。但是我们还希望尽可能拥有更多纯函数！从本书开始就一直在考虑函数式架构(见图8-24)。由于刚刚学习了IO值，因此可以全面地讨论所有纯函数和非纯函数如何在单个软件解决方案内相互配合。

输入操作
所有需要执行一些副作用才能从外部不安全的世界中读取值的函数，包括从数据库中读取数据、从API获取数据、从传入的HTTP请求中读取数据或获取用户输入

```
def calendarEntriesApiCall(name: String): List[MeetingTime]
```

主应用程序过程
使用功能核心并"配置"它以使用特定的外部世界代码和用户输入/输出代码。通过运行从功能核心返回的所有IO值来执行所有副作用：

```
val program: IO[Int] =
  ...
  ...
program.unsafeRunSync()
```

功能核心   纯函数：易于测试和维护

```
def schedule(person1: String, person2: String, lengthHours: Int): IO[Option[MeetingTime]]
def scheduledMeetings(person1: String, person2: String): IO[List[MeetingTime]]
def possibleMeetings(existingMeetings: List[MeetingTime],
                     startHour: Int, endHour: Int, lengthHours: Int): List[MeetingTime]
def meetingsOverlap(meeting1: MeetingTime, meeting2: MeetingTime): Boolean
def calendarEntries(name: String): IO[List[MeetingTime]]
def createMeeting(names: List[String], meeting: MeetingTime): IO[Unit]
```

输出操作
所有需要执行一些副作用才能将值写入外部不安全世界的函数

即将深入讨论输出操作

图8-24 函数式架构

图8-24中的黑色箭头表示已知关系。这表示功能核心内的所有函数都不能直接访问外部函数。

问：这是如何实现的？*calendarEntries* 函数返回一个IO并需要在其中调用 *calendarEntriesApiCall*，因此前者显然知道后者！发生了什么？

答：到目前为止，已经将*calendarEntries*和*createMeeting*定义为直接调用非纯函数的函数(将它们封装在IO.delay中)。但是，可以使用不同策略并将这些函数作为参数传递！然后，功能核心仅知道它们的特征标记，而实现是从外部提供的！可以说在功能核心内"配置"函数。稍后将介绍这一点。

重点！
将非纯性推出功能核心，以使其更容易测试和维护

这是FP中非常常见的模式。将所有可能的业务逻辑提取为纯函数，这些函数不会说谎，将它们捆绑为功能核心，分别测试它们，然后在主过程中使用它们。这样，这些问题变得越来越清晰明了。这是函数式架构的基础。

8.32 使用IO存储数据

到目前为止，主要关注输入操作——从外部世界读取值的有副作用的操作。schedule函数的实现仍然缺少最后一部分，将在下一个练习中要求你完成。在此之前，需要展示如何处理输出操作(即写入或存储值以供后续使用的有副作用的操作)。幸运的是，这与我们学过的有关输入操作的内容并没有太大区别。编写一个函数，返回一个程序的描述，该程序：

注意，此处没有指定输入如何提供给程序。这是一个重要的部分。将这个决定留给函数的客户端

1. 从外部世界获取一个名字。

2. 从外部世界获取第二个名字。

3. 为两个名字找到两小时的会议时间段。

4. 在执行时显示Option[MeetingTime]。

5. 不返回任何值。

可以使用未完成的schedule函数来查找并返回可能的会议，但最重要的是前三个要求。如图8-25所示，我们将逐步实现这个函数，并称之为schedulingProgram。这也是刚刚讨论过的简单函数式架构的一个示例。

将在本书的最后几个章节中更深入地探讨功能核心思想。这里只展示了如何通过将函数作为参数传递来"配置"程序

❶ 从特征标记开始。根据上述要求，可以编写：

程序需要能够从外部世界获取名称。这表示它需要程序的描述以获取String: IO[String]

```scala
def schedulingProgram(
  getName: IO[String],
  showMeeting: Option[MeetingTime] => IO[Unit]
): IO[Unit] = {

}
```

该函数返回一个程序，当该程序被执行时，不返回任何内容(Unit)。请记住，Scala的void类型是Unit(你可以将其视为仅有一个值的单例类型)。当一个函数返回IO[Unit]时，可以假设它仅用于描述一些副作用。可以假设这是一个负载IO的程序(缺少任何结果意味着期望发生某种输出操作——在本例中，期望它在执行时显示一个meeting)。该函数描述了一个输出操作

程序需要能够显示潜在会议。这意味着它需要一个函数，该函数获取Option[MeetingTime]，返回一个程序的描述，并以某种方式显示它，而不进行任何其他操作。因此，我们期望schedulingProgram函数的客户端提供一个函数Option[MeetingTime]=>IO[Unit]

❷ 将在IO的语境中工作，并按顺序排列所有操作；需要使用for推导式(flatMap)：

```scala
def schedulingProgram(
  getName: IO[String],
  showMeeting: Option[MeetingTime] => IO[Unit]
): IO[Unit] = {
  for {

  } yield ()
}
```

现在将在这个for推导式中实现所有顺序操作

我们正在使用yield()，这是类型Unit的唯一一值。这是描述有副作用的输出操作时常见的表达式

图8-25　schedulingProgram函数

❸ 程序的第一步和第二步是从外部世界获取两个名称：

```
def schedulingProgram(
  getName: IO[String],
  showMeeting: Option[MeetingTime] => IO[Unit]
): IO[Unit] = {
  for {
    name1 <- getName
    name2 <- getName
  } yield ()
}
```

IO[Unit]

> 这是一个生成IO[Unit]值的表达式，该值由两个较小的程序(getName程序)组成。当执行时，这将执行getName程序两次，并在成功时提供两个String值：name1和name2

❹ 下一步是调用schedule函数，该函数获取两个String以及lengthHours整数：

```
def schedulingProgram(
  getName: IO[String],
  showMeeting: Option[MeetingTime] => IO[Unit]
): IO[Unit] = {
  for {
    name1 <- getName
    name2 <- getName
    possibleMeeting <- schedule(name1, name2, 2)
  } yield ()
}
```

> schedule返回IO[Option[MeetingTime]]，由于使用flatMap(在for推导式中为<-)，提取Option[MeetingTime]并将其保存为possibleMeeting值

> 还记得flatMap的工作方式吗？基本上每个步骤都按顺序完成，假设先前的所有步骤都成功了。失败的定义因正在处理的类型而异。对于List，失败是List.empty；对于Option，失败是None；对于Either，失败是Left；对于IO，它是一个在执行时会失败的程序的描述

❺ 最后一步是使用作为参数传递的程序的描述来显示会议：

```
def schedulingProgram(
  getName: IO[String],
  showMeeting: Option[MeetingTime] => IO[Unit]
): IO[Unit] = {
  for {
    name1           <- getName
    name2           <- getName
    possibleMeeting <- schedule(name1, name2, 2)
    _               <- showMeeting(possibleMeeting)
  } yield ()
}
```

> showMeeting是一个返回IO[Unit]的函数。这表示调用它只为确保它的副作用作为该程序的一部分执行。我们知道它将始终返回类型Unit的值(它只有一个值：())，因此将其保存为 _，在Scala中，这意味着一个未命名的值

❻ 现在已经完全实现了新程序。客户可以选择在何处以何方式获取此程序的名称以及如何输出它们。假设想使用这两个导入的函数：

```
def consolePrint(message: String): Unit    import ch08_SchedulingMeetings.consolePrint

def consoleGet(): String                   import ch08_SchedulingMeetings.consoleGet
```

> 这两个非纯的命令式函数使用console获取和打印String。希望将它们用作上方调度程序的输入和输出操作。这可能吗？你会如何处理

?

图8-25　schedulingProgram函数(续)

❼ 现在，远离了功能核心。想使用新schedulingProgram函数，对其进行配置，以将console用作用户输入和输出。（"配置"只是一个更高端的名称，本质上是将参数传递给函数！)注意，schedulingProgram函数不知道它调用的非纯函数的任何信息。这是其客户端所担心的。它可以将其配置为使用HTTP或GUI，或者其他的不同内容，比如测试中的局部值(例如使用IO.pure)！schedulingProgram只知道它应该知道的内容

```
def consolePrint(message: String): Unit    将给定消息打印到控制台输出

def consoleGet(): String    从控制台输入获取单行
```

> 使用console的两个非纯的命令式函数，并将它们封装在
> IO.delay中。第一个参数是直接创建的IO值。第二个参数
> 是一个函数，因此将匿名函数作为参数传递

```
schedulingProgram(
  IO.delay(consoleGet()),
  meeting => IO.delay(consolePrint(meeting.toString))
).unsafeRunSync()
```

> 使用这些参数调用schedulingProgram并得到一个IO[Unit]值，
> 这是一个基于console的调度应用程序。然后使用unsafeRunSync()运行它。
> 得到的是一个程序执行，等待从控制台读取两个名称，然后根据给定的
> 名称和calendarEntriesApiCall返回的结果(如果失败两次，则为空列表)打
> 印Some或None值

图8-25　schedulingProgram函数(续)

就是这样！我们又编写了一个功能非常多的小函数。它返回一个IO[Unit]，因此我们知道它副作用很大，并且它的主要职责将是以用户所需的方式输出重要内容。它可以是如上所示的控制台应用程序，也可以是完全不同的东西。就schedulingProgram的实现而言，这并不重要。通过其特征标记，该函数要求其客户端自己选择IO操作实现。我们可以说，关注的问题得到了分离：schedulingProgram关注操作序列(获取两个名称，运行调度程序并显示结果)，而其客户端(可能是主要的应用程序进程)关注界面选择。从某种角度来看，schedulingProgram代表了一个重要关注点，而其余部分则是偶然关注点。

FP提供了工具，可以帮助你在特定应用程序中分离关注点。然而，你手里还有一项最难的工作：决定哪些是应用程序中的重要关注点(与你的业务领域直接相关)，以及哪些是偶然关注点。在我们实现的schedule函数中，你可以说重试逻辑不是重要关注点：关键是获得一个值。这可能是正确的。但是，如果添加了回退值，它是否至少会对业务逻辑产生一些影响？它可能确实如此，因此它可能是重要的。这个问题没有通用答案，我也不会尝试提供答案。重要的是，关注点在代码中是可见的，最好通过纯函数特征标记进行表示。你应该尽可能多地将重要关注点放在纯函数中，并将它们置于应用程序的核心——功能核心。

请记住，你需要提供一个线程池配置，该线程池将用于执行IO(在REPL中自动完成)。它也在功能核心之外完成

重点！
在FP中，努力将尽可能多的重要关注点放在纯函数中

有关更多信息，建议阅读文章 "Out of the Tar Pit" (Moseley & Marks，2006)

8.33　小憩片刻: 使用IO存储数据

在我们的原始问题中, 仍有一件事情没有解决。以下是迄今为止实现的schedule函数:

```
def schedule(person1: String, person2: String,
             lengthHours: Int): IO[Option[MeetingTime]] = {
  for {
    existingMeetings <- scheduledMeetings(person1, person2)
      .orElse(scheduledMeetings(person1, person2))
      .orElse(IO.pure(List.empty))
    meetings = possibleMeetings(existingMeetings, 8, 16, lengthHours)
  } yield meetings.headOption
}
```

下面是本章开头需要实现的要求。

> **要求: 会议调度程序**
>
> 　1. 对于给定的两个与会者和会议长度, 函数应能够找到一个共同的空闲时间段。
>
> 　2. 函数应该在所有与会者的日程的给定时段中维持会议。
>
> 　3. 函数应该使用非纯函数calendarEntriesApiCall和createMeetingApiCall与外部进行通信, 而不修改它们。(假设它们由某些外部客户端库提供)

看到了吗? 我们已经实现了第一个要求和第三个要求的一部分! 你现在需要添加功能, 使用有副作用的createMeetingApiCall函数维持潜在会议, 而不改变它, 参见图8-26。

```
def createMeetingApiCall(names: List[String],
                         meetingTime: MeetingTime): Unit = {

  static void createMeetingApiCall(
    List<String> names,
    MeetingTime meetingTime) {
    Random rand = new Random();
    if(rand.nextFloat() < 0.25) throw new RuntimeException("☕");
    System.out.printf("SIDE-EFFECT");
  }
}
import ch08_SchedulingMeetings.createMeetingApiCall
```

> 我们已经创建了一个应在此情况下使用的函数, 但还未使用它。它被称为createMeeting, 并返回一个IO[Unit]值。它描述了一个程序, 当执行时, 该程序将调用存储给定名称的给定会议的非纯API函数(请参见左侧)。如果它尚未出现在你的REPL中, 你应该能够在此练习中快速重新创建它

图8-26　createMeetingApiCall

你的任务是更改上面的schedule函数, 以使它返回一个程序, 该程序不仅找到并返回潜在会议, 而且使用提供的输出操作存储它以供后续使用。另外, 请考虑创建一个createMeeting调用的恢复策略(附加题)。请先花时间仔细考虑并尝试解决它, 再查看答案。

> 提示: 请记住, Unit只有一个值: ()。你可以将IO.pure(())用作IO[Unit]的值。此外, 请查看IO.unit函数

8.34 解释: 使用IO存储数据

一个可能的解决方案仅使用迄今为止学到的知识, 包括模式
匹配, 如图8-27所示!

```scala
def schedule(person1: String, person2: String, lengthHours: Int): IO[Option[MeetingTime]] = {
  for {
    existingMeetings <- scheduledMeetings(person1, person2)
                          .orElse(scheduledMeetings(person1, person2))
                          .orElse(IO.pure(List.empty))
    meetings = possibleMeetings(existingMeetings, 8, 16, lengthHours)
```

> 首先, 需要创建另一个值——meetings, 它是由possibleMeetings返回的列表。请记住,
> possibleMeetings返回一个List[MeetingTime](未封装在IO中, 因为它不执行任何IO), 因
> 此需要使用=运算符。在此列表上使用headOption返回第一次会议, 该会议封装在
> Some中, 如果列表为空, 则返回None

```scala
    possibleMeeting = meetings.headOption
    _ <- possibleMeeting match {
        case Some(meeting) => createMeeting(List(person1, person2), meeting)
        case None          => IO.unit // same as IO.pure(())
    }
  } yield possibleMeeting
```

类型为
IO[Unit]
的值

> 然后, 对possibleMeeting进行模式匹配, 它是一个Option[MeetingTime]。注意, 整个模式匹配表
> 达式都需要是IO值(因为这是处理IO值的for推导式, 而且使用<-运算符)。两种情况应返回相同
> 类型的值——在本例中为IO[Unit]。如果找到会议(case Some(meeting)), 则表达式变为通过调用
> createMeeting函数创建的IO[Unit]值。如果找不到会议(case None), 则表达式变为IO.unit值, 这
> 是一个纯的IO[Unit]值(及早求值)。当执行时, 它将始终成功, 并且没有任何副作用。这样整个
> 模式匹配表达式的类型就是IO[Unit], 并且编译成功。当执行时, 它也会执行正确的操作: 仅在
> 找到会议时调用createMeetingApiCall函数

附加题

> 注意, 上面的解决方案提供了一个程序, 如果调用createMeetingApiCall失败, 则该程序可能
> 失败。但是, 由于createMeeting返回一个IO值, 因此可以使用完全相同的方式(即利用IO.orElse)
> 来生成值并描述具有某些恢复策略的程序。例如:
>
> ```scala
> case Some(meeting) => createMeeting(List(person1, person2), meeting)
>                         .orElse(createMeeting(List(person1, person2), meeting)
>                         .orElse(IO.unit)
> ```
>
> 但是, 输出操作可能会更改在外部存储的数据, 因此最安全的方案可能不是对它们进行重试,
> 如果这些操作不是幂等的(即不能多次应用而不更改最终结果), 则尤其如此

图8-27 解决方案示例

习题已解决! 我们已成功编写一个函数, 并且实现了所有要
求。注意, 实现此逻辑所需的行数很少。它包含了逐步流程, 并
使用简单的恢复策略和安全回退调用外部API。它的特征标记也
表明了很多信息。这就是函数式编程的力量!

8.35　将一切视为值

此时，你应该非常熟练地将基于IO的代码视为值。我们展示了一个实际问题及其函数式解决方案，利用了在之前章节中学到的所有工具和知识。

> 问：看来，将IO视为值的做法非常有用，但仍然不太真实。而其他基于IO的问题肯定无法使用此办法解决，对吗？
>
> 答：你会有惊喜！将用本书的剩余部分展示如何使用此处介绍的工具处理更多高级示例。在结束本章之前，将探索重试策略并执行未知数量的程序。然后，将讨论数据流和基于消息的系统。它们也被表示为IO值。在第10章中，将解决与异步和多线程计算相关的问题。也将在那里使用IO值！

引用Phil Karlton的名言："计算机科学中只有两件难事：缓存失效和命名事物。"我们将在本书的后面处理缓存。这里只提供预览

在存在故障的情况下使用缓存与缓存值

下面展示如何在与会议调度程序示例相关的另外三个场景中使用IO。第一个场景涉及缓存。当前的解决方案肯定会受益于为已安排会议使用的缓存，因此当API调用失败时，我们可以获得缓存值。这是将在稍后深入讨论的主题，因为需要考虑多个附加问题，例如从缓存中删除过时值，更新缓存中的值，确保缓存一致，等等。这里将简要介绍如何使用IO类型来实现它。整个解决方案只使用三个新函数：

calendarEntries封装器用于非纯API调用。它返回一个程序描述，该程序返回给定名称的会议列表

```scala
def cachedCalendarEntries(name: String): IO[List[MeetingTime]]
def updateCachedEntries(name: String,
                        newEntries: List[MeetingTime]): IO[Unit]

def calendarEntriesWithCache(name: String): IO[List[MeetingTime]] = {
  val getEntriesAndUpdateCache: IO[List[MeetingTime]] = for {
    currentEntries <- calendarEntries(name)
    _              <- updateCachedEntries(name, currentEntries)
  } yield currentEntries
  cachedCalendarEntries(name).orElse(getEntriesAndUpdateCache)
}
```

此处不展示实现，但是在阅读第10章后，你将能够编写它。注意，这两个函数需要使用相同的可变数据存储区。它可以是内存变量或像Redis或memcached这样的API

8.36 将重试作为值处理

可以对会议调度程序进行的第二个小改进是使用更通用的重试策略。到目前为止，重试了一次，然后返回一个空列表：

```
scheduledMeetings(person1, person2)
  .orElse(scheduledMeetings(person1, person2))
  .orElse(IO.pure(List.empty))
```

但是，如果想要进行3次、7次或10次重试呢？需要写10次orElse(scheduledMeetings(person1,person2))吗？这也许有效，但不是非常方便或易读的解决方案。此外，重试次数通常从环境变量或配置文件(即从外部)传递。所以不能真正使用这种方式。我们需要重试给定的未知次数，因此需要可配置的重试策略。

```
def retry[A](action: IO[A], maxRetries: Int): IO[A]
```

注意，retry函数不关心A类型是什么，因为它根本不会使用其值。它只会使用IO值和Int值。因此，A可以是List、Int、String、Unit，甚至是另一个IO，任何东西

这个新的retry函数在类型方面是通用的，就像List[A]一样。它接受一个名为action的值，该值具有IO[A]类型——一个操作描述，生成类型为A的值，操作失败时生成重试的最大次数(maxRetries参数)。注意，该函数返回另一个程序的描述，该程序在成功执行时返回类型为A的值。在实现它之前，看看如何使用它。

```
retry(scheduledMeetings(person1, person2), 10)
  .orElse(IO.pure(List.empty))
```

scheduledMeetings(person1, person2)是表示要重试的程序的IO值。如果失败，它将最多重试10次。如果所有重试都失败，我们将使用orElse返回一个空列表

那么该如何实现retry函数呢？你已经知道了做到这一点所需的工具和机制。但是，你可能仍然不清楚如何解决此问题。关键在于从值的角度进行思考。需要像考虑可能的会议时间列表一样，考虑程序列表。图8-28展示了具体的实现步骤。

重点！
函数式程序员
将一切视为值

❶ 从简单的任务开始。如果想最多重试一次，需要以下内容：

```
def retry[A](action: IO[A], maxRetries: Int): IO[A] = {
  action.orElse(action)
}
```

将逐步处理此实现，并借助我们的老朋友——编译器

编写retry函数的第一个方案是忽略maxRetries参数并使用固定重试数量：在这种情况下，只使用orElse一次，因此如果action失败，此函数将最多重试一次

图8-28　实现retry函数

❷ 通常，如果想重试固定次数，则需要固定数量的orElse：

```
def retry[A](action: IO[A], maxRetries: Int): IO[A] = {
  action.orElse(action).orElse(action).orElse(action)
}
```

这里使用orElse三次，这表示由操作值描述的程序，如果连续三次失败，
将重试三次。这是在传递maxRetries=3时要求的结果

❸ 现在，改用基于值的思维模式。我们知道如果要求最多重试一次，需要调用orElse一次
生成的值。当要求最多重试三次时，需要调用orElse三次生成的值。因此，为了实现retry
的真实版本，需要调用orElse maxRetries次以生成一个值。可以先创建包含maxRetries个元
素的列表来实现这一点

```
def retry[A](action: IO[A], maxRetries: Int): IO[A] = {
  List.range(0, maxRetries)                  注意，这尚未编译，
}                                           因为类型不匹配
```

List.range创建一个递增的整数列表，从作为第一个参数提供的值(即0)开始，
以作为第二个参数提供的整数减1而得的值结束。因此，若maxRetries=3，
将得到List(0, 1, 2)

❹ 现在有了一个列表，其中包含需要的重试次数。但我们需要的不是整数，而是操作本身。输入map：

```
def retry[A](action: IO[A], maxRetries: Int): IO[A] = {
  List.range(0, maxRetries)
    .map(_ => action)
}
```

_=>action是一个函数，它获取一个整数并
返回一个IO值。使用下画线(_)让编译器
知道不需要Int值，因此此处未命名

使用一个将每个整数改为相同action值的函数来映射整数列表。因此，对于maxRetries=3，
将获得List(action, action, action)，它是List[IO[A]]

❺ 最后一步是将IO值列表转换为单个IO值，该值将成为retry函数的结果。还记得
如何将整数列表转换为一个整数吗？使用foldLeft。该函数也可以在这里使用

```
def retry[A](action: IO[A], maxRetries: Int): IO[A] = {
  List.range(0, maxRetries)
    .map(_ => action)
    .foldLeft(action)((program, retryAction) => {
      program.orElse(retryAction)
    })                                    太好了，它通过编译了
}
```

从program=action开始，然后遍历列表(命名为retryAction)中的每个元素并将其附加到使用
orElse的程序中，从而折叠IO值列表。我们最终得到一个值，该值描述传递为action的程序，
该程序使用orElse最多重试maxRetries次

图8-28 实现retry函数(续)

8.37 将未知数量的API调用视为值

我们将对会议调度程序进行的第三个也是最后一个改进是使其支持任意数量的与会者。当前版本仅支持person1和person2之间的一对一会议：

```
def schedule(person1: String, person2: String,
             lengthHours: Int): IO[Option[MeetingTime]]
```

相反，希望有一个更通用和有效的版本：

```
def scheduledMeetings(attendees: List[String]): IO[List[MeetingTime]]
```

可以用与实现retry函数相同的模式来解决此问题，如图8-29所示。

❶ 我们已经有一个名称列表，因此可以将每个名称映射到获取该特定与会者的会议的程序

```
def scheduledMeetings(attendees: List[String]): IO[List[MeetingTime]] = {
  attendees
    .map(attendee => retry(calendarEntries(attendee), 10))
}
```

将每个与会者映射到calendarEntries调用，该调用将最多重试10次。
最终得到List[IO[List[MeetingTime]]]，但是返回值的类型应该是
IO[List[MeetingTime]]

与会者：   List([Alice]   , [Bob]) 字符串列表

映射之后： List(IO(List[⏱]),IO(List[⏱]))IO列表

IO描述一个获取   IO描述一个获取
Alice会议列表的程序   Bob会议列表的程序

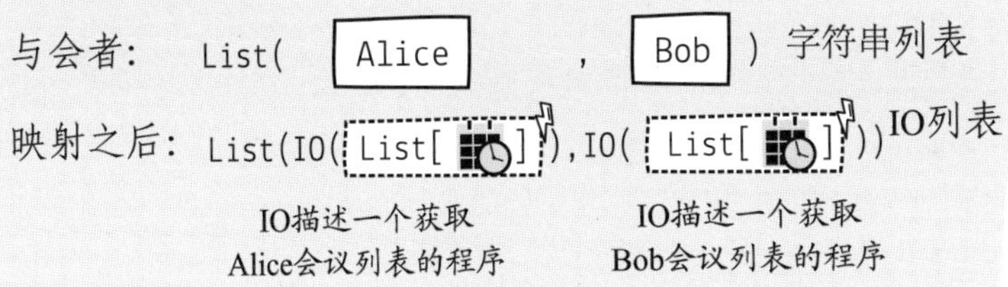

同样，注意，这尚未编译，因为类型不匹配。但是，编译错误是有帮助的，因为它给我们指引了正确的方向

❷ 由于我们有一个IO列表，因此可以再次使用foldLeft将此列表折叠为IO值。这会比使用retry更难，因为需要在传递给foldLeft的函数内部使用flatMap。通常，foldLeft是一种非常通用的函数，例如map和flatMap，因此它可以用于许多不同的情况。但是，还有更具体的函数，为我们提供了一些开箱即用的折叠逻辑。在这里，可以使用新的sequence函数：

```
def scheduledMeetings(attendees: List[String]): IO[List[MeetingTime]] = {
  attendees
    .map(attendee => retry(calendarEntries(attendee), 10))
    .sequence
}
```

将List[IO[List[MeetingTime]]]序列化为IO[List[List[MeetingTime]]]。sequence的作用是将给定列表中的所有IO折叠成包含它们的结果值列表的单个IO。多个IO组成的List被序列化为单个IO，该IO运行所有IO并在单个List中返回其结果

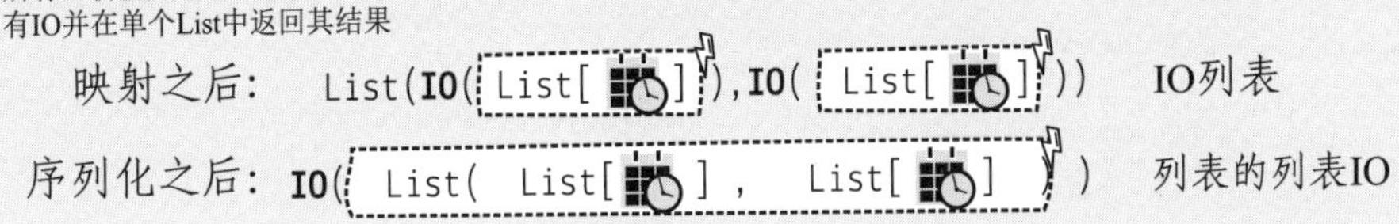

映射之后：   List(**IO**(List[⏱]),**IO**(List[⏱]))   IO列表

序列化之后： **IO**(List(List[⏱] , List[⏱]))   列表的列表IO

图8-29 实现scheduledMeetings函数

❸ 快实现此函数了。我们有一个IO，将为每个与会者调用API，然后返回一个结果列表——每个与会者一个结果。由于每个结果都是另一个列表，因此最终得到由列表组成的列表。实际上不需要如此详细的结果——只需要所有与会者的所有会议列表。因此，可以放心地将列表组成的列表展平为所有列表中的所有元素组成的列表。请记住，列表组成的列表在IO内部——仍然只操作描述具有副作用的程序的值——因此需要在第二个map调用内部使用flatten

```
def scheduledMeetings(attendees: List[String]): IO[List[MeetingTime]] = {
  attendees
    .map(attendee => retry(calendarEntries(attendee), 10))
    .sequence
    .map(_.flatten)
}
```

注意，第一个map操作列表，而第二个操作由sequence调用返回的IO

它现在通过编译了

第二个map调用内部有一个函数，它取一个List[List[MeetingTime]]并返回一个List[MeetingTime]。这意味着经过映射后，得到IO[List[MeetingTime]]，这正是特征标记所需的

序列化之后： IO(List(List[🕐],List[🕐])) 列表的列表IO
　　　　　　　　　　　Alice会议列表　　Bob会议列表

第二次映射(+展平)之后： IO(List[🕐]) 　列表IO
　　　　　　　　　　　Alice和Bob的会议列表

图8-29　实现scheduledMeetings函数(续)

现在，我们有了scheduledMeetings函数的最终版本，它可以用于处理两个以上与会者的会议调度程序的最终版本。

重点！
在FP中，通过提供函数主体来"解决"特征标记

```
def schedule(attendees: List[String],
             lengthHours: Int): IO[Option[MeetingTime]] = {
  for {
    existingMeetings <- scheduledMeetings(attendees)
    possibleMeeting   = possibleMeetings(
                          existingMeetings, 8, 16, lengthHours
                        ).headOption
    _ <- possibleMeeting match {
      case Some(meeting) => createMeeting(attendees, meeting)
      case None          => IO.unit
    }
  } yield possibleMeeting
}
```

sequence等函数并非仅适用于IO组成的列表。它们适用于我们遇到的其他类型的列表。例如，你还可以将Option组成的列表序列化为列表组成的Option

sequence、traverse、flatTraverse等

刚遇到的sequence函数只是将IO组成的列表转换为列表组成的IO的方式之一。map后跟sequence的情况很常见，因此还可用另一个函数执行这两个操作：traverse。此外，还可使traverse后跟flatten，这也是一种常见的组合方式；我们使用flatTraverse来执行此操作。你可以查看本书源代码中使用foldLeft、traverse和flatTraverse的所有scheduledMeetings实现。

8.38 练习: 培养函数特征标记的直觉

在本章中，我们学习了许多新函数。其中许多是在之前的章节中遇到的函数的变体，但也有一些新函数。在着手处理无限IO值的流之前，看看你的函数直觉如何。你的任务是填充图8-30中展示的40个函数特征标记的实现。你只能使用迄今为止遇到的函数。提示: 所有缺少的实现都只需要一行代码!

示例 有以下两个特征标记:　**解决方案** 提供实现:

```
def ex1[A, B](x: List[A], y: A): List[A]        = x.appended(y)
def ex2[A, B](x: List[A], f: A => B): List[B]   = x.map(f)
```

可以使用计算机检查你的实现是否正确处理了特征标记(即是否编译)。在这里，ex1获取一个列表和一个元素，并返回一个列表。可能的一种实现是将元素附加到列表中。函数ex2获取一个列表和一个从A到B的函数，并返回B的列表。它看起来非常眼熟，因为它实际是一个map，这是正确答案

```
def f01[A, B](x: IO[A], f: A => B): IO[B]                    def f21[A, B](x: Option[A], f: A => B): Option[B]

def f02[A](x: IO[IO[A]]): IO[A]                              def f22[A](x: Option[A], f: A => Boolean): Option[A]

def f03[A, B](x: IO[A], f: A => IO[B]): IO[B]                def f23[A](x: Option[A], zero: A, f: (A, A) => A): A

def f04[A](x: A): IO[A]                                      def f24[A](x: Option[Option[A]]): Option[A]

def f05[A](impureAction: () => A): IO[A]                     def f25[A, B](x: Option[A], f: A => Option[B]): Option[B]

def f06[A](x: IO[A], alternative: IO[A]): IO[A]             def f26[A](x: Option[A], f: A => Boolean): Boolean

def f07[A](x: List[IO[A]]): IO[List[A]]                      def f27(x: String): Option[Int]

def f08[A](x: Option[IO[A]]): IO[Option[A]]                  def f28[A](x: Option[A], alternative: Option[A]): Option[A]

def f09[A, B](x: List[A], y: List[A]): List[A]              def f29[A, B](x: Option[A], y: B): Either[B, A]

def f10[A](x: List[A], f: A => Boolean): List[A]            def f30[A, B](x: Option[A], y: B): Either[A, B]

def f11[A](x: List[A], zero: A, f: (A, A) => A): A          def f31[A](x: List[Option[A]]): Option[List[A]]

def f12[A](x: List[List[A]]): List[A]                       def f32[A, B, C](x: Either[A, B], f: B => C): Either[A, C]

def f13[A, B](x: List[A], f: A => List[B]): List[B]        def f33[A, B, C](x: Either[A, B], zero: C, f: (C, B) => C): C

def f14[A](x: List[A], f: A => Boolean): Boolean            def f34[A, B](x: Either[A, Either[A, B]]): Either[A, B]

def f15[A, B](x: Set[A], f: A => B): Set[B]                def f35[A, B, C](x: Either[A, B], f: B => Either[A, C]): Either[A, C]

def f16[A](x: Set[A], f: A => Boolean): Set[A]             def f36[A, B](x: Either[A, B], f: B => Boolean): Boolean

def f17[A](x: Set[A], zero: A, f: (A, A) => A): A          def f37[A, B](x: Either[A, B], alternative: Either[A, B]): Either[A, B]

def f18[A](x: Set[Set[A]]): Set[A]                         def f38[A, B](x: Either[A, B]): Option[B]

def f19[A, B](x: Set[A], f: A => Set[B]): Set[B]          def f39[A, B](x: List[Either[A, B]]): Either[A, List[B]]

def f20[A](x: Set[A], f: A => Boolean): Boolean            def f40[A, B](x: Either[A, List[B]]): List[Either[A, B]]
```

图8-30　填充函数特征标记的实现

答案:

```
(1) x.map(f) (2) x.flatten (3) x.flatMap(f) (4) IO.pure(x) (5) IO.delay(impureAction())
(6) x.orElse(alternative) (7) x.sequence (8) x.sequence (9) x.appendedAll(y) or prependedAll
(10) x.filter(f) (11) x.foldLeft(zero)(f) (12) x.flatten (13) x.flatMap(f) (14) x.forall(f) or exists
(15) x.map(f) (16) x.filter(f) (17) x.foldLeft(zero)(f) (18) x.flatten (19) x.flatMap(f)
(20) x.forall(f) or exists (21) x.map(f) (22) x.filter(f) (23) x.foldLeft(zero)(f) (24) x.flatten
(25) x.flatMap(f) (26) x.forall(f) or exists (27) x.toIntOption (28) x.orElse(alternative)
(29) x.toRight(y) (30) x.toLeft(y) (31) x.sequence (32) x.map(f) (33) x.foldLeft(zero)(f)
(34) x.flatten (35) x.flatMap(f) (36) x.forall(f) or exists (37) x.orElse(alternative)
(38) x.toOption (39) x.sequence (40) x.sequence
```

小结

代码：CH08_*
通过查看本书仓
库中的ch08_*文
件来探索本章的
源代码

希望你有所收获，并了解了纯函数在(IO)值上运行的多功能。在本章中，我们使用了许多在以前章节中学到的知识，并利用它们来生成一个最终用户可见的实际应用程序。

使用值来表示具有副作用的程序

可以使用IO类型描述具有副作用的程序。它有两个构造器：IO.delay获取一个代码块(闭包)，只在执行IO值时才进行惰性求值；IO.pure立即生成一个值(及早求值)。这个IO值将始终成功，并在执行时返回给定的参数。

注意，只谈论同步程序。当编写多线程应用程序时，将使用其中的许多概念

使用来自不安全来源的数据

使用这种新的功能调用外部API，该API返回给定与会者的会议。但是，这些调用是不安全的，这意味着它们每次被调用时可能不会完全相同。它们有时成功，有时会因异常而失败。我们学习到，可以使用IO.orElse函数构建描述重试和回退等恢复策略的值。我们还注意到，使用Option和Either获得的直觉在使用IO时非常有帮助。

重试和回退策略可能与业务逻辑相关，特别是当重试输出操作时

安全地在程序外部存储数据

使用相同的方式在程序外部存储数据。在IO.delay内调用存储会议的API，它将有副作用的操作委托给函数的客户端来执行。为此，客户端需要在代码库的不同位置调用unsafeRunSync()。

如果函数不在其特征标记中说谎，那么它们对开发人员来说会更友好；它们更易于测试、维护和重构

指示代码具有副作用

函数的特征标记指示它们的功能。如果一个函数返回List[MeetingTime]，就意味着它没有任何副作用，因为它只是返回一个列表的纯函数。但是，如果一个函数返回IO[Option[MeetingTime]]，那么它在执行时可能会产生一些不安全的副作用，具有大量IO代码。这都在特征标记中有所表示！

我们还学习了重要关注点和偶然关注点，以及应该努力将尽可能多的重要关注点放在功能核心中

分离纯代码和非纯代码

最后，我们学习了功能核心的概念。将所有纯函数捆绑在一起，并将非纯性委托给客户端，以便客户端对其进行配置以使用特定的IO操作(如console、HTTP或API)。

第9章 | 作为值的流

本章内容:

- 如何以声明式方案设计复杂的程序流程

- 如何使用递归和惰性来延迟某些决策

- 如何处理基于IO的数据流

- 如何创建和处理无限的值流

- 如何隔离与时间相关的功能

> 思考并不是操纵语言的能力,而是操纵概念的能力。
>
> ——Leslie Lamport

9.1 无限超越

我们刚刚学习了如何使用IO读写数据。在本章中，仍将使用
IO将具有副作用的程序表示为值，但是数据将变得更大——可能
是无限的。

你可能已经听说过数据流和流基础设施。它们近年来非常流
行。然而，"流"这一术语已经变得非常混乱，其意义也因人而
异。一般来说，"流"应处理需要被处理但无法适应内存的传入
数据。然而，我们也倾向于在其他情况下使用它——它已经成为
许多应用程序中架构控制流的一种方式。因此，这是一种非常强
大的软件架构选择！

将再次利用许多关
于IO及其惰性的知
识。在本章中，也
将使用 sequence 和
orElse！它们在FP中
确实无处不在

本章将展示函数式程序员如何在两种用例中处理数据流：作
为架构模式和处理大数据的方式。我们将介绍Stream类型，它表
示流操作的描述，当执行时，输出从零到无限数量的值。我们还
会将这个Stream类型放在一些较常见的现有流式解决方案的背景
下，例如Java 8流、Java 9反应流、函数响应式编程或MapReduce
系统。图9-1详细展示了本章的学习过程。

也可以说这样的流是
无界的。在本章中，
仍将使用"无限"
一词

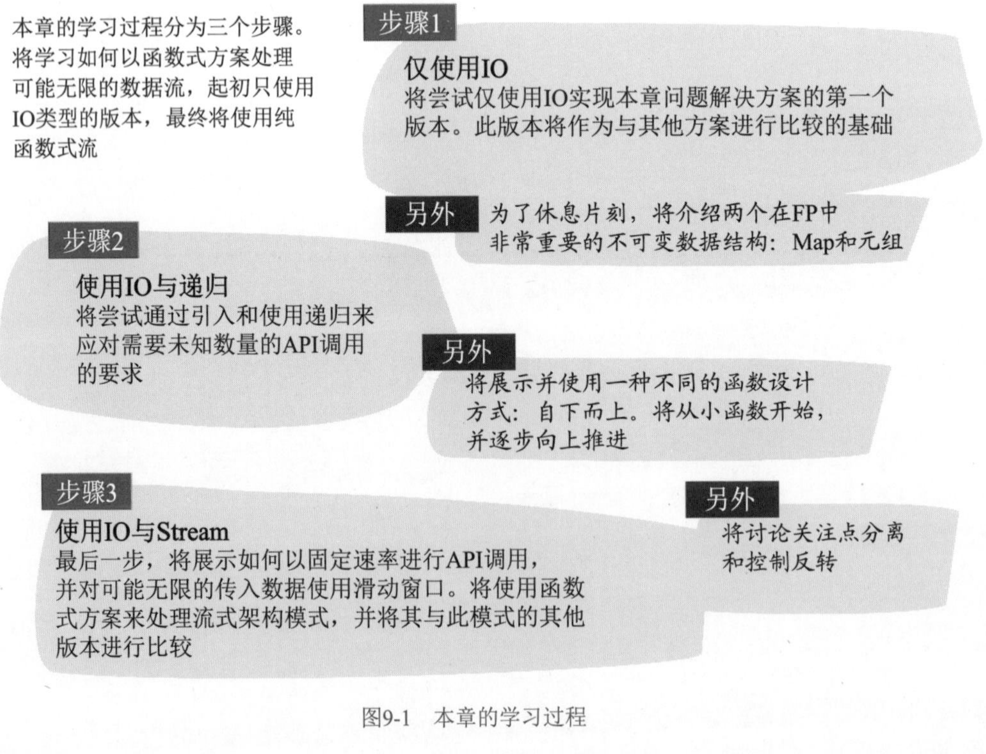

本章的学习过程分为三个步骤。
将学习如何以函数式方案处理
可能无限的数据流，起初只使用
IO类型的版本，最终将使用纯
函数式流

步骤1

仅使用IO
将尝试仅使用IO实现本章问题解决方案的第一个
版本。此版本将作为与其他方案进行比较的基础

另外 为了休息片刻，将介绍两个在FP中
非常重要的不可变数据结构：Map和元组

步骤2

使用IO与递归
将尝试通过引入和使用递归来
应对需要未知数量的API调用
的要求

另外
将展示并使用一种不同的函数设计
方式：自下而上。将从小函数开始，
并逐步向上推进

步骤3

使用IO与Stream
最后一步，将展示如何以固定速率进行API调用，
并对可能无限的传入数据使用滑动窗口。将使用函数
式方案来处理流式架构模式，并将其与此模式的其他
版本进行比较

另外
将讨论关注点分离
和控制反转

图9-1 本章的学习过程

9.2 处理未知数量的值

将尝试通过实现一个在线货币兑换程序来重新探索基于流的方案，该货币兑换程序具有以下要求。

要求：在线货币兑换

1. 用户可以请求将一种指定金额的货币兑换为另一种货币。

2. 仅当给定的两种货币之间的汇率呈上升趋势时，即最后 n 个汇率都高于前一个汇率时，才执行所请求的兑换。例如，0.81、0.82、0.85是一种上升趋势，而0.81、0.80、0.85不是(对于 $n=3$)。

3. 给定API调用函数(exchangeTable)，该函数仅获取当前汇率表，其中包含给定货币与所有其他支持的货币之间的汇率。

将首先尝试直接使用IO实现货币兑换，这需要回顾在上一章中学到的内容。这不是一项容易的任务，因为第二个要求很棘手。需要多次调用外部API，直到得到一个上升趋势，如图9-2所示。因此，需要进行的API调用数量最初是未知的！这对我们来说是一个新任务，但在实际情况下却很常见。我们将在本章中弄清楚。

示例

用户想要将1000 USD兑换成EUR，但仅当USD-EUR的汇率呈上升趋势时才进行这一操作(即USD兑EUR的最后三个汇率不断上升)

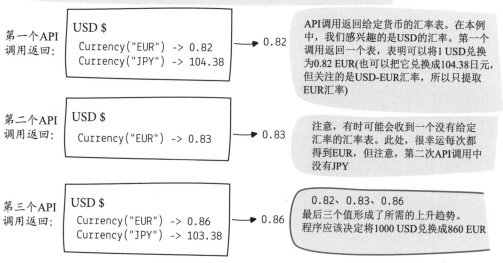

图9-2 货币兑换示例

9.3 处理外部非纯的 API调用(再次)

为了获取所选货币的当前汇率,将需要调用一个非纯的、外部的、具有副作用的API,如图9-3所示。为了进行说明,我们将使用模拟版本,但与第8章的情况一样,请记住,在真实的应用程序中,这必须是一个HTTP客户端库,它调用负责保存并更新当前汇率的服务器。当然,所有之前讨论过的注意事项在这里也须注意。调用可能随机失败,花费太长时间或返回一些意外值。

> 它也可以是一个不同的协议,但在获取原始String和数字之前,这不重要。我们不关心内部通信协议

```
def exchangeRatesTableApiCall(currency: String): Map[String, BigDecimal] = {

    static Map<String, BigDecimal> exchangeRatesTableApiCall(String currency) {
        Random rand = new Random();
        if (rand.nextFloat() < 0.25) throw new RuntimeException("Connection error");
        var result = new HashMap<String, BigDecimal>();
        if(currency.equals("USD")) {
            result.put("EUR", BigDecimal.valueOf(0.81 + (rand.nextGaussian() / 100)).setScale(2, RoundingMode.FLOOR));
            result.put("JPY", BigDecimal.valueOf(103.25 + (rand.nextGaussian())).setScale(2, RoundingMode.FLOOR));
            return result;
        }
        throw new RuntimeException("Rate not available");
    }

}   import ch09_CurrencyExchange.exchangeRatesTableApiCall
```

图9-3　exchangeRatesTableApiCall

这个函数的实现在这里不重要,所以请不要试图记住它实际上在内部做了什么。需要记住的是它的接口,因为这是在本章中要使用的东西。因此,**exchangeRatesTableApiCall**获取一个String(即要兑换的货币的名称),并返回一个Map,其中包含可以兑换到的所有可用货币。该Map中的每个项都是一对String和BigDecimal——可以兑换到的货币的名称和可以使用的汇率。让我们看看这个实现。

> 还没有介绍过一个函数式的不可变Map,但稍后就会介绍。现在,只要假设它的工作方式类似于Java HashMap或Python字典即可

```
import ch09_CurrencyExchange.exchangeRatesTableApiCall
exchangeRatesTableApiCall("USD")
→ Map("JPY" -> 104.54, "EUR" -> 0.81)

exchangeRatesTableApiCall("USD")
→ Exception in thread "main": Connection error

exchangeRatesTableApiCall("USD")
→ Map(JPY -> 102.97, EUR -> 0.79)
在第三次调用时得到了另一个Map,其
中包含不同的汇率
```

> 得到了一个包含两个项的Map。这意味着可以将1美元兑换为104.54日元或0.81欧元

> 这里得到了一个异常,这是使用非纯代码时我们预料到的。你的REPL会话可能看起来不同,你可能会得到更多的连接错误(如果你幸运的话,也可能没有连接错误)

再次假设有一个外部服务器为我们提供这些汇率表。需要为连接错误、其他错误、动态更改的汇率,甚至一些意外缺失的汇率做好准备。(如果我们的第三个调用返回了一个仅有JPY汇率的Map,怎么办?)

9.4　函数式设计方案

我们已经知道需要做什么和手头可用的工具。作为FP程序员，可以从一开始就假设两个设计选择。首先使用一个newtype(见第7章)来表示货币，而不是使用原始String：

```
object model {
  opaque type Currency = String
  object Currency {
    def apply(name: String): Currency = name
    extension (currency: Currency) def name: String = currency
  }
}
import model._
```

其次，外部数据可用作输入IO操作——一个返回IO值的exchangeTable函数：

```
def exchangeTable(from: Currency): IO[Map[Currency, BigDecimal]]
```

它应该返回一个程序的描述，该程序执行一些副作用并返回Map[Currency, BigDecimal]，如图9-4所示。它需要在内部使用exchangeRatesTableApiCall非纯函数，但需要使用在第8章中遇到的函数进行封装。它的名字是什么？

也可以引入一个特殊类型，甚至是多个类型，来封装BigDecimal类型，该类型表示汇率和货币。你能提一些建议吗

答案：
IO.delay

exchangeTable应该如何工作

exchangeTable(Currency("USD"))

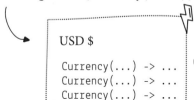

这个函数应该获取一个参数：要兑换的Currency。在本例中，想兑换USD

```
USD $

Currency(...) -> ...
Currency(...) -> ...
Currency(...) -> ...
Currency(...) -> ...
Currency(...) -> ...
```

unsafeRunSync()

最后在程序中执行

当执行它时，可能会得到一个失败或一个空的Map(没有汇率)。但是如果运气好，可能会得到一些汇率

```
USD $

Currency("EUR") -> 0.82
Currency("JPY") -> 104.38
```

IO[Map[Currency, BigDecimal]]

exchangeTable函数返回一个IO值，描述一个具有副作用的API调用，该调用返回给定货币兑其他货币的汇率表。我们不知道汇率，因为它只是一个程序的描述。目前还没有执行任何API调用

Map[Currency, BigDecimal]

这个特定的汇率表表明，可以将1 USD兑换成0.82 EUR或104.38 JPY。其他货币目前不可用

图9-4　exchangeTable函数

现在，我们有了Currency模型和一个返回IO的函数。但是，还不能实现这个exchangeTable函数，因为它内部使用的API调用返回的是Map[String, BigDecimal]而不是Map[Currency, BigDecimal]。为了解决这个问题，需要先学习一些新知识！

因此，我们还没有展示它的实现。在本例中，调用IO.delay不足以实现

9.5 不可变映射

让我们深入了解不可变映射。在Scala中，通常使用Map类型。本节暂时不讨论基于IO的代码。由于我们的API返回类似于映射的结构，可以借此机会在实践中了解不可变映射。现在这一概念应该很直观，因为此时你已对不可变数据结构建立了很好的直觉。你已经了解了很多！

> 问：我以为这一章会讲流，而不是映射！
>
> 答：本章确实是关于流的！将使用Map类型解决本章的任务(在线货币兑换)，并将其作为学习更高级流操作的基础。此外，Map类型在编程中无处不在，因此熟悉它会有所帮助。敬请关注！

在Scala等FP语言中，Map是不可变的。将不可变集合作为标准库的一部分是FP语言的特征之一

Map是包含键值对(或映射)的不可变类型。它使用两种类型进行参数化：一种是键的类型，另一种是值的类型。因此，Map[Currency, BigDecimal]是一种数据结构，它保存键值映射，其中键是Currency，值是BigDecimal(使用BigDecimal，因为处理货币)。

```
val noRates: Map[Currency, BigDecimal] = Map.empty
val usdRates: Map[Currency, BigDecimal] =
  Map(Currency("EUR") -> BigDecimal(0.82))
val eurRates: Map[Currency, BigDecimal] = Map(
  Currency("USD") -> BigDecimal(1.22),
  Currency("JPY") -> BigDecimal(126.34)
)
```

我们使用->符号表示单个键值映射，注意，在函数中使用=>

1 欧元可以兑换为1.22美元

1 欧元可以兑换为126.34日元

显然，与List和Set类似，在将新的键值对添加到Map时，你会创建一个新Map值，原始值保持不变。

```
val updatedUsdRates = usdRates.updated(Currency("JPY"), BigDecimal(103.91))
usdRates
→ Map(Currency(EUR) -> 0.82)
updatedUsdRates
→ Map(Currency(EUR) -> 0.82, Currency(JPY) -> 103.91)
```

usdRates没有变。它仍然与创建时相同

updatedUsdRates是一个新的Map值，它保存两个键值对

注意，使用appended将某些内容附加到List中，并使用updated更新Map中的映射。直观而言，若要删除键下的映射，应使用removed；若要获取存储在特定key下的值，则使用get。就是这样！当你已经具有处理其他数据结构的经验时，学习新的不可变数据结构的方式就是这样。

花一分钟思考Map.get返回的类型。如何从不存在的键获取值？

9.6　练习不可变映射

探索新的不可变数据结构时，最好先进行简要介绍，然后直接进入编码。刚刚进行了一些Map操作，现在是时候编写一些代码并学习剩余的操作了。前六个任务是创建以下值(用实际代码替换???以产生所描述的值)：

```
val m1: Map[String, String] = ???
m1
→ Map("key" -> "value")
val m2: Map[String, String] = ???
m2
→ Map("key" -> "value", "key2" -> "value2")
val m3: Map[String, String] = ???
m3
→ Map("key" -> "value", "key2" -> "another2")
val m4: Map[String, String] = ???
m4
→ Map("key2" -> "another2")
val valueFromM3: Option[String] = ???
valueFromM3
→ Some("value")
val valueFromM4: Option[String] = ???
valueFromM4
→ None
```

1 包含单个对的映射：
"key" -> "value"

2 更新m1并将 "value2"
存储在 "key2" 下的映射

3 更新m2并将 "another2"
存储在 "key2" 下的映射

4 更新m2并删除 "key" 的
映射

5 存储在m3中 "key" 下的
String值

6 存储在m4(没有此键)中
"key" 下的String值

最后一个任务是写出以下五个表达式的结果：

```
val usdRates = Map(Currency("EUR") -> BigDecimal(0.82))
usdRates.updated(Currency("EUR"), BigDecimal(0.83))
usdRates.removed(Currency("EUR"))
usdRates.removed(Currency("JPY"))
usdRates.get(Currency("EUR"))
usdRates.get(Currency("JPY"))
```

7 从原始usdRates映射创
建的五个值

答案：

```
1. val m1: Map[String, String] = Map("key" -> "value")
2. val m2: Map[String, String] = m1.updated("key2", "value2")
3. val m3: Map[String, String] = m2.updated("key2", "another2")
4. val m4: Map[String, String] = m3.removed("key")
5. val valueFromM3: Option[String] = m3.get("key")
6. val valueFromM4: Option[String] = m4.get("key")

7a. Map(Currency(EUR) -> 0.83)
7b. Map.empty
7c. Map(Currency(EUR) -> 0.82)
7d. Some(BigDecimal(0.82))
7e. None
```

注意，Map.get返回一个Option。这在意料之中。函数式编程API的一致性比命令式编程API的一致性要高得多。因此，只要知道Option类型，就足以猜测Map.get返回什么。它返回一个Option，因为在给定的键下的值可能在映射中存在，也可能不存在

9.7　应该进行多少IO调用

现在知道了Map的工作方式，可以回到我们的示例。手头只有一个函数对某个货币进行不安全的API调用并返回Map。下一步该怎么做？

稍后将再次讨论如何将此API调用封装在基于IO的函数中

让我们更详细地思考任务描述。请记住，单个API请求提供单个汇率。这在考虑其中一个要求时引入了一个大问题。

> 当给定的两种货币之间的汇率呈上升趋势时，应该执行请求的兑换，这意味着最后n个汇率中每一个都高于前一个汇率，例如，0.81、0.82、0.85是一种上升趋势，而0.81、0.80、0.85不是(对于$n=3$)。

现在假设$n=3$，以简化思维过程。要求表明，需要根据几种货币汇率做出决策。但是，不知道在前三次API调用之后是否会出现上升趋势，也许需要进行一百次调用。也有可能根本找不到上升趋势！换句话说，在某些情况下，可能需要等待很长时间，货币汇率才会朝想要的趋势变化。需要准备好进行多次(可能无限次)IO调用。

自上而下与自下而上的设计

不知道如何解决这个问题。迄今为止，已经进行了固定数量的IO调用，这很有效。在这里，我们需要更多。可以用两种方案来解决这个问题。第一种是从程序的顶部开始，第二种是从底部开始。FP允许我们使用任一方案。迄今为止，优先考虑自上而下的方案。通常从客户端使用的最高级别函数的特征标记开始，然后向下逐步实现越来越小的函数。如果再次选择这种方案，需要从以下内容开始：

该函数返回一个程序的描述，当成功执行时，它会持续检查"from"货币兑"to"货币的汇率，如果汇率呈上升趋势，它将使用最后一个汇率兑换金额。否则它不会成功完成(或根本不会完成)

```
def exchangeIfTrending(amount: BigDecimal,
            from: Currency, to: Currency): IO[BigDecimal]
```

实际上，上面的特征标记正是在本章结束时将得到的特征标记。然而，现在存在太多与可能无限数量的IO调用相关的未解决问题。我们不知道从哪里开始。因此，将改用自下而上的方案！

9.8 自下而上的设计

尽管自上而下的方案通常略胜一筹——它使我们关注客户端要求而不是技术障碍，但有些情况下无法使用它。所以需要改用自下而上的设计，这意味着先解决较小且更容易的问题，并逐步建立起完整的解决方案。这还将使我们可以在解决可能无限数量的IO调用这一困难问题之前喘口气。让我们使用自下而上的设计。需要解决并且能立刻解决的小问题是什么？

> 如你所见，自上而下的方案是从特征标记开始实现它。自下而上的方案是寻找小问题并从它们开始解决

1 检查汇率是否有上升趋势

我们知道需要一个函数来决定给定汇率序列是否有上升趋势。这意味着需要一个具有以下特征标记的函数：

```
def trending(rates: List[BigDecimal]): Boolean
```

下面一些调用说明trending的工作原理：

```
trending(List.empty)
→ false
trending(List(BigDecimal(1), BigDecimal(2),
              BigDecimal(3), BigDecimal(8)))
→ true
trending(List(BigDecimal(1), BigDecimal(4),
              BigDecimal(3), BigDecimal(8)))
→ false
```

2 从表格中提取单个货币

我们知道，将需要处理单个给定货币的汇率表——由Map[Currency, BigDecimal]表示。当我们进行三次成功的API调用时，将拥有三个映射。例如：

```
val usdExchangeTables = List(
  Map(Currency("EUR") -> BigDecimal(0.88)),
  Map(Currency("EUR") -> BigDecimal(0.89), Currency("JPY") -> BigDecimal(114.62)),
  Map(Currency("JPY") -> BigDecimal(114))
)
```

将拥有多个映射的列表，但只需要从每个映射中提取一个汇率。在本例中，需要从每个映射中提取EUR汇率。因此，使用一个名为extractSingleCurrencyRate函数：

> 此函数将需要返回一个Option，因为无法确定所有映射是否包括给定货币。如果我们使用JPY，会得到什么结果？

```
usdExchangeTables.map(extractSingleCurrencyRate(Currency("EUR")))
→ List(Some(BigDecimal(0.88)), Some(BigDecimal(0.89)), None)
```

9.9 高级列表操作

我们确定了最终解决方案中可能需要的两个小函数。现在不关心它们之间的联系。将先单独实现它们，然后寻找下一个挑战，向上构建实现。

> 因此得名
> "自下而上"

先实现trending函数。将引入两个新的List函数——drop和zip，以及一个相关的新类型——元组。drop和zip可以用于你已知的许多集合类型，并且将在本章后面的流中使用它们。尽管如此，这些函数非常强大，值得放入你的函数式编程工具箱中(其中已包含本书中介绍的其他几十个工具)。

假设列表始终包含三个元素，一个不成熟的trending函数实现可能如下：

```
def naiveTrending(rates: List[BigDecimal]): Boolean = {
  rates(0) < rates(1) && rates(1) < rates(2)
}
```

> 当你实现的函数太依赖于给定列表的大小和特定的索引时，这通常是一个不好的迹象

如果你不喜欢这个解决方案，那就对了。这是一个非常糟糕的解决方案！不能假设任何给定的列表始终包含三个元素。因此，上面的函数不是一个纯函数。它并不为所有可能的List返回Boolean。它将在小于三个元素的列表中失败，并且对于较大的列表，它也不会产生正确的结果。需要更好且更加牢靠的函数——一个真正的纯函数。下面尝试逐步实现trending，如图9-5所示。

❶ 和往常一样，从特征标记开始，尝试考虑给定列表很小时会发生什么：

```
def trending(rates: List[BigDecimal]): Boolean = {
  rates.size > 1 && ...
}
```

> 如果列表为空或仅包含一个元素，则无法形成上升趋势，因此返回false

❷ 通常，当我们想要基于应用于列表中所有元素的条件获得一个布尔值时，需要使用forall。它适用于这里吗？让我们尝试：

```
def trending(rates: List[BigDecimal]): Boolean = {
  rates.size > 1 &&
  rates.forall(rate => rate > ???)
}
```

> forall不适用于这里，因为需要检查每个元素是否大于列表中的前一个元素，因此传递给forall的函数需要同时访问当前元素和前一个元素以做出决策

图9-5 逐步实现trending

9.10 引入元组

有解决方案吗？是否可以使用完美的**forall**函数，同时仍然能够安全地实现**trending**函数，而不必担心列表索引和大小？可以，但需要一个元组！

在正式介绍之前，先来谈谈我们的用例。之前未能实现**trending**函数，因为输入列表的单个元素仅包含单个汇率。可以使用**foldLeft**来解决这个问题，但还有一个可能更适合本用例的解决方案。需要确保列表中的单个元素包含做出决策所需的所有信息。在本例中，如果每个汇率都大于前一个汇率，则给定列表形成上升趋势。因此，对于每个汇率，还需要访问前一个汇率。我们需要由对组(pair)组成的列表。

> 你尝试使用foldLeft实现trending函数了吗？foldLeft是一种多用途工具，在许多情况下都会用到它。最好抓住机会练习使用它

```
val rates = List(BigDecimal(0.81), BigDecimal(0.82), BigDecimal(0.83))

val ratePairs: List[(BigDecimal, BigDecimal)] = List(
  (BigDecimal(0.81), BigDecimal(0.82)),
  (BigDecimal(0.82), BigDecimal(0.83))
)
```

↖ 给定三个汇率的序列

↖ 希望能够将其转换为这个包含两个对组的列表

注意，为了定义元组，我们使用了另一组括号：(a,b)。

元组

(A, B)是一个二元组——由两个值组成的乘积类型：第一个是类型A，第二个是类型B。例如，(String, Int)是一个元组，(String, Boolean)是一个元组，甚至(String, List[String])也是一个元组。通常，元组是求积类型的实现，就像**case class**一样——唯一的区别是元组没有名称，它们所具有的值也没有名称。还可使用相同类型的元组(即(A, A))。例如，(BigDecimal, BigDecimal)是由两个BigDecimal组成的元组。(BigDecimal(0.81), BigDecimal(0.82))是此类型的一个值。List[(BigDecimal, BigDecimal)]是一个元组列表。

> 还有可以容纳不同数量的值的元组：例如(A, B, C)是三元组(triplet)。(String, Int, Boolean)是其可能的类型之一。其可能的值之一是("a", 6, true)。在本章中，将只使用二元组，有时称之为对组或元组

因此，上方的**ratePairs**是一个元组列表。列表中的每个元组都由两个**BigDecimal**类型的值组成。它们没有命名，但是我们将使用在第7章中学到的机制将它们解构为单个值。毕竟，它们是求积类型，因此可以通过创建命名元组来实现完全相同的结果：

> 记得那是什么机制吗？如果不记得，稍后就会再次看到

```
case class RatePair(previousRate: BigDecimal, rate: BigDecimal)
```

> 这类似于元组(BigDecimal, BigDecimal)

以下两者都可以完成同样的工作：

> 但是，它们带有不同数量的信息

```
val tuple: (BigDecimal, BigDecimal) = (BigDecimal(2), BigDecimal(1))
val caseClass: RatePair = RatePair(BigDecimal(2), BigDecimal(1))
```

9.11　zip和drop

可以对两个列表使用zip，从而创建一个元组列表。例如：

```
val ints: List[Int]       = List(1, 2, 3)
val strings: List[String] = List("a", "b", "c")
ints.zip(strings)
→ List((1, "a"), (2, "b"), (3, "c"))
```

给定两个List：Int列表和String列表

使用zip创建一个包含来自两个列表的对应元素的(Int，String)元组列表

在本例中，可以使用zip将rates与自身组合起来，创建一个元组列表：

```
val rates = List(BigDecimal(0.81), BigDecimal(0.82), BigDecimal(0.83))
rates.zip(rates)
→ List(
  (BigDecimal(0.81), BigDecimal(0.81)),
  (BigDecimal(0.82), BigDecimal(0.82)),
  (BigDecimal(0.83), BigDecimal(0.83))
)
```

但这不是我们想要的。这里只是将两个相同的列表组合在一起。这在某些情况下是可以实现的，并且很有用，但不适用于本案例。我们想要一个包含前一个汇率和当前汇率的(BigDecimal，BigDecimal)元组列表。需要从第二个列表中删除第一个元素，以便拥有相邻汇率的对组。如图9-6所示，rates.drop(1)返回一个新列表，其中一个元素小于原始rates列表。实际上，它从列表的开头删除*n*个元素。

dropRight从末尾进行删除

```
List( [A] [B] [C] ).drop(1)
→ List( [B] [C] )
```

```
rates
→ List(BigDecimal(0.81), BigDecimal(0.82), BigDecimal(0.83))
rates.drop(1)
→ List(BigDecimal(0.82), BigDecimal(0.83))
rates.zip(rates.drop(1))
→ List(
  (BigDecimal(0.81), BigDecimal(0.82)),
  (BigDecimal(0.82), BigDecimal(0.83))
)
```

这里还可以使用zipWithNext和zipWithPrevious

当我们使用zip将一个三元素列表与一个二元素列表组合在一起时，会得到一个新的二元素列表，因为只能安全地创建两个元组(忽略了较大列表的第三个元素)。在不同的库中，zip函数有更多版本，API涵盖更多的zip结果(就像关系数据库中有多个版本的join一样)。稍后使用zip组合两个无限值流时将学习另一个版本。但先尝试实现trending。

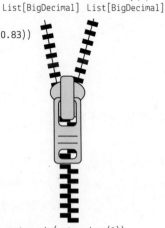

rates　　　　　rates.drop(1)
List[BigDecimal] List[BigDecimal]

rates.zip(rates.drop(1))
List[(BigDecimal, BigDecimal)]

图9-6　zip和drop

9.12　元组模式匹配

注意，此处使用的是自下而上的设计模式。从小的函数开始，然后在基于IO的函数中使用它们

下面继续尝试实现trending函数。之前曾尝试使用forall检查一个条件是否适用于列表中的所有元素。现在库存中有更多工具：drop和zip。让我们按图9-7所示步骤再试一次。

❶ 和往常一样，从特征标记开始，尝试考虑当给定列表很小时会发生什么：

```scala
def trending(rates: List[BigDecimal]): Boolean = {
  rates.size > 1 && ...
}
```

如果列表为空或仅包含一个元素，则无法形成上升趋势，因此返回false

❷ 通常，当我们想要基于应用于列表中所有元素的条件获得一个布尔值时，需要使用forall。forall适用于这里吗？让我们尝试：

```scala
def trending(rates: List[BigDecimal]): Boolean = {
  rates.size > 1 &&
  rates.forall(rate => rate > ???)
}
```

forall不适用于这里，因为需要检查每个元素是否大于列表中的前一个元素，因此传递给forall的函数需要同时访问当前元素和前一个元素以做出决策

在遇到zip和drop之前停在此处

❸ 现在知道如何使用forall实现trending。需要操作不同的列表——一个包含BigDecimal的元组：(previousRate, rate)

```scala
def trending(rates: List[BigDecimal]): Boolean = {
  rates.size > 1 &&
  rates.zip(rates.drop(1))
}
```

使用zip将rates列表与没有第一个元素的相同列表组合起来。这样，第一个汇率将与第二个汇率组合在一起，第二个汇率将与第三个汇率组合在一起，以此类推。这样，就可以得到一个元组列表，每个元组都有先前的汇率和当前的汇率

❹ 最后，可以使用forall，当其应用于作为参数传递的函数时，如果列表中所有元素都返回true，则返回true。可以通过使用熟悉的模式匹配机制来解构，从而访问并轻松命名元组中的两个值

```scala
def trending(rates: List[BigDecimal]): Boolean = {
  rates.size > 1 &&
  rates.zip(rates.drop(1))
    .forall(ratePair => ratePair match {
      case (previousRate, rate) => rate > previousRate
    })
}
```

注意，命名元组中的两个值可提高可读性

ratePair是一个元组。元组表示求积类型，就像迄今为止一直在使用的case class一样。可以使用match-case语法解构元组。这是一个由两个值组成的元组，因此命名元组中的两个值，并且如果第二个值大于第一个值，则返回true

图9-7　逐步实现trending函数

就这样！实现了支持所有列表大小的纯trending函数。

9.13 小憩片刻: 使用映射和元组

现在，轮到你来尝试使用映射和元组了。你的任务是实现自下而上设计旅程中的第二个小函数。之后，将拥有所有信息和实现，可以开始处理无限的基于IO值的流。你需要实现的函数特征标记如下：

```
def extractSingleCurrencyRate(currencyToExtract: Currency)
        (table: Map[Currency, BigDecimal]): Option[BigDecimal]
```

这是一个柯里化函数——它有两个参数列表。在FP中，当你计划使用map函数时，这是一个很常见的选择。假设其使用方式如下：

```
val usdExchangeTables = List(
  Map(Currency("EUR") -> BigDecimal(0.88)),
  Map(Currency("EUR") -> BigDecimal(0.89), Currency("JPY") -> BigDecimal(114.62)),
  Map(Currency("JPY") -> BigDecimal(114))
)

usdExchangeTables.map(extractSingleCurrencyRate(Currency("EUR")))
→ List(Some(BigDecimal(0.88)), Some(BigDecimal(0.89)), None)
```

> 注意，本书没有为drop和zip函数提供任何特定练习。此时，你应该能够轻松学习新的纯函数。如果其中任何一个函数引起问题，可以求助于本书仓库中的章节源代码

> 如上是USD的几个汇率表。你可以将其解释为三个API调用结果的列表。注意，其中一个结果不包含USD兑EUR的汇率

注意，从Map传递了一个函数到Option[BigDecimal]。通过调用extractSingleCurrencyRate(Currency("EUR"))创建此函数——注意，仅使用了第一个参数列表。这种方式极大地提高了可读性。将得到的所有USD汇率表(表示为Map)都映射到一个函数，从给定汇率表中提取USD兑EUR的汇率。你的实现需要使用两个参数：表示汇率表的映射(table)和要提取的货币(currencyToExtract)。如果汇率表中存在给定货币汇率，则将其作为Some返回，否则返回None。

> 此外，注意，使用普遍的map函数帮助以不同的方式构建问题：可以不再从所有汇率表中提取USD兑EUR的汇率，而是关注单个汇率表

在继续探索之前，请确保你的函数实现满足上述用例。还应该想出一些其他测试。如果想提取日元(JPY)或BTC，该怎么办？

> 上面介绍的用例类似于测试：你需要使用输入调用函数并期望特定输出

提示

1. 你所知道的所有List函数(例如map或filter)也适用于Map。但是，请记住Map操作键值元组。

2. Map具有values函数，该函数返回Iterable，其中包含许多类似于List的函数，包括headOption。

9.14 解释：使用映射和元组

可以用多种不同的方式来实现这个函数，但有一种方式是最合理的。如果你找到了这个方式，恭喜你！然而，如果你采用了不同的方式，也不用担心。一般来说，如果你根据任务描述中提出的测试用例测试了你的实现，你可以确信你的解决方案是正确的。这里将展示两种可能的解决方案。如图9-8所示，其中一种使用filter并将Map视为元组列表，而另一种直接使用Map.get。后者略胜一筹，因为要求实现的函数实际上是Map.get。不管哪个版本更接近你的实现，都请确保你理解为何这些实现会做相同的事情。

先定义一个特征标记，然后发现已经有一个函数可以完全满足你的要求，这种情况在FP中很常见

版本1 这比版本2更差，但它展示了如何使用模式匹配对元组进行操作

```
> def extractSingleCurrencyRate(currencyToExtract: Currency)
        (table: Map[Currency, BigDecimal]): Option[BigDecimal] = {
    table
      .filter(kv =>
        kv match {
          case (currency, rate) => currency == currencyToExtract
        }
      )
      .values
      .headOption
}
```

Scala允许以更简洁的方式编写此函数，但是在本书中，仅使用基本语法。有关详细信息，请参见附录A

Map也具有定义的filter函数。filter获取元组并需要返回一个布尔值，该值指示是否应过滤此特定项。传递给filter的函数使用模式匹配语法将元组解构为两个命名值

在调用filter之后，将获得一个仅包含已过滤项的Map。然后，调用values函数，该函数返回值的列表(在本例中为BigDecimal)。我们知道最多只会有一个项(过滤了一个键)，因此调用headOption以获取封装在Some中的此列表的第一个(唯一的)元素，封装如果为空，则返回None

版本2 你注意到我们要求你实现Map.get了吗？

```
> def extractSingleCurrencyRate(currencyToExtract: Currency)
        (table: Map[Currency, BigDecimal]): Option[BigDecimal] = {
    table.get(currencyToExtract)
}
```

Map.get获取一个键并返回一个Option。如果提供的键在映射内具有相应的值，则返回该值(封装在Some中)，否则返回None

首先定义了一个我们需要的函数，然后以一个简单的Map.get调用实现了它。现在，可以摆脱此函数并直接使用Map.get，也可以保持函数的原样，因为它在领域语言方面更具解释性

图9-8 两种可能的解决方案

9.15　函数拼图

我们仅基于要求实现了两个新函数。

```
def trending(rates: List[BigDecimal]): Boolean
def extractSingleCurrencyRate(currencyToExtract: Currency)(table: Map[Currency, BigDecimal]): Option[BigDecimal]
```

我们还学习了将非纯的API调用封装在IO中所需的一切，参
见图9-9。

```
> def exchangeTable(from: Currency): IO[Map[Currency, BigDecimal]] = {
    IO.delay(exchangeRatesTableApiCall(from.name)).map(table =>
      table.map(kv =>
        kv match {
          case (currencyName, rate) => (Currency(currencyName), rate)
        }
      )
    )
  }
```

API调用返回Map[String, BigDecimal]，因此除了用IO.delay封装它
之外，还需要使用IO.map转换其潜在结果。我们传递一个函数，
该函数使用Map上的模式匹配将Map[String, BigDecimal]转换为基
于域模型的Map[Currency, BigDecimal]

图9-9　将非纯的API调用封装在IO中

由于正在从下向上构建，因此现在需要做出决策：

1. 这些函数足以构建更大的函数吗？

2. 还缺少另一个独立的小函数吗？

在本例中，我们已经拥有所需的一切，因此可以继续
探索#1。那么应该如何使用这三个函数呢？

使用小函数意味着你需要查看它们的特征标记并找出
哪些函数的输入与其他函数的输出兼容。这就像解决拼图
一样——只有特定的拼图块可以拼在一起。让我们看看。

extractSingleCurrencyRate获取一个Map[Currency,
BigDecimal]，而exchangeTable返回一个Map[Currency,
BigDecimal]，其被封装在IO中。因此，可以使用map调用将这些
块拼接在一起：

exchangeTable(Currency("USD")).map(**extractSingleCurrencyRate**(Currency("EUR")))

同理，看到trending函数接受一个List[BigDecimal]，而手头
只有Option[BigDecimal](从extractSingleCurrencyRate返回)。我们
还知道，trending函数将需要具有多个元素的列表才能检测到上升
趋势。因此，在调用trending函数之前，需要获取更多BigDecimal
类型的汇率。为简单起见，假设仅想检测大小为3的趋势(暂时)：

注意，此flatMap在
List上工作，并通过
将内部Option隐式地
视为具有0或1个元
素的List而展平内部
Option

```
> for {
    table1 <- exchangeTable(from)
    table2 <- exchangeTable(from)
    table3 <- exchangeTable(from)
    lastTables = List(table1, table2, table3)
  } yield lastTables.flatMap(extractSingleCurrencyRate(to))
```

from和to是Currency。正在寻
找from和to之间的利率趋势

结果证明，这是非常有用的函数的实现！

9.16 跟踪自下而上设计中的类型

我们仅通过跟踪类型和分析要求，就得到了一个函数，它返回一个程序的描述，该程序在成功执行时将返回一个List，其中最多包含三个货币的最后汇率。将这个函数命名为lastRates。请记住，API调用和许多其他具有副作用的函数是不安全的，因此需要实现一些恢复策略。这里将重复使用第8章中的retry函数(maxRetries=10)。

```
> import ch08_SchedulingMeetings.retry
  def lastRates(from: Currency, to: Currency): IO[List[BigDecimal]] = {
    for {
      table1      <- retry(exchangeTable(from), 10)
      table2      <- retry(exchangeTable(from), 10)
      table3      <- retry(exchangeTable(from), 10)
      lastTables = List(table1, table2, table3)
    } yield lastTables.flatMap(extractSingleCurrencyRate(to))
  }
```

注意，for推导式中的生成器是flatMapping IO，而yield表达式中的flatMap作用于List

新发现的lastRates函数获取将被兑换的货币(from)和兑换得到的货币(to)，它将返回一个程序的描述，当执行该程序时，将返回这些货币之间的汇率列表。这正是需要用于trending的List[BigDecimal]！

这表示我们终于可以迈出最后一步，实现最后一个高级函数，如果汇率呈上升趋势，该函数将负责兑换货币。

trending是一个函数，获取一个List[BigDecimal]并返回一个Boolean；如果给定的rates列表包含趋势，返回值则为true

```
> def exchangeIfTrending(
    amount: BigDecimal, from: Currency, to: Currency
  ): IO[Option[BigDecimal]] = {
    lastRates(from, to).map(rates =>
      if (trending(rates)) Some(amount * rates.last) else None
    )
  }
```

返回可以使用汇率(呈上升趋势的汇率)兑换的金额。在现实世界中，可能需要使用附加输出操作来使货币的兑换持续下去

我们做到了！exchangeIfTrending实现了本章的要求。我们得到一个函数，它描述了一个程序，将检查最后的汇率并使用最近的汇率兑换给定的金额，但前提是给定的两种货币之间的汇率呈上升趋势。否则，它将返回None。显然，你可以插入另一个IO值，以便描述输出操作，并在某处存储被兑换的交易金额。但是，为了简单起见，将跳过这一部分，并专注于其他方面。

在调用exchangeIfTrending之后，可以调用flatMap并传递其他函数，描述将发生的兑换交易存储在外部的程序

9.17 原型制作和死胡同

刚刚解决的函数拼图的要求并不是特别苛刻，但我希望它已经表明，自下而上的设计是完全行得通的，特别有助于使用纯函数及其特征标记。从小处开始，一直向上推进，并学到了关于可能的解决方案和要求的很多内容。我们一直在制作原型。

但是，请记住，我们做出了一些关键的假设，例如将趋势计算中考虑的汇率数量固定下来(现在只考虑了三个)。一些细节被硬编码，并允许关注更重要的高级方面。但是，现在是时候重新审视它们并决定这个特定的原型是否值得扩展到最终产品了。

必须强调的是，大多数时候，原型最终会演变为死胡同。遗憾的是，在本例中也是如此。回忆一下要实现的主要要求：

> 只有当给定的两种货币之间的汇率呈上升趋势时，才应执行所请求的兑换，这意味着对于最近的 n 个汇率，每个汇率都比前一个汇率高，例如0.81、0.82、0.85是上升趋势，而0.81、0.80、0.85不是(对于 $n=3$)。

当前原型中有几个非常重要的未知因素，这些因素使它无法成为最终解决方案。现在，我们的原型仅尝试前三个汇率，检查它们是否呈上升趋势，并在它们呈上升趋势时兑换给定金额(通过返回包含兑换的新货币金额的Some来表示)。但是，如果前三个汇率不呈上升趋势，函数将返回None并结束。

我们希望得到更有用的东西——一个应用程序(一个函数)，它将等待趋势发生，然后仅在此时才成功进行兑换，最后结束。换句话说，当前实现的问题是，获取了三个汇率并做出了一个决策。相反，希望获取的汇率可能多达数千个，并且程序仅在遇到上升趋势序列时做出决策。此外，希望能够配置函数以使用任意大小的上升趋势序列。到目前为止，使用 $n=3$，但 $n=20$ 也应该没有任何问题。该怎么做？需要进入本章前面提到的可能无限的IO调用的世界。

exchangeIfTrending
函数的第一个版本
仅使用了先前学习
的概念

9.18 递归函数

步骤2

使用IO与递归
(详见9.1节)

现在面临的问题是十分常见的。想要对外部API进行多次调用，但不知道多少次才够，因为它取决于这个API产生的值，只能在未来知道！换句话说，希望能够调用exchangeIfTrending，直到它返回Some。因此：

```
lastRates(from, to).map(rates =>
  if (trending(rates)) Some(amount * rates.last) else None
)
```

> 如果最终出现这种情况，我们知道没有上升趋势，因此希望再试一次，而不是返回None

这就是递归的作用。当某些内容是根据它自己定义的时候，就会涉及递归。接下来将讨论递归函数和递归值。先来看递归函数。

重点！
在FP中，使用递归解决许多问题

如果函数在自己的实现中使用了自己(即至少有一部分是用自己定义的)，则该函数是递归的。如果这听起来难以理解，可尝试将其应用于我们的示例。在本例中，希望exchangeIfTrending在前三个API调用没有找到上升趋势的情况下再试一次。怎么重试？通过提供完全相同的程序——内部调用exchangeIfTrending！

```
def exchangeIfTrending(
  amount: BigDecimal, from: Currency, to: Currency
): IO[Option[BigDecimal]] = {
  lastRates(from, to).map(rates =>
    if (trending(rates)) Some(amount * rates.last)
    else exchangeIfTrending(amount, from, to)
  )
}
              编译错误！
```

> 调用所定义的函数本身来替换None。但是，编译器抱怨exchangeIfTrending在else子句中返回了一个IO，而它期望的是一个Option(之前，我们有None，并且请记住，if-else表达式需要在两种情况下提供相同类型的值)

这意味着需要一个flatMap(在IO上)或一个for推导式。此外，无法摆脱特征标记中的IO，因此将if子句表达式提升为IO值，并将其移入for推导式中(现在对其使用flatMap，而不是map)，如图9-10所示。

> 还记得第5章中如何将flatMap/map重写为for推导式吗

```
> def exchangeIfTrending(
    amount: BigDecimal, from: Currency, to: Currency
  ): IO[Option[BigDecimal]] = {
    for {
      rates  <- lastRates(from, to)
      result <- if (trending(rates)) IO.pure(Some(amount * rates.last))
                else exchangeIfTrending(amount, from, to)
    } yield result
  }
```

> 两个子句现在都是IO；编译器很高兴

> 这是递归函数调用

> 结果是一个Option[BigDecimal]，因为它是从在IO值上工作的for推导式中产生的，整个函数的特征标记得以保留。它是IO[Option[BigDecimal]]。我们刚刚定义了一个递归函数

图9-10 定义递归函数

9.19 无限和惰性

当你仔细观察递归函数时，你会注意到，如果从未得到呈上升趋势的汇率，该函数描述的程序将不断调用自身而不返回。因此，当调用unsafeRunSync时，也就是使用此函数返回的IO值时，我们的应用将无限工作。

但是，再次提醒一下，由于正在使用IO，因此这种可能无限的执行不会在调用exchangeIfTrending函数后发生。函数调用只会返回IO值，该值描述可能永远不会完成的程序，具体取决于外部世界的值——在本例中，此值是由API调用返回的汇率。因此，虽然描述了一个可能无限的程序，但仍然是安全的，可继续使用IO值。这是可能发生的，因为如先前所讨论的那样，IO利用了惰性(延迟求值)。传递给IO.delay的代码不会立即被执行，而是会暂时保存以供后续执行。

如果觉得这听起来很简单且重复，请思考另一个例子。通过在flatMap调用内部调用自身并利用其内部惰性来实现递归函数。但是，如果使用递归直接创建值本身，而不进行任何惰性调用，将无法返回任何值。例如，调用以下函数将使程序崩溃或冻结程序：

```
def exchangeCrash(
  amount: BigDecimal, from: Currency, to: Currency
): IO[Option[BigDecimal]] = {
  exchangeCrash(amount, from, to)
}
exchangeCrash(BigDecimal(100), Currency("USD"), Currency("EUR"))
→ Exception in thread "main" java.lang.StackOverflowError
```

但是，仍然可以创建一个返回程序的函数，该程序永远不会停止——它将无限制地运行。

```
def exchangeInfinitely(
  amount: BigDecimal, from: Currency, to: Currency
): IO[Option[BigDecimal]] = {
  for {
    rates  <- lastRates(from, to)
    result <- exchangeInfinitely(amount, from, to)
  } yield result
}
exchangeInfinitely(BigDecimal(100), Currency("USD"), Currency("EUR"))
→ IO    我们正常得到了一个IO值，它描述了一个永远不会完成的程序。注意，没有再次
        调用unsafeRunSync。利用惰性求值的力量创建了一个无限程序
```

请记住，我们使用unsafeRunSync来执行由给定IO值描述的程序。它是在应用程序的功能核心外部完成的

注意，甚至没有调用unsafeRunSync。这在返回IO值之前就失败了！如你所见，使用递归时需要非常小心。当使用flatMap时它工作得很好，但是当它直接调用自身时却不可行

此外，你是否注意到在定义exchangeCrash时编译器给出了警告？

我们使用了IO.flatMap。除非在未来某个时候获得rates，否则不会发生递归调用。注意，甚至没有在任何地方使用rates。然而，它仍将正常工作——不会崩溃并返回IO值

9.20 递归函数结构

我们能够通过flatMap及其惰性求值方式来创建一个递归函数，该函数返回一个IO值，该值描述一个可能无限的程序。当然，还有更多的细节和注意事项(这里只是浅尝辄止)，但目前掌握的知识应该让我们走得很远。请记住，能力越大，责任越大。先了解这些注意事项，然后转向函数流，它们使用所有这些递归技术，但隐藏了许多细节，因此允许我们专注于解决业务问题。

在许多函数式程序中，无限性、惰性和递归密切相关。这种常见的组合使我们能够使用描述性表达式而不是命令式"配方"。

可以确定的是，递归对于函数式编程人员非常重要。然而，构建一个合适的递归函数可能并非易事，特别是当我们开始处理可能无限执行的情况时。最重要的是记住，需要有一个基本情况(即函数中不调用自身的地方)。这将是递归函数调用的退出点。对于这个地方，我们至少可以相信它可能会被执行并返回一个结果。如果没有基本情况，那么一切都无从谈起。在我们的递归函数中，基本情况是当我们确认给定的rates呈上升趋势时，整个函数将返回一个Option[BigDecimal]。

> **重点！**
> 惰性求值、递归和潜在的无限执行有很多共同点

```scala
def exchangeIfTrending(
  amount: BigDecimal, from: Currency, to: Currency
): IO[Option[BigDecimal]] = {
  for {
    rates  <- lastRates(from, to)
    result <- if (trending(rates)) IO.pure(Some(amount * rates.last))
              else exchangeIfTrending(amount, from, to)
  } yield result
}
```

> 递归基本情况在这里。当if返回true时，不会递归调用函数本身。返回封装在IO中的被及早求出的值

再次说明，此函数返回一个IO，当执行时，它将返回一个Option[BigDecimal]——失败或永不完成。之前讨论了处理故障的方案，所有这些技术在使用不安全的有副作用的代码时仍然适用。现在暂时把故障放在一边，并重点关注获取成功值和根本没有结果之间的差异(表示程序在执行时永远不会完成)。

快问快答：更仔细地查看上面的函数。它返回一个Option的IO。执行此程序时可能返回None吗？为什么？

答案在下一页
("否")

9.21 处理未来的空值 (使用递归函数)

exchangeIfTrending函数声称返回一个IO[Option[BigDecimal]], 参见图9-11。函数的实现看起来一切正常——如果rates呈上升趋势, 将得到封装在Some中的兑换金额。然而, 仔细检查后, 发现执行此函数时返回的IO无法返回None。每当没有趋势时, 我们会递归调用同一个函数, 然后它可以再次返回一个Some或调用它自己。以此类推……

> 同样, 在我们得到呈上升趋势的汇率时, 返回一个没有附加递归调用的纯值。这是递归基本情况

```
def exchangeIfTrending(
  amount: BigDecimal, from: Currency, to: Currency
): IO[Option[BigDecimal]] = {
  for {
    rates  <- lastRates(from, to)
    result <- if (trending(rates)) IO.pure(Some(amount * rates.last))
              else
  } yield result
}
```

仅在给定汇率呈上升趋势时返回IO.pure(Some(...))

如果rates没有呈现出上升趋势, 那么将递归调用同一个函数, 整个操作将会重复。因此, 如果我们得到任何成功的结果, 那么它只能是一个Some

```
exchangeIfTrending
...
if (trending(rates)) ...
else
  exchangeIfTrending
  ...
```

图9-11 exchangeIfTrending

总之, 由exchangeIfTrending描述的程序只能返回Some——失败或根本无法完成。在此前的版本中, 函数在成功之前不会尝试兑换, 在这种情况下, Option在特征标记中是不必要的, 函数只获取三个汇率表并做出决定。因此, 需要指出决定可能是负面的(通过返回None)。现在, 可以使用可能无限递归的调用代替Option来模拟可能不存在上升趋势的情况。

> 换句话说, 如果汇率没有呈现出上升趋势, 程序不会返回, 而是继续无限搜索它

```
def exchangeIfTrending(amount: BigDecimal, from: Currency, to: Currency): IO[BigDecimal] = {
  for {
    rates  <- lastRates(from, to)
    result <- if (trending(rates)) IO.pure(amount * rates.last)
              else exchangeIfTrending(amount, from, to)
  } yield result
}
```

我们需要对特征标记和if子句进行更改。注意, 不需要更改else子句, 因为它已经返回IO[BigDecimal]

9.22 无限递归调用的有用性

问：此前的函数返回的程序始终会返回某些东西，而改写后的函数返回的程序可能根本无法完成。这不意味着，从用户角度来看，这样的程序会冻结(或挂起)吗？这有什么好处？

答：改写后的程序在以下几个方面更胜一筹。最重要的是关注点分离。函数的责任是创建一个程序，该程序将在汇率呈上升趋势时兑换给定金额。它不关心在放弃之前应该尝试多少次或用户需要等待多长时间才能得到结果。这些是不同的关注点！只用一个值来描述可能无限的程序，知道它会尽力完成自己的任务。可以进一步将这个IO值转换为另一个IO值，该IO值描述在60秒、10分钟或尝试100次后超时的程序。重要的是，这些是不同的关注点，我们仍然能够实现它们。函数式编程使我们能够轻松地将它们与试图满足用户的兑换请求的业务逻辑分离。能够使用独立但兼容的代码块。

将使用这种新的递归超能力来解决更多问题并获得更清晰的整体设计。我们下一个原型将会更好！下面先修复lastRates函数。

顺便说一句，将IO值转换为具有内置超时的IO值和调用IO.timeout函数一样简单！将在第11章中进一步讨论这个问题

```
for {
  table1 <- exchangeTable(from)
  table2 <- exchangeTable(from)
  table3 <- exchangeTable(from)
  lastTables = List(table1, table2, table3)
} yield lastTables.flatMap(extractSingleCurrencyRate(to))
```

请记住，extractSingleCurrencyRate返回一个Option[BigDecimal]，因为有时API可能不会返回包含我们感兴趣的货币的Map

lastTables是一个List[Map[Currency, BigDecimal]]。当我们对返回Option的函数使用flatMap时，Option被转换为含零个或一个元素的List。None转换为空List，最终得到的是最多包含三个元素的BigDecimal List，甚至是空List！因此，对于这样的List，可能根本没有检查是否存在上升趋势！很快就会解决这个问题，但在此之前我们需要你的帮助。

例如，如果lastTables包含两个空映射和一个带有单个"to"货币键的映射，则将返回一个包含单个(而不是三个)汇率的List

9.23 小憩片刻: 递归和无限

现在你该练习递归、惰性求值并处理无限性了。这是一个练习，将帮助我们更好地解决本章的问题——你在此处提供的实现将用于最终的基于流的解决方案中！

希望lastRates始终返回固定数量的最新汇率，但在实现它之前，需要你实现一个更小的辅助函数。你的任务是实现一个全新的函数——currencyRate，它将始终返回货币之间的最新汇率:

```
def currencyRate(from: Currency, to: Currency): IO[BigDecimal]
```

注意，该函数不返回IO[Option[BigDecimal]]。这意味着它应该尝试获取汇率表，直到获取到所需内容为止。

可用的函数

你需要使用三个函数来实现它，这些函数是你已知的函数(并且应该已经在你的REPL会话中):

```
def exchangeTable(from: Currency): IO[Map[Currency, BigDecimal]]
```

此函数返回一个描述API调用的值，该API调用为给定的(from)货币返回一个汇率表。接下来:

```
def extractSingleCurrencyRate(currencyToExtract: Currency)
        (table: Map[Currency, BigDecimal]): Option[BigDecimal]
```

此函数从给定的汇率表中提取单个货币(currencyToExtract)的汇率(注意，可能没有任何内容可提取，因此使用Option)。最后:

```
def retry[A](action: IO[A], maxRetries: Int): IO[A]
```

retry封装一个可能失败的API调用，并在放弃之前重试一定次数。现在最多重试10次。

附加题: 你可以尝试使用递归重新实现retry

记住要利用递归和惰性求值的功能。此外，要知道你的函数可能返回一个IO值，当执行时，该函数可能永远不会完成(如果在exchangeTable函数表示的API调用返回的任何汇率表中都找不到from货币，则会发生这种情况)。

9.24 解释: 递归和无限

图9-12展示了currencyRate函数的具体实现步骤。

1 需要实现的函数的特征标记如下所示。它将返回一个程序的描述:

```
def currencyRate(from: Currency, to: Currency): IO[BigDecimal] = {
  for {

  } yield ???
}
```

> 需要返回IO,因此可以安全地假设我们需要一个for推导式。
> 从此处开始

2 需要from货币和to货币之间的汇率。from的汇率表将很有用:

```
def currencyRate(from: Currency, to: Currency): IO[BigDecimal] = {
  for {
    table <- exchangeTable(from)
  } yield ???
}
```
table为Map[Currency, BigDecimal]

> 开始构建描述程序的IO值。它的
> 第一步是使用API调用获取from
> 货币的汇率表

3 由于exchangeTable描述了一个原始的单个API调用,因此我们需要一些保护:

```
def currencyRate(from: Currency, to: Currency): IO[BigDecimal] = {
  for {
    table <- retry(exchangeTable(from), 10)
  } yield ???
}
```
table仍然是Map[Currency, BigDecimal]

4 现在需要使用extractSingleCurrencyRate提取单个汇率:

```
def currencyRate(from: Currency, to: Currency): IO[BigDecimal] = {
  for {
    table <- retry(exchangeTable(from), 10)
    rate  <- extractSingleCurrencyRate(to)(table)
  } yield ???
}
```
编译错误!

> extractSingleCurrencyRate返回Option[BigDecimal],而不是
> 这个for推导式中flatMap所需的IO值

5 需要进行模式匹配,将Option转换为IO[BigDecimal],然后产生:

```
def currencyRate(from: Currency, to: Currency): IO[BigDecimal] = {
  for {
    table <- retry(exchangeTable(from), 10)
    rate  <- extractSingleCurrencyRate(to)(table) match {
          case Some(value) => IO.pure(value)
          case None        => currencyRate(from, to)
        }
  } yield rate
}
```

> 当无法在from的汇率表中找到to货币的汇率时
> (即得到了None),只需要使用对自身的递归调用
> 再试一次

> 这是递归
> 基本情况。
> 当有一个
> 汇率时,
> 返回它

图9-12 currencyRate函数的实现

9.25　使用递归创建不同的IO程序

到目前为止，我们已经摆脱了Option的特征标记，改用可能
无限的执行。以前使用Option，它表明没有呈上升趋势的汇率：

```
def exchangeIfTrending(
  amount: BigDecimal, from: Currency, to: Currency
): IO[Option[BigDecimal]]
```

1

使用递归创建的值
描述可以无限运行
的程序

函数的新版本尝试兑换给定amount，直到成功，因此可以完
全摆脱Option：

```
def exchangeIfTrending(
  amount: BigDecimal, from: Currency, to: Currency
): IO[BigDecimal]
```

我们以相同的方式实现了currencyRate。它尝试找到汇率，直
到成功：

```
def currencyRate(from: Currency, to: Currency): IO[BigDecimal]
```

为了完整起见，注意，也可以使用内部含有Option的不同实
现。如果成功，则此实现可能会尝试一次并返回Some，如果不成
功，则返回None：

```
def currencyRate(from: Currency, to: Currency): IO[Option[BigDecimal]]
```

正如之前讨论的那样，不会出现任何冻结或无响应的程序。
我们正在谈论代表无限运行器的IO值。但是还没有人运行它们！
仍然可以将它们与其他IO值组合起来并更改最终行为。

此外，也可以在基于IO的实际程序中使用递归来确保另一个
程序(如API调用)恰好执行*n*次，并且所有调用的结果都可作为*n*个
元素的List使用。这可能对你来说很熟悉，因为之前使用了List.
range、map和sequence来解决此类问题。这里将简要介绍一种基
于递归的替代方案，以便你了解这两种方案。

为了通过示例展示这一点，将尝试将lastRates参数化，以便
基于指定数量的汇率列表计算趋势。到目前为止，我们使用了
n=3，但需要让用户能够为函数参数指定不同的数字。可以使用
返回IO[BigDecimal](没有Option)的新currencyRate函数，它已经在
内部使用了retry、exchangeTable和extractSingleCurrencyRate。

2

还可以使用递归创
建的值描述进行任
意次数调用的程序

递归在非IO语境中也
很有用，例如List是
一种递归数据结构：
它被定义为其第一个
元素(head)加上另一
个List(tail)

9.26 使用递归进行任意数量的调用

看看如何使用递归来进行尽可能多的API调用，以获取给定的
两种货币(from-to)的最后n个汇率。lastRates的当前版本如下：

```
def lastRates(from: Currency, to: Currency): IO[List[BigDecimal]] = {
  for {
    table1    <- retry(exchangeTable(from), 10)
    table2    <- retry(exchangeTable(from), 10)
    table3    <- retry(exchangeTable(from), 10)
    lastTables = List(table1, table2, table3)
  } yield lastTables.flatMap(extractSingleCurrencyRate(to))
}
```

> currencyRate是
> 封装非纯API调
> 用的封装器。返
> 回一个程序的描
> 述，该程序返回
> 将一种货币兑换
> 为另一种货币的
> 汇率。如果不能
> 获取汇率，它可
> 能无法完成

添加一个新参数并尝试重新实现该函数，这要使用刚刚实现
的新 currencyRate：

```
def lastRates(from: Currency, to: Currency, n: Int): IO[List[BigDecimal]]
```

可以使用两种方案来实现此函数，如图9-13所示。

使用序列　在第 8 章中使用了这种方案，它仍然是可行之选

```
> def lastRates(from: Currency, to: Currency, n: Int): IO[List[BigDecimal]] = {
    List.range(0, n).map(_ => currencyRate(from, to)).sequence
  }
```
↑ 创建一个具有n个IO的列表，然后将其序列化
以创建一个含n个元素的List的IO

使用递归　仅仅为了完整性，可以使用递归实现完全相同的结果

```
> def lastRates(from: Currency, to: Currency, n: Int): IO[List[BigDecimal]] = {
    if (n < 1) {
      IO.pure(List.empty)
    } else {
      for {
        currencyRate   <- currencyRate(from, to)
        remainingRates <- if (n == 1) IO.pure(List.empty)
                          else lastRates(from, to, n - 1)
      } yield remainingRates.prepended(currencyRate)
    }
  }
```
← 这些是递归基本情况。如你所见，
可以有多个基本情况

每当n大于2时，递归调用lastRates。注意，调用currencyRate是此函数的第一步，而且你可能还
记得，它将返回单个汇率(或失败或无限运行)。因此，可以确定，在for推导式的第二步中，已
经有了一个currencyRate。现在，需要做出决定：需要更多汇率吗？如果需要，以较小的n递
归调用lastRates。用这种方式确保函数收敛到基本情况

图9-13　实现lastRates的两种方案

无论选择哪个版本，我们都会得到一个含有n个元素的
List[BigDecimal]。但是程序可能会无限运行。

9.27 递归版本的问题

现在有lastRates函数，它获取附加的n参数。我们还知道它将返回最后n个汇率组成的列表，并将尝试获取它，直到成功。可以使用新版本的lastRates来更新本章问题的解决方案。

```scala
def exchangeIfTrending(
  amount: BigDecimal, from: Currency, to: Currency
): IO[BigDecimal] = {
  for {
    rates  <- lastRates(from, to, 3)
    result <- if (trending(rates)) IO.pure(amount * rates.last)
              else exchangeIfTrending(amount, from, to)
  } yield result
}
```

现在，可以确定rates将是
n个元素的列表

此函数返回的IO值描述了一个程序，该程序将返回结果、失败，或将无限执行

使用方式如下：

```scala
exchangeIfTrending(BigDecimal(1000), Currency("USD"), Currency("EUR"))
→ IO
```

我们得到了一个IO值，可尝试使用unsafeRun Sync()！你应该得到欧元金额

我们得到了一个值，该值描述了一个程序，当执行时，该程序将尝试将 1000 美元兑换为欧元，但仅当美元兑欧元的汇率有增长趋势时才会兑换。

但是，当你更仔细地观察内部正在发生的事情时，函数的性能并不是很好，而且API调用成本通常很高：

- 它总是先获取三个(或n个)汇率，然后做出决策，如果不成功，则再获取三个。因此，如果总共获取了六个汇率，则仅分析第一个三元组和第二个三元组，忽略中间可能存在的潜在趋势。例如，如果第一个分析的三元组是[0.77, 0.79, 0.78]，下一个是[0.80, 0.81, 0.75]，那么当前版本将无法找到存在于中间的[0.78, 0.80, 0.81]趋势。需要分析汇率的滑动窗口，以充分利用已经进行的API调用(并付出代价)。

在单独的三元组中处理数据是很常见的范式，但它也有其缺点。其中之一是有时在拆分数据的过程中会丢失有价值的信息

- 它尽快运行，因此可能在几毫秒内获取n个汇率。实际上，汇率在如此短的时间内发生更改的可能性很小。需要以固定的速率进行调用。

可以使用已经了解的FP工具(IO和递归)或以命令式方案解决上述问题。但是，对于许多程序员来说，要正确地完成任务，需要大量时间，因为要处理许多边缘情况。我们需要不同的方案！

请记住，我们并非只是想要解决这些问题。要运用关注点分离原则，以可读和可维护的方式解决它们

9.28 引入数据流

可以采用一种更好的方式来实现滑动窗口、延迟和固定速率。当处理不确定数量的数据(即从API调用中获取的数据)时，这种方式特别有用。前面已经展示了处理这些问题的传统方式——使用递归。我们还简要谈到了关注点分离的问题；希望以独立的模块来处理功能的不同方面：

- 一个函数应该负责获取(例如，最后n个汇率或给定的两种货币之间的单个汇率)。
- 另一个函数应该负责超时、调用之间的延迟和重试等功能。

所有这些特性，再加上可能无限的执行，通常暗示着应使用不同的架构方案：流。

很快会发现，使用流帮助反转控制，并因此分离更多的功能块，而不会牺牲任何性能。到目前为止，exchangeIfTrending 函数一直在显式地进行API调用，并在API结果之上添加业务逻辑。使用流，可颠倒这种依赖关系，并使用基于IO的API调用的无限流(惰性求值)，其定义将在其他地方进行。稍后会为你分解这一较长的定义。图9-14展示了我们当前的学习进度。

> 具有不确定数量的数据意味着我们的函数可能需要在做出决策之前获取和处理 1、10、数十万或无限数量的数据实体。这需要单独接受并处理

> 将使用这些知识来实现一个更优越、牢靠和易读的解决方案，以解决本章最初的问题

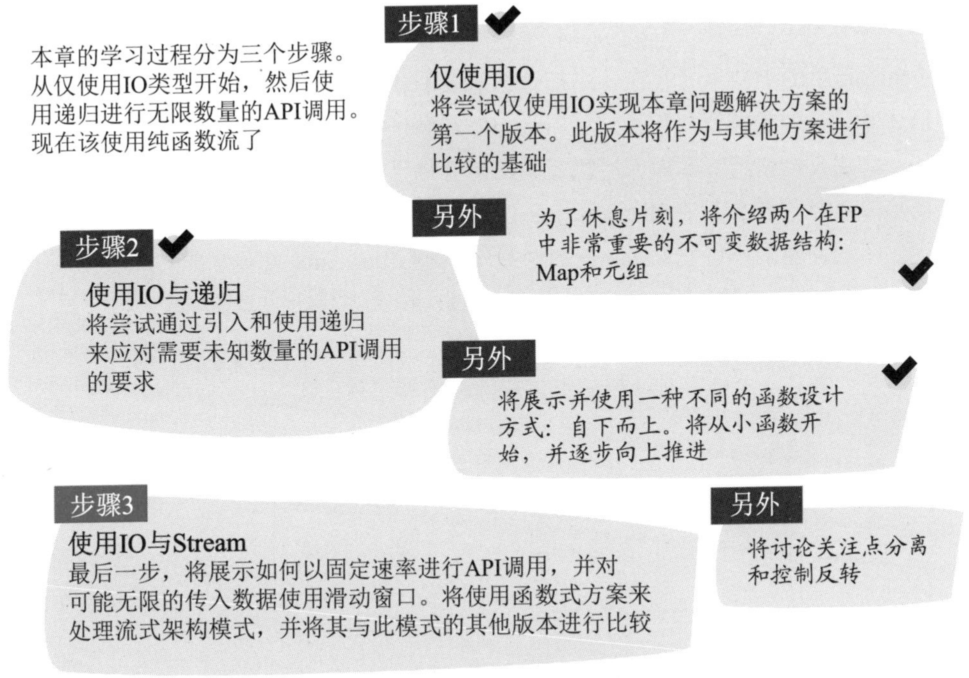

本章的学习过程分为三个步骤。从仅使用IO类型开始，然后使用递归进行无限数量的API调用。现在该使用纯函数流了

步骤1 ✔

仅使用IO
将尝试仅使用IO实现本章问题解决方案的第一个版本。此版本将作为与其他方案进行比较的基础

另外
为了休息片刻，将介绍两个在FP中非常重要的不可变数据结构：Map和元组

步骤2 ✔

使用IO与递归
将尝试通过引入和使用递归来应对需要未知数量的API调用的要求

另外
将展示并使用一种不同的函数设计方式：自下而上。将从小函数开始，并逐步向上推进

步骤3

使用IO与Stream
最后一步，将展示如何以固定速率进行API调用，并对可能无限的传入数据使用滑动窗口。将使用函数式方案来处理流式架构模式，并将其与此模式的其他版本进行比较

另外
将讨论关注点分离和控制反转

图9-14 当前的学习进度

9.29 命令式语言中的Stream

在介绍函数式Stream类型之前，先谈谈你可能更熟悉的Java的Stream类型。Java的Stream已经存在一段时间了。这是Java将一些函数式概念复制并引入其中的方式。让我们来看看。

注意，之所以在这里讨论Java的Stream，是为了建立一些共同的语境。不会在本书中使用它

```java
Stream<Integer> numbers = Stream.of(1, 2, 3);
```

定义了一个有限的数字流。该流输出(或生成)三个值

```java
static Stream<Integer> oddNumbers(Stream<Integer> numbers) {
  return numbers.filter(n -> n % 2 != 0);
}
```

然后定义了一个纯函数，它获取一个Stream并返回另一个Stream，内部仅过滤奇数数字

```java
Stream<Integer> oddNumbers = oddNumbers(numbers);
```

然后，可以调用此函数并获取另一个Stream

```java
List<Integer> result = oddNumbers.collect(Collectors.toList());   The result is [1, 3].
```

首先，当仅处理Stream类型时，没有涉及可变性。其次，在有人想要将Stream值转换为List(使用collect)或转换为数字(使用count)或其他不同的东西之前，不存在真正的计算。在Java中，filter、map等函数流操作(获取Stream并返回Stream的纯函数)是中间操作，而将我们带出Stream世界的函数(如collect)是终端操作。

所有这些都可以证明函数编程思想正在慢慢地融入许多主流语言

Java Stream与IO

Stream和IO类型之间存在一个细微但重要的相似之处。它们都描述某事，但不执行任何操作。Stream值存储了给定流的所有操作，它们仅在使用终端操作后执行。IO值存储了所有具有副作用的操作，这些操作仅在使用unsafeRunSync后执行。Stream类型提供了返回新的不可变Stream值的函数(请考虑filter、map等函数)。IO类型提供了返回新的不可变IO值的函数。

有时候，你可能会看到，有些人会说流(而不是终端操作)有消费者。稍后将详细介绍这一点

这种比较可能有点牵强，但重要的是理解这些相似之处及其原因。它们都是本书中一直谈论的不可变性和惰性求值的实现。

遗憾的是，Java不允许重用Stream值。一旦使用了Stream值，就无法再次使用它。所以它不是真正的不可变，它只是表现为不可变

9.30　按需生成值

对于Java的Stream类型的工作原理，还存在另一种解释：它按需生成(或输出)值。有些人说这样的流是冷却的——它们需要消费者才能开始生成值。但这只是解释惰性求值的另一种方式。这也是创建无限值流的另一种方式。当使用惰性求值时，可以毫不犹豫地创建能够生成任意数量值的流。但在实践中，它们只会在客户端需要时按需生成值。以下是Java中的无限值流：

> 定义了一个无限数字流，然后调用oddNumbers，返回另一个无限Stream。我们操纵值，并且什么都没有发生

```java
Stream<Integer> infiniteNumbers = Stream.iterate(0, i -> i + 1);
Stream<Integer> infiniteOddNumbers = oddNumbers(infiniteNumbers);
```

如果取消注释以下行，则会尝试将无限流中的所有元素收集到列表中，这将冻结程序：

```java
// infiniteOddNumbers.collect(Collectors.toList());

Stream<Integer> limitedStream = infiniteOddNumbers.limit(3);
```

> 可以声明希望使用无限流中的多少个元素(例如三个)

```java
List<Integer> limitedResult =
  limitedStream.collect(Collectors.toList());
```

> 现在有一个有限流，可以安全地使用collect。limitedResult是[1, 3, 5]

Java Stream并不是命令式语言实现这种机制的唯一例子。例如，在Python中，有生成器的概念。上面的代码可以按如下方式用Python编写：

```python
def infinite_numbers():
    x=0
    while(True):
        x=x+1
        yield x

def odd_numbers(numbers):
    return filter(lambda i: i%2 != 0, numbers)

infinite_odd_numbers = odd_numbers(infinite_numbers())
limited_result = itertools.islice(infinite_odd_numbers, 3)
```

> 此Python函数返回一个无限返回数字的生成器
>
> 此Python函数接受一个生成器并使用filter返回另一个生成器
>
> *Python代码*展示这些技术无处不在的小片段！
>
> 使用两个函数，仅获取无限流中的三个元素。最后，得到[1, 3, 5]

类似的用法可以在 Reactive Streams(JDK 9)、RxJava、Kotlin的 Flow 等中找到。它们都有两个共同点，如图9-15所示。

关注点分离	控制反转
获取有限数量元素的地方(limit)不知道流是如何创建的。它不知道它可以有多少个元素，以及需要多少转换——反之亦然，流仅生成元素，不关心它们将如何使用	oddNumbers函数能够生成奇数，而不用知道如何生成所有数字。它不必调用或生成任何东西。它以参数的形式从Stream中获取所有需要的东西，并使用它。现在，此函数的用户具有控制权

图9-15　Stream、Flow等的共同点

9.31 流处理、生产者和消费者

我们现在知道，流编程范式已经在许多语言中实现了。它具有许多优点，因为它利用了惰性求值，并帮助我们解耦模块——特别是当我们处理大量传入数据时。

在继续探索之前，让我们先搞清楚定义。流处理意味着对表示无限值流的值进行转换。当我们进行流处理时，首先关注的是数据操作。但是，数据需要存储在某个地方——它需要有一个源。流处理的输出也应该以某种方式被使用。因此，讨论流处理时不可避免地会提到生产者/消费者模式的话题，如图9-16所示。

> 当你解耦模块时，它们变得更加独立。关注点分离和控制反转都代表了解耦的一种方式

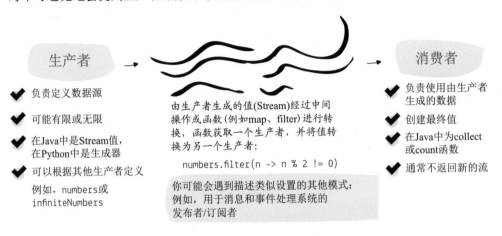

生产者
- 负责定义数据源
- 可能有限或无限
- 在Java中是Stream值，在Python中是生成器
- 可以根据其他生产者定义

  例如，numbers或infiniteNumbers

由生产者生成的值(Stream)经过中间操作或函数(例如map、filter)进行转换，函数获取一个生产者，并将值转换为另一个生产者：

```
numbers.filter(n -> n % 2 != 0)
```

你可能会遇到描述类似设置的其他模式：例如，用于消息和事件处理系统的发布者/订阅者

消费者
- 负责使用由生产者生成的数据
- 创建最终值
- 在Java中为collect或count函数
- 通常不返回新的流

图9-16　生产者/消费者模式

谈论命令式流时，我们仅触及表面。到目前为止，遇到的所有流都处理在内存中生成的本地值。但是，流式编程非常适合扩展。你可以使用流操作来自外部API(或任何其他外部来源)的数据，你很快就会了解到这一点。有许多流处理解决方案可用，并且它们通常关注不同的特征。但是，你可以确信一般范式是相同的。希望通过将数据的来源、处理和客户端解耦为独立的实体来分离不同的关注点。在生产者方面，因为不知道消费者需要多少值，所以可能只创建惰性求值的可能无限的元素流。在消费者方面，虽然不知道数据来源，但是能够独立地处理它。

> 在为多台机器进行编程时此范式非常适用。将在第10章中讨论多线程。现在重要的是，在此学习的所有工具也将适用于第10章

9.32 流和IO

正如之前提到的，目前我们仅使用本地内存中生成的值流。这样做是为了展示这个想法及其一般应用。但是，现实世界的软件通常不会那么简单。需要从外部世界获取数据并将其存储在某个地方。当前的问题需要我们使用外部API。现在我们已了解流处理范式，可以将外部API视为生产者，它生成给定货币的汇率表(作为值)。

> 请再次注意，尽管谈论的外部API是生产者，但它对其消费者或数据流的客户端无关紧要。另一个函数将负责使用汇率表，但函数不知道表从何而来

然而，这并不是从一开始就容易实现的。一直在尝试使用FP中的IO类型和一些递归来解决这个问题。此外，广泛使用了许多其他FP类型和技术——它们解决了问题的较小部分，并且效果非常好。但问题仍然存在：是否可以在基于流的方案中使用IO和现有解决方案的精华部分？

> 问：但是真的需要流中的IO吗？不能直接执行具有副作用的非纯函数吗？可以使用类似于Java的Stream.generate的函数，获取一个函数并生成所需的元素(为每个元素调用提供的函数)。这有什么问题吗？
>
> 答：很遗憾，尽管确实可能实现，但此方案的缺点与正常的非纯函数相同。

> Stream.generate获取一个Java函数并在请求元素时使用它。你可以将其视为无限流

命令式方案往往存在一个非常严重的缺陷：它们不会隔离副作用与纯函数。它们的API往往平等对待非纯生产者和纯生产者。例如：

```
Stream<Integer> randomNumbers = Stream.generate(new Random()::nextInt);

List<Integer> randomResult =
    oddNumbers(randomNumbers).limit(3).collect(Collectors.toList());

Stream<Map<String, BigDecimal>> usdRates =
    Stream.generate(() -> exchangeRatesTableApiCall("USD"));
usdRates.limit(100).collect(Collectors.toList());
```

> randomResult每次运行时肯定是不同的。在我的运行中，它是[1816734507, 1516189193, 1552970581]

> 这是API调用函数，可能会抛出连接错误。调用它100次，几乎可以保证得到一个异常

我们现在已经知道，如果想要拥有更易于维护和可测试的代码库，则需要隔离纯度。命令式流版本还不能做到这一点。需要一些东西，帮助我们使用学到的所有超级功能：IO等不可变数据类型、纯函数和惰性求值。需要函数式Stream！

9.33　函数式Stream

　　现在该认识一下函数式Stream类型了，它是流处理的纯函数实现。由于流式编程是非常流行的范式，因此许多语言通常会有多个流库可用——每个库关注的方面稍微不同。本书将展示基于IO的方案，该方案在Scala中可通过fs2库使用。注意，尽管生产者、消费者和中间运算符等的一般原理完全相同，但这与迄今为止讨论的Java Stream类型大有不同。主要区别在于，函数式Stream具有FP的固有不可变性和纯度。但是起决定性作用的是，许多通过使用其他函数类型了解到的函数和解决方案，包括与IO值的无缝集成，是可以重复使用的。实际上，Stream值类似于IO，因为它只描述流处理程序，就像IO值描述可能具有副作用的程序一样。

注意，库的选择是次要的。这里想展示如何使各种函数编程库一起工作以及如何在不同语境中使用不可变和纯函数的相同理念。你只需要学习函数思想一次，就可以在任何地方应用它

　　与其他函数式解决方案一样，有多种不同的方式来生成Stream值。本书重点不在于特定库，而是特定的函数思维方式，因此此处不再赘述。在此前提下，让我们创建一些Stream值。

如果你没有使用本书的sbt console REPL，则需要导入fs2._

numbers和oddNumbers都是纯值的流，在内存中创建和维护。这与你在命令式流中看到的用例非常相似。目前还没有IO

```
> val numbers = Stream(1, 2, 3)
  val oddNumbers = numbers.filter(_ % 2 != 0)
  oddNumbers.toList
  → List(1, 3)
  numbers.toList
  → List(1, 2, 3)
  oddNumbers.map(_ + 17).take(1).toList
  → List(18)
```

toList遍历流输出的每个元素，并将所有元素作为列表返回

将17添加到oddNumbers输出的每个值中，然后获取第一个值(18)

　　这在意料之中。此时得到了期望的结果：完全不可变性(numbers和oddNumbers可以多次重复使用)，以及一组恰当命名和定义的函数(filter、map、take、toList等)。Stream只是一个值。这意味着，如果需要具有副作用的流(例如API调用)，可以使用递归定义惰性求值的流，并将其编码为IO值的Stream，就像上面的原始整数Stream一样。此外，可以将Stream值转换为IO值，并像处理任何其他IO值一样处理它。因此，函数式Stream只是值——即使是最复杂的Stream，也不例外！

由于它是不可变的，因此可以多次重复使用单个流值

9.34 FP中的流是值

我们一直在使用不可变值，流也不例外。Stream类型获取两个类型参数，它们都解释了内部发生的事情，参见图9-17。

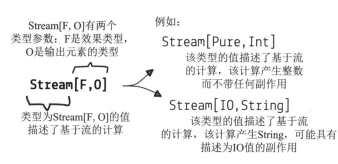

Stream[F, O]有两个
类型参数：F是效果类型，
O是输出元素的类型

类型为Stream[F, O]的值
描述了基于流的计算

例如：

Stream[Pure, Int]

该类型的值描述了基于流
的计算，该计算产生整数
而不带任何副作用

Stream[IO, String]

该类型的值描述了基于流
的计算，该计算产生String，可能具有
描述为IO值的副作用

图9-17　Stream[F, O]

再次注意，在此只讨论单个流库。你可能很快就会使用这个特定的库，但这并不是本书重点。请关注所有FP机制如何协同工作。重点在于不可变值、纯函数、惰性和值得信任的特征标记

注意一个类型定义中所包含的信息。当你看到返回Stream[Pure, String]的函数时，你可以确定它返回一个不可变值，该值描述了基于流的计算，当执行时，将在内存中产生零个或多个String值。另外，当函数返回Stream[IO, BigDecimal]时，你可以确定它返回一个不可变值，该值描述了基于流的计算，当执行时，将在后台使用和执行副作用，可能会产生零个或多个BigDecimal值。这意味着与副作用相关的所有策略和技术也适用于此。

问：但"执行"Stream值是什么意思？我知道可以使用unsafeRunSync执行描述程序的IO值。Stream也有unsafeRunSync吗？

答：没有直接的等效函数。注意，Stream描述了值的惰性生成器。在有一个消费者请求来自此流的至少一个元素之前，它不会执行任何操作。只有当Stream值描述具有副作用的计算(以IO作为第一个类型参数)时才需要unsafeRunSync。但是，即使如此，只要没有任何流的消费者，仍然不会发生任何事情：

```
val numbers = Stream(1, 2, 3)
val oddNumbers = numbers.filter(_ % 2 != 0)
```

传递给filter的函数在请求至少一个元素的消费者出现之前不会执行。例如，一个可能的消费者为oddNumbers.toList。

这里展示了一个纯流，因为还没有展示基于IO的流。重要的是，概念在两种类型中是相同的

9.35 流是递归值

在我们讨论处理IO的流之前，使用原始值的流进行更多操作，并学习如何使用熟悉的FP技术处理它们。

在另一个流的末尾添加流的方式如下：

```
> val stream1 = Stream(1, 2, 3)
  val stream2 = Stream(4, 5, 6)
  val stream3 = stream1.append(stream2)
  stream3.toList
  → List(1, 2, 3, 4, 5, 6)
```

不会从三个流中消耗任何内容，直到调用stream3.toList。在此之后才能使用stream3定义，并且仅间接使用stream1和stream2的值

再次强调，流只是值，因此可以将一个流添加到自身末尾：

```
> val stream4 = stream1.append(stream1)
  stream4.toList
  → List(1, 2, 3, 1, 2, 3)
```

这里创建了一个流，产生比另一个流更少的值：

```
> val stream5 = stream4.take(4)
  stream5.toList
  → List(1, 2, 3, 1)
```

注意，stream5是另一个流。此时还没有消耗任何元素。它只是一个生成器，最多生成四个元素

如你所预期的那样，函数式流非常重视惰性——append是惰性的！因此，为了创建无限Stream，可以毫不犹豫地使用append+递归组合，如图9-18所示。

```
> def numbers(): Stream[Pure, Int] = {
    Stream(1, 2, 3).append(numbers())
  }

  val infinite123s = numbers()

  infinite123s.take(8).toList
  ☒ List(1, 2, 3, 1, 2, 3, 1, 2)
```

numbers是一个返回值的函数，该值表示基于流的计算，该计算产生整数而不带任何副作用

将通过调用numbers函数创建的流添加到Stream(1, 2, 3)的末尾。这是一个递归调用！没有任何问题，因为append不会及早求出传递的内容。只有当消费者需要值时(而不是在需要值之前)，它才进行递归调用——它是惰性求值的

numbers是一个生成递归值的递归函数。当获取八个元素时，numbers被调用三次

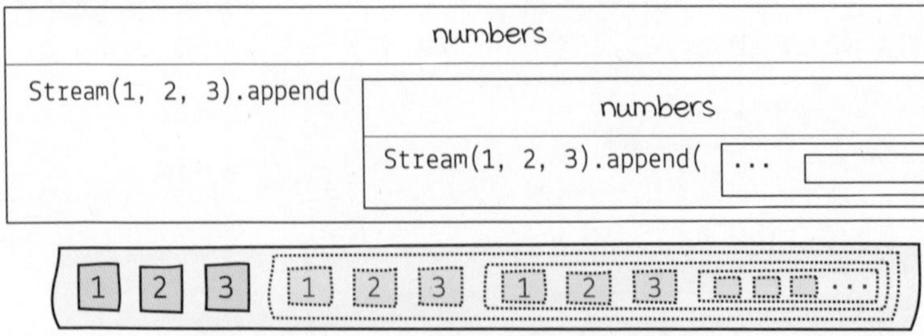

如果消费者请求超过三个元素，则递归调用numbers

这是一个递归定义的Stream [Pure,Int]值

图9-18 append+递归组合

9.36　原始操作和组合器

Stream类型内部定义了许多函数。请记住，这是一个标准的函数式API，所以大部分的函数获取Stream值并返回新的Stream值。可将它们分为原始操作和组合器。它们的区别在于内部实现。原始操作是不使用任何其他API函数实现的函数。之前遇到的append是一个原始操作。组合器是在其他API函数(原始操作或其他组合器)的基础上定义的函数。这意味着开发者在实现特定功能时可以从多种不同的选项中选择，下面将进一步介绍。有很多选择意味着你可以选出可读性最高的。

> 重要的是理解原始操作和组合器之间的区别，因为这一点出现在许多函数式API中。这样就可以与其他开发者建立一个通用的词汇表。例如，在IO上使用组合器

例如，刚刚使用append和递归实现了一个无限流。结果发现可以使用repeat函数来实现同样的结果(repeat递归调用append和它自己，但这对我们而言是不可见的)。因此，可以写：

> 所以，repeat是一个组合器，因为它是基于append定义的

```
val numbers = Stream(1, 2, 3).repeat
numbers.take(8).toList
→ List(1, 2, 3, 1, 2, 3, 1, 2)
```

> 一个无限的1、2、3、1、2、3、1、2、3……的流

无论你的团队为下一个项目选择哪种流解决方案，最好浏览其API和文档，查看所有函数(特别是组合器)如何在内部实现。这将让你深入了解如何使用这个特定API以及它的优点。

在本书中，将使用一小部分的原始操作和组合器，但是如果你能够掌握它们，你将能够在API文档的帮助下使用其余的任何函数。值得一提的是，这个特定的流库中的大部分函数都适用于纯的和基于IO的流。

快速练习

在处理IO之前，确保你理解了纯流。以下表达式返回什么？

1. Stream(1).repeat.take(3).toList
2. Stream(1).append(Stream(0, 1).repeat).take(4).toList
3. Stream(2).map(_ * 13).repeat.take(1).toList
4. Stream(13).filter(_ % 2 != 0).repeat.take(2).toList

答案：
List(1, 1, 1),
List(1, 0, 1, 0),
List(26),
List(13, 13)

9.37　基于IO值的流

　　你现在可能也认为函数式的基本值流非常有用，对吧？其与IO类型的集成能够真正发挥用处。此前学到的关于IO和处理副作用的所有技术都适用于有副作用的流！

　　这个原理可以用一句话概括：可以使用IO值的流，在有人消耗流元素时，自动按需执行这些流。但在此之前，我们只是操作不可变值。下面详细探讨这个想法，以真正理解它在实践中的意义。我们将从具有副作用的非纯Java函数开始解释，该函数模拟掷骰子的场景，如图9-19所示。

```
def castTheDieImpure(): Int = {
    static int castTheDieImpure() {
        System.out.println("The die is cast");
        Random rand = new Random();
        return rand.nextInt(6) + 1;
    }
}

import ch08_CastingDie.castTheDieImpure
def castTheDie(): IO[Int] = IO.delay(castTheDieImpure())
```

之所以回到"掷骰子"的例子，是为了让大家理解。这个例子内容独立且易于理解。它还显示了原始IO和流之间的区别。将使用这里学到的内容，编写汇率兑换程序的最终版本

简要回顾一下：应先创建一个函数来"延迟"副作用的执行

图9-19　castTheDieImpure

　　以前，只需要在一个for推导式中按需调用此类函数，因为业务要求允许我们这样做(例如，"掷两次骰子")。但是，假设遇到了类似于货币兑换的情况，即不知道需要调用此特定IO值多少次才能得到想要的结果。例如，要求一直掷骰子，直到得到一个6！在第一次尝试时就可能得到，也可能永远不会得到。因此，这投射出我们在货币兑换案例中面临的一个更大的问题。现在了解一下函数式Stream如何帮助我们解决这个问题。

需要这样做才能编写纯函数并加以利用。当调用unsafeRunSync时，"延迟的"副作用操作将在功能核心之外执行

```
val dieCast: Stream[IO, Int] = Stream.eval(castTheDie())
val oneDieCastProgram: IO[List[Int]] = dieCast.compile.toList
```

　　通过在dieCast流上调用.compile.toList，将其转换为另一个值：IO[List[Int]]。这正是我们在第8章中学到的IO。我们知道如何处理它！

dieCast是一个IO值的Stream。eval获取一个IO值并对它进行求值(即执行给定的IO值并给出此IO操作生成的Int，但仅在一段时间之后消费者请求时执行)

　　因此，我们得到了一个程序的描述，该程序在成功执行时将产生一个List[Int]。因为dieCast是一个单元素流(eval取一个IO并返回一个Stream值，当请求该Stream值时，仅基于此IO产生一个值)，所以我们应该得到一个单元素列表。让我们手动执行IO值。

```
oneDieCastProgram.unsafeRunSync()
→ console output: The die is cast
→ List(4)
```

The die is cast被写入控制台，因为这是一个副作用，而不是该函数的结果，在本例中，函数的结果是List(4)(由于随机性，你的结果可能会有所不同)

9.38 基于IO值的无限流

我们刚刚遇到的eval和compile函数非常有助于处理基于IO的流。对二者的简要总结如图9-20所示。

eval	compile.toList
Stream.eval创建一个新的Stream值,当由消费者使用时,它将基于一个具有副作用的程序的结果产生一个Int值,该程序由一个作为单个参数传递的IO值描述: Stream.**eval**(IO(1-6?)) → Stream[IO, Int]	通过调用compile函数,可以将Stream值编译为描述有副作用的流处理程序的IO值。对流行进行编译时有多个选项,稍后会使用更多选项。第一个选项——compile.toList,确保处理基础流,消耗其所有元素,并将其添加到List中,然后将List作为整个执行的结果返回: val s = Stream.**eval**(IO(1-6?)) s.**compile.toList** → IO[List[Int]]

图9-20 eval和compile函数

将在本章的剩余部分中经常使用它们。此外,还将使用处理纯流时遇到的函数。例如,已知可以通过使用repeat组合器,将任何Stream值转换为递归重复原始Stream的无限流。事实证明,repeat对基于IO的流也有效。因此:

```
val infiniteDieCasts: Stream[IO, Int] = Stream.eval(castTheDie()).repeat
val infiniteDieCastsProgram: IO[List[Int]] = infiniteDieCasts.compile.toList
```

到目前为止,一切顺利。有两个不可变值:一个Stream和一个IO。compile.toList将Stream转换为IO,成功执行时将得到由流产生的所有Int组成的列表。但是我们真的能将无限数量的整数适配到一个List中吗?

> **重点!**
> 类型可以表示有关IO和流编程的内部信息

```
infiniteDieCastsProgram.unsafeRunSync()
→ console output: The die is cast
→ console output: The die is cast
→ console output: The die is cast
...
```
←此程序将继续无限制地运行
(如果你想保持REPL会话完整,请勿运行它)

不!当我们执行此值时,它只是写入控制台,这意味着已执行IO操作。程序本身永远不会完成。它只是用大量的"The die is cast"消息填满控制台,这些消息将不断出现,直到你退出应用程序。我们永远不会得到List[Int],因为流产生的元素数量没有限制。但是这并不意味着此程序无用。正在执行的是副作用操作。这很有用!

9.39　为副作用而执行

实际上，一直运行到手动终止的程序十分常见。只为它们的副作用而运行。不关心它们最终产生什么。甚至可以在类型中对其进行编码：当我们拥有的值描述仅为其副作用而执行的程序时，IO[Unit]正是期望的类型。当我们通过API调用存储数据以供将来使用时，已经使用了此类型。在很多其他情况中，也可能仅关注副作用：用户界面、处理服务器端点和套接字连接。在我们当前的掷骰子场景中，唯一的副作用是每次掷骰子时打印的单个日志行。但是，即使流是无限的，仍然使用compile.toList，而且它永远不会返回一个列表。流也为我们提供了这个机会。让我们改用compile.drain，它恰好做我们需要的事情。它"耗尽"流，并在完成时返回Unit。

得到完全相同的无限运行器，但是IO值不会在不久后返回列表。现在，由于使用了drain，我们得到了IO[Unit]。这种返回类型意味着运行此IO值纯粹是为了其所描述的副作用。在第10章中，将通过返回IO[Nothing]进一步介绍此概念。敬请关注

```
val infiniteDieCasts: Stream[IO, Int] = Stream.eval(castTheDie()).repeat
val infiniteDieCastsProgram: IO[Unit] = infiniteDieCasts.compile.drain

infiniteDieCastsProgram.unsafeRunSync()
→ console output: The die is cast
→ console output: The die is cast
→ console output: The die is cast
...
```

此程序将继续无限制地运行
(如果你想保持REPL会话完整，请勿运行它)

无限流很有用，但是每当想要获取一些值(而不仅仅是副作用)时，就需要使用Stream函数将它们转换为有限流。其中之一是take，它对于基于IO的流的操作与纯流相同。

```
val firstThreeCasts: IO[List[Int]] = infiniteDieCasts.take(3).compile.toList
firstThreeCasts.unsafeRunSync()
→ console output: The die is cast
→ console output: The die is cast
→ console output: The die is cast
→ List(6, 2, 6)
```

注意，filter对将来执行IO值返回的Int值进行操作。在这方面，它的工作方式类似于for推导式内部的flatMap。可以定义函数，以操作尚不可用的值

可以使用filter来过滤出我们感兴趣的值。在本例中，想一直掷骰子，直到得到6：

```
val six: IO[List[Int]] = infiniteDieCasts.filter(_ == 6).take(1).compile.toList
six.unsafeRunSync()
→ console output: The die is cast
→ console output: The die is cast
→ console output: The die is cast
→ console output: The die is cast
→ List(6)
```

如你所见，在本例中，四次IO调用就足以获得第一个6。你获得的结果可能会有所不同

9.40 练习流操作

现在该你感受函数式流处理的威力了。在这个练习中，你将使用infiniteDieCasts流值：

```
val infiniteDieCasts: Stream[IO, Int] = Stream.eval(castTheDie()).repeat
```

你的任务是创建以下IO值。每个值都应在内部使用infiniteDieCasts产生的数字(和副作用)，并执行以下操作：

1. 过滤奇数，并返回前三次这样的投掷。

2. 返回前五次投掷，但请确保所有6值都增至两倍(因此[1, 2, 3, 6, 4]变为[1, 2, 3, 12, 4])。

3. 返回前三次投掷的总和。

4. 掷骰子，直到出现5，再掷两次，返回最后三个结果(一个5和另外两个值)。

5. 确保掷骰子100次，并且值被丢弃。

6. 原封不动地返回前三次投掷，接下来的三次投掷增至三倍(总共六个值)。

请记住，每个子任务都应由IO值表示，而不是Stream值。这意味着你需要对Stream进行compile操作，并将其转换为可以立即执行的正确类型的IO值。

如果以上练习太简单了，下面的练习将需要使用一个组合器，我们尚未介绍，但它非常有帮助：scan。它的行为与foldLeft完全相同，但它适用于Stream，并返回一个Stream，该Stream在每次调用内部聚合函数时还会输出一个累加器值。

你还可以使用scan解决上面的#3

7. 投掷骰子，直到连续出现两个6。

答案：

```
1. infiniteDieCasts.filter(_ % 2 != 0).take(3).compile.toList
2. infiniteDieCasts.take(5).map(x => if (x == 6) 12 else x).compile.toList
3. infiniteDieCasts.take(3).compile.toList.map(_.sum)
4. infiniteDieCasts.filter(_ == 5).take(1)
     .append(infiniteDieCasts.take(2)).compile.toList
5. infiniteDieCasts.take(100).compile.drain
6. infiniteDieCasts.take(3)
     .append(infiniteDieCasts.take(3).map(_ * 3)).compile.toList
7. infiniteDieCasts
     .scan(0)((sixesInRow, current) => if (current == 6) sixesInRow + 1 else 0)
     .filter(_ == 2).take(1).compile.toList
```

如果需要返回#4中的所有投掷，而不只是最后三次，那会有多难？

9.41　利用流的功能

步骤3

使用IO
与**Stream**
(详见9.1节)

　　现在我们已经掌握足够的知识来解决本章的原始问题。我们自下而上设计了整个函数，并成功地实现了它。尽管基于for推导式的函数并不像我们想象的那样好，但好消息是，不必重新开始。我们使用了函数式方案并创建了一些具有单一、独立职责的小函数。可以在新原型中重复使用它们而不进行任何更改！

```
def trending(rates: List[BigDecimal]): Boolean
def extractSingleCurrencyRate(currencyToExtract: Currency)
        (table: Map[Currency, BigDecimal]): Option[BigDecimal]
```

　　记住，还有一个从外部得到的API调用。作为函数式程序员，我们通常将其封装在IO中，以便清晰地理解它——以引用透明的方式：

```
def exchangeTable(from: Currency): IO[Map[Currency, BigDecimal]]
```

　　我们使用了所有函数、IO和递归来创建一个可工作的**exchangeIfTrending**版本。然而，当我们尝试使用它时，遇到了两个非常严重的问题：

　　1. 它总是首先获取三个(或*n*个)汇率，然后做出决策，如果不成功，则再获取三个。因此，即使总共获取了六个汇率，也只分析了第一个三元组和第二个三元组，而忽略了中间的潜在趋势。例如，如果第一个分析的三元组是[0.77, 0.79, 0.78]，而下一个三元组是[0.80, 0.81, 0.75]，那么当前版本将找不到存在于中间的[0.78, 0.80, 0.81]的趋势。需要分析汇率的滑动窗口，以充分利用已经进行的API调用(并付出代价)。

需要在连续的API
查询之间引入延迟

　　2. 它尽快地运行，因此可能在几毫秒内获取*n*个汇率。实际上，在这样一个小的时间范围内，汇率发生变化的可能性很小。需要按固定速率进行调用。

　　希望你知道了这个问题的解决方案。可以使用函数式流解决这两个问题！第一个问题似乎非常简单，我们将从它开始。第二个问题看起来有点可怕，但我保证它并不那么糟糕！将学习更多的流组合器，并最终得到一个非常简单、清晰的解决方案。关键是将思维方式(和架构)转换为基于流的方式。需要以不同的方式看待API调用——不需要进行调用，而是需要消费它们组成的流。

注意即将引入的所有新组合器

9.42 API调用的无限流

创建一个无限流，该流由一种货币兑另一种货币的汇率组成。将单个API调用的问题与检测趋势并基于此做出决策的问题进行分离，这有助于解决问题。这个改变使我们能进行全新的设计——它如此强大！当我们进行操作时，注意不需要更改在开始时开发的任何小函数。图9-21展示了具体的操作步骤。

这进一步证明了基于小而独立的函数的设计可以节省很多时间

❶ 需要两种货币之间的汇率流。很容易得出一个特征标记：

```
def rates(from: Currency, to: Currency): Stream[IO, BigDecimal] = {

}
```

此函数返回一个值，表示BigDecimal流的副作用，BigDecimal是from货币与to货币之间的汇率

❷ 先创建一个from货币的汇率表无限流：

```
def rates(from: Currency, to: Currency): Stream[IO, BigDecimal] = {
  Stream
    .eval(exchangeTable(from))
    .repeat                        编译错误
}
```

这是Map[Currency, BigDecimal]的流

使用Stream.eval函数创建一个单元素流，该流使用提供的IO操作产生单个BigDecimal。然后，无限重复这个流

❸ 由于现在有了一个映射的流并且需要一个BigDecimal的流，因此必须从所有可能的兑换映射中提取单个BigDecimal汇率。幸运的是，已经有一个函数可以做到这一点：

```
def rates(from: Currency, to: Currency): Stream[IO, BigDecimal] = {
  Stream
    .eval(exchangeTable(from))
    .repeat
    .map(extractSingleCurrencyRate(to))
}
```

这是Option[BigDecimal]的流

编译错误

使用一个提取单个汇率(用于to货币)的函数来映射流中的每个值(表示所有from货币汇率的每个Map[Currency, BigDecimal])

❹ 需要过滤掉None，只留下被封装在Some中的值。这可以通过几种不同的方式来实现，其中一种涉及模式匹配，但幸运的是，有一个组合器可以为完成这项工作：unNone

```
def rates(from: Currency, to: Currency): Stream[IO, BigDecimal] = {
  Stream
    .eval(exchangeTable(from))
    .repeat
    .map(extractSingleCurrencyRate(to))
    .unNone
}
```

unNone获取一个Option[A]值的流，并返回一个A流，同时过滤掉None

现在有了from货币兑to货币的无限汇率流

图9-21 API调用的无限流

9.43   在流中处理IO故障

问：出现故障时怎么办？IO操作可能会随机失败，对吧？具有副作用的流需要运行基础IO操作以生成一个元素。那么，如果其中一个IO值求值失败，会发生什么？

答：那么，整个流也会失败！但是不要担心。可以使用第8章中学到的重试策略，如retry函数。此外，Stream也有orElse!

orElse处理流的工作方式是怎样的？在FP中有一些经验，由此可以通过将其与我们已经知道的函数进行比较来了解这种"新"函数的工作方式，参见图9-22。

请记住，IO也有orElse函数 ↗

Option.orElse

```
> val year: Option[Int] = Some(996)
  val noYear: Option[Int] = None

  year.orElse(Some(2020))
  → Some(996)
  noYear.orElse(Some(2020))
  → Some(2020)
  year.orElse(None)
  → Some(996)
  noYear.orElse(None)
  → None
```

Either.orElse

```
> val year: Either[String, Int] = Right(996)
  val noYear: Either[String, Int] = Left("no year")

  year.orElse(Right(2020))
  → Right(996)
  noYear.orElse(Right(2020))
  → Right(2020)
  year.orElse(Left("can't recover"))
  → Right(996)
  noYear.orElse(Left("can't recover"))
  → Left("can't recover")
```

Stream.orElse

寻找输出中的相似之处。Some和Right值类似于成功的Stream值执行；None和Left值类似于失败的Stream值执行

```
> val year: Stream[IO, Int] = Stream.eval(IO.pure(996))
  val noYear: Stream[IO, Int] = Stream.raiseError[IO](new Exception("no year"))

  val stream1 = year.orElse(Stream.eval(IO.delay(2020)))
  → Stream[IO, Int]
  val stream2 = noYear.orElse(Stream.eval(IO.delay(2020)))
  → Stream[IO, Int]
  val stream3 = year.orElse(Stream.raiseError[IO](new Exception("can't recover")))
  → Stream[IO, Int]
  val stream4 = noYear.orElse(Stream.raiseError[IO](new Exception("can't recover")))
  → Stream[IO, Int]

  stream1.compile.toList.unsafeRunSync()
  → 996
  stream2.compile.toList.unsafeRunSync()
  → 2020
  stream3.compile.toList.unsafeRunSync()
  → 996
  stream4.compile.toList.unsafeRunSync()
  → Exception in thread "main": can't recover
```

noYear是一个运行时总会失败的流！那该怎么恢复呢

到目前为止，我们只创建了Stream值，因此year和noYear都是值。stream1、stream2、stream3和stream4也只是值。但是，其中一些值包含简单的失败恢复策略！可以通过编译流并使用unsafeRunSync()运行它们的IO程序来了解详情

图9-22   orElse的工作方式

9.44　分离的关注点

我们知道orElse的工作原理。现在需要提供一个Stream值，以便在原始流失败时运行它。应该提供什么值？假设我们只想重新开始。因此，可以递归调用相同的函数！这样就得到了一个无限的无故障BigDecimal流，该流由给定货币(from)兑另一个货币(to)的汇率组成。

```
def rates(from: Currency, to: Currency): Stream[IO, BigDecimal] = {
  Stream
    .eval(exchangeTable(from))
    .repeat
    .map(extractSingleCurrencyRate(to))
    .unNone
    .orElse(rates(from, to))
}
```

> 如果该流出现任何问题，则不会失败。相反，使用给定的回退流进行恢复(这正是相同的流)

当我们开始过滤输出的元素时，流的一大优点是，从流的消费者的角度来看，IO已经执行了多少次(或使用了多少不同的IO操作)并不重要。消费者有一个返回Stream[IO, BigDecimal]的函数(rates)。该函数如图9-23所示，当它只想要from货币与to货币之间的前三个汇率时，它只需要按如下方式说。

```
val firstThreeRates = rates(Currency("USD"), Currency("EUR")).take(3).compile.toList
→ IO[List[BigDecimal]]
```

但是，在内部执行时，流可能因各种原因(例如Map可能不包含to货币，或者API调用失败或完成时间过长)而多次调用exchangeTable API。生产者需要担心这些问题，并在返回Stream的rates函数中编写这些问题，从而处理它们。但是，这个Stream的用户(消费者)不需要关心这些小的实现细节(至少对于本例来说的确如此)。Stream的用户可以专注于高级功能，例如检查趋势并基于此做出决策。双方都有很多关注点，但使用Stream类型，可以明显区分二者。

> 重点！
> 流有助于分离关注点

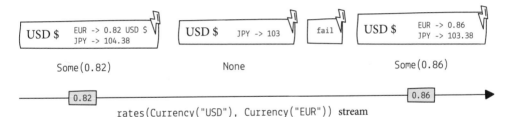

图9-23　返回Stream[IO, BigDecimal]的函数rates

9.45 滑动窗口

　　我们实现了rates流。现在关注点不再是"rates生产者"，而是"rates消费者"。需要使用rates流实现新版本的exchangeIfTrending函数，该流封装有关API调用和IO的所有细节。必须高效解决主要问题。为此，将使用滑动窗口(sliding组合器)，如图9-24所示。

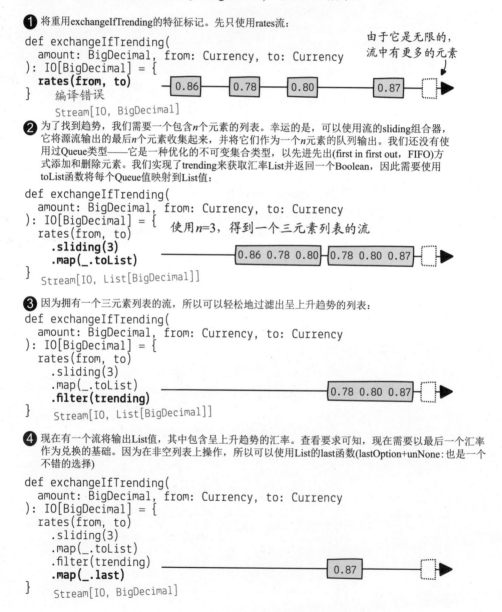

❶ 将重用exchangeIfTrending的特征标记。先只使用rates流：

```
def exchangeIfTrending(
  amount: BigDecimal, from: Currency, to: Currency
): IO[BigDecimal] = {
  rates(from, to)
}    编译错误
    Stream[IO, BigDecimal]
```
由于它是无限的，流中有更多的元素

❷ 为了找到趋势，我们需要一个包含n个元素的列表。幸运的是，可以使用流的sliding组合器，它将源流输出的最后n个元素收集起来，并将它们作为一个n元素的队列输出。我们还没有使用过Queue类型——它是一种优化的不可变集合类型，以先进先出(first in first out，FIFO)方式添加和删除元素。我们实现了trending来获取汇率List并返回一个Boolean，因此需要使用toList函数将每个Queue值映射到List值：

```
def exchangeIfTrending(
  amount: BigDecimal, from: Currency, to: Currency
): IO[BigDecimal] = {
  rates(from, to)    使用n=3，得到一个三元素列表的流
    .sliding(3)
    .map(_.toList)
}
  Stream[IO, List[BigDecimal]]
```

❸ 因为拥有一个三元素列表的流，所以可以轻松地过滤出呈上升趋势的列表：

```
def exchangeIfTrending(
  amount: BigDecimal, from: Currency, to: Currency
): IO[BigDecimal] = {
  rates(from, to)
    .sliding(3)
    .map(_.toList)
    .filter(trending)
}
    Stream[IO, List[BigDecimal]]
```

❹ 现在有一个流将输出List值，其中包含呈上升趋势的汇率。查看要求可知，现在需要以最后一个汇率作为兑换的基础。因为在非空列表上操作，所以可以使用List的last函数(lastOption+unNone:也是一个不错的选择)

```
def exchangeIfTrending(
  amount: BigDecimal, from: Currency, to: Currency
): IO[BigDecimal] = {
  rates(from, to)
    .sliding(3)
    .map(_.toList)
    .filter(trending)
    .map(_.last)
}
    Stream[IO, BigDecimal]
```

图9-24　引入滑动窗口

❺ 实际上不需要多个呈上升趋势的汇率。一个就足够了！因此，只需要创建一个输出单个元素的流：take(1)。(head组合器可以进行相同操作。)这是编译流所需要的全部内容，但这次使用lastOrError，它返回一个IO值，该值在流完成之前获取流产生的最后一个元素(如果流没有输出任何内容而结束，则返回IO错误，这在本例中不会发生，因为rates流是无限的)

```
def exchangeIfTrending(
  amount: BigDecimal, from: Currency, to: Currency
): IO[BigDecimal] = {
  rates(from, to)
    .sliding(3)
    .map(_.toList)
    .filter(trending)
    .map(_.last)
    .take(1)
    .compile
    .lastOrError
}
```

> 该函数返回一个IO值，描述的程序将执行未知数量的API调用并生成表示上升趋势汇率的BigDecimal值。它在内部使用流处理，但对此函数的客户端是隐藏的。它们只看到并使用单个IO值

现在它编译了

❻ 业务要求指示需要兑换给定金额。我们已经知道可以使用标准的基于IO的方式处理这个问题。在这里，返回将兑换的总金额：

```
def exchangeIfTrending(
  amount: BigDecimal, from: Currency, to: Currency
): IO[BigDecimal] = {
  rates(from, to)
    .sliding(3)
    .map(_.toList)
    .filter(trending)
    .map(_.last)
    .take(1)
    .compile
    .lastOrError
    .map(_ * amount)
}
```

图9-24　引入滑动窗口(续)

就是这样！现在有了一个基于流的有效解决方案。注意以图形方式表示流。这是FP和流处理范式中很常见的方式。图9-25是显示所有中间流值的完整图表。

> 请记住，每个流都由不可变的Stream值表示

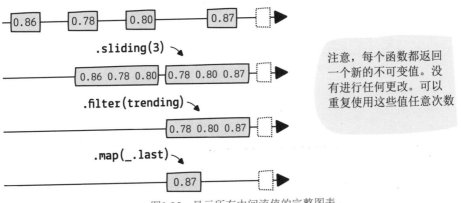

> 注意，每个函数都返回一个新的不可变值。没有进行任何更改。可以重复使用这些值任意次数

图9-25　显示所有中间流值的完整图表

9.46 等待IO调用

要解决的最后一个问题是，尽快地进行连续的IO调用，所需时间通常以毫秒为单位。这对于演示来说是没有问题的，但在现实生活中，你很快就会耗尽API调用配额，而没有得到任何真正的值。更实际的办法是等待API调用，缓存或引入一些其他机制。现在让我们关注连续调用之间的等待时长。如何使用流处理范式实现连续API调用之间的固定1秒延迟？在文档中快速搜索，你将得到Stream.fixedRate函数。

> 如果你没有使用本书的 sbt console REPL，请导入scala.concurrent.duration._和java.util.concurrent._

> Stream.metered组合器也可以运行

```
val delay: FiniteDuration  = FiniteDuration(1, TimeUnit.SECONDS)
val ticks: Stream[IO, Unit] = Stream.fixedRate[IO](delay)
```

> FiniteDuration只是用于表示Scala标准库中的持续时间的求积类型。这里定义一个值来表示1秒钟的持续时间

ticks是一个Stream值，表示在执行后每1秒输出一个Unit值的流。这个流的好处是，在等待产生另一个值时，它不会阻塞运行线程。基于IO的程序在执行时会保持公平，并且当它们不需要线程时，不会使用线程池中的线程。另外，请记住，操作不可变的值(上面的delay和ticks只是值)并且只有在我们跳出功能核心时才会开始关注线程池。

> 我们位于功能核心中，这里只有纯函数，没有unsafeRunSync调用

如图9-26所示，现在有一个依赖时间的ticks流，可以通过zip将其与rates组合在一起。

```
val firstThreeRates: IO[List[(BigDecimal, Unit)]] =
  rates(Currency("USD"), Currency("EUR"))
    .zip(ticks).take(3).compile.toList
firstThreeRates.unsafeRunSync()
→ List((0.80,()), (0.79,()), (0.82,()))
```

> 当我们执行它时，可以确保它至少会工作3秒钟。要执行它，你需要导入默认的线程池配置：import cats.effect.unsafe.implicits.global

由元组 (BigDecimal, ())组成的列表

当将两个流组合在一起时，需要等待两个流的元素才能生成组合流的元素。这样，组合流中输出值的速率是较慢输入流的速率。如果API调用很快，那么较慢的流就是ticks。这一点乍看起来可能有些违反直觉，但由于所有函数式流都是惰性的，因此这种方式确保进行API调用(在rates流中定义)的频率不会高于每秒一次！

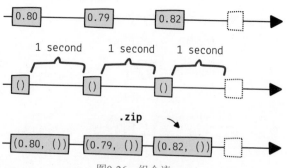

图9-26 组合流

> 这里还有更多的边缘情况，但解决它们的一般方式仍然是相同的

9.47 组合流

步骤3 ✔
使用IO
与Stream
(详见9.1节)

注意，当我们使用zip将两个流组合在一起时，会得到一个元组流。每个元组都有来自两个流的一个元素，其类型源自每个被组合的流输出的元素的类型。但是，有时不关心两个元素，因为可以通过zip使用一个流使另一个流减速，类似于对ticks的处理。对于这些场合，有特殊版本的zip：zipLeft和zipRight。前者将两个流组合在一起，但从"左"流中产生元素；后者将两个流组合在一起并从"右"流中产生元素。

```
> val firstThreeRates: IO[List[BigDecimal]] =
    rates(Currency("USD"), Currency("EUR"))
      .zipLeft(ticks).take(3).compile.toList
  firstThreeRates.unsafeRunSync()
→ List(0.85, 0.71, 0.72)
```

当我们执行它时，仍然可以确保它至少可以工作3秒钟

一个BigDecimal列表，因为使用了zipLeft(rates在.zipLeft调用的"左侧")

现在，可以创建exchangeIfTrending函数的最终版本，它正常运行，并具有更好的性能，如图9-27所示。

```
def exchangeIfTrending(
  amount: BigDecimal, from: Currency, to: Currency
): IO[BigDecimal] = {
  rates(from, to)
    .zipLeft(ticks)
    .sliding(3)
    .map(_.toList)
    .filter(trending)
    .map(_.last)
    .take(1)
    .compile
    .lastOrError
    .map(_ * amount)
}
```

圆满完成了！现在有一个函数，该函数返回一个IO值，该值描述了一个程序，该程序将以最多每秒一次的固定速率进行未知数量的API调用，并且仅在汇率呈上升趋势时产生新货币的给定金额。

返回的IO值仍然只是一个值，可以像正常构建块一样用于更大的程序中。虽然它在内部使用基于流的方式，但这只是另一种实现细节。这个函数的客户端获得它们所关注的IO值。

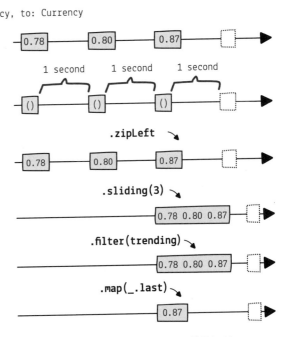

图9-27 exchangeIfTrending函数的运行

9.48　使用基于流的方案的好处

我们目前只展示了一小部分可能的流函数，以帮助你直观了解。每当你遇到新问题时，最好探索你正在使用的函数类型的API。很可能已经有一个有用且久经考验的函数可用(例如sliding和zipLeft)。

基于流的方案有几个显著的优点，因此许多主流命令式技术的API都包含它：

- 流的定义与它的使用位置分离——这意味着定义可能是无限的，而调用者将定义需要多少元素。
- 直到真正需要才进行操作——所有操作都是惰性求值的。
- 高级API使我们可以专注于业务领域而不是实现细节——这是本质复杂性与偶然复杂性的另一个例子。
- 更独立的关注点——作为参数传递给Stream组合器的函数不知道它们在流中使用。
- 可组合性——开发人员可以先了解较小的、独立的部分，再理解它们之间的连接，从而分析更大的功能。
- 封装异步边界——另一个实现细节(偶然关注点)是可能会同时运行许多流，而且可能在不同的计算机(节点)上运行，并使用更大的流将结果合并在一起。这种方式可能封装了跨越节点之间界限并同步其结果的所有细节。

> 有多个示例提供高级API并隐藏分页、缓冲、分块、批处理和分配工作负载等细节。封装实现细节的做法尤其常见于MapReduce等大数据范式中

同步与异步

到目前为止，在本书中，一直在进行同步、顺序计算(即不需要多于一个线程的计算)。在最后一个示例中，通过ticks流，我们已经轻松地进入了多线程的新领域：异步和非阻塞计算。事实证明，IO和Stream值在多线程、异步环境中也很有帮助！这是将在下一章中探讨的内容。

> **重点！**
> 许多语言和库都试图通过包含类似流的惰性API来利用FP的力量

许多现有技术公开API，试图利用这些好处。你可能已经遇到过一些术语，如函数响应式编程(functional reactive programming，FRP)、响应式编程或响应式API。这样的"响应式"API通常包含进行惰性处理的组合器。这就是FP潜入主流的强大功能！

小结

基于流的架构在许多场景中非常流行。你可以在以下用例中使用你在此处学到的许多内容：

- 流在UI编程中很受欢迎(例如，你可以获得用户点击流，并可以基于此做出一些决定，类似于基于货币流做出决策)。
- 流在分布式计算中使用，其中可能有生产者和消费者，在不同节点上以非常不同的节奏产生和消费元素。响应式流在此发挥作用——这实现为响应式流的一部分，并包含在Java 9中(请参见Flow类)。
- 流方案常用于处理大数据(即无法放入单个计算节点内存的数据集)。其定义非常广泛，但包括地理数据、分页无限新闻和社交信息源、处理非常大的文件并存储它们(例如Hadoop/Spark)。

无论你的用例如何，你都可以在上述所有用例中，根据你选择的流库，使用众所周知的流函数。一些函数名称可能不同，但你可以依靠直觉找到正确的函数！下面总结了本章中学到的技能。

> 代码：CH09_*
> 通过查看本书仓库中的ch09_*文件，可以探索本章的源代码

> 许多基于消息的系统默认选择响应式API

声明式地设计复杂的程序流

我们学会了使用流函数(如map、filter、append、eval、take、orElse、sliding、zip、zipLeft、repeat和unNone)定义包含API调用的程序流；还学会了如何使用不可变的Map和元组——它们在FP中无处不在。

> 当你遍历Map时，你遍历的是元组列表。当你使用zip组合列表时，你获得元组列表。当你使用zip组合流时，你获得元组流

使用递归和惰性求值功能推迟一些决策

递归有助于我们在许多地方重新开始。可用它来进行IO调用，直到得到我们所需的内容，以便从故障中恢复。

处理基于IO的数据流

整数流和基于IO的整数流非常不同，但仍然设法应用相同的技术和类似的API来处理它们。

> 通过将API调用的责任移到不同的位置，我们还了解到流如何帮助我们分离关注点并反转控制

创建和处理无限的值流

流函数的内在惰性有助于创建无限流。

隔离依赖时间的功能

我们讨论了每1秒产生的Unit值的流。使用zip将其与API调用流组合在一起，以产生以固定速率输出值的流。通过这样做，我们轻松进入了多线程环境。现在该深入研究并发了。

第 **10** 章 | 并发程序

本章内容：

- 如何以声明的方式设计并发程序流程

- 如何使用轻量级虚拟线程(Fiber)

- 如何安全地存储和访问来自不同线程的数据

- 如何异步处理事件流

> 知道过去，但无法控制它。掌控未来，但无法预知它。
>
> ——Claude Shannon

10.1　无处不在的线程

到目前为止，在本书中，一直专注于顺序程序：每个程序由表达式序列组成，这些表达式通过单个执行线程逐个求值(见图10-1)，通常连接到单个核数。

在本章中，不会关注核数(或CPU)。将关注多线程。注意，多个线程仍然可以在单个核上运行。操作系统在不同的线程之间切换，以确保每个线程都有机会处理

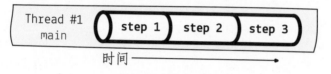

图10-1　单个执行线程

这种操作模式在实践中非常有用。当程序按顺序排列时，会更易于理解。这种程序调试起来更容易，也更容易进行修改。然而，过去十年中，硬件领域取得了一些巨大进步，现在大多数消费者硬件都配备了多个核数。所需的软件也需要跟进，因此多线程编程被用于开发现代应用程序。程序需要同时执行多个任务，以更快地为用户提供结果。它们需要使用许多线程在后台预处理数据，或将计算划分为多个并行块。当我们实现并发程序时，它们通常看起来如图10-2所示。

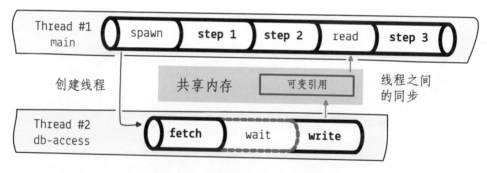

图10-2　多个执行线程

进入多线程世界意味着不能再像处理单线程顺序程序那样有信心地调试和理解应用程序了。主流的命令式方案在这里也无济于事。必须处理由多个线程访问的共享可变状态，这些状态还需要相互同步，从而避免死锁和竞争条件，这将非常难以实现。除此之外，仍然需要处理顺序世界中遇到的所有问题，如错误处理和IO操作。并发带来了额外的复杂性。FP会有所帮助吗？下面将进一步了解并将它们与所有最流行的命令式并发方案进行比较。

当结果取决于其他不可控事件的顺序或时间(例如哪个线程先完成)时，就会遇到竞争条件问题

10.2　声明式并发

　　函数式编程涉及如何以不同方式处理并发。主要的假设仍然成立：不可变值和纯函数始终相同，无论它们是由单个线程还是由多个线程使用和访问，都是如此。结果表明，这些FP概念使并发程序更易于编写！它们消除了与共享可变状态和非纯函数相关的复杂性问题。

重点！
当只能处理不可变值和纯函数时，编写并发程序要容易得多

　　另一个好处是，仍然会开发由在不同线程上执行的表达式序列组成的程序。因此，已经学习的一切知识与技术也适用于多线程环境！唯一的区别是，纯函数将被同时求值。其他都相同：它们将作为使用熟悉的IO值定义的程序的一部分进行求值。并发程序仍将以声明的方式被定义为惰性求值的值！

　　本章将展示一种函数式并发方案。它非常实用，可以在除Scala以外的多个函数式语言中使用。然而，注意，这个领域仍在快速、动态地发展，所以确保主要关注如何将纯函数、不可变值和多线程结合起来使用以创建易于读取、更改和维护的用户友好的响应式应用程序。在本章结束时，还将给出使用这些概念的不同方式(在Scala等语言中)。

请记住，在FP中，希望尽可能采用声明的方式(即关注"做什么"，而不是"怎么做")

　　将开发一个应用程序，收集世界各地的旅游"打卡地"，并提供最新的城市排名。

要求：城市排名

　　1. 程序需要处理来自世界各地的游客打卡流(将提供Stream[IO, City]值)。

　　2. 在处理打卡的同时，程序应允许获取当前前三个城市的排名(按打卡排名)。

　　先进行基本建模。City模型只是一个newtype。此外，还需要一个求积类型，它为给定City保留当前打卡地计数器。

```scala
object model {
  opaque type City = String
  object City {
    def apply(name: String): City            = name
    extension (city: City) def name: String = city
  }
  case class CityStats(city: City, checkIns: Int)
}
import model._
```

10.3 顺序与并发

在介绍完整的多线程应用程序之前，想展示：即使打卡地排名应用程序要求使用多线程，仍可以使用你已经了解的顺序方案和函数式技巧在单个线程上实现！这也有助于确保我们了解了一般要求以及仍然需要以并发的方式(和多个线程)来开发此应用程序的原因。此外，老套但行之有效的建议：从简单的方案开始并进行迭代。图10-3展示了本章的学习过程，让我们从简单的方案开始。

本章的学习过程包括三个步骤。首先回顾我们所学习的顺序程序，并使用它来学习批处理。然后开始并行运行事物。最后，添加一些异步性，并最终得到具有某种状态的完整多线程应用程序

步骤1

顺序IO
将使用被描述为IO值的顺序程序来实现本章问题的第一版解决方案，该值使用单个线程求出

步骤2

带虚拟线程的IO
将学习有关Fiber(虚拟线程)的内容，从而使用多个线程(和可能的多个核数)。还需要以FP方式安全地存储当前状态

步骤3

并发IO和异步访问
在最后一步中，将展示如何以用户友好和可读的方式创建一个程序，该程序以异步方式返回所有正在运行的资源(包括虚拟线程和状态)的句柄

图10-3 本章的学习过程

当受限于顺序单线程方案时，需要交错实现两个要求，如图10-4所示。

```
Thread #1     ( process n   update    process n   ...        )
main          ( check-ins   ranking   check-ins              )
```

图10-4 单线程方案

这个过程被称为批处理。收集具有*n*个项的批次，处理它们，以某种方式更新处理(仍然按照顺序)，然后继续为下一个具有*n*个项的批次执行相同的操作。有时可能会使用不同的批处理方式(例如基于时间的)，但是原理保持不变。通过在每个批次之后更新排名(这是用户视角下的处理指标)，给人一种实时更新的感觉(用户可能会感到事情正在同时发生)，在某些情况下这是可以的。然而，这里有一个隐藏的权衡，将在你实现此版本后详细讨论。

更新排名步骤可能是输出IO操作，例如存储在数据库中，打印到控制台，使用API调用存储或显示在UI上

10.4 小憩片刻: 顺序性思考

> **要求: 城市排名**
>
> 1. 程序需要处理来自世界各地的游客打卡流(将提供Stream [IO, City]值)。
>
> 2. 在处理打卡的同时, 该程序应允许获取当前前三个城市的排名(按打卡排名)。

你的第一个任务同时涉及函数式设计、IO和流处理, 这些有助于回顾最近几章的内容, 使你能够处理并发问题。

实现一个函数, 该函数逐个处理打卡, 并在处理每个打卡元素后生成当前排名:

你可以自由进行设计。如果你遇到了困难, 请记住可以先从小函数开始(例如, 获取打卡的Map并返回前三个城市的List的函数)

```
def processCheckIns(checkIns: Stream[IO, City]): IO[Unit]
```

为了便于操作, 将模拟"更新排名", 只需要使用println在控制台上打印排名的当前版本。你可以使用下面这个流来测试你的解决方案。

```
val checkIns: Stream[IO, City] =
    Stream(
        City("Sydney"),
        City("Sydney"),
        City("Cape Town"),
        City("Singapore"),
        City("Cape Town"),
        City("Sydney")
    ).covary[IO]
```

covary将纯值的Stream转换为基于IO的值的流, 因此不必手动将它们封装在IO.pure中。checkIns是一个具有六个程序的Stream, 执行时将返回城市。将按给定顺序评估程序

在某种意义上, 这将是一个批处理算法, 批次大小为n=1。在练习之后, 将展示如何使用更大的批次, 但是你可以自由探索API并自行思考解决方案

调用processCheckIns函数时应返回一个程序, 该程序一旦执行, 将在控制台上打印七个排名更新(包括第一个空排名)并返回一个Unit值()。

```
processCheckIns(checkIns).unsafeRunSync()
List()
List(CityStats(City(Sydney),1))
List(CityStats(City(Sydney),2))
List(CityStats(City(Sydney),2), CityStats(City(Cape Town),1))
List(CityStats(City(Sydney),2), CityStats(City(Singapore),1), CityStats(City(Cape Town),1))
List(CityStats(City(Cape Town),2), CityStats(City(Sydney),2), CityStats(City(Singapore),1))
List(CityStats(City(Sydney),3), CityStats(City(Cape Town),2), CityStats(City(Singapore),1))
→ ()
```

在这里, "unsafeRunSync" 这个值是为了进行测试。通常, 仅操作IO值, 并在功能核心之外仅运行一次 "unsafeRunSync"

如果你难以得出解决方案, 请查看scan、foreach、Map类型及其updated(或updatedWith)函数。

通过Stream API找到它们

10.5 解释: 顺序性思考

你可以采用多种方式来解决此问题。其中之一如下。当面对空白页面时，很难弄清楚从哪里开始。幸运的是，我们的业务要求非常清晰：每个城市都有一个表示当前打卡次数的整数，需要返回前三个城市的排名。

```
def topCities(cityCheckIns: Map[City, Int]): List[CityStats] = {
  cityCheckIns.toList
    .map(_ match {
      case (city, checkIns) => CityStats(city, checkIns)
    })
    .sortBy(_.checkIns)
    .reverse
    .take(3)
}
```

> City是String值周围的新类型(零成本封装器)

将Map转换为元组List，然后将每个元组转换为CityStats值，按打卡次数排序，反转以获取降序，然后获取前三个元素的最大值

> CityStats是两种类型的求积类型: City和Int(打卡次数)

需要做的另一件事是查看提供给我们的内容以及它所提供的选项。在本案例中，有Stream[IO, City]——一个City值的流，每个City值表示单个打卡。我们知道流具有许多组合器，遍历流并累加值是十分常见的用例。事实上，可以使用scan来累积打卡次数获取Map[City, Int]！

```
checkIns.scan(Map.empty[City, Int])((cityCheckIns, city) => {
  val newCheckIns = cityCheckIns.get(city) match {
    case None         => 1
    case Some(checkIns) => checkIns + 1
  }
  cityCheckIns.updated(city, newCheckIns)
})
```

此代码可以发挥作用，但是Map具有updatedWith函数，该函数或取键和从Option到Option的函数，将使此代码更加简洁。请参见下面的最终解决方案，其中使用了updatedWith函数，该函数的行为与updated相同

由于每次计算时scan都会输出累加器的值，因此我们现在具有Map的流，可以使用我们编写的topCities函数来进行映射，然后使用println将排名显示给用户。

```
def processCheckIns(checkIns: Stream[IO, City]): IO[Unit] = {
  checkIns
    .scan(Map.empty[City, Int])((cityCheckIns, city) =>
      cityCheckIns.updatedWith(city)(_.map(_ + 1).orElse(Some(1)))
    )
    .map(topCities)
    .foreach(IO.println)
    .compile.drain
}
```

在映射函数之后，有一个List[City]的Stream，这是用户关注的内容。然后，可以使用foreach函数，该函数获取一个IO值，描述需要为流的每个元素执行的程序。传递一个函数，以下是编写此函数的更简便方案：

```
foreach(ranking => IO.delay(println(ranking)))
```

10.6　需要进行批处理

打卡处理应用程序的第一个版本看起来很不错，但遗憾的是，它无法扩展。累加器Map中的城市越多，排序所需时间就越长；因此，越来越多的计算将用于排序。而且，因为只使用一个线程，所以单个功能所需的时间越长，其他功能得到的时间就越短。在本例中，更多的打卡地(城市)将使累加器变大。到目前为止，使用小流来测试我们的实现。让我们把它升级一下。试着在一个数十万的打卡流上运行你的函数，如图10-5所示。

> 在Scala中你可以这样写大数字，使它们更易读。编译器忽略下画线

大型打卡流 这是一个包含600,003(600_003)个城市的流，将在本章中使用它来展示如何使用并发方案在大型数据集中创建响应式程序

```
> val checkIns: Stream[IO, City] =
    Stream(City("Sydney"), City("Dublin"), City("Cape Town"), City("Lima"), City("Singapore"))
      .repeatN(100_000)
      .append(Stream.range(0, 100_000).map(i => City(s"City $i")))
      .append(Stream(City("Sydney"), City("Sydney"), City("Lima")))
      .covary[IO]
```

一个包含五个城市(悉尼、都柏林、开普敦、利马和新加坡)的流被重复了100_000次，结果得到一个包含500_000元素的流。然后附加了另外100_000个随机命名的城市。最后添加一个仅包含三个城市的小流，以确保我们知道排名的前三名

图10-5　大型打卡流

快速练习

我们正在等待你的程序完成运行，你能告诉我们最终的前三名是什么吗？这将测试你的流处理知识，因为你需要解码上面的大型checkIns 流和当前的顺序实现。此外，当你先于计算机得到正确的答案时，你应该会深感自信。(发生这种情况的概率是多少？)图10-6展示了一个单线程大型打卡流。

如果打卡数很大，比如几十万，那么这两个元素将被执行几十万次

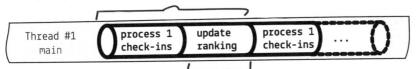

此外，更新排名意味着调用 topCities 函数，这需要对累加器中的所有项进行排序。累加器越大，排序所需时间就越长。因此，我们正在为自己设置一个非常令人失望的性能，当存在大量独特的打卡时，尤其如此

图10-6　单线程大型打卡流

我们的实现不能扩展！需要真正的批处理，不是 $n=1$，而是更大的规模，比如 $n=100\_000$。

答案：见下一页

10.7　批处理实现

为了使我们的实现更具可扩展性，将需要另一个流组合器，即 chunkN，见图10-7。它取一个数字 *n*，并将 *n* 个元素转换为一个类似于集合的元素，然后输出它。

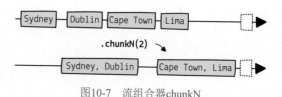

图10-7　流组合器chunkN

用这种方式，快速地将计算排名 600_000 次(每个打卡一次)替换为只计算六次(每 100_000 个打卡一次)：

```
def processCheckIns(checkIns: Stream[IO, City]): IO[Unit] = {
  checkIns
    .scan(Map.empty[City, Int])((cityCheckIns, city) =>
      cityCheckIns.updatedWith(city)(_.map(_ + 1).orElse(Some(1)))
    )
    .chunkN(100_000)
    .map(_.last)
    .unNone
    .map(topCities)
    .foreach(IO.println)
    .compile.drain
}
```

每个打卡都会被处理，并产生一个累加器 Map，就像以前一样。但是，在这个版本中，将累加器批处理(chunk)成具有 100_000 个元素的批次，然后只从一个批次中取出last累加器来计算排名

仍然使用 println 显示排名

现在，它将快速完成处理，同时打印出最终的排名(七个打印行中的最后一个)。

现在你可以检查你是否做对了，如果做对了，你可以嘲笑你的计算机

```
List(CityStats(City(Sydney),100002), CityStats(City(Lima),100001), CityStats(City(Singapore),100000)
```

批处理的权衡

不会在本章中重点关注批处理，但请记住，它始终是一种可能性，也许更适用于某些情况。有时，如果你能为业务问题编写顺序解决方案并侥幸成功，那么最终它也将变得更简单。但是，总是需要考虑一些权衡。在我们的情况下：

- 在这个顺序示例中，批次规模越大，排名更新的频率就越低(用户只在每 *n* 个打卡时获得更新)。这只适用于某些特定情况。

- 需要处理一些特殊情况。例如，如果有 590_000个打卡，然后是5分钟的静默时间，会发生什么？90_000个打卡须等待剩余的10_000个打卡才能计算新的排名。因此，你需要添加一些额外的基于时间的约束，这完全可以做到，但增加了复杂性。同样，这只适用于某些特定情况。

10.8 并发世界

语境已经设定好了。我们以顺序方式实现了打卡处理器的要求，并且使用了批处理来确保其性能和可扩展性。但是这只限于单个线程的情况。当我们允许自己使用多个线程时，出现了全新的机会。不再需要判定每个功能需要多少计算时间。可以给两个功能各自的线程，如果我们的程序被分配了两个 CPU，它们将同时工作。在拥有许多线程的情况下，可以使用 n 个线程并行处理多个打卡批次，并使用单个线程更新排名，如图10-8所示。

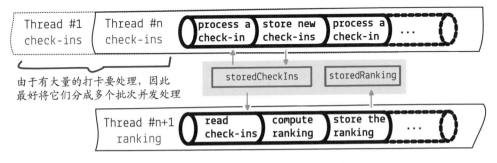

图10-8　多线程方案

这反过来又让我们面临了共享可变状态的问题，因为排名功能需要访问当前的 checkIns Map，而该 Map 又被打卡处理功能更新。因此，所有执行线程都需要访问相同的内存地址，而这些地址还会随着时间推移而发生变化。这就是并发共享可变状态的实际应用，将尝试使用函数式编程技术来解决它。

注意，想要创建的线程数量严格取决于拥有的 CPU 资源量。当你为整个应用程序使用两个 CPU 时，创建100个线程来处理打卡可能不是一个好办法。有多个变量在这里发挥作用，因此在这种情况下的最佳建议是：根据结果进行基准测试和优化。为了使操作变得更简单，将在本章剩余部分中使用两个线程(一个用于打卡，一个用于排名)，但其实现方式应使应用程序在有更多线程时也可以安全运行。

使用多个线程的程序运行得更快，因为在与打卡处理线程并行的单独线程中不断更新排名。然而，这种改进是有代价的！(详见下文。)

使用两个线程并不会真正让我们面临共享可变状态的问题，因为每个变量都由单个线程改变。然而，将在本章末尾增加打卡线程的数量，以证明FP解决方案在这种情况下也可以发挥作用

10.9　并发状态

先介绍一下背景知识，即如何在一些基于Java的命令式语言中处理线程和并发状态。

```java
var cityCheckIns = new HashMap<String, Integer>();
Runnable task = () -> {
  for(int i = 0; i < 1000; i++) {
    var cityName = i % 2 == 0 ? "Cairo" : "Auckland";
    cityCheckIns.compute(cityName,
        (city, checkIns) -> checkIns != null ? checkIns + 1 : 1);
  }
};
new Thread(task).start();
new Thread(task).start();
```

创建一个可变的HashMap来模拟我们的并发状态。然后，创建一个Runnable，向Cairo和Auckland各添加500个打卡

然后，启动两个线程，它们使用相同的Runnable线程，因此一旦它们完成处理，Cairo和Auckland将在HashMap中分别有1000个打卡。但实际上不会。你认为结果会是什么？

(答案在下面)

将使用上述设置来介绍解决并发状态问题的命令式方案。必要时，将使用图表和小的Java代码片段的组合，但不会在本书中展示完整的命令式解决方案。

完全可行的示例可在本书的附带源代码中找到

更一般地说，将讨论同步原语。这些是操作系统、语言和库中实现的工具，帮助我们同步执行多个线程。这通常意味着以下两种情况之一：

- 同步访问公共资源——例如文件、套接字、内存变量、数据库连接。

也称关键部分问题

- 同步(或协调)多个线程的执行顺序——例如，确保某线程仅在另一个线程产生某些内容后才开始执行，或在启动一组线程之前等待某些事情发生。

也称线程信令/线程交互问题

行业中使用许多不同的原语，无法在此涵盖它们所有。将简要介绍最常见的方案，然后展示其如何与FP概念组合使用。

你用过Semaphore或CountDownLatch吗？

问：是否能在内存中更改值并仍然编写纯函数？

答：能！注意，即使在本书开始时明确使用不可变值，仍然能够编写许多不同的应用程序，并且它们都模拟了随时间变化的数据。在并发世界中也有工具使用类似的方案，但在介绍它们之前，看看现代语言中并发状态的最普遍解决方案是什么。

答案：远少于1000个打卡。还有一种可能，即其中一个线程抛出异常

10.10 命令式并发

本节中显示的所有命令式并发示例均以Java编写

当手动创建的两个线程修改相同的可变变量时，很可能会出现不确定性行为，如图10-9所示。每个线程都需要读取当前值，计算某些内容，然后存储更新后的值。与此同时，另一个线程可能已经写入了更新后的值，现在将被覆盖。因此，在先前的示例中得到的打卡数量少于1000个。

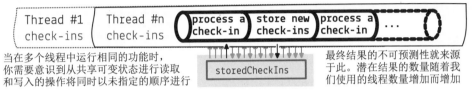

当在多个线程中运行相同的功能时，你需要意识到从共享可变状态进行读取和写入的操作将同时以未指定的顺序进行

最终结果的不可预测性就来源于此。潜在结果的数量随着我们使用的线程数量增加而增加

图10-9 命令式并发的不可预测性

有些实现，包括我们之前展示的实现，有时可能会引起ConcurrentModificationException。这个异常将不确定地出现，取决于如何对来自两个线程的操作进行排序。因此，简而言之，若仅创建多个线程而不关心并发访问问题，则肯定会遇到随机行为或随机失败——无法进行预测。需要保护对共同资源的访问，在本例中，共同资源就是可变的内存变量，如图10-10所示。看看哪些同步原语最常见。

监视器和锁

监视器是同步原语，通过确保每次只有一个线程使用给定资源来控制对给定资源的访问。它们还跟踪所有其他想要使用(或获取)资源的线程，并在资源变为可用时通知这些线程。它们在内部使用锁(互斥锁)。最基本的监视器的工作原理如下：

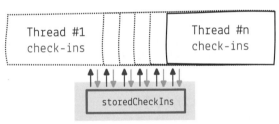

图10-10 命令式并发中的共同资源

```
var cityCheckIns = new HashMap<String, Integer>();
Runnable task = () -> {
  for(int i = 0; i < 1000; i++) {
    var cityName = i % 2 == 0 ? "Cairo" : "Auckland";
    synchronized (cityCheckIns) {
      cityCheckIns.compute(cityName,
        (city, checkIns) -> checkIns != null ? checkIns + 1 : 1);
    }
  }
};
```

当进入synchronized块时，没有其他线程可以进入它，并一直等待，直到退出。这意味着compute函数完成的所有读-写序列都是有序的

还有许多其他选项可以帮助我们实现此结果。例如，在Java中，你还可以使用Lock接口。我们认为所有这些选项都是类似的命令式机制，因为你需要显式提供lock和unlock语句才能使用它们

actor模型

在actor模型中，将actor用作主要并发单元，而不是直接使用线程。actor封装状态，与actor及其状态交互的唯一方式是发送和接收异步消息。如图10-11所示，这些消息在收件箱中缓冲，并由actor实例逐个处理，确保每次只有一个线程可以访问其状态。actor可以创建更多的actor(形成actor层次结构)，这有助于处理潜在的故障。以下是使用Java(和Akka库) actor模型实现的示例：

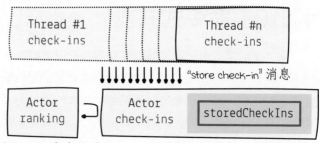

排名 actor负责计算排名。它通过发送 "get check-ins" 消息并等待来自封装Map的check-ins actor的回复来获取当前打卡情况

图10-11　actor模型

在Java中展示此实现，因为它属于命令式世界。更多内容可在本书的代码仓库中找到

```java
class CheckInsActor extends AbstractActor {
  private Map<String, Integer> cityCheckIns = new HashMap<>();

  public Receive createReceive() {
    return receiveBuilder()
      .match(StoreCheckIn.class, message -> {
        cityCheckIns.compute(message.cityName,
          (city, checkIns) -> checkIns != null ? checkIns + 1 : 1);
      }).match(GetCurrentCheckIns.class, message -> {
        getSender().tell(new HashMap<>(cityCheckIns), null);
      }).build();
  }
}
```

对于每个传入消息，按顺序调用receive方法。在这里，希望有两种不同的消息，由两个类表示：StoreCheckIn和GetCurrentCheckIns

tell向actor发送消息

你不能使用新语句创建CheckInsActor类。你可以使用返回ActorRef的特殊函数创建它，该函数仅使你能够发送消息。状态安全地存储在actor内部

线程安全的数据结构

使用actor模型安全地修改HashMap的过程可能看起来过于复杂，因为还可以使用可变数据结构，可由多个线程同时访问(读取和写入)而不破坏其持有的数据的一致性："线程安全的"数据结构如图10-12所示。一个例子是Java的ConcurrentHashMap：

图10-12　线程安全的数据结构

注意，尽管线程安全的数据结构性能良好，但它们是专业化的，不能轻松地用于多种场景。actor功能更多

```java
var cityCheckIns = new ConcurrentHashMap<String, Integer>();
Runnable task = () -> {
  for(int i = 0; i < 1000; i++) {
    var cityName = i % 2 == 0 ? "Cairo" : "Auckland";
    cityCheckIns.compute(cityName,
      (city, checkIns) -> checkIns != null ? checkIns + 1 : 1);
  }
}
```

10.11 原子引用

在函数式程序中，不会使用任何命令式同步原语，因为它们都基于可变性和提供"方案"。使用它们意味着我们将无法编写纯函数，并且将失去它们带来的所有好处：可信的特征标记、可读性和无风险重构。

将运用一个更好的选择，并且它已经可用于Java等许多主流语言。原子引用是一种非常实用的机制，它利用比较和设置(或比较并交换，即CAS)操作。该操作在多线程环境中表现出确定性，而不需要在内部使用锁，这类似于线程安全的数据结构(有些人将这种机制描述为"无锁")。

可以将这些机制封装在一些IO中，以便在函数式程序中使用它们。如果你确实需要在应用程序中使用一些非纯代码，这始终是一种可能性。但是，我们会介绍更好的选择

```
var cityCheckIns = new AtomicReference<>(new HashMap<String, Integer>());
Runnable task = () -> {
  for(int i = 0; i < 1000; i++) {
    var cityName = i % 2 == 0 ? "Cairo" : "Auckland";

    var updated = false;
    while(!updated) {
      var currentCheckIns = cityCheckIns.get();
      var newCheckIns = new HashMap<>(currentCheckIns);

      newCheckIns.compute(cityName, (city, checkIns) -> checkIns != null ? checkIns + 1 : 1);
      updated = cityCheckIns.compareAndSet(currentCheckIns, newCheckIns);
    }
  }
};
```

AtomicReference提供了compareAndSet函数，它取两个值：第一个是我们认为存储在原子引用内的当前值；第二个是我们想要存储在那里的值。如果值成功替换，则函数返回true，如果提供的当前值无效(同时被其他线程更改)，则返回false

如果compareAndSet返回false，则需要重复整个过程，获取当前值并更新它。注意，需要使用HashMap的副本，因为compareAndSet使用引用相等性。在本书前面使用了复制技术，然后介绍了不可变值，这是AtomicReference和compareAndSet的完美选择

这个操作非常灵活，可以用来实现其他同步原语。此外，如果你熟悉数据库锁，那么这正是用于实现乐观锁定的技术(当你的应用程序证明它知道给定数据的最新版本时，将接受所有更新)。事实证明，这种技术非常通用和可读。它非常适合函数式编程范式，甚至能在Java中使用，其中具有与上面使用的"compareAndSet+命令式循环技术"等效的函数式版本，该函数被称为updateAndGet，它接受一个函数。

重点!
在FP中，当创建并发程序时，程序员倾向于使用原子引用

```
cityCheckIns.updateAndGet(oldCheckIns -> {
  var newCheckIns = new HashMap<>(oldCheckIns);
  newCheckIns.compute(cityName,
        (city, checkIns) -> checkIns != null ? checkIns + 1 : 1);
  return newCheckIns;
});
```

此代码可以安全地替换上面的for循环的主体

10.12 引入Ref

刚刚讨论了解决并发访问问题和线程协调问题的一些方案。现在，将展示一些函数式工具，使我们能够使用许多线程并解决并发访问问题。

为了编写并发程序，你不必创建锁，等待它们，或在完成后通知其他线程。你也不需要满足可变数据结构。在FP中，将所有内容都建模为不可变值。现在将展示一个函数式原子引用，它可以仅使用纯函数和IO值安全地存储可变值。

> 稍后将在本章中讨论同步和异步计算的区别，但现在你需要知道，更新引用的线程不会主动等待或阻塞

Ref[IO, A]是一个不可变值，表示对类型A的不可变值(实质上是对AtomicReference的封装器)的异步并发可变(因此具有副作用)引用。

注意，此描述与描述Stream[IO, A]类型的方式非常相似，该类型是一个不可变值，表示类型A的伴随副作用生成的值的流，以及与IO[A]的相似性，IO[A]是一个不可变值，表示具有副作用的程序，该程序执行时将生成A值。

> 还记得如何使用Java的AtomicReference吗？它要求我们使用不可变值。此处使用了副本，但是真正的不可变值更易于使用

并发原语权衡

本章中描述的所有原语都可以帮助我们编写正确的多线程应用程序。没有它们，一切都无从谈起，并且数据很快就会变得不一致。要想确保对我们的数据进行的所有更改都是一致的，就要付出一定代价，并且需要适当管理它。调试可能的死锁、活锁和争用问题是处理多线程应用程序的基础操作。

性能通常受到严重影响。例如，当使用比较并交换(CAS)操作更新高度争用的内存地址时，我们使用更多CPU周期。有时让用户等待最新结果的时间变长。从业务角度来看，所有这些问题通常并不重要，除非它们明显影响了用户体验。但是，返回正确结果始终是一个重要关注点。我们不想有任何竞争条件或不确定输出，但仍然希望利用所有纯函数的功能(对于相同的参数，你总是获得相同的结果)，同时使应用程序更易于维护。我们设计的应用程序应能正确响应并返回正确结果。

> 本章讨论了基础的以程序员为中心的工具，但请记住，你还可以使用一些面向用户的概念。例如，最终一致性意味着用户获得的排名是正确的，但可能来自过去，当他们重复该过程时，将最终获得当前排名。这是解决某些问题的有效方案

10.13 更新Ref值

Ref[IO, A]是表示并发访问的可变引用的值。虽然这有些难以理解，但它与之前讨论的所有概念是一致的。使用不可变值来表示所有内容，并方便地使用纯函数编写程序。可以使用哪些纯函数更新Ref？内置选项有很多，但我们将重点介绍一种——比较并交换(compare-and-swap，CAS)操作的函数式版本。Ref[IO, A]提供了一个update函数，其特征标记如下：

```
def update(f: A => A): IO[Unit]
```

重点!
将可以同时访问的共享可变状态建模为不可变值

看懂这里的CAS操作了吗？只需要提供从A到A的函数，然后就完成了！用这种方式改变了对类型A的并发可访问值的引用。不需要其他任何东西。传递的函数将获得当前的A，并需要返回新的A。Ref类型内部会处理所有内容，包括值A被另一个线程更改的可能性。如果值A在此期间更改，则会再次使用更改的值A调用函数f。注意，此行为与其他CAS实现(包括之前讨论过的AtomicReference)的行为一致。最重要的是，update函数返回一个IO值，这意味着只获得一个具有副作用的程序的描述，该程序将引用更改为不同的不可变值。当某人在功能核心之外执行这个IO值(很可能是更大的IO值的一部分)时，才会执行任何操作。

1. 很快就会学习如何创建Ref值。现在专注于它的使用

例如，假设我们有一个类型为Ref[IO, Int]的值，它表示对整数的并发可变引用，其初始值为0，并运行两个线程，如图10-13所示。

2. 将在本章后面学习如何将线程创建为IO值描述的程序中的一部分线程。在那之前，使用unsafeRunSync来证明Ref值的属性

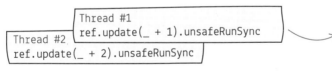

图10-13 同时运行两个线程

当两个线程都结束时，可变引用将始终具有值3。通过这种方案，仅使用纯函数和不可变值进行改变。到目前为止，看起来还很顺利，对吧？如果你认为这一切都太简单了，看看你是否可以正确回答以下问题。

快速练习

假设表达式Ref.of[IO, Int](0)创建对初始值为0的Int值的并发可访问可变引用。你认为此表达式的类型应该是什么？

答案:
IO[Ref[IO, Int]]

10.14 使用Ref值

将并发访问的可变引用更新为不可变值时会产生副作用。不仅如此，创建这样的值时也会产生副作用！这个事实表示在Ref.of函数特征标记中：

```
def of(a: A): IO[Ref[IO, A]]
```

Ref.of返回一个程序的描述，该程序在执行时将返回表示并发可变引用的不可变Ref值。更新此可变引用的操作又被描述为另一个IO值(由我们刚刚讨论的update函数返回)。

当涉及获取由并发引用持有的值时，情况也非常类似。Ref[IO, A]具有一个get函数，它应该返回一个IO[A]，如图10-14所示！

```
def get:IO[A]
```

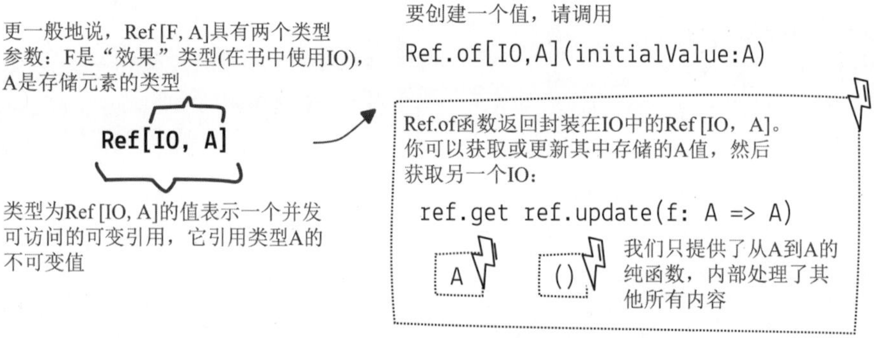

在前两章中，我们处理了许多具有副作用的程序，现在可以重新定义闪电符号，使其表示IO值，用于描述稍后在代码库中执行的不安全程序。此前，它仅用于标记裸的不安全代码

更一般地说，Ref[F, A]具有两个类型参数：F是"效果"类型(在书中使用IO)，A是存储元素的类型

Ref[IO, A]

类型为Ref[IO, A]的值表示一个并发可访问的可变引用，它引用类型A的不可变值

要创建一个值，请调用

```
Ref.of[IO,A](initialValue:A)
```

Ref.of函数返回封装在IO中的Ref[IO, A]。你可以获取或更新其中存储的A值，然后获取另一个IO：

```
ref.get  ref.update(f: A => A)
```

我们只提供了从A到A的纯函数，内部处理了其他所有内容

图10-14 Ref[IO, A]

将所有这些知识结合起来，可以创建一个简单程序。虽然它仍然是单线程的(仍然不知道如何在FP中创建线程)，但它显示了Ref API在实际运行中的表现。稍后将介绍多线程程序，并充分利用Ref的优势。现在，以下示例与直接使用Int的方案相比并没有任何好处；它只是一个API演示。

这个例子并不引人注目，但是这三个函数和Ref都适用于多线程的情况。注意，所有更新操作都保证安全执行(也就是说，它们永远不会覆盖来自其他线程的任何更新)

```
> val example: IO[Int] = for {
    counter <- Ref.of[IO, Int](0)
    _       <- counter.update(_ + 3)
    result  <- counter.get
  } yield result

  example.unsafeRunSync()
  → 3
```

我们使用了三个函数：Ref.of、update和get。请记住，每个函数都返回一个IO值，因此可以在一个for推导式中安全地对其进行flatMap处理

如果你不使用本书的sbt console，请导入cats.effect._

10.15　让一切并行运行

步骤2
带虚拟线程的IO
(详见10.3节)

　　我们知道Ref的工作原理，它采用比较并交换机制，而不使程序员过多考虑并发环境中所有可能的执行顺序——它比前面介绍的命令式解决方案更具声明性。启动新线程的方式同理。你不需要创建任何Thread对象。你只需要以声明的方式说明哪些内容应该并行运行。从某种意义上说，并发应用程序只是一些并行运行的小型具有副作用的顺序程序。如果你仔细思考一下，就会注意到已经有一个值描述具有副作用的顺序程序：一个IO。直观地说，我们应该有一个选项来使用多个线程执行IO列表，对吧？我们确实有！让我们看看这个操作。下面是一个顺序程序。

```scala
> val exampleSequential: IO[Int] = for {
    counter <- Ref.of[IO, Int](0)
    _       <- List(counter.update(_ + 2),
                    counter.update(_ + 3),
                    counter.update(_ + 4)).sequence
    result  <- counter.get
  } yield result

  exampleSequential.unsafeRunSync()
  → 9
```

请记住，update返回一个IO值，因此有三个IO值组成的List。你应该记得，对这样的List调用sequence时返回单个IO值，该值在执行时将执行原始List中的所有IO值并将其结果作为List返回

重点！
在FP中，多线程程序可以建模为顺序程序的不可变列表

　　sequence函数是在IO值List上定义的，顺序执行IO值，类似于for推导式(flatMap)的操作。但是，注意，这三个IO值(三个不同的Ref更新)都不依赖于彼此，因此它们不需要逐个(顺序)执行。另外，需要在counter.update程序之前创建counter Ref值，因为它们都使用(或依赖于)counter值。因此，在这种情况下，仍然需要使用flatMap，但是可以安全地并行运行三个counter.update程序。而且这并不难——可以使用parSequence函数来实现。

```scala
> val exampleConcurrent: IO[Int] = for {
    counter <- Ref.of[IO, Int](0)
    _       <- List(counter.update(_ + 2),
                    counter.update(_ + 3),
                    counter.update(_ + 4)).parSequence
    result  <- counter.get
  } yield result

  exampleConcurrent.unsafeRunSync()
  → 9
```

parSequence具有相同的API：它取IO值组成的List并返回一个IO值描述程序，该程序在执行时将执行所有IO程序并将其结果返回在List中。但是，与sequence不同，parSequence不会按顺序运行IO；它以并行方式运行它们，每个IO都在自己的"线程"中运行

10.16　parSequence的实际应用

　　尝试并行运行的程序非常小，因此实际上看不出sequence和parSequence之间运行时间的差异。让我们改变一下，为IO程序引入一些延迟。使用具有以下特征标记的IO.sleep：

```
def sleep(delay: FiniteDuration): IO[Unit]
```

我们说它是异步和非阻塞的，这意味着它在等待时不会阻塞任何线程。因此，线程可以被其他功能使用

　　此函数返回一个IO值，该值描述一个程序，该程序在执行时休眠一段给定的时间并返回。这是Thread.sleep的纯函数版本。它不会阻塞任何线程。

　　当使用flatMap时，得到一个顺序程序，因此要有一个IO值来描述程序，使其先休眠1秒钟，然后更新Ref值并添加3，只需要编写：

```
IO.sleep(FiniteDuration(1, TimeUnit.SECONDS))
  .flatMap(_ => counter.update(_ + 3))
```

两个步骤的for推导式也可以用在这里

　　可以使用sleep来更新之前的示例，并拥有三个计数器更新，但其中两个在等待1秒钟后执行。

请记住，可以使用=代替<-，从而在for推导式中定义值，而不需要对其使用flatMap，因此program 1、program 2和program 3都是IO值

```
for {
  counter  <- Ref.of[IO, Int](0)
  program1 = counter.update(_ + 2)
  program2 = IO.sleep(FiniteDuration(1, TimeUnit.SECONDS)).flatMap(_ => counter.update(_ + 3))
  program3 = IO.sleep(FiniteDuration(1, TimeUnit.SECONDS)).flatMap(_ => counter.update(_ + 4))

  _       <- List(program1, program2, program3)._____        sequence
  result  <- counter.get
} yield result                                                  parSequence
```

　　执行两个版本时将运行多长时间(以秒为单位)？在大多数情况下，基于sequence的程序将运行至少2秒，因为三个程序是逐个运行的。基于parSequence的版本将至少运行1秒钟。在此版本中，由三个IO值描述的三个程序同时运行，更新并发可变引用(counter)。在其执行期间，使用parSequence创建的IO值等待所有三个"线程"完成其工作，然后返回一个值(程序结果列表)或错误(如果至少一个IO失败)。如果一切顺利，将得到9(作为结果)——没有竞争条件，没有意外。

在错误处理方面，IO值描述的程序与顺序程序完全相同。以前学过所有技巧

　　我们能够创建一个IO值，描述一个始终返回我们期望的值的并发程序。由于它是由单个IO值描述的并发程序，因此可以用在之前使用其他IO值的任何地方。它与所有其他程序无缝集成。但是，并发IO在内部如何工作呢？

线程和Fiber

注意，当我们写"线程"(带有引号)时，并不是指你所熟悉的命令式语言中的线程。传统意义上，Thread对象是操作系统的本地线程基础，会产生很大开销——由于底层操作系统本地调用，线程的分配和释放是重量级操作。因此，许多现代应用程序使用线程池(预分配的工作线程组)执行提交的逻辑。

然而，这两种解决方案(手动创建OS级线程和使用线程池)面临更紧迫的问题。它们相当低级，并且需要编写大量代码才能包含所有边缘情况。使用这些方案时，程序员需要编写和维护通常与关键业务关注点无关的代码。创建和管理执行的并发线程应该是一项更为简单的任务。从业务逻辑的角度来看，理想情况下，只需要说"并行运行"——应该简单到这个地步。处理边缘情况、线程池和调度并行运行的事物并不是简单的任务，更重要的是，它们不应该混淆应用程序的逻辑！因此，在编写并发程序时，需要在简单性、正确性和效率之间进行权衡。

许多现代编程语言和库，包括Scala，使用更轻量化的线程概念：Fiber(或绿色线程)。这是一种有效的并发机制，与OS级线程没有直接联系，因此更可用、轻便和无忧。从概念上讲，它们用于完全相同的事情：并行运行内容。

Fiber有时被称为逻辑线程，因为它们只是表示计算的对象，而真正的工作仍然是在实际线程上完成的，这现在是一种级别更低的概念。许多Fiber可以在单个线程上执行。仍然使用线程池，但它们完全异于应用程序视角。你不需要任何线程池就能创建IO值。只有在要执行它时才需要线程池。这个想法提高了可维护性，并有助于关注逻辑——而不是偶然关注点。

Fiber也已经包含在命令式语言中。Java将它们作为Loom项目的一部分。它们在那里被称为虚拟线程，但基础原理非常相似。

重点!
在函数式程序中，使用Fiber代替OS级线程

注意，并发和并行之间存在差异。当你同时运行两个逻辑片段时，这意味着它们可能在同一时间段内开始并进行。甚至连单个CPU核心也可以同时运行它们。当你并行运行两个逻辑片段时，你需要至少两个核心才能同时运行它们——并行运行

已经在第9章中使用过import cats.effect.unsafe.implicits.global。那里配置了线程池。你始终可以自行配置

10.17 练习并发IO

现在该检验你对Fiber和并发状态的理解了。回到一个熟悉的例子，在其中使用了一个IO值：

```
def castTheDie(): IO[Int]    import ch10_CastingDieConcurrently.castTheDie
```

你的任务是定义以下IO值：

1. 等待1秒，然后同时投掷两个骰子，等待它们的结果，并返回它们的总和。

2. 同时投掷两个骰子，将每个结果存储在可同时访问的引用中，该引用保存List，最后将其作为结果返回。

3. 同时投掷三个骰子，将每个结果存储在可同时访问的引用中，该引用保存List，最后将其作为结果返回。

4. 同时投掷100个骰子，将6的总数存储在可同时访问的引用中，并将其值作为结果返回。

5. 同时投掷一百个骰子，在每个骰子之前等待1秒，然后返回它们的总和(不使用并发引用)。

> 提示：你已经知道如何创建包含许多程序的列表。List.range适用于此，但请尝试使用List.fill代替

> 程序#5在执行时应运行超过1秒钟

答案：

1
```
for {
  _      <- IO.sleep(1.second)
  result <- List(castTheDie(), castTheDie()).parSequence
} yield result.sum
```

> 引入 scala.concurrent.duration._ 后，可以使用许多内置函数(second、seconds、milliseconds等)将任何Int转换为FiniteDuration

2
```
for {
  storedCasts <- Ref.of[IO, List[Int]](List.empty)
  singleCast  = castTheDie()
                 .flatMap(result => storedCasts.update(_.appended(result)))
  _           <- List(singleCast, singleCast).parSequence
  casts       <- storedCasts.get
} yield casts
```

3
```
for {
  storedCasts <- Ref.of[IO, List[Int]](List.empty)
  singleCast  = castTheDie()
                 .flatMap(result => storedCasts.update(_.appended(result)))
  _           <- List.fill(3)(singleCast).parSequence
  casts       <- storedCasts.get
} yield casts
```

> 可以使用List.fill代替 List.range(...).map(...)，创建包含许多元素的列表

4
```
for {
  storedCasts <- Ref.of[IO, Int](0)
  singleCast  = castTheDie().flatMap(result =>
                   if (result == 6) storedCasts.update(_ + 1) else IO.unit)
  _           <- List.fill(100)(singleCast).parSequence
  casts       <- storedCasts.get
} yield casts
```

5
```
List.fill(100)(IO.sleep(1.second).flatMap(_ => castTheDie())).parSequence.map(_.sum)
```

10.18 建模并发性

回到创建打卡处理器的初始计划，如图10-15所示。

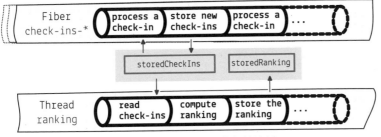

图10-15 创建打卡处理器的初始计划

这个图表有助于建模基于线程的世界。然而，通过了解Fiber、parSequence和Ref的工作原理，现在能以一种函数式的方案来建模这个应用程序：仅使用值和它们的关系！

建模并发可访问的引用

需要两个并发引用：一个用于存储打卡(storedCheckIns)，另一个用于存储当前排名(storedRanking)。这将确保获取当前排名的操作是一个非常快速的操作，因为只需要从内存中读取而不是在每次读取时计算排名。这是一种常见的优化。

建模顺序和并发程序

我们需要至少两个不同的顺序程序：checkInsProgram和rankingProgram。当前者执行时，将消耗打卡的输入流，并将每个打卡安全地存储在storedCheckIns引用中；当后者执行时，将无限读取当前打卡，计算排名，并将其安全地存储在storedRanking中。这两个都是IO值。我们还知道，最终解决方案需要同时运行两个程序，可以将其建模为另一个IO值，如图10-16所示。

可以通过使用parSequence转换IO值列表来间接创建Fiber。因此，整个程序只是一个IO值，当执行时，将同时运行"Fiber"的IO值

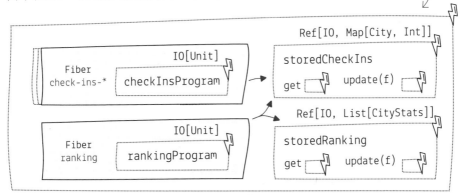

图10-16 并行运行两个程序

10.19　使用Ref和Fiber进行编码

步骤2
带虚拟线程的IO
(详见10.3节)

之前的版本是一个顺序程序，看起来如下：

```
def processCheckIns(checkIns: Stream[IO, City]): IO[Unit] = {
  checkIns
    .scan(Map.empty[City, Int])((cityCheckIns, city) =>
     cityCheckIns.updatedWith(city)(_.map(_ + 1).orElse(Some(1)))
    )
    .map(topCities)
    .foreach(IO.println)
    .compile.drain
}
```

我们还编写了一个更好的批处理版本，使用了chunkN流组合器，但它也有缺点。排名更新的频率不如我们想的那样快

因此，可以将processCheckIns重写为并发应用程序。下面将展示其实现步骤，如图10-17所示，但是将留下一个非常小但重要的细节供你实现，因此注意，此前学到的所有知识都将在这里得到体现。

❶ 删除当前实现并重新开始。for推导式表示一个顺序程序。第一步将是创建两个并发引用：

```
def processCheckIns(checkIns: Stream[IO, City]): IO[Unit] = {
  for {
    storedCheckIns <- Ref.of[IO, Map[City, Int]](Map.empty)
    storedRanking <- Ref.of[IO, List[CityStats]](List.empty)
  } yield ()
}
```

❷ 需要两个程序：一个用于无限更新排名，另一个用于存储出现在传入流中的打卡。让我们从排名开始：

```
def processCheckIns(checkIns: Stream[IO, City]): IO[Unit] = {
  for {
    storedCheckIns <- Ref.of[IO, Map[City, Int]](Map.empty)
    storedRanking <- Ref.of[IO, List[CityStats]](List.empty)
    rankingProgram = updateRanking(storedCheckIns, storedRanking)
  } yield ()
}
```

先通过调用updateRanking函数(后面将实现)来定义rankingProgram IO值。现在专注于完成processCheckIns函数。这是另一个自上而下设计的示例，其中首先专注于客户端。当正确获取processCheckIns函数时，将能够"向下"移动并填充所有未实现的特征标记

```
def updateRanking(
    storedCheckIns: Ref[IO, Map[City, Int]],
    storedRanking: Ref[IO, List[CityStats]]
): IO[Unit] = ???
```

将需要这种函数。它需要读取当前打卡，计算排名并将其存储在storedRanking中。然后它需要再次重复这个过程。它需要与其他功能并发出现。我们将很快实现它

图10-17　重写processCheckIns

❸ 第二个程序将打卡存储在并发可访问引用中。已经知道如何将Stream值转换为IO值。需要为流中的每个元素运行一个程序。将其称为storeCheckIn并在processCheckIns中使用它：

```
def processCheckIns(checkIns: Stream[IO, City]): IO[Unit] = {
  for {
    storedCheckIns  <- Ref.of[IO, Map[City, Int]](Map.empty)
    storedRanking   <- Ref.of[IO, List[CityStats]](List.empty)
    rankingProgram  = updateRanking(storedCheckIns, storedRanking)
    checkInsProgram =
      checkIns.evalMap(storeCheckIn(storedCheckIns)).compile.drain
  } yield ()
}
```

> compile.drain
> 将流转换为
> IO[Unit]值

> 这个evalMap组合器是用于编写checkIns.flatMap(checkIn => Stream.eval(storeCheckIn(checkIn)))的别名。它使用提供的函数映射每个城市元素并对其进行求值。当你想为流中的每个元素运行具有副作用的程序时，这很有用。在本例中，需要副作用，因为正在更新并发可访问的引用

```
def storeCheckIn(
  storedCheckIns: Ref[IO, Map[City, Int]]
)(city: City): IO[Unit] = {
  storedCheckIns.update(_.updatedWith(city)(_ match {
    case None             => Some(1)
    case Some(checkIns) => Some(checkIns + 1)
  }))
}
```

> 该函数有两个参数列表。
> 它是柯里化的，以便用于
> processCheckIns函数中

> storedCheckIns是一个Ref值，具有update函数。请记住，在这种情况下，update函数取一个Map[City, Int]并返回一个新的Map[City, Int]。它需要返回一个新的Map，其为给定city更新打卡值。可以使用之前学到的Map.updated函数，但使用updatedWith的方案更加简洁。它取一个函数，该函数获取一个元素，该元素是一个Option(None表示给定city键下没有值)，并返回一个新Option。返回None意味着想要删除该值，但是在模式匹配表达式中始终返回Some：如果以前没有值，则返回Some(1)；如果有，则返回Some(checkIns + 1)

❹ 最后，需要同时运行这两个程序。这意味着需要parSequence：

```
def processCheckIns(checkIns: Stream[IO, City]): IO[Unit] = {
  for {
    storedCheckIns  <- Ref.of[IO, Map[City, Int]](Map.empty)
    storedRanking   <- Ref.of[IO, List[CityStats]](List.empty)
    rankingProgram  = updateRanking(storedCheckIns, storedRanking)
    checkInsProgram = checkIns.evalMap(storeCheckIn(storedCheckIns)).compile.drain
    _               <- List(rankingProgram, checkInsProgram).parSequence
  } yield ()
}
```

图10-17　重写processCheckIns(续)

注意，仅使用了两个Fiber：rankingProgram和checkInsProgram。实际上，可能会有许多Fiber处理打卡的批次，可以通过向List中添加更多IO值来实现类似于刚刚展示的操作。由于这个实现已经是安全的，因此，尽管它是并发的，仍不需要进行任何其他更改。

这个函数运行良好，但它仍然存在两个未解决的问题：

- updateRanking函数需要一个实现。
- 当执行由processCheckIns返回的IO值时，它在运行时将没有任何反馈！甚至无法输出当前排名以供用户使用。它甚至没有一个println。

10.20　无限运行的IO

接下来先实现无限更新排名的函数。可以像前一章那样使用递归来实现它。

> topCities是之前实现的一个函数，它取一个Map[City, Int]并返回一个List[CityStats]，这是TOP3排名

```
def updateRanking(
  storedCheckIns: Ref[IO, Map[City, Int]],
  storedRanking: Ref[IO, List[CityStats]]
): IO[Unit] = {
  for {
    newRanking <- storedCheckIns.get.map(topCities)
    _          <- storedRanking.set(newRanking)
    _          <- updateRanking(storedCheckIns, storedRanking)
  } yield ()
}
```

这样就能正常工作了。但是，注意，IO[Unit]返回类型并没有传达这个函数的一个非常重要的方面：它永远不会完成。幸运的是，有一种方式可以解决这个问题——使用Nothing类型。

```
def updateRanking(
  storedCheckIns: Ref[IO, Map[City, Int]],
  storedRanking: Ref[IO, List[CityStats]]
): IO[Nothing] = {
  for {
    newRanking <- storedCheckIns.get.map(topCities)
    _          <- storedRanking.set(newRanking)
    result     <- updateRanking(storedCheckIns, storedRanking)
  } yield result
}
```

Nothing是一种没有任何值的类型。你无法创建任何Nothing类型的值。但是，通过使用递归，仍然可以创建一个编译函数，它返回IO[Nothing]

在这里，result具有Nothing类型。注意，它永远不会有任何值，因为它使用无限递归来定义

也可以使用 foreverM 函数来实现相同的结果。

```
def updateRanking(
  storedCheckIns: Ref[IO, Map[City, Int]],
  storedRanking: Ref[IO, List[CityStats]]
): IO[Nothing] = {
  (for {
    newRanking <- storedCheckIns.get.map(topCities)
    _          <- storedRanking.set(newRanking)
  } yield ()).foreverM
}
```

foreverM将给定的IO[A]转换为IO[Nothing]，其描述的程序无限重复给定的IO，因此它永远不会返回，因此为Nothing。之前不需要使用它，因为只有一个线程可用，并且在单个线程上同步执行这样的IO值的操作将"永远"进行下去(注意，对于流，使用repeat来获得类似的结果)

```
def updateRanking(
  storedCheckIns: Ref[IO, Map[City, Int]],
  storedRanking: Ref[IO, List[CityStats]]
): IO[Nothing] = {
  storedCheckIns.get
    .map(topCities)
    .flatMap(storedRanking.set)
    .foreverM
}
```

要展示的最后一种替代方案倾向于使用flatMap/map序列代替for 推导式。同样，这仅适用于特定情况

IO[Nothing]意味着执行程序时将不会返回或将失败。在其他FP语言中，Nothing类型称为"底部类型"

10.21 小憩片刻: 并发性思考

现在有一个同时运行某些部分的程序。然而，仍需要完成最后一件事: 实现第二个要求。

> **要求: 城市排名**
>
> 1. 程序需要处理来自世界各地的游客打卡流(将提供Stream[IO, City]值)。
>
> 2. 在处理打卡的同时，程序应允许获取当前前三个城市的排名(按打卡排名)。

用户需要能够看到排名的当前版本。将用本章的余下部分实现最方便的异步方式，但在这之前，通过编写更基础的版本来练习我们到目前为止所学到的内容。

processCheckIns函数的当前版本如下:

```
def processCheckIns(checkIns: Stream[IO, City]): IO[Unit] = {
  for {
    storedCheckIns  <- Ref.of[IO, Map[City, Int]](Map.empty)
    storedRanking   <- Ref.of[IO, List[CityStats]](List.empty)
    rankingProgram = updateRanking(storedCheckIns, storedRanking)
    checkInsProgram = checkIns.evalMap(storeCheckIn(storedCheckIns))
                        .compile.drain
    _            <- List(rankingProgram, checkInsProgram).parSequence
  } yield ()
}
```

更新此函数，使其以完全相同的方式工作，但每1秒额外打印一次当前排名，如图10-18所示。

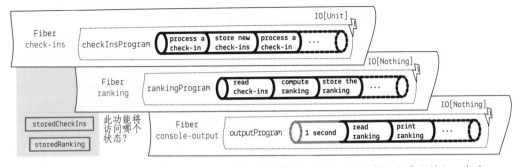

outEPutProgram需要与其他程序同时运行。它应该先等待1秒钟，然后读取当前的排名，打印它，然后重复这个过程，从等待开始

图10-18　更新processCheckIns函数

10.22　解释: 并发性思考

处理此练习的方案有很多。无论你的最终解决方案如何，你都需要考虑几个要点。

正确的解决方案应在调用parSequence函数的List中包含一个新的IO值。这意味着在执行整个函数时，将有另一个IO程序同时运行。此外，正确的解决方案应确保每隔1秒打印一次排名，并无限重复。

processCheckIns函数的一个可能版本如下，它考虑到了这两个方面：

```
def processCheckIns(checkIns: Stream[IO, City]): IO[Unit] = {
  for {
    storedCheckIns  <- Ref.of[IO, Map[City, Int]](Map.empty)
    storedRanking   <- Ref.of[IO, List[CityStats]](List.empty)
    rankingProgram  = updateRanking(storedCheckIns, storedRanking)
    checkInsProgram =
        checkIns.evalMap(storeCheckIn(storedCheckIns)).compile.drain
    outputProgram   =
        IO.sleep(1.second)
          .flatMap(_ => storedRanking.get)
          .flatMap(IO.println)
          .foreverM
    _ <- List(
      rankingProgram,
      checkInsProgram,
      outputProgram).parSequence
  } yield ()
}
```

需要创建一个新的IO值，它描述了一个程序，该程序首先休眠1秒钟，然后获取排名的当前值并将其打印到控制台，最后从头开始无限重复此过程

然后，将此值包含在IO组成的List中，然后使用parSequence将其转换为List的IO，在程序稍后提供的线程池上并发运行所有程序，该池位于功能核心之外

这只是一种可能性。可以将整个outputProgram实现重构为另一个函数，这类似于对rankingProgram的处理。也可使用递归代替foreverM，或者使用for推导式代替flatMap。所有这些解决方案都有效。重要的是，运行此函数时返回的IO永远不应该完成，而是应每秒打印排名。

```
> import cats.effect.unsafe.implicits.global
  processCheckIns(checkIns).unsafeRunSync()
  → console output: List(CityStats(City(Sydney),100002), ...)
  ...
```

请记住，你需要提供将用于运行你的Fiber的线程池。当你想调用unsafeRunSync时，就需要这样操作。你不必在书中的sbt console中执行此操作

10.23 需要异步性

现在已经解决了拼图的两个主要部分：

- 处理打卡的能力
- 保持排名更新的能力

快成功了。然而，仍然存在一个问题。访问排名的方式不太利于用户使用。在开发过程中，当调试并检查一切是否按计划进行时，可以将结果打印到控制台，但它不是一个适用于生产的解决方案。我们可以做得更好。

简要谈谈当前公开的API及其不足之处：

```
def processCheckIns(checkIns: Stream[IO, City]): IO[Unit]
```

当你运行这样的程序时，它会生成一些线程来处理所有传入的打卡并更新排名。你期望它不会很快完成。事实上，目前的解决方案将永远运行下去，每秒打印排名。但是，业务要求表示，希望能够随时访问当前排名(无论已经处理了多少打卡)，而不是像当前版本这样每秒访问。

是的，实现的程序是并发的；它使用许多Fiber，但其用户无法选择"消费"排名的方式。在processCheckIns函数中编写了outputProgram，但它被封装起来，行为完全不可定制。此外，此函数不应负责生成和使用数据。可以通过返回Stream或向processCheckIns函数添加附加参数(例如outputAction，它获取排名并返回IO值以描述消费排名的程序)来反转控制。这些都是常见的调整，但是我们可以做得更好：通过按需使用当前排名，完全隔离处理打卡和生成排名的逻辑。我们需要异步启动线程。图10-19展示了我们当前的学习进度(参照图10-3)。

但是，可能也需要将1.second作为参数公开，因此将所有内容都公开为参数可能不是一个好的解决方案

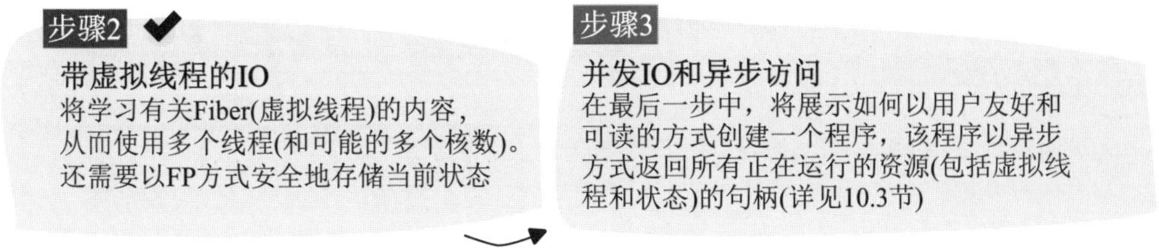

步骤2 ✔

带虚拟线程的IO
将学习有关Fiber(虚拟线程)的内容，从而使用多个线程(和可能的多个核数)。还需要以FP方式安全地存储当前状态

步骤3

并发IO和异步访问
在最后一步中，将展示如何以用户友好和可读的方式创建一个程序，该程序以异步方式返回所有正在运行的资源(包括虚拟线程和状态)的句柄(详见10.3节)

图10-19 当前的学习进度

10.24 为异步访问做准备

同步与异步

尽管当前的程序是并发的，但以同步的方式使用它。也就是说，执行程序并等待其完成。只有当我们收到程序的结果时，才继续执行下一个程序。调用者线程在等待结果时会阻塞。如果程序需要很长时间才能完成，调用者线程就会被阻塞很长时间。在 processCheckIns 的情况下，运行 IO 值永远不会完成，因此最终会阻塞调用者线程(在本例中为 main 线程)。

另外，若调用者Fiber启动程序但不等待其完成，而是继续执行下一个程序，就会发生异步通信。如果它关心此类程序提供的结果，它将通过提供回调或使用某种具有访问权限的"句柄"来获取结果。无论使用哪种方式，调用者线程都会异步访问结果。

对本例来说，这听起来还不错，因此想用异步解决方案替换当前的同步解决方案。图10-20展示了两种解决方案。

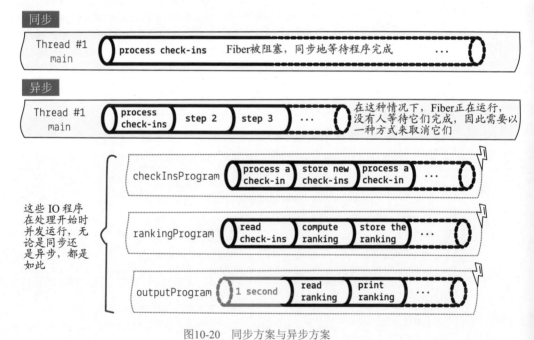

图10-20 同步方案与异步方案

10.25　设计函数式异步程序

需要一个返回程序的函数，该程序在执行时生成所有线程，使用并发引用将它们连接在一起并立即返回，使我们得到一个允许随时访问当前排名的句柄。

由于将所有内容建模为不可变值，因此也可将这样的异步句柄建模为不可变值。将其称为 ProcessingCheckIns：

```
case class ProcessingCheckIns(
  currentRanking: IO[List[CityStats]],
  stop: IO[Unit]
)
```

FP 库中有一些针对此类问题的内置解决方案(例如 Resource 类型)，将在本书的最后一部分中介绍它们。目前，重要的是关注思维方式。本例说明了如何使用不可变和纯函数式思维来完美地解决本章中的此类命令式问题

这种求积类型现在可以成为返回类型的一部分：

```
def processCheckIns(checkIns: Stream[IO, City]): IO[ProcessingCheckIns]
```

在实现新版本之前，看看具有此 API 的函数如何用于允许异步访问：

```
for {
  processing <- processCheckIns(checkIns)
  ranking    <- processing.currentRanking
  _          <- IO.println(ranking)
  _          <- IO.sleep(1.second)

  ... // more things here

  newRanking <- processing.currentRanking
  _          <- processing.stop
} yield newRanking
```

当执行此 IO 值时，它将同时运行处理和排名Fiber，并立即返回。然后，它打印当前排名；休眠1秒钟；做"更多事情"；然后获取最新排名的版本，停止处理并生成排名

这是客户端可以编写的程序示例。它们首先需要调用 processCheckIns 函数，该函数生成所有Fiber并立即返回持有两个 IO 值的 ProcessingCheckIns 值：一个返回当前排名，另一个停止所有Fiber。这意味着客户现在负责适时执行它们。它们可以每秒、每分钟或每小时获取最新排名 100 次。从 processCheckIns 开发人员的角度来看，这无关紧要。通过使用异步通信，能够将排名的生成与消费分离开来。只有一个问题尚未解决：实现这样的解决方案有多难？

10.26　手动管理Fiber

幸运的是，IO 类型有一个函数，允许在Fiber中执行给定的IO 值，并返回此Fiber的句柄，而不必等待它完成。

```
def start[A]: IO[FiberIO[A]]    函数start是为 IO 值定义的
```

不要被 start 函数的命令式名称误导。特征标记表示声明性的内容：此函数返回一个程序的描述，当执行时，该程序将启动一个新的Fiber并立即返回此Fiber的句柄，该句柄由一个不可变的FiberIO[A] 值表示。你可以使用此句柄执行多个操作，但最重要的是cancel函数。

```
def cancel: IO[Unit]    cancel函数是为 FiberIO[A] 值定义的(即由
                        IO.start 描述的程序返回的句柄)
```

该句柄具有一个cancel函数，它返回一个 IO[Unit] 程序，该程序执行时将取消基础Fiber。

快速练习

(?)

下面检查一下你是否理解正确。以下程序执行什么操作？它要运行多长时间？

```
for {
  fiber <- IO.sleep(300.millis)
             .flatMap(_ => IO.println("hello")).foreverM.start
  _     <- IO.sleep(1.second)
  _     <- fiber.cancel
  _     <- IO.sleep(1.second)
} yield ()
```

> **手动启动Fiber的做法被认为是低级的**
>
> 注意，创建并发IO时，与其使用start和cancel等函数，不如使用之前讨论过的 parSequence 函数(和其他具有类似语义的函数)。主要区别在于，当你手动启动Fiber(使用 start)时，你完全负责确保它停止并且没有泄漏，而 parSequence(和其他声明式函数)会为你处理这些事情，即使发生故障，也是如此。
>
> 你应该尽可能使用 parSequence 或其同类(有关更多信息，请参见本书附带的源代码)，并将 IO.start、FiberIO.cancel 和其他不太具有声明性的选项视为最后的选择。记得在不再需要它们时仔细检查它们是否真的完成(即使发生故障)。

答案:
以上的IO值启动一个Fiber，每300毫秒无限地打印"hello"，并返回一个句柄。1秒钟后，该Fiber将被取消，这意味着程序可能会打印三次"hello"，并且应该需要大约2秒钟

10.27 编写函数式异步程序

使用新学的start和cancel函数来模拟具有以下特征标记的
processCheckIns的最终版本：

```
def processCheckIns(checkIns: Stream[IO, City]): IO[ProcessingCheckIns]
```

此API意味着程序返回一个句柄(ProcessingCheckIns的不可变
值)，该句柄允许用户在任何给定时刻任意次数地获取当前排名。
这没有任何附加条件。它还允许用户在不再需要排名时显式停止
所有基础Fiber。

```
case class ProcessingCheckIns(
  currentRanking: IO[List[CityStats]],
  stop: IO[Unit]
)
```

> 父Fiber将"等待"两个子Fiber"完成"。它们可能不会完成(按设计)，但在这里并不重要。有了父Fiber的访问权限，只需要取消这一个。不必单独取消其"子级"

需要对现有的processCheckIns函数进行小幅更改。需要运行
另一个Fiber，该Fiber将是存储打卡和更新排名的两个Fiber的"父
级"。当Fiber不做任何事情时，不会使用任何Fiber，因此在该过
程中不会浪费任何Fiber。

```
def processCheckIns(
  checkIns: Stream[IO, City]
): IO[ProcessingCheckIns] = {
  for {
    storedCheckIns  <- Ref.of[IO, Map[City, Int]](Map.empty)
    storedRanking   <- Ref.of[IO, List[CityStats]](List.empty)
    rankingProgram  = updateRanking(storedCheckIns, storedRanking)
    checkInsProgram = checkIns.evalMap(storeCheckIn(storedCheckIns))
                              .compile.drain
    fiber           <- List(rankingProgram,
                           checkInsProgram).parSequence.start
  } yield ProcessingCheckIns(storedRanking.get, fiber.cancel)
}
```

> 注意，现在不再需要任何outputProgram，因为现在客户端负责读取和使用排名

> 可以将storedRanking.get IO值返回为快速读取当前排名的方式，将fiber.cancel返回为取消Fiber的方式，该Fiber等待经parSequence转换的程序(rankingProgram和checkInsProgram)完成

搞定了！上面的解决方案以简
洁、安全和可读的方式实现了所有
要求。最重要的是，只使用了纯函
数和不可变值来实现！

步骤3 ✔

并行IO和异步访问
在最后一步中，将展示如何以用户友好和可读
的方式创建一个程序，该程序以异步方式返回
所有正在运行的资源(包括虚拟线程和状态)的句柄
(完整步骤见10.3节)

小结

本章展示了许多FP语言中可用的基本函数式并发概念，旨在向你展示，从顺序程序中学到的所有思想、概念和心智模型在此仍然适用。希望你能直观感受到如何使用更高级的类型和机制来解决更复杂的并发问题。下面总结在本章中学到的内容。

代码：CH10_*
通过查看本书仓
库中的ch10_*文
件，可以探索本
章的源代码

以声明的方式设计并发程序流

我们使用parSequence将IO值List转换为List的IO。这个函数类似于sequence，但是它并行(而不是顺序)运行由IO值描述的程序。将此方案与一些更传统的命令式并发模型进行了比较，例如监视器、锁、actor和线程安全的数据结构。

还有其他同时运行
IO的函数，例如
parTraverse

使用轻量级虚拟线程(Fiber)

parSequence等函数利用了Fiber机制，这种机制在许多其他语言中也可用。Fiber这一概念比Thread对象更高级。与ThreadFiber不同，Fiber不会映射到操作系统Fiber。这意味着它们非常轻量化，你可以创建许多Fiber。

如果你想在Scala
运用并发，请转到
cats-effect库文档并
开始学习

安全地存储和访问来自不同线程的数据

Ref[IO, A]值表示可由多个线程同时访问和更改的可变引用。它使用熟悉的比较并交换操作，这也可以用于Java的AtomicReference(以及类似类型)。它提供了一种非常简单的方式来更新此引用。程序员需要提供一个纯函数，该函数获取当前值并返回新值。

异步处理事件流

最后，我们使用低级的IO.start和FiberIO.cancel函数实现了异步通信模型。

请记住，并发很难！只要有可能，应尽量选择顺序执行。仅在需要时使用并发和多个线程。当你大多数时间都在使用parSequence时，你就可以解决问题，因为该概念可以给你带来很多好处而不需要任何大的权衡。第12章将讨论一些其他的并发概念，但主要基本思想将保持不变。

第 III 部分
应用函数式编程

你已经学会了使用函数式编程轻松编写真实应用程序所需的一切知识！为了证明这一点，在这一部分中，将实现一个以维基数据作为数据源的真实应用程序。我们将应用在本书前面学到的所有技术，并展示如何使用这些技术创建可读、可维护的代码。

第11章将介绍生成非常特殊的旅游指南的应用程序的要求。将需要创建一个基于不可变数据的模型，并在特征标记中使用适当的类型，包括与维基数据集成的 IO，并使用缓存和多线程来提高应用程序的速度。将把所有这些关注点都封装在纯函数中，并进一步展示如何在函数式世界中重复使用我们的面向对象设计直觉。与前十章一样，仍然会考虑可维护性、可读性和可测试性。

第12章将展示如何测试在第11章中开发的应用程序，并展示即使在要求发生巨大变化的情况下，它也易于维护。该章还将展示如何使用测试来发现未知的错误，并使用测试驱动开发来实现新的业务功能。

第 **11** 章 | 设计函数式程序

本章内容：

- 如何设计真实的函数式应用程序

- 如何将更复杂的要求建模为类型

- 如何使用 IO 与真实数据源 API 集成

- 如何避免资源泄漏

- 如何缓存查询结果以加快执行速度

❝ 对于我无法创造的东西，我无法理解。 **❞**

——Richard Feynman

11.1　有效、准确、快速

现在是时候将所学知识付诸实践了！将使用我们所学的所有
函数式工具和技术，遵循非常经典的编程原则：首先使解决方案
有效，然后使其正确工作，最后考虑使其快速运行。以下是具体
的要求，这比习惯的要求更复杂。

这句话由来已久，但它是由Kent Beck提出的

> **要求：流行文化旅游指南**
>
> 　1. 应用程序应该取单个String值：用户想要参观并且需要旅游指南的旅游景点
> 的搜索词。
>
> 　2. 应用程序需要搜索给定景点、景点描述(如果存在)及其地理位置。它应优先
> 选择人口较多的地点。
>
> 　3. 应用程序应使用某个地点进行以下操作：
> - 查找来自该地的艺术家，按社交媒体关注者数量排序
> - 查找在该地上映的电影，按票房收入排序
>
> 　4. 对于给定的旅游景点，艺术家和电影构成其流行文化旅游指南，应返回给
> 用户。如果存在多个可行的指南，则应用程序需要返回分数最高的指南，其计算
> 方式如下：
> - 具有描述，得30分
> - 每个艺术家或电影得10分(最高40分)
> - 每10万个关注者得1分(所有艺术家合计；最高15分)
> - 每1000万美元票房收入得1分(所有电影合计；最高15分)
>
> 　5. 将来会添加流行文化主题(如电子游戏)。

这里需要解读很多内容。不妨举一个简单的用例：

```
travelGuideProgram("Bridge of Sighs").unsafeRunSync()
→ Bridge of Sighs is a bridge over a canal in Venice. Before visiting,
you may want to listen to Talco and watch some movies that take place
in Venice: "Spider-Man: Far from Home" and "Casino Royale."
```

这里显示的是String结果，但实际上将返回一个很好的不可变值，其中包含可用于创建String的所有信息

是的，这正是我们将在本章中开发的应用程序所能够做到
的！而且它并非仅针对"叹息桥"(Bridge of Sighs)，还适用于维
基百科中描述的任何其他旅游景点！本章主要是代码概览，但
我强烈建议你花时间思考我们遇到的每个问题，然后查看解决方
案。我们会用特定的方式标记这些问题。

　先思考一下。你可以使用哪些不可变值来模拟上述要求？查找名词、它们的
属性以及如何使用它们。

11.2　使用不可变值建模

当要求明确时，可以轻松地使用不可变值(求积和求和类型或ADT)建模，这通常是设计新程序的第一步。

现在看看在本案例中如何将要求转化为类型，如图11-1所示。

> 代数数据类型
> ADT见第7章

查找业务要求中的主题　将主题建模为自定义ADT，内置ADT(如Option)或原语：

"……用户想要参观的旅游
景点的搜索词……"

```
case class Attraction(name: String, ...)
```

"……查找来自该地的艺术家……"

```
case class Artist(name: String, ...)
```

"……按社交媒体关注者
数量排序……"

followers: Int

"……人口较多的地点"

population: Int

"将添加流行文化主题……"

```
enum PopCultureSubject
```

"……及其地理位置……"

```
case class Location(name: String, ...)
```

"……查找在该地上映的电影……"

```
case class Movie(name: String, ...)
```

> 业务要求提示，景点描述可能不存在，
> 因此将其建模为Option值

"……搜索给定景点和景点
描述(如果存在)"

description: Option[String]

"……流行文化旅游指南，
应返回给用户……"

```
case class TravelGuide(...)
```

查找业务要求中的主题属性　将属性建模为求积类型的字段：

"……景点、景点描述(如果存在)及其地理位置……"

```
case class Attraction(name: String, description: Option[String], location: Location)
```

```
enum PopCultureSubject {
  "……艺术家按社交媒体关注者数量排序……"
  case Artist(name: String, followers: Int)
  "...movies sorted by the box office earnings..."
  case Movie(name: String, boxOffice: Int)
}
```

> 由于我们知道以后需要支持更多的
> 流行文化主题，因此可以将艺术家
> 和电影都建模为PopCultureSubject总
> 和类型的实例，并将这些值的列表
> 用作指南属性

"……对于给定的旅游景点，艺术家和
电影构成其流行文化旅游指南……"

"……未来添加流行文化
主题(如电子游戏)……"

```
case class TravelGuide(attraction: Attraction, subjects: List[PopCultureSubject])
```

"……人口较多的地点……"

```
case class Location(..., name: String, population: Int)
```

查找主题用法　将用法建模为求积类型中的标识字段：

```
case class Location(id: LocationId, name: String, population: Int)
```

"应用程序应使用某个地点查找……"

```
opaque type LocationId = String
```

> 不想偶然把这个非常重要的id
> 与其他String值混淆，因此最好
> 使用特定的newtype

> 业务要求指出，需要使用
> 地点来查找流行文化主题，
> 例如电影或艺术家。因此，
> 我们知道需要通过某个id
> 值来唯一标识位置

图11-1　将要求转化为类型

11.3　业务领域建模和FP

如果你曾经负责过软件架构，并需要使用领域驱动设计 (domain-driven design，DDD)等概念，那么你可能熟知如何在代码中直接对业务领域概念建模。只要你只使用纯函数和不可变值，那么这种架构设计技术与函数式编程是兼容的。

模型设计一开始可能会有点混乱，但请记住，通常可以遵循一些流程，还可以利用一些众所周知的技术。最终，是否遵循 DDD或其他技术取决于你和你的团队。

一旦对初始模型感到满意，就可以着手设计应用程序的其余部分。请记住，没有什么是一成不变的，所以当新要求出现时，可能被迫回到模型设计阶段(将在第12章中看到一个例子)。

> 作为类型的要求
> 第7章详细讨论了如何将要求建模为类型

如你所见，我们还将利用本章复习前几章中的大量内容。如果你难以掌握某些问题的处理方式，请使用我们提供的书签额外重读一些章节

```scala
> object model {
    opaque type LocationId = String
    object LocationId {
      def apply(value: String): LocationId        = value
      extension (a: LocationId) def value: String = a
    }

    case class Location(id: LocationId, name: String, population: Int)
    case class Attraction(name: String, description: Option[String], location: Location)

    enum PopCultureSubject {
      case Artist(name: String, followers: Int)
      case Movie(name: String, boxOffice: Int)
    }

    case class TravelGuide(attraction: Attraction, subjects: List[PopCultureSubject])
  }

  import model._, model.PopCultureSubject._
```

这就是按照上一页基于要求的设计流程最终得出的模型

最后注意，我们选择在所有层中使用相同的模型来表示整个应用程序。然而，在大型应用程序中，通常更明智的做法是根据出现的语境来表示每个概念(再次参见DDD和限界语境的概念)。在本例中，可以说一个Artist模型只在计算指南评分的语境中才可行，因为在此处需要followers。还将在其他语境中使用这个类，但可以想象，在最终用户展示中(例如，在UI 中)，可能需要一个更简单的艺术家模型：

如果你选择遵循这样的设计建议，你可以更好地分离关注点，但需要付出代价——在Artist和 ArtistToListenTo之间实现额外的映射函数

```scala
case class ArtistToListenTo(name:String)
```

11.4　数据访问建模

可以将与业务领域建模非常类似的过程应用于建模数据访问层。如图11-2所示，查看要求并找到与IO相关的功能。这些功能需要返回封装在 IO 中的模型值，因为我们知道会发生一些不安全的具有副作用的行为——数据驻留在应用程序之外，因此获取数据意味着存在一些额外的风险。

> **输入/输出操作**
> 第8章已深入讨论IO操作和关注点分离

查找数据访问操作　……并将它们建模为纯函数特征标记：

"……查找来自该地的艺术家……"

```
def findArtistsFromLocation(locationId: LocationId, limit: Int): IO[List[Artist]]
```

"……查找在该地上映的电影……"

```
def findMoviesAboutLocation(locationId: LocationId, limit: Int): IO[List[Movie]]
```

"应用程序需要搜索给定的景点……"

```
def findAttractions(name: String, ordering: AttractionOrdering, limit: Int): IO[List[Attraction]]
```

查找数据访问属性　……并将它们建模为类型：

"它应该优先选择人口较多的地点……"

```
> enum AttractionOrdering {
    case ByName
    case ByLocationPopulation
  }

  import AttractionOrdering._
```

> 业务要求并没有直接说明我们需要不同的排序选项(只需要基于人口的排序)，但我们使用这个例子再次说明如何使用ADT使数据访问函数不易出错且非常可读

图11-2　数据访问建模

关注点分离

最终得到了代表数据访问层的三个函数特征标记。注意，不需要假设数据将来自哪里。可以假设它将是维基数据，但暂时不会在代码中编写这种假设。同样，不会选择与维基数据交流的任何客户端库，也不会对查询格式做出任何最终决定。通常最明智的做法是将这些决定推迟到最后一刻。因此，现在拥有函数特征标记就足够了。

接口编码

可以仅使用以上定义的数据访问函数实现程序的业务部分，而不需要它们的实现。当然，最终需要编写访问数据的方式并将其转换为我们的领域模型值。但为了尽可能推迟决定，将在本章后面部分做这些工作。你可能会从面向对象编程中认识到这种技术——接口编码，它也是FP中的一种有用技术。特征标记是我们的接口，函数体则是实现。

> **重点！**
> 许多OO设计原则可以与纯函数和不可变值一起使用

11.5 函数包

当我们有一些通常一起使用的函数，或者它们的实现有许多共同的表达式时，可能会倾向于把它们捆绑在一个更大的类型内：函数包。

```
case class DataAccess(
  findAttractions: (String, AttractionOrdering, Int) => IO[List[Attraction]],
  findArtistsFromLocation: (LocationId, Int) => IO[List[Artist]],
  findMoviesAboutLocation: (LocationId, Int) => IO[List[Movie]]
)
```

类型**DataAccess**的值将提供三个纯函数。因为在FP语言中函数只是值，所以可以将**DataAccess**编码为求积类型。这完全没有问题，也完全可用，但有些人发现很难对只是函数的求积类型进行操作。他们也可能觉得缺少函数参数名会引起误解。因此，可以使用类似于OOP中接口的替代方案来实现函数包。

> 在Scala中使用trait关键字定义一个接口。其他语言可能提供其他编写函数包的模式

```
> trait DataAccess {
    def findAttractions(name: String, ordering: AttractionOrdering,
                        limit: Int): IO[List[Attraction]]
    def findArtistsFromLocation(locationId: LocationId, limit: Int): IO[List[Artist]]
    def findMoviesAboutLocation(locationId: LocationId, limit: Int): IO[List[Movie]]
  }
```

如你所见，这三个函数捆绑在一起，但我们使用带有参数名的普通函数特征标记而不是函数类型。你可以将**DataAccess**类型视为值的"特征标记"。它是一个值的蓝图，正如特征标记是函数体的蓝图，而OOP中的接口是其实现的蓝图。所有这些直觉都是正确的。最重要的是，这三个函数都是纯函数，而**DataAccess**的任何实现都不能有任何内部状态——它只是彼此相关的纯函数包。

> 暂不提供 DataAccess 函数的主体！将首先展示如何在业务逻辑函数中使用裸的未实现的函数包(trait)。这是关注点分离

无论你选择哪个版本(求积类型或接口)，其作用都相同。通过使用这种模式，你将能够：

- 向需要数据访问功能的函数传递单个值，而不是传递三个单独的函数值；当我们有许多不同的函数需要数据访问时，这一优点就显得更为重要。在这种情况下，所有这些臃肿的特征标记显得非常重复，并使代码看起来更加混乱。

> 将在以下实现步骤中展示两个好处

- 使用一些常用表达式一次性实现所有函数。

这种方案至少有一个缺点——很难为许多函数找到一个好的"共同特征"。这里的情况没有那么糟糕——我们有三个函数共享"数据访问"特征。但是在更大的程序中，这个特征将无法使用，因为它将包含许多函数。

> 再次强调，只展示可利用的资源。最终的决定权在你

11.6 作为纯函数的业务逻辑

刚刚完成了建模阶段！拥有了所有所需类型，终于可以开始实现核心功能。是的，我们的数据访问层尚未实现，但这并不意味着不能实现所需的业务行为。我们将以纯函数的形式实现它。正如导言中所提到的，将遵循经典的原则，一开始至少在一种基本情况下实现整个功能。这样做有一个非常重要的作用：可以快速检查哪些假设是正确的，以及哪些需要更多思考。我们的第一种方案是最简单的可行版本：一个返回 IO 值的函数，该值描述一个返回单个旅游指南的程序。暂时还不会实现某些要求，比如定义评分算法的要求。因此，将尝试返回第一个可能的旅游指南，具体步骤如图11-3所示。然后，才会尝试通过实现其余要求(包括对可能的旅游指南进行评分和排序)来"使其正确"。

> 在完成第一版主行为之后，将专注于实现数据访问层。再次采用自上而下的设计！先考虑顶级函数、其客户端和接口

❶ 从特征标记开始。我们知道用户输入是景点的名称，函数需要返回一个程序，该程序执行后将返回旅游指南：

```
def travelGuide(attractionName: String): IO[Option[TravelGuide]] = {
  ???
}
```

❷ 首先需要找到给定名称的景点。因此，需要一个DataAccess参数。这个值包含三个数据访问函数，但现在只使用其中一个：

```
def travelGuide(data: DataAccess, attractionName: String): IO[Option[TravelGuide]] = {
  for {
    attractions <- data.findAttractions(attractionName, ByLocationPopulation, 1)
  } yield ???
}
```

> 调用findAttractions来获取一个IO值，该值描述一个尝试查找包含给定attractionName的旅游景点的程序。希望获取一个位于人口最多的地理位置上的单个景点(排序ByLocationPopulation并限制为1)

❸ 如果找到任何景点，则将寻找艺术家和电影，否则返回None：

```
def travelGuide(data: DataAccess, attractionName: String): IO[Option[TravelGuide]] = {
  for {
    attractions <- data.findAttractions(attractionName, ByLocationPopulation, 1)
    guide <- attractions.headOption match {
               case None => IO.pure(None)
               case Some(attraction) =>
                 for {
                   artists <- data.findArtistsFromLocation(attraction.location.id, 2)
                   movies  <- data.findMoviesAboutLocation(attraction.location.id, 2)
                 } yield Some(TravelGuide(attraction, artists.appendedAll(movies)))
             }
  } yield guide
}
```

> 我们使用模式匹配，并根据是否得到了Some或None来提供两个不同的IO值

> 最多可以获取与给定位置相关的两位艺术家和两部电影。为简化示例，不直接说明如何排序——将在内部按照关注者和票房排序。但是，在findAttractions中展示的方案在这里同样适用

图11-3 尝试返回第一个可能的旅游指南

11.7   分离真正的数据访问问题

现在有一个能实现某些业务要求的函数，但没有办法调用它，因为没有DataAccess值。

```
def travelGuide(
  data: DataAccess, attractionName: String
): IO[Option[TravelGuide]]
```

在现在的实施阶段，有必要选择和实现真正的数据访问API(不能再延迟了)。可以在这里使用许多数据源，包括一些自定义的SQL或NoSQL数据库。这里的主要问题是数据访问层细节不会泄漏到其他层。travelGuide函数使用一个DataAccess值，该值公开了travelGuide将需要知道的所有内容，而不会泄漏任何内部细节。

> 同样，DataAccess包含三个值，它们是纯函数。travelGuide不知道这些函数是如何实现的

```
trait DataAccess {
  def findAttractions(name: String, ordering: AttractionOrdering,
                      limit: Int): IO[List[Attraction]]
  def findArtistsFromLocation(locationId: LocationId, limit: Int): IO[List[Artist]]
  def findMoviesAboutLocation(locationId: LocationId, limit: Int): IO[List[Movie]]
}
```

要调用travelGuide，需要先创建这样的DataAccess值。为此需要实现上面的三个函数：每个函数都需要返回一个IO值，该值描述从某处获取数据的程序。注意，可以使用IO.pure，并在其中使用一个硬编码的值(和前几章的做法一样)，但之前承诺过，本章会有所不同：要展示的是一个真实世界中的集成。我们将使用维基数据，它是一个协作编辑的多语言知识图谱，也是维基百科等项目使用的开放数据的常见来源。

SPARQL查询语言

维基数据允许使用SPARQL查询语言查询其公开的数据。我们不会在本书中详述SPARQL细节，将仅以三个查询为例(景点、艺术家和电影)。它们不会针对生产使用进行优化，你不需要真正了解它们。重点关注处理它们的方式：一些内部实现细节不应泄漏到DataAccess内部之外。如果将MySQL用作数据访问层或使用Couchbase，则相同的原则也适用于SQL查询。此关注点已分离。

> 注意，DataAccess非常通用，可以实现各种数据访问解决方案，包括MySQL、Couchbase等

11.8 使用命令式库和IO与API集成

需要创建一个值来实现DataAccess"接口"(即提供三个具有特定特征标记的纯函数)。希望实现它们，使它们返回IO值，该值描述的程序连接到维基数据并使用SPARQL查询数据。下面逐一实现。第一个要实现的函数是findAttractions：

```
def findAttractions(name: String, ordering: AttractionOrdering,
                    limit: Int): IO[List[Attraction]]
```

在实现它之前，需要解决三个问题：

1. 什么SPARQL查询将实现它？
2. 如何连接并查询维基数据 API？
3. 如何将原始响应转换为List[Attraction]值？

请阅读以下页面，不要尝试仅重复标记为">"的代码。前面有一些大型维基数据查询。只需一条命令，你就能将最终实现导入 REPL(如果你使用本书的代码库)

1. 创建SPARQL查询

从查询本身开始。我们希望找到旅游景点，使其包含给定名称并且可以按名称或人口排序。维基数据提供了一项服务，可以在其中实时测试我们的查询。下面转到维基数据查询服务，并尝试实现这样一个查询，如图11-4所示。

由于使用的SPARQL查询非常庞大，因此不会在本书中展示其完整版本。如果你想了解更多信息，请参阅本书的配套源代码

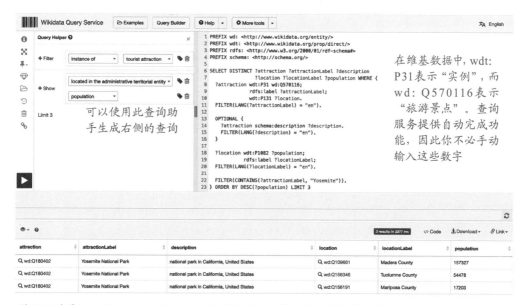

在维基数据中，wdt:P31表示"实例"，而wd:Q570116表示"旅游景点"。查询服务提供自动完成功能，因此你不必手动输入这些数字

(你可以登录https://query.wikidata.org以访问此页面。有一些示例会帮助你入门)

图11-4 创建SPARQL查询

2. 连接和查询维基数据服务

　　既然知道要使用哪个查询，需要以某种方式将此查询发送到维基数据服务器：

- 需要服务器的地址。
- 需要了解请求和响应的首选格式。

　　可以以多种方式完成此任务。服务器的地址非常直接明了。将使用https://query.wikidata.org/sparql端点。在格式方面，可以尝试自己实现联网和查询格式化，也可以使用现有库。我们有多种选择，而你可能会认为，如果想采用函数式方案，我们的选择将非常有限。事实上，有一些选择可以提供更多函数式API——它们使用不可变值和纯函数并公开IO值。你已经知道如何使用这种API。你可能不知道的是，你的选择其实并不局限于此！如果你想使用一个流行且成熟的客户端库，但其性质是命令式的，仍然可以将其合并到你的函数式程序中！这就是将在本章介绍的内容。用于连接和查询维基数据服务器的基于 Java 的命令式客户端库是Apache Jena——"一个用于构建语义网(Semantic Web)和关联数据应用程序的免费开源Java 框架"。以下是一个用命令式Java编写的简单查询：

> **重点!**
> IO使你能够在函数式程序中使用成熟的命令式客户端库

> 这里显示命令式Java，因为这是你在介绍要使用的库的文档或教程中通常会看到的内容

```
String query = "PREFIX wd: <http://www.wikidata.org/entity/>\n" +
               "PREFIX wdt: <http://www.wikidata.org/prop/direct/>\n" +
               "PREFIX rdfs: <http://www.w3.org/2000/01/rdf-schema#>\n" +
               "SELECT DISTINCT ?attraction ?label WHERE {\n" +
               "  ?attraction wdt:P31 wd:Q570116;\n" +
               "              rdfs:label ?label.\n" +
               "  FILTER(LANG(?label) = \"en\").\n" +
               "} LIMIT 3";
```

> 此查询找到三个旅游景点(你可以将此查询输入维基数据查询服务并查看自己的结果)

```
RDFConnection connection = RDFConnectionRemote.create()
  .destination("https://query.wikidata.org/")
  .queryEndpoint("sparql")
  .build();
```

> 创建到维基数据服务器的连接。RDFConnection、QueryExecution和QuerySolution是Apache Jena类型

```
QueryExecution execution = connection.query(QueryFactory.create(query));
Iterator<QuerySolution> solutions = execution.execSelect();

// TODO: parse and use solutions
```

> 在这里，以Iterator的形式获取结果，这仅使你能够一次惰性处理一个项目。此处是需要在应用程序中使用这些数据的地方(详见下一页)

```
execution.close();
connection.close();
```

> 需要同时关闭查询执行语境和连接，因为它们的状态都持有一些有副作用的资源。在Java中，最好的办法是使用try-with-resources子句

3. 提取和解析查询结果

需要解决的最后一个问题是如何将Apache Jena的Iterator
<QuerySolution>中的结果提取出来以得到可用结果。我们先集中
精力提取String，因为已经知道如何在函数语境中处理String。

```
String query = ... + "SELECT DISTINCT ?attraction ?label WHERE {\n" + ...;
RDFConnection connection = ...;
QueryExecution execution = ...;
Iterator<QuerySolution> solutions = execution.execSelect();

solutions.forEachRemaining(solution -> {
  String id = solution.getResource("attraction").getLocalName();
  String label = solution.getLiteral("label").getString();
  System.out.printf("Got attraction %s (id = %s)%n", label, id);
});

execution.close();
connection.close();
```

这里以Iterator的形
式获取结果。然后
为每"行"打印一
个景点ID和标签。
注意，景点和标签
都是我们的SPARQL
查询中SELECT子句
的一部分

当运行此代码片段时，我们应该在控制台上看到不多不少的
三个旅游景点，因为我们没有提供任何排序机制，所以返回的景
点将有所不同。在一次执行中，我得到了以下结果：

```
Got attraction Cappadocia (id = Q217265)
Got attraction Great Geysir (id = Q216846)
Got attraction Yellowstone National Park (id = Q351)
```

注意，此处展示的
所有示例(包括命令
式Java示例)都可以
在本书的配套源代
码中找到。它们打
包在可执行类中

至此，我们已了解如何使用命令式Apache Jena库查询维基
数据。有很多具有副作用的不安全代码，不能在纯函数中直接
使用。即使是上面的getResource和getLiteral调用，也可能产生异
常！因此，除非拥有像String这样的不可变值，否则需要将命令
式库代码封装在IO值中，以便在函数式程序中安全使用它。此
外，还有一个资源处理的新问题(在存在故障的情况下打开和关闭
连接)，为了安全起见，还需要使用IO来处理这个问题。

将直接在函数式代
码库中使用该库，
方式是直接将其功
能封装在IO中。将
向你展示如何执行
此操作并允许直接
将其导入你的REPL
中以供进一步使用

这只是一个例子，但注意，描述的三个问题(创建查询，连接
到服务器和解析响应)适用于许多其他现有用例，例如数据库查
询。重点在于你可以使用现有的知名命令式库，但需要自己将不
安全的代码封装为IO值。它们需要描述具有副作用的程序，这些
程序在执行时产生不可变值。接下来将展示如何做到这一点。

11.9 遵循设计

现在我们知道如何查询维基数据了，可以回到我们的函数式程序中，尝试将我们的发现整合到程序中。到目前为止，设计分为三个步骤(见图11-5)：我们使用提供的要求创建了数据模型，然后简要写出了三个纯函数的特征标记，希望将它们作为输入操作使用(并将它们捆绑为DataAccess类型)，最后，将第一版业务逻辑编写为travelGuide函数。

主应用程序进程
使用功能核心并将其设置为使用特定的外部世界代码和用户输入/输出代码。通过运行从功能核心返回的所有IO值来执行所有副作用

输入操作
所有需要执行一些副作用以从外部不安全的世界中读取值的函数。在本例中，想使用Apache Jena库来查询维基数据

```
travelGuide(...)
  .unsafeRunSync()
```
需要一个DataAccess值来定义输入操作

输出操作
所有需要执行一些副作用以将值写入外部不安全的世界的函数；例如写入控制台或在程序之外存储某些内容

功能核心 纯函数和不可变值

数据模型

```scala
opaque type LocationId = String

case class Location(id: LocationId, name: String, population: Int)

case class Attraction(name: String, description: Option[String], location: Location)

enum PopCultureSubject {
  case Artist(name: String, followers: Int)
  case Movie(name: String, boxOffice: Int)
}

case class TravelGuide(attraction: Attraction, subjects: List[PopCultureSubject])
```

数据访问

```scala
enum AttractionOrdering {
  case ByName
  case ByLocationPopulation
}

trait DataAccess {
  def findAttractions(name: String, ordering: AttractionOrdering, limit: Int): IO[List[Attraction]]
  def findArtistsFromLocation(locationId: LocationId, limit: Int): IO[List[Artist]]
  def findMoviesAboutLocation(locationId: LocationId, limit: Int): IO[List[Movie]]
}
```

业务逻辑

```scala
def travelGuide(data: DataAccess, attractionName: String): IO[Option[TravelGuide]]
```

图11-5 设计步骤

我们还学会了如何使用Apache Jena查询维基数据。下一步应该很明显：需要实现DataAccess中定义的三个函数，以便它们在内部使用Apache Jena。注意，刚刚首先定义了DataAccess并选择了库！尽量在最后时刻做出这个决定。但是，主要目标仍未实现：仍然需要使整个系统运行起来。

先思考一下。你会如何使用Apache Jena实现findAttractions函数？如何确保功能核心不知道内部使用什么库来查询数据？

11.10 将输入操作作为IO值实现

尝试使用Apache Jena和维基数据服务器实现findAttractions。此示例还会向你展示在尝试编写IO较多的函数式应用程序时可能会遇到哪些问题。

像往常一样，可以从顶部(从特征标记开始)或从底部(在最终函数实现中使用它们之前找出更小的部分)开始解决此问题。由于我们已经定义了三个较小的问题，因此分别解决它们是明智之举。因此，将使用自下而上的方案。

你需要导入org. apache.jena.query._ 和org.apache.jena. rdfconnection._以使用库类型。该书的sbt console会话会自动导入它们

连接到服务器

创建Apache Jena的RDFConnection值具有副作用且不安全。因此，需要将其封装在IO值内部：

```
val getConnection: IO[RDFConnection] = IO.delay(
  RDFConnectionRemote.create
    .destination("https://query.wikidata.org/")
    .queryEndpoint("sparql")
    .build
)
```

RDFConnection是来自外部库的类型。它是命令式的且可能具有副作用，因此将其封装在IO中。其他库类型(例如下方的QueryFactory)情况相同

创建查询并执行它

查询只是一个String值，因此这里不需要更多内容。我们还需要支持AttractionOrdering参数。可以使用模式匹配将其"转换"为一个String值，然后在查询最终值时使用生成的String值。

```
val orderBy = ordering match {
  case ByName              => "?attractionLabel"
  case ByLocationPopulation => "DESC(?population)"
}

val query = s"""... SELECT DISTINCT ?attraction ?attractionLabel
  ?description ?location ?locationLabel ?population WHERE {
  ...
  } ORDER BY $orderBy LIMIT $limit"""
```

许多语言具有高级功能，允许你创建更复杂的String值。在这里使用的功能是字符串插值(使用名称将较小的String值嵌入较大的String值中)和多行字符串值。在Scala中，使用s前缀和$name来实现字符串插值，使用三重引号定义多行字符串

```
def execQuery(getConnection: IO[RDFConnection],
              query: String): IO[List[QuerySolution]] = {
  getConnection.flatMap(c => IO.delay(
    asScala(c.query(QueryFactory.create(query)).execSelect()).toList
  ))
}
```

用一个函数对 getConnection 值使用flatMap，该函数使用该连接并返回另一个IO 值，该值描述了如何使用连接将查询发送到服务器并返回一个Iterator，使用asScala 将该Iterator转换为不可变值

解析结果

　　如果查询成功，将获得一个由多个QuerySolution组成的List。这些不是不可变值，因此在处理它们时需要非常小心。最好将每个QuerySolution的使用封装在IO.delay中。这样将得到一个描述，可以进行函数式传递和处理。注意，特征标记有助于理解内部发生了什么。你需要传递一个QuerySolution，你得到程序的描述，该程序在成功执行后，生成不可变的Attraction。先回顾一下模型的外观。

> 注意，即使List是不可变的，其元素也是命令式的可变类型，在结束之前仍然需要处理

```scala
opaque type LocationId = String
case class Location(id: LocationId, name: String, population: Long)
case class Attraction(name: String, description: Option[String], location: Location)
```

以下是安全地从现有的非纯QuerySolution生成IO[Attraction]的方法。

```scala
def parseAttraction(s: QuerySolution): IO[Attraction] = {
  IO.delay(
    Attraction(
      name = s.getLiteral("attractionLabel").getString,
      description =
        if (s.contains("description"))
          Some(s.getLiteral("description").getString)
        else None,
      location = Location(
        id = LocationId(s.getResource("location").getLocalName),
        name = s.getLiteral("locationLabel").getString,
        population = s.getLiteral("population").getInt
      )
    )
  )
}
```

> 注意，此处使用命名参数来提高代码可读性。此代码使用一些不安全的对所提供QuerySolution的调用(命名为s)，创建Attraction值。已突出显示可能引发异常的不安全调用。注意，QuerySolution是Apache Jena库所特有的。在集成到另一个库时，你需要了解哪些调用是不安全的。此类调用应封装在IO中

功能核心和非纯代码之间的灰色地带

　　即使使用了IO，上面的函数也不是纯函数。它之所以不是纯函数，是因为它操作的值不是不可变的。在编写和使用它时，需要非常小心。它应该与其他函数式模块分开(任何纯函数都不能直接使用parseAttraction)，并在更广泛的IO语境中私下使用而不被公开在任何地方。需要格外小心，这是使用命令式客户端库的代价。

　　如果选择使用函数式库从数据库和其他API中获取数据，就不会遇到这样的问题。它们仅公开纯函数，你已经学会了如何使用它们。还有一些语言(如Haskell)只提供纯函数库。

> **功能核心**
> 第8章讨论了在程序中整合纯代码和非纯代码的设计原则

> 选择 Apache Jena 是为了向你展示，你的选择并不仅限于纯函数库。你可以使用任何库，多加注意即可

11.11　将库IO与其他关注点分离

接下来将这一切整合到 DataAccess 类型中定义的输入操作的单一实现中。我们已定义了一个值和两个辅助函数，可以重复使用它们。以下是它们的特征标记：

```
val getConnection: IO[RDFConnection]
def execQuery(getConnection: IO[RDFConnection], query: String): IO[List[QuerySolution]]
def parseAttraction(s: QuerySolution): IO[Attraction]

def findAttractions(name: String, ordering: AttractionOrdering,
                    limit: Int): IO[List[Attraction]] = {
  val orderBy = ordering match {
    case ByName              => "?attractionLabel"
    case ByLocationPopulation => "DESC(?population)"
  }

  val query = s"""... SELECT DISTINCT ?attraction ?attractionLabel
    ?description ?location ?locationLabel ?population WHERE {
    ...
    } ORDER BY $orderBy LIMIT $limit"""

  for {
    solutions    <- execQuery(getConnection, query)
    attractions <- solutions.traverse(parseAttraction) // or map(parseAttraction).sequence
  } yield attractions
}
```

可以以类似的方式实现DataAccess类型中定义的其他两个函数。但是，这种方式存在几个问题，因为正在尝试让某些功能正常工作，所以现在只关注最关键的问题。getConnection值描述了一个在执行时创建连接的程序。这意味着每次想要查询服务器时都会创建一个连接！此外，没有机会关闭连接。这是需要立即解决的问题，因为它影响了很多地方，而且不能在任何真实的程序中使用。但是，可以在这里使用一种设计技巧，即把它变成别人的问题，这符合尽可能晚地做决定的原则。可以不考虑如何在函数中处理可关闭资源(这个问题有一个非常简洁的解决方案，稍后会展示)，而是要求将不同的东西传递给函数。我们拥有一种非常强大的函数技术：将函数作为参数传递！

> **作为参数的函数**
> 第4章 讨论了如何将函数(只是值)作为参数传递和柯里化

> 虽然所说的"别人"指"未来的"，但这仍然是一种有用的技巧

11.12 柯里化和控制反转

每当你需要处理过多的职责或过于复杂的流程问题，而这些问题与你实现的函数的主要职责并不直接相关时，这意味着这其实是偶然关注点。最好的做法是引入一个新参数并将这个特定关注点"外包"给函数的用户。

在本例中，尝试实现一个函数，该函数获取一些输入参数并返回一个IO[List[Attraction]]程序，该程序查询真实的维基数据服务器。

> **重点！**
> 通过要求新的参数来"外包"关注点是FP中十分常见的设计

```scala
val getConnection: IO[RDFConnection]
```

getConnection只是一个值，每次执行时都会创建并返回一个新连接

```scala
def findAttractions(name: String, ordering: AttractionOrdering,
                    limit: Int): IO[List[Attraction]] = {
  ...
  for {
    solutions    <- execQuery(getConnection, query)
    attractions <- solutions.traverse(parseAttraction)
  } yield attractions
}
```

每次执行此程序时，都会打开一个新连接。此外，需要关闭此连接，但是在这里忘记关闭。如果设计要求我们记得做一些与业务逻辑无关的事情，这意味着它不是一个好的设计

传递连接

初步想法是将连接作为参数传递。

```scala
def findAttractions(connection: RDFConnection)
                   (name: String, ordering: AttractionOrdering,
                    limit: Int): IO[List[Attraction]]
```

> **控制反转**
> 在第9章中，我们在稍微不同的语境中讨论了控制反转

将其提供在单独的参数列表中(说该函数已柯里化)，因为此参数与重要关注点无关。使用柯里化"配置"函数，只需要提供一些参数(如connection)，就能得到一个完全有效的版本，并将其传递给不想知道任何连接信息的模块。下面是它的实际应用：

```scala
findAttractions(connection)
→ (String, AttractionOrdering, Int) => IO[List[Attraction]]
```

但是，如前所述，RDFConnection不是不可变值，因此应该尽可能避免直接使用它。传递IO[RDFConnection]的做法也不理想，因为无法在许多查询中重用单个连接。IO只是创建新连接的程序的描述，因此每次执行它时都将创建新连接。这不是一种可持续的解决方案。

findAttractions的调用者需要提供连接以获取"已配置"函数，该函数将能够查询景点

这意味着findAttractions的调用者(而不是我们)需要担心连接的创建和关闭

11.13 作为值的函数

你可能会觉得自己在绕圈子，想着传递和处理连接的所有问题。这种感觉会让我们产生更多外包的冲动。思考一下，findAttractions和其他API输入(数据访问)函数中真正需要的是什么。

传递"查询行为"

不需要一个连接。需要的是一种执行查询的方式。有一个查询String，想要一个由QuerySolution组成的List，我们知道其解析方式。这听起来很熟悉吧？刚刚定义了需要的一个函数，而且没有提及任何与连接相关的内容！

```
def findAttractions(execQuery: String => IO[List[QuerySolution]])
                   (name: String, ordering: AttractionOrdering,
                    limit: Int): IO[List[Attraction]]
```

现在，只需要从调用者那里期待查询行为。这意味着调用者现在有更多责任，这也是重构的意义所在——将责任向上推。程序中的某个模块将更擅长处理连接和创建适当的String => IO[List[QuerySolution]]函数以向下传递。

配置一组函数

还有一个尚未解决的问题。我们已经定义了DataAccess类型并明确说明了需要实现哪三个函数。

所有DataAccess函数的适当实现都可以在本书的仓库中找到。实现都类似于findAttractions中所展示的

```
trait DataAccess {
  def findAttractions(name: String, ordering: AttractionOrdering,
                      limit: Int): IO[List[Attraction]]
  def findArtistsFromLocation(locationId: LocationId, limit: Int): IO[List[Artist]]
  def findMoviesAboutLocation(locationId: LocationId, limit: Int): IO[List[Movie]]
}
```

没有任何附加参数的位置。这些特征标记并不假定内部查询机制的任何内容，因为它们在功能核心内部使用，所以需要保持这种方式。需要一个不同的函数来返回特定的DataAccess实现！

你可以使用new关键字并提供所有必需的实现来创建DataAccess值

```
def getSparqlDataAccess(execQuery: String => IO[List[QuerySolution]]): DataAccess =
  new DataAccess {
    def findAttractions(name: String,
                        ordering: AttractionOrdering, limit: Int): IO[List[Attraction]] =
    def findArtistsFromLocation(locationId: LocationId, limit: Int): IO[List[Artist]] =
    def findMoviesAboutLocation(locationId: LocationId, limit: Int): IO[List[Movie]] =
  } // import ch11_WikidataDataAccess.getSparqlDataAccess
```

11.14　串联知识

现在拥有了运行第一个完整版旅游指南应用程序的所有构建块，如图11-6所示。自己试试吧！

如果你没跟上，现在运行sbt console，并仅从本页执行标有"＞"的代码

```
功能核心 纯函数和不可变值                              数据模型

opaque type LocationId = String

case class Location(id: LocationId, name: String, population: Int)
case class Attraction(name: String, description: Option[String], location: Location)

enum PopCultureSubject {
  case Artist(name: String, followers: Int)
  case Movie(name: String, boxOffice: Int)
}

case class TravelGuide(attraction: Attraction, subjects: List[PopCultureSubject])

enum AttractionOrdering {                              数据访问
  case ByName
  case ByLocationPopulation
}

trait DataAccess {
  def findAttractions(name: String, ordering: AttractionOrdering, limit: Int): IO[List[Attraction]]
  def findArtistsFromLocation(locationId: LocationId, limit: Int): IO[List[Artist]]
  def findMoviesAboutLocation(locationId: LocationId, limit: Int): IO[List[Movie]]
}
                                                      业务逻辑
  def travelGuide(data: DataAccess, attractionName: String): IO[Option[TravelGuide]]
```

```
> import ch11_TravelGuide._, model._, PopCultureSubject._
  import AttractionOrdering._
  import Version1.travelGuide
```

输入操作知道功能核心中的事情，但反之则不然

```
输入操作
  def getSparqlDataAccess(execQuery: String => IO[List[QuerySolution]]): DataAccess

> import ch11_WikidataDataAccess.getSparqlDataAccess

  def execQuery(connection: RDFConnection)(query: String): IO[List[QuerySolution]] =
    IO.blocking(asScala(connection.query(QueryFactory.create(query)).execSelect()).toList)
```

这是execQuery的新版本，它允许重用单个连接。IO.blocking与IO.delay执行的效果相同，但延迟操作在更适合阻塞操作的线程池上执行，例如外部API查询

这个箭头意味着一个模块了解另一个模块，并且可以使用它的公共函数和类型。主要的处理过程很简单，但知道其他所有模块

```
主应用程序过程
> val connection = RDFConnectionRemote.create
    .destination("https://query.wikidata.org/")
    .queryEndpoint("sparql")
    .build
  → RDFConnectionRemote
  val wikidata = getSparqlDataAccess(execQuery(connection))
  travelGuide(wikidata, "Yosemite").unsafeRunSync()
  → Some(TravelGuide(Attraction(Yosemite National Park, ...)))
  connection.close()
```

就是这样！运行这段代码后，将查询维基数据服务器并返回约塞米蒂(Yosemite)国家公园的旅游指南！确保执行代码片段并自行查看指南

图11-6　完整版应用程序的所有构建块

11.15 我们做到了

我们尽了最大努力来完成设计，并获得了一个可运行的版本。现在应该集中精力确保满足所有要求。

要求：流行文化旅游指南

1. 应用程序应该取单个String值：用户想要参观并且需要旅游指南的旅游景点的搜索词。

2. 应用程序需要搜索给定景点、景点描述(如果存在)及其地理位置。它应优先选择人口较多的地点。

3. 应用程序应使用某个地点进行以下操作：
- 查找来自该地的艺术家，按社交媒体关注者数量排序
- 查找在该地上映的电影，按票房收入排序

4. 对于给定的旅游景点，艺术家和电影构成其流行文化旅游指南，应返回给用户。如果存在多个可行的指南，则应用程序需要返回分数最高的指南，其计算方式如下：
- 具有描述，得30分
- 每个艺术家或电影得10分(最高40分)
- 每10万个关注者得1分(所有艺术家合计；最高15分)
- 每1000万美元票房收入得1分(所有电影合计；最高15分)

5. 将来会添加流行文化主题(如电子游戏)。

由于我们已经设计了应用程序的蓝图，并把数据访问关注点与内部问题分离，因此可以放心地专注于业务逻辑并不断改进。

版本1 早前实现的第一版travelGuide

```
def travelGuide(data: DataAccess, attractionName: String): IO[Option[TravelGuide]] = {
  for {
    attractions <- data.findAttractions(attractionName, ByLocationPopulation, 1)
    guide <- attractions.headOption match {
        case None => IO.pure(None)
        case Some(attraction) =>
          for {
            artists <- data.findArtistsFromLocation(attraction.location.id, 2)
            movies <- data.findMoviesAboutLocation(attraction.location.id, 2)
          } yield Some(TravelGuide(attraction, artists.appendedAll(movies)))
      }
  } yield guide
}
```

在当前版本的travelGuide中，只查看findAttractions程序返回的单个景点。然而，如前所述，可能有多个景点，需要查看多个景点，使用提供的算法进行评分，并返回分数最高的一个

先思考一下。你认为下一步是什么？需要引入什么变化吗？需要一个新的纯函数吗？

11.16　使业务逻辑正确

下一步自然是查询更多景点，应用分数算法，并返回分数最高的景点。图11-7展示了具体的实现步骤。

❶ 在要求中定义的分数算法可以轻松地实现为纯函数。
它应该获取一个TravelGuide并返回其分数：

```scala
def guideScore(guide: TravelGuide): Int = {
  val descriptionScore = guide.attraction.description.map(_ => 30).getOrElse(0)
  val quantityScore = Math.min(40, guide.subjects.size * 10)
  val totalFollowers = guide.subjects
    .map(_ match {
      case Artist(_, followers) => followers
      case _                     => 0
    })
    .sum
  val totalBoxOffice = guide.subjects
    .map(_ match {
      case Movie(_, boxOffice) => boxOffice
      case _                   => 0
    })
    .sum
  val followersScore = Math.min(15, totalFollowers / 100_000)
  val boxOfficeScore = Math.min(15, totalBoxOffice / 10_000_000)
  descriptionScore + quantityScore + followersScore + boxOfficeScore
}
```

> 如果有描述，则分数为30分；如果没有描述，分数则为0。然后为每个流行文化主题添加10分(最高40分)

> 使用模式匹配解构subject并计算关注者的总和。然后使用相同的技术来计算票房收入之和

❷ 现在可以更改travelGuide函数以在内部使用guideScore函数：

```scala
def travelGuide(data: DataAccess, attractionName: String): IO[Option[TravelGuide]] = {
  for {
    attractions <- data.findAttractions(attractionName, ByLocationPopulation, 3)
    guides <- attractions
                .map(attraction =>
                  for {
                    artists <- data.findArtistsFromLocation(attraction.location.id, 2)
                    movies <- data.findMoviesAboutLocation(attraction.location.id, 2)
                  } yield TravelGuide(attraction, artists.appendedAll(movies))
                )
                .sequence
  } yield guides.sortBy(guideScore).reverse.headOption
}
```

> 将每个景点映射到描述一个程序的IO值，该程序获取景点所在地的艺术家和电影。我们使用sequence将List[IO[TravelGuide]]转换为IO[List[TravelGuide]]，并使用guideScore函数对内部列表进行排序。我们返回分数最高的指南(如果有的话)，否则返回None

图11-7　具体实现步骤

现在有一个更好的版本，可以返回最佳指南！

快速练习

假设我们使用维基数据DataAccess执行这个新版本的travelGuide函数，并提供一个attractionName，对于此，在维基数据中至少有三个景点，那么总共有多少个维基数据服务器查询？

答案：
总共最多有七个
查询

11.17 资源泄漏

如果有至少三个景点具有相同名称，则当前版本的
travelGuide函数将进行七次数据查询。当你尝试运行程序以获取
"Yosemite"时，你可能会得到各种结果。这是因为在应用程序
中意外引入了一个错误：资源泄漏！

这种泄漏在功能核心中不存在，因为在功能核心中只有不可
变值和纯函数。通常，这些事情的罪魁祸首是功能核心之外的代
码——通常是连接所有模块的非纯代码(即主进程)，参见图11-8。

```
> def execQuery(connection: RDFConnection)(query: String): IO[List[QuerySolution]] =
    IO.blocking(
      asScala(connection.query(QueryFactory.create(query)).execSelect()).toList
    )
```

> 在这里，connection.query调用返回一个QueryExecution对象，该对象负责执行
> 查询并根据需要获取结果。必须显式关闭它以释放其资源。这里没有这样做，
> 这就是资源泄漏的原因

```
val connection: RDFConnection = RDFConnectionRemote.create
  .destination("https://query.wikidata.org/")
  .queryEndpoint("sparql")
  .build
⊠ RDFConnectionRemote

val wikidata = getSparqlDataAccess(execQuery(connection))
travelGuide(wikidata, "Yosemite")).unsafeRunSync()
```

connection.close() ◀
请现在重启REPL
会话并使用以下
导入：

> 你已经在前几页的REPL会话中执行了此代码段，并且
> 很可能得到了一个合适的指南。但是，由于内部资源泄漏，
> 你可能无法在同一会话中再次运行它

```
import ch11_TravelGuide._, model._, PopCultureSubject._, AttractionOrdering._, Version2.travelGuide
import ch11_WikidataDataAccess.getSparqlDataAccess
```

图11-8 资源泄漏

在其他情况下，也可能会发生这种情况。例如，如果你实现
Web客户端，却忘记读取整个HTTP响应，则可能会出现类似的泄
漏，这取决于你使用的库。无论你的团队偏好哪种编程范式，你
都需要了解程序需要获取的资源。

这是与我们的库相关的问题，但是你可能会在许多其他带有自己的连接池工具或其他资源管理工具的库中遇到它。这是一个常见问题，此处将提供一个通用的FP解决方案

当你处理非纯、有状态的值(对象)时，这些值会额外获取和
消耗某些资源，如文件系统或网络连接，因此你需要非常小心，
并始终在不再需要时释放这些资源。当存在多种可能的程序流程
和错误情况时，通常很难做到这一点。因此，许多语言引入特殊语
法来处理资源并提供释放它们的方法。Java有try-with-resources，一
些FP语言具有Resource类型。在了解它之前，仅使用IO解决问题。

11.18　处理资源

我们能够使用到目前为止所获得的知识(即仅使用IO类型)来
处理可释放资源。

```
> def createExecution(connection: RDFConnection, query: String): IO[QueryExecution] =
    IO.blocking(connection.query(QueryFactory.create(query)))

  def closeExecution(execution: QueryExecution): IO[Unit] =
    IO.blocking(execution.close())

  def execQuery(connection: RDFConnection)(query: String): IO[List[QuerySolution]] = {
    for {
      execution <- createExecution(connection, query)
      solutions <- IO.blocking(asScala(execution.execSelect()).toList)
      _         <- closeExecution(execution)
    } yield solutions
  }
```

提醒一下，IO.blocking与IO.delay
执行相同的操作并具有相同的
API。区别在于，延迟操作在更
适合阻塞操作的线程池上执行

在获取solutions后运行closeExecution程
序。但是，如果查询失败，仍然没有覆
盖。可能需要使用orElse

以上方案可能有用，但它的声明性不强，且容易出错：我们
已深刻意识到，很容易忘记释放某些资源。希望在这里使用更多
函数式编程的功能。幸运的是，有一些声明性和描述性更强的
东西——无论发生什么情况，都会释放资源。这就是Resource类
型，参见图11-9！

如果你不使用本书的
sbt console，请导入
cats.effect.Resource

更一般地说，Resource[F, A]
有两个类型参数：F是效果类型
(在书中使用IO)，而A是表示可
以获取和释放的资源类型的值

Resource[IO, A]

类型为Resource[IO, A]的值描述了
类型为A的值需要在使用之前获取并
在不再需要时释放(无论是在成功执
行后还是在出现错误时)

要创建Resource值，请调用Resource.make，该函数获取一个IO值和一个函数：

Resource.make(acquire: IO[A])(release: A => IO[Unit])

acquire函数获取IO[A]，它描述了
获取A值的程序

release函数获取A值并返回在
不再需要时需要执行的程序

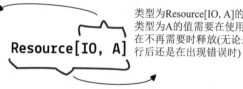

acquire　A　　　　　　release　A => ()

图11-9　Resource类型

例如，由于QueryExecution是需要获取和释放的内容，因此
可以将其表示为Resource值：

```
def execQuery(connection: RDFConnection)(query: String): IO[List[QuerySolution]] = {
  val executionResource: Resource[IO, QueryExecution] =
    Resource.make(createExecution(connection, query))(closeExecution)
  ???
}
```

注意：重复使用了
在本页开头定义的
函数，并将它们作
为acquire和release
函数传递

现在有一个Resource[IO, QueryExecution]值，但接下来有什么？

11.19 使用Resource值

Resource值有什么作用？编写一个不同版本的execQuery函数并查看其结果。

```
> def execQuery(connection: RDFConnection)(query: String): IO[List[QuerySolution]] = {
    val executionResource: Resource[IO, QueryExecution] =
      Resource.make(createExecution(connection, query))(closeExecution)
    executionResource.use(execution => IO.blocking(asScala(execution.execSelect()).toList))
  }
```

看似变化不大。但是这个函数比以前编写的任何函数都要安全得多！Resource值上定义了一个use函数，如图11-10所示，该函数获取另一个函数，该函数将表示获取的资源的值传递给需要执行的程序。注意，该函数将在获取资源后在内部调用(使用在创建这个Resource值时提供的函数)。如果出现任何问题(故障)，则将释放资源。如果在use中提供的程序成功完成，则还将释放资源(使用创建此Resource值时提供的函数)。这样，我们就可以专注于使用资源，而不必担心资源的获取和释放！而最棒的是，所有这些都被建模为不可变值！

现在，也可以将连接建模为Resource：

resource.use(f: A => IO[B])

use取一个函数，该函数取一个A并返回IO[A]，描述的程序在获取由A值表示的资源之后、释放它之前执行

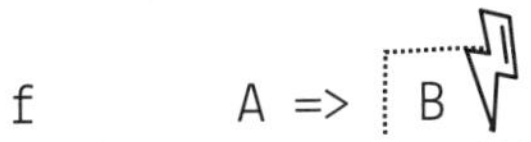

f   A => B

图11-10 resource.use函数

RDFConnection和QueryExecution都实现了AutoCloseable接口，因此我们可以使用Resource.fromAutoCloseable代替make

```
> val connectionResource: Resource[IO, RDFConnection] = Resource.make(
    IO.blocking(
      RDFConnectionRemote.create
        .destination("https://query.wikidata.org/")
        .queryEndpoint("sparql")
        .build
  ))(connection => IO.blocking(connection.close()))

val program: IO[Option[TravelGuide]] =
  connectionResource.use(connection => {
    val wikidata = getSparqlDataAccess(execQuery(connection))
    travelGuide(wikidata, "Yellowstone")
  })
```

即使出现连接故障、解析故障或查询问题，也不会泄漏任何内容。使用连接的唯一选项是调用取另一个函数的use函数。连接无法在此函数的范围之外使用。而且，当返回的IO程序完成时，连接已被释放

```
program.unsafeRunSync()
→ Some(TravelGuide(
      Attraction(Yellowstone National Park, Some(first national park in the world...),
            Location(LocationId(Q1214), Wyoming, 586107)),
      List(Movie(The Hateful Eight, 155760117), Movie(Heaven's Gate, 3484331))
  ))
```

像往常一样，直到有人执行IO，才会获取它

你可以执行它任意次数。没有泄漏！
这就是函数式IO的威力

11.20 我们做对了

重点！
将可释放资源
建模为值

事实证明，我们的初始设计(见图11-11)相当不错。需要解决一些缺失的要求(对旅游指南进行排序)和资源处理的问题。在这个过程中，了解了Resource类型。

功能核心 纯函数和不可变值

数据模型

```
LocationId  Location  Attraction  PopCultureSubject
     Artist  Movie  TravelGuide
```

数据访问

```
trait DataAccess {
  def findAttractions(name: String, ordering: AttractionOrdering, limit: Int): IO[List[Attraction]]
  def findArtistsFromLocation(locationId: LocationId, limit: Int): IO[List[Artist]]
  def findMoviesAboutLocation(locationId: LocationId, limit: Int): IO[List[Movie]]
}
```

业务逻辑

```
def travelGuide(data: DataAccess, attractionName: String): IO[Option[TravelGuide]] =
  for {
    attractions <- data.findAttractions(attractionName, ByLocationPopulation, 3)
    guides <- attractions
                .map(attraction =>
                  for {
                    artists <- data.findArtistsFromLocation(attraction.location.id, 2)
                    movies <- data.findMoviesAboutLocation(attraction.location.id, 2)
                  } yield TravelGuide(attraction, artists.appendedAll(movies))
                )
                .sequence
  } yield guides.sortBy(guideScore).reverse.headOption
```

输入操作

```
def getSparqlDataAccess(execQuery: String => IO[List[QuerySolution]]): DataAccess = ⬚⬚⬚

def execQuery(connection: RDFConnection)(query: String): IO[List[QuerySolution]] = {
  val executionResource: Resource[IO, QueryExecution] =
  Resource.make(createExecution(connection, query))(closeExecution)

  executionResource.use(execution => IO.blocking(asScala(execution.execSelect()).toList))
}

val connectionResource: Resource[IO, RDFConnection] = Resource.make(
  IO.blocking(
  RDFConnectionRemote.create
    .destination("https://query.wikidata.org/")
    .queryEndpoint("sparql")
    .build
  )
)(connection => IO.blocking(connection.close()))
```

主应用程序进程

```
connectionResource.use(connection => {
  val wikidata =
    getSparqlDataAccess(execQuery(connection))
  travelGuide(wikidata, "Yosemite")
}).unsafeRunSync()
```

图11-11 初始设计

还有一件事！Resource还有map和flatMap函数！这意味着可以使主应用程序进程变得更加完善。

有关Resource的更多信息，请参阅本书的源代码

```
> val dataAccessResource: Resource[IO, DataAccess] =
    connectionResource.map(connection => getSparqlDataAccess(execQuery(connection)))

  dataAccessResource.use(dataAccess => travelGuide(dataAccess, "Yosemite")).unsafeRunSync()
```

11.21　小憩片刻: 加快速度

travelGuide的当前实现会进行多次查询来选择和返回最佳指南。但是, 所有这些查询都是按顺序进行的。考虑到每个查询可能需要1秒钟, 这并不是一个非常快的应用程序。

```
def travelGuide(data: DataAccess, attractionName: String): IO[Option[TravelGuide]] = {
  for {
    attractions <- data.findAttractions(attractionName, ByLocationPopulation, 3)
    guides <- attractions
            .map(attraction =>
              for {
                artists <- data.findArtistsFromLocation(attraction.location.id, 2)
                movies  <- data.findMoviesAboutLocation(attraction.location.id, 2)
              } yield TravelGuide(attraction, artists.appendedAll(movies))
            )
            .sequence
  } yield guides.sortBy(guideScore).reverse.headOption
}
```

1

你的任务是重构该函数, 使其尽量使用并发机制。具体来说, 每个景点的查询彼此独立, 可以并行运行。同理, 对特定景点的艺术家和电影的查询也是独立的, 也可以并行运行。

当你考虑解决方案时, 注意, 从顺序应用程序到多线程应用程序的更改完全包含在返回不可变值的一个纯函数中。这就是函数式编程和函数式设计的力量!

2

你的第二个任务是全面看待当前的设计和解决方案。可以做些什么来加快它的速度? 同一查询返回不同答案的频率是多少? 也许可以重复利用这一点以加快下面的程序速度?

第二个任务比第一个任务更难, 但你已经拥有解决它所需的所有知识和工具

```
connectionResource.use(connection => {
  val dataAccess = getSparqlDataAccess(execQuery(connection))
  for {
    result1 <- travelGuide(dataAccess, "Yellowstone")
    result2 <- travelGuide(dataAccess, "Yellowstone")
    result3 <- travelGuide(dataAccess, "Yellowstone")
  } yield result1.toList.appendedAll(result2).appendedAll(result3)
})
```

记得第10章的Ref值吗?
也许你可以使用它们来缓存查询结果

提示

- 在当前版本中使用sequence。你还记得parSequence吗?
- 当搜索更多指南时, 可能需要缓存以使其变得更快。

11.22 解释: 加快速度

进行并发查询只是将sequence和flatMap调用替换为 parSequence。由于获取艺术家和电影的操作是独立的，因此实际 上不需要按顺序执行它们。只需要用一个List替换for推导式。

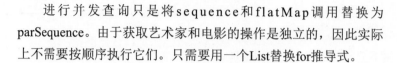

```scala
def travelGuide(data: DataAccess, attractionName: String): IO[Option[TravelGuide]] = {
  for {
    attractions <- data.findAttractions(attractionName, ByLocationPopulation, 3)
    guides <- attractions
                .map(attraction =>
                  List(
                    data.findArtistsFromLocation(attraction.location.id, 2),
                    data.findMoviesAboutLocation(attraction.location.id, 2)
                  ).parSequence
                  .map(_.flatten)
                  .map(popCultureSubjects => TravelGuide(attraction, popCultureSubjects))
                ).parSequence
  } yield guides.sortBy(guideScore).reverse.headOption
}
```

将每个景点映射到一个程序中。所有景点的程序都在并发运行(第二个 parSequence)。在每个景点的程序内部，有另外两个程序同时运行(第一个 parSequence)：一个用于艺术家，另一个用于电影。由于第一个程序的结果是List [Artist]，第二个程序的结果是List[Movie]，因此最终得到一个List，其中包含两 个List，结果类型为List[List[PopCultureSubject]](因为Movie和Artist都是PopCul-tureSubjects)。对其进行展平并使用它们，将结果列表命名为popCultureSubjects， 并将其放在一个新的TravelGuide中

注意到我们的查询通常返回相同的结果(艺术家或电影的位 置不经常更改)，因此可以大量缓存这些结果，从而使查询速度 变得更快。事实证明，我们的设计及其分离的关注点允许通过向 getSparqlDataAccess传递不同的函数来引入缓存! (是的，这就是 我们所需要的!)

```scala
def cachedExecQuery(connection: RDFConnection, cache: Ref[IO, Map[String, List[QuerySolution]]])(
    query: String
): IO[List[QuerySolution]] = {
  for {
    cachedQueries <- cache.get
    solutions <- cachedQueries.get(query) match {
      case Some(cachedSolutions) => IO.pure(cachedSolutions)
      case None =>
        for {
          realSolutions <- execQuery(connection)(query)
          _ <- cache.update(_.updated(query, realSolutions))
        } yield realSolutions
    }
  } yield solutions
}
```

我们的函数先获取一个程 序，当执行时，将读取缓存 的当前值，然后将获取给定 查询的查询结果。如果查询 结果不存在，将启动旧的 execQuery函数，将解决方 案存储在缓存中，并返回查 询结果

小结

在本章中，我们使用了前面章节的多个工具和技术来创建从维基数据获取数据的实际应用程序。

设计真实的函数式应用程序

我们使用了功能核心设计概念，该概念仅包含纯函数和不可变值，这些值由外部模块使用，如主应用程序进程，该进程通过特定的输入和输出操作"配置"纯函数。

将更复杂的要求建模为类型

设计过程始于需求。将它们转换为数据模型，并遵循"有效、准确、快速"原则以得到可行的解决方案。

使用IO与真实数据源API集成

将数据访问层建模为纯函数包(包含三个纯函数)，称之为DataAccess。在实现第一版业务逻辑(travelGuide函数)之后，我们才开始思考作为数据提供者的服务的具体细节。选择了维基数据，这是一个提供 SPARQL 端点的免费服务。

我们使用Apache Jena库连接并查询维基数据服务器。我们指出，即使它是一种命令式库，我们也可以利用各种工具与之集成，而不必改变已经设置好的任何纯函数和不可变值。

避免资源泄漏

在内部，使用命令式Apache Jena库实现的数据访问层保持其自己的连接池和查询执行语境。这些有状态资源需要被获取(例如，创建到服务器的连接)并在不再需要时释放，即使在出现错误的情况下，也是如此。若不释放这种资源，会导致资源泄漏。我们了解到，通过使用描述可释放资源的Resource值，可以轻松管理此类情况。

缓存查询结果以加快执行速度

最后，试图加快应用程序。我们使用了一些并发机制，并通过只更改一个小依赖项来实现查询结果缓存，这证明该设计非常健壮。

代码：CH11_*
通过查看本书仓库中的ch11_*文件，探索本章的源代码

我们使用SPARQL进行查询，但是展示的技术也可以用于其他地方，例如SQL服务器和查询

可以使用Resource值管理更多资源案例。你也可以以这种方式对应用程序的内部资源进行建模

还有更多内容！请查看本书仓库中的源代码，了解更多可改进的地方，包括IO超时支持

第12章 | 测试函数式程序

本章内容:

- 如何通过提供示例来测试纯函数

- 如何通过提供属性来测试纯函数

- 如何在不使用任何模拟库的情况下测试副作用

- 如何以测试驱动的方式开发新功能

> 66 注意上面代码中的错误；我只证明了它的正确性，并没有进行试验。99
>
> ——Donald Knuth

12.1　你对其进行测试吗

　　本书的最后一章专门介绍了最重要的软件工程活动之一：测试。测试是编写可维护软件的主要方法之一。它们可以用于确保程序按照要求运行，不存在之前发现的错误，并且与外部API、服务或数据库正确集成。

　　除此之外，还可以使用测试来记录应用程序：帮助其他团队成员明确职责和内部工作。这是最好的文档类型，因为它不会像普通文本文档一样容易过时——前提是测试本身很容易理解。所有这些都表明测试是良好开发、可读和可维护软件的重要元素。图12-1展示了本章的主要学习任务。

> 如果应用程序主要由操作不可变值的纯函数组成，那么编写测试会是一项非常愉快的工作。本章的测试小巧、易读，涵盖了大量的生产代码

图12-1　本章的主要学习任务

　　本书前面部分提到了一些测试技术和提示，但现在是时候将所学到的东西综合起来，展示一下一旦我们选择了函数式编程范式，我们的测试工作会变得多么容易。我们将首先尝试为第11章中的流行文化旅游指南应用程序添加测试。将向你展示如何为现有的纯函数编写测试，包括基于IO的函数。不出所料，我们会发现原始实现中一些不那么明显的错误！

> 你在第11章中发现任何错误了吗？如果没有，不要担心。测试会帮助你

　　然后，将向你展示如何将测试用作尚未实现的功能的文档，并使用它们来指导实现过程。将首先编写测试，然后填写实现，遵循非常流行的测试驱动开发实践。这将成为你的函数式测试库中非常重要的工具。在这个过程中，我们也会学习一些新的纯函数，并复习前几章的内容。让我们开始吧！

12.2　测试只是函数

本章不会引入任何仅适用于测试代码的新概念。我们重复使用完全相同的机制：纯函数和不可变值。不需要任何模拟库，因为我们之前所学的知识和技术已经足以帮我们编写任何类型的测试！

唯一需要的额外工具是测试框架本身：将使用scalatest库运行测试。其中最基本的选项之一是调用提供的test函数，如图12-2所示。

> 你可以在附带代码仓库的src/test/scala目录中找到本章中讨论的所有代码。打开ch12_BasicTest文件并尝试在那里编写测试！如果你只想运行自己的测试，还应该删除其他测试文件

testName是一个描述测试的String　　　　testFun函数不获取任何参数并返回Assertion值

```
def test(testName: String)(testFun: => Assertion): Unit
```

调用此函数后，不关心它返回什么，因为执行本身委托给scalatest提供的测试运行器执行

图12-2　test函数

> scalatest是最受欢迎的Scala测试工具，它提供了许多不同的选项和测试方案。在这里，只关注其他工具和语言中可用的最基本的选项

上面的特征标记是scalatest中可用内容的简化版本，但它足以让你习惯函数式测试。我们不想深入研究scalatest库的细节。将仅用它来展示函数式编程测试技术，这些技术也可以在其他函数式语言中实现(并且非常流行)。

那么可以用test函数做什么呢？可以在测试类中调用它，传递两个所需的参数：一个String(testName)和一个无参数函数(testFun)，如下：

```
import org.scalatest.funsuite.AnyFunSuite
class ch12_BasicTest extends AnyFunSuite {
  test("2 times 2 should always be 4")({
    assert(2 * 2 == 4)
  })
}
```

> scalatest要求在扩展一个内置特性的类中定义所有函数调用。在本例中，使用AnyFunSuite

我们使用测试用例名称和一个无参数函数(将由测试框架惰性执行的代码块)调用test函数，该函数返回一个Assertion。在这里，我们使用一个辅助性的assert函数，它获取布尔条件并返回一个Assertion值

当在终端中执行这样的测试时，将得到以下答案：

```
> sbt test
  ch12_BasicTest:
  - 2 times 2 should always be 4
  Run completed in 95 milliseconds.
  Total number of tests run: 1
  All tests passed.
```

在本章中，将从IDE和终端(而不是REPL)工作

> 查看本书的源代码，了解所有测试的运行情况。调用sbt test并查看将在本章中实现的二十多个测试的输出结果

现在你了解了工作原理，那就来看一些真实的测试案例吧！

12.3   选择要测试的函数

最便于测试的函数是使用简单类型的纯函数。我们的测试旅程应该从尝试编写纯函数的测试开始，纯函数不接受也不返回IO值。选择这种特定策略的主要原因有两个：

- 这种非IO函数通常代表重要的业务逻辑。可以确信它们是功能核心的一部分。

- 这种函数的测试非常易于编写。

是的，我知道IO也是不可变的值！需要获取并返回IO值的函数的测试也很容易编写，但希望在本章稍后部分单独讨论此类测试

看起来非常顺利，对吧？我们正在为最重要的功能编写测试，同时，这些测试也是最容易编写的。如果有一个小的纯函数，它获取一些不可变的值并返回一个不可变的值，那么唯一的工作(有时非常困难)就是选择正确的不可变值。这时，需要通过提供示例进行测试。通常，要求越明晰，应用程序的设计越符合这些要求，我们就越容易选择正确示例。

其中一个不使用IO值的纯函数是guideScore。当然，它是旅游指南应用程序中最重要的函数之一。函数以及相关要求如下：

在第11章中编写并讨论了这个函数

```scala
def guideScore(guide: TravelGuide): Int = {
  val descriptionScore =
      guide.attraction.description.map(_ => 30).getOrElse(0)
  val quantityScore = Math.min(40, guide.subjects.size * 10)

  val totalFollowers = guide.subjects
    .map(_ match {
      case Artist(_, followers) => followers
      case _                    => 0
    }).sum
  val totalBoxOffice = guide.subjects
    .map(_ match {
      case Movie(_, boxOffice) => boxOffice
      case _                   => 0
    }).sum

  val followersScore = Math.min(15, totalFollowers / 100_000)
  val boxOfficeScore = Math.min(15, totalBoxOffice / 10_000_000)
  descriptionScore + quantityScore + followersScore + boxOfficeScore
}
```

指南分数由以下部分组成：

- 具有描述，得30分
- 每个艺术家或电影得10分(最高40分)
- 每10万个关注者得1分(所有艺术家合计；最高15分)
- 每1000万美元票房收入得1分(所有电影合计；最高15分)

先思考一下。你将如何确保此实现满足要求？

12.4 提供示例进行测试

通过提供示例(输入参数)，调用函数并断言其输出，可以轻松测试 guideScore 函数。对于相同的输入，纯函数总是返回相同的输出，因此在这样的测试中不应该有任何非确定性或不稳定性。

不过，这里的难点在于如何提出正确的示例和正确的断言。反复检查非常重要，也许可以在纸上或在代码注释中反复检查断言的输出是否正确。请记住，测试是你的最后一道防线。它必须是正确的！

最好的办法是查看函数的特征标记：

```scala
def guideScore(guide: TravelGuide): Int
```

我们一眼就能看出，需要想出一个示例(一个TravelGuide值)，调用传递该值的函数，然后断言得到的Int值。那就是所需的全部内容。

```scala
test("score of a guide with a description, 0 artists, and 2 popular movies should be 65") {
  val guide = TravelGuide(
    Attraction(
      "Yellowstone National Park",
      Some("first national park in the world"),
      Location(LocationId("Q1214"), "Wyoming", 586107)
    ),
    List(Movie("The Hateful Eight", 155760117), Movie("Heaven's Gate", 3484331))
  )

  // 30 (description) + 0 (0 artists) + 20 (2 movies) + 15 (159 million box office)
  assert(guideScore(guide) == 65)
}
```

在这里，guide值是生成并提供的示例。然后，我们使用它，参考要求，并手动计算出结果。最后，调用函数并断言返回值是正确的。我们的测试套件包含一个测试。让我们运行它。

```
> sbt test
  ch12_TravelGuideTest:
  - score of a guide with a description, 0 artists,
    and 2 popular movies should be 65
  All tests passed.
```

好消息！我们的实现并不那么糟糕——它至少在一种情况下是正确的。以同样的做法生成更多示例。

重要提示：在编辑器中打开ch12_TravelGuideTest，并从其中删除所有测试函数，以便进行编码

在Scala中，如果将函数作为参数传递，则可以省略圆括号。这里，它仅使用花括号传递

重点！
FP测试只是调用函数并断言它们的输出

12.5　通过示例练习测试

现在轮到你编写测试，并提供更多涵盖更多组合的示例。请记住，最重要的是确保你的示例有效，并且根据要求，你在断言中使用的期望值是正确的。以下是被测函数的特征标记：

```
def guideScore(guide: TravelGuide): Int
```

你的任务是创建一个**TravelGuide**值，手动计算正确答案，并编写以下两个测试：

1. 没有描述、具有0个艺术家和0个电影的指南的分数应该是……

2. 没有描述、具有0个艺术家和2部没有票房收入的电影的指南分数应该是……

记得完成这两个句子，并提供手动计算的预期值

答案：

```
test("score of a guide with no description, 0 artists, and 0 movies should be 0") {
  val guide = TravelGuide(
    Attraction(
      "Yellowstone National Park",
      None,
      Location(LocationId("Q1214"), "Wyoming", 586107)
    ),
    List.empty
  )

  // 0 (description) + 0 (0 artists) + 0 (0 movies)
  assert(guideScore(guide) == 0)
}
```

> **指南分数包括：**
>
> - 具有描述，得30分
> - 每个艺术家或电影得10分(最高40分)
> - 每10万个关注者得1分(所有艺术家合计；最高15分)
> - 每1000万美元票房收入得1分(所有电影合计；最高15分)

```
test("score of a guide with no description, 0 artists,
     and 2 movies with no box office earnings should be 20") {
  val guide = TravelGuide(
    Attraction(
      "Yellowstone National Park",
      None,
      Location(LocationId("Q1214"), "Wyoming", 586107)
    ),
    List(Movie("The Hateful Eight", 0), Movie("Heaven's Gate", 0))
  )

  // 0 (description) + 0 (0 artists) + 20 (2 movies) + 0 (0 million box office)
  assert(guideScore(guide) == 20)
}
```

12.6 生成好示例

希望你能体会到，当完全采用函数式编程范式时，测试非常简洁、易懂。注意，无论你选择什么语言和测试库，每个纯函数都具有这种特性——良好的可测试性。

FP中的测试
FP中的测试通过提供参数并断言预期输出值来测试纯函数。

现在有三个测试用例，涵盖了相当不同的场景。执行整个测试套件。

```
> sbt test
  ch12_TravelGuideTest:
  - score of a guide with a description, 0 artists,
    and 2 popular movies should be 65
  - score of a guide with no description, 0 artists,
    and 0 movies should be 0
  - score of a guide with no description, 0 artists, and 2 movies
    with no box office earnings should be 20
  All tests passed.
```

提醒一下，请务必仔细检查测试的内容是否正确。如果你编写了一些测试并且它们立即通过，请尝试随机更改被测函数实现，看看测试是否会失败

正如你刚刚所见，我们提供了三个示例并编写了三个测试，看起来函数运行正常！但是，尽管编写纯函数的测试非常简单，但生成示例并寻找潜在的边缘案例可能非常具有挑战性。而且，作为实现的作者，我们倾向于将guideScore视为一个正确实现的函数。尽管仍有许多不同的示例缺失，许多程序员还是会认为这就足够了，并继续进行下一步。

现在，剧透警报！最糟糕的事情是，guideScore至少有一个错误，我们还没有发现——此前实现它时未发现，在这里编写了一些基于示例的测试用例之后仍为发现。你能发现吗？你能想到有哪些示例会暴露出这个或其他错误？如果没有，请不要担心。测试是一种流行而强大的编程实践，当仅通过查看实现难以找到错误时，尤其如此。而且，如果你是实现的作者，那就更难了！

有些程序员会很快发现实现的问题，而有些则不会。我们不能听之任之！风险太大了。因此，需要更多技术来帮助我们尽可能找到正确示例，从而找到纯函数中的大多数错误。FP为我们提供了这些技术！

有些程序员擅长通过查看实现来找到错误，但是他们也在使用测试来确认和证明他们发现的内容

12.7　生成属性

　　如果你认为你实现的函数是正确的，而你不能想出任何否定它的示例，那么最好为你的纯函数添加一些基于属性的测试，如果它属于功能核心并代表了重要关注点，则更是如此。

　　那些神秘的属性是什么？它们是函数的期望行为的更一般描述。它们要求你停止思考具体的示例，转而关注更高层次的属性。此注意力转移有助于你从不同的角度查看功能，增加发现错误的机会。看看这在实践中是如何运作的，问问自己：指南评分功能的高级约束是什么？参见图12-3。

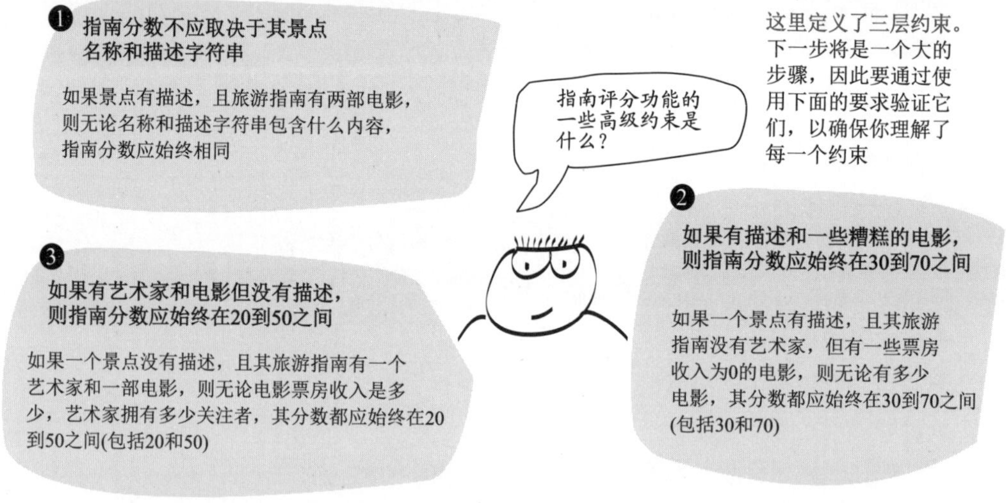

> **关注点分离**
> 第8章广泛讨论了关注点分离

❶ 指南分数不应取决于其景点名称和描述字符串

如果景点有描述，且旅游指南有两部电影，则无论名称和描述字符串包含什么内容，指南分数应始终相同

这里定义了三层约束。下一步将是一个大的步骤，因此要通过使用下面的要求验证它们，以确保你理解了每一个约束

指南评分功能的一些高级约束是什么？

❸ 如果有艺术家和电影但没有描述，则指南分数应始终在20到50之间

如果一个景点没有描述，且其旅游指南有一个艺术家和一部电影，则无论电影票房收入是多少，艺术家拥有多少关注者，其分数都应始终在20到50之间(包括20和50)

❷ 如果有描述和一些糟糕的电影，则指南分数应始终在30到70之间

如果一个景点有描述，且其旅游指南没有艺术家，但有一些票房收入为0的电影，则无论有多少电影，其分数都应始终在30到70之间(包括30和70)

图12-3　考虑高级约束

> 指南分数包括：
> - 具有描述，得30分
> - 每个艺术家或电影得10分(最高40分)
> - 每10万个关注者得1分(所有艺术家合计；最高15分)
> - 每1000万美元的票房收入得1分(所有电影合计；最高15分)

　　我们提出了三个属性。生成它们的过程类似于生成具体示例：你查看要求并尝试弄清楚一些值应该如何影响(或不影响)最终结果。例如，其他所有值相同的情况下，不同数量的电影对输出值产生多大影响？你需要将其写入测试代码中。这就是基于属性的测试的用武之地。

12.8　基于属性的测试

生成属性是定义基于属性的测试的最难部分。一旦有了属性，就可以非常方便地将它们转换成测试代码。看看第一个基于属性的测试的运行情况。

我们使用scalacheck库(如果你使用本书的sbt console，则此库已经安装)编写基于属性的测试

```
import org.scalacheck._, Arbitrary._, org.scalatestplus.scalacheck._
test("guide score should not depend on its attraction's name and description strings") {
  forAll((name: String, description: String) => {
    val guide = TravelGuide(
      Attraction(
        name,
        Some(description),
        Location(LocationId("Q1214"), "Wyoming", 586107)
      ),
      List(Movie("The Hateful Eight", 155760117), Movie("Heaven's Gate", 3484331))
    )

    // 30 (description) + 0 (0 artists) + 20 (2 movies) + 15 (159 million box office)
    assert(guideScore(guide) == 65)
  })
}
```

它看起来与之前的代码非常相似，对吧？唯一的区别是，这个新的forAll辅助函数获取一个函数，该函数(在本例中)获取两个String值并生成一个Assertion。事实证明，forAll函数在内部为我们生成了两个String值，并使用不同的String多次调用我们的函数！因此，上面的测试将使用不同的名称和描述多次执行！

当我们运行此测试时，会收到一条熟悉的信息：

forAll和test函数的行为是完全可配置的。例如，你可以设置要求成功执行的断言数，以将整个测试标记为成功。在本书中，我们将使用默认值，在大多数情况下该值应该满足要求

```
> sbt test
...
- guide score should not depend on its
  attraction's name and description strings
All tests passed.
```

我们获得了成功的执行，但在内部，测试框架多次执行了传递给forAll的函数，并确认无论将什么String值作为名称和描述传递，指南分数始终为65。这不是很好吗？作为人类，我们提出了系统的一般属性，并将生成示例的难题交给了计算机。

基于属性的测试

基于属性的测试是提供类似于高级要求的约束条件，并让测试框架生成和运行基于示例的测试用例，从而测试应用程序。

12.9 提供属性进行测试

在实现其余三个基于属性的测试之前，让我们从另一个角度来看待它们。如果仔细观察，你将发现这些属性可以作为示例来处理，但会有一些额外的"回旋点"，如表12-1所示。

表 12-1 得分项与属性

得分项 / 属性	景点名称	景点描述	电影数量	总票房	艺术家数量	关注者总数
属性❶	随机	随机	2	$159m	0	0
属性❷	黄石国家公园	世界上第一个国家公园	随机	$0m	0	0
属性❸	固定	固定	1	随机	1	随机

这些属性与之前列出的属性完全相同，但现在以表格形式呈现。通过观察这个表格，可以快速理解断言也需要更加灵活。大多数情况下，断言是可能输出值的范围，而不是特定的值。对于属性❶断言确切指南分数，因为景点名称和描述的值不会对分数产生任何影响。对于其余两个属性，我们需要范围。让我们实现其中一个。

> 将在本章中编写更多属性(你也会进行编写)。但是，仅会显示前三个属性的详细信息、表格和创建过程的描述。该表中属性的解释可以在前两页的"生成属性"部分中找到

```
test("guide score should always be between 30 and 70
    if it has a description and some bad movies") {
  forAll((amountOfMovies: Byte) => {
    val guide = TravelGuide(
      Attraction(
        "Yellowstone National Park",
        Some("first national park in the world"),
        Location(LocationId("Q1214"), "Wyoming", 586107)
      ),
      if (amountOfMovies > 0) List.fill(amountOfMovies)(Movie("Random Movie", 0))
      else List.empty
    )

    val score = guideScore(guide)

    // min. 30 (description) and no more than 70 (upper limit with no artists and 0 box office)
    assert(score >= 30 && score <= 70)
  })
}
```

第二个测试确保功能对于任何数量的电影都能正常运行。框架自动选择期望类型的不同值。在本例中，期望类型为Byte，它可以表示负值。因此，我们应该确保不在测试中使用它们。

> 有一种更好的办法可以实现它，下面很快就会介绍

12.10 通过传递函数来委派工作

问：我们只是将一个函数传递给forAll函数，当测试运行器运行测试时，forAll会自动生成不同的参数，然后使用这些参数调用我们的函数？

答：是的！注意，可以传递任何想要的函数。在第一个测试中，传递了一个获取String值的双参数函数。然后，传递了一个带有单个Byte参数的函数。根据类型自动生成值，因此在某种程度上，通过传递函数委派了一些工作。

现在，尝试实现第三个基于属性的测试，将不同的函数传递给forAll函数。可以通过查看描述及其图表版本(见图12-4)来实现这一点。

❸ **如果有艺术家和电影但没有描述，则指南分数应始终在20到50之间**

如果景点没有描述，并且其旅游指南只有一个艺术家和一部电影，则无论电影票房收入是多少，艺术家拥有多少关注者，其分数都应始终在20到50(包括20和50)之间(详见12.7节)

景点 名称	景点 描述	电影 数量	总票房	艺术家 数量	关注者 总数
固定	固定	1	随机	1	随机

图12-4 分析得分项与属性3

```
test("guide score should always be between 20 and 50
     if there is an artist and a movie but no description") {
  forAll((followers: Int, boxOffice: Int) => {
    val guide = TravelGuide(
      Attraction(
        "Yellowstone National Park",
        None,
        Location(LocationId("Q1214"), "Wyoming", 586107)
      ),
      List(Artist("Chris LeDoux", followers), Movie("The Hateful Eight", boxOffice))
    )

    val score = guideScore(guide)

    // the score needs to be at least: 20 = 0 (no description) + 10 (1 artist) + 10 (10 movie)
    // but maximum of 50 in a case when there are lots of followers and high box office earnings
    assert(score >= 20 && score <= 50)
  })
}
```

这次传递一个获取两个Int的函数。这意味着测试运行器将使用不同的Int值运行它。以下断言应当对任何组合都成立

12.11 了解基于属性测试的失败原因

我们编写了三个基于示例的测试和三个基于属性的测试。现在运行整个测试套件，看看会发生什么。

```
> sbt test
  ch12_TravelGuideTest:
  - score of a guide with a description, 0 artists,
    and 2 popular movies should be 65
  - score of a guide with no description, 0 artists,
    and 0 movies should be 0
  - score of a guide with no description, 0 artists,
    and 2 movies with no box office earnings should be 20
  - guide score should not depend on its a
    attraction's name and description strings
  - guide score should always be between 30 and 70
    if it has a description and some bad movies
  - guide score should always be between 20 and 50
    if there is an artist and a movie but no description *** FAILED ***

  TestFailedException was thrown during property evaluation.
    Message: 19 was not greater than or equal to 20
    Occurred when passed generated values (
      arg0 = 0, // 63 shrinks
      arg1 = -11438470 // 39 shrinks
    )

Run completed in 1 second, 55 milliseconds.
Tests: succeeded 5, failed 1
*** 1 TEST FAILED ***
```

三个基于示例的测试通过了

两个基于属性的测试通过了

> 最后一个基于属性的测试失败了！测试执行器给我们提供了很多有用的细节。事实证明，它生成了0个关注者和–11 438 470美元的票房收入。指南分数为19，而断言无论如何，它都将等于或大于20

什么是缩小

正如你所看到的，得到的错误消息非常详细，也很容易理解，但有两条信息除外：63和39次缩小(shrink)。试着理解它们。以下是从开始到结束的过程：

1. 测试运行器随机选择一些参数，并使用不同的参数组合多次执行我们的测试。

2. 如果生成的所有组合都成功，则测试运行器停止并报告测试成功。

3. 否则，当遇到错误情况时，通常是"不可读"的组合，例如–1 103 249 821和1 567 253 213。它可以报告这些错误，但它喜欢人类，所以想更友好一些。

4. 测试运行器尝试简化错误案例参数。它"猜测"一个更简单的参数值(例如，更接近于0)，可能仍然会失败，并再次运行测试。如果测试仍然失败，则测试运行器只是执行了一次缩小。这个过程一直持续到找不到更简单的值，但测试仍然失败为止。

因此，在本示例中，63次缩小表示测试运行器已尝试简化第一个参数63次，并判断"0"是仍然会导致失败的最简单的参数值

12.12 测试错误还是存在错误

测试运行器执行了基于属性的测试，发现了一组失败的参数组合，对它们进行了简化处理(缩小)，并报告它们。现在轮到我们解释这个结果了。

在实现之后添加测试比在实现之前添加测试风险更大。总是需要反复检查是否测试了正确内容，例如通过更改应该会使测试失败的实现细节。将在本章末探讨如何在实现之前添加测试(测试驱动开发)。

重点！
基于属性的测试帮助我们更严谨地审视函数

在基于示例的测试中，也存在确保测试正确的问题，但由于不同组合的数量庞大，这个问题在基于属性的测试中更加明显。但无论在哪种情况下，当编写一个新测试而测试失败时，首先需要确定问题所在：是测试出错了，还是刚刚发现了实现中的错误？然后，采取相应的措施。

编写的基于属性的测试失败并出现以下异常：

```
TestFailedException was thrown during property evaluation.
    Message: 19 was not greater than or equal to 20
    Occurred when passed generated values (
      arg0 = 0, // 63 shrinks
      arg1 = -11438470 // 39 shrinks
    )
```

arg0是传递给forAll(followers)的函数的第一个参数，arg1是第二个参数(boxOffice)。根据手头的商业案例，可以确信测试是错误的。虽然0个关注者似乎是一个完全可以接受的值，但-1 100万美元的票房收入可能不是我们需要支持的。如果需要支持，那么这将是一个实现错误，需要更改实现以支持负票房收入。假设就本例而言，只想支持和测试非负票房收入。这意味着需要确保基于属性的测试仅生成非负的boxOffice值。这一点同样适用于关注者。需要更改测试。

我们使用"非负"数字，因为0是完全可以接受的票房分数，这与好莱坞高管的想法相反

但这并不意味着我们的函数没有错误！现在还没有到庆祝的时候。仍然有一个错误潜伏在那里，等待被发现。将在接下来编写的基于属性的测试中发现它

之前展示了一个未完全解决此类问题的代码段：

```
if (amountOfMovies > 0) List.fill(...) else List.empty
```

amountOfMovies是生成的Byte值。当测试运行器生成负Byte时，只需要将其替换为0。然而，这并不是一个完美的解决方案，我们可以做得更好。

12.13 自定义生成器

在测试用例中使用if表达式来排除一半可能生成的值(例如所有小于0的Int值),并将其替换为常量值,这样测试运行器就不知道内部情况。它可能会执行许多具有不同负值的测试用例,但在内部,它将始终是同一个测试。真浪费测试!

问:*forAll函数如何选择参数?*

答:看看在将带有单个Byte参数的函数传递给forAll时的内部情况。forAll函数可以根据以下值调用测试用例(一个函数):-34、-5、29、57、0、-128、-59、1、127、-7。每次执行这样的测试时,你可能会获得一个不同的值集合,其中项的数量不同,这取决于结果。重要的是,"边缘案例"值被选择的可能性更高,例如0、最大可能值(对于Byte为127)、最小值(-128)等,并且它们在生成过程中被赋予额外的权重。同样,每次执行都不同,但如果你在持续集成(continuous integration,CI)环境中添加这样的测试,那么你的函数将获得许多不同的参数值!

重点!
在FP中,甚至可以通过单个不可变值来描述生成随机测试值的过程

回到最初遇到的负值问题:如果把测试中的所有负值都换成0,我们将"摆脱"约一半的测试。这是因为当将生成的所有负值传递给纯函数时,它们都变成了零,而且由于它是一个纯函数,因此总是会得到相同的结果。为什么要反复调用它?我们需要更加周到地使用底层资源,并在每次执行时传递尽可能多的不同参数。要限制可能生成的值集合。想要自定义参数的生成方式。需要自定义生成器。为了仅生成非负整数,需要使用以下代码:

chooseNum是一个内置的纯函数,用于创建Gen值。它是此类辅助函数之一。你可以通过查看scalacheck库文档进一步探索

```
val nonNegativeInt: Gen[Int] = Gen.chooseNum(0, Int.MaxValue)
```

nonNegativeInt是一个不可变值,用于描述生成Int值的过程。再次注意,它仅描述了该过程,但这已经不足为奇了,因为在函数式编程中,所有内容都是使用这种思维方式设计的。

12.14　使用自定义生成器

　　自定义 Gen 值的使用非常简单，因为有一个特殊的、柯里化版本的 forAll 函数。它在其第一个参数列表上获取生成器，将第二个参数列表留给执行测试用例的函数。因此，新版本变化不大。

nonNegativeInt 只是一个不可变的值，它可以被许多测试重复使用，因此在外部范围定义它

```
val nonNegativeInt: Gen[Int] = Gen.chooseNum(0, Int.MaxValue)

forAll(nonNegativeInt, nonNegativeInt)((followers: Int, boxOffice: Int) => {
  val guide = TravelGuide(
    Attraction("Yellowstone National Park", None,
               Location(LocationId("Q1214"), "Wyoming", 586107)),
    List(Artist("Chris LeDoux", followers), Movie("The Hateful Eight", boxOffice))
  )
  val score = guideScore(guide)
  assert(score >= 20 && score <= 50)
})
```

　　Gen 值的一个好处是，它们可以很容易地被重复使用和组合在一起。可以从较小的生成器构建更复杂、更大的生成器。我们已经知道如何做到这一点，因为 Gen 在其自身上定义了 flatMap 函数！由于我们对 flatMap 的使用有很多直观感受(现在它是我们的基本问题)，因此我们应该能够想出如何将较小的生成器组合成一个更大的生成器。

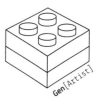

Gen[Artist]

```
val randomArtist: Gen[Artist] = for {
  name       <- Gen.identifier
  followers <- nonNegativeInt
} yield Artist(name, followers)
```

在这里，创建了一个自定义的 Artist 值生成器，它由两个较小的生成器构建而成。标识符是一个内置的生成器，它生成字母数字字符串，nonNegativeInt 是之前创建的生成器。这就是从小处着手，构建大事物

```
test("guide score should always be between 10 and 25 if there is just a single artist") {
  forAll(randomArtist)((artist: Artist) => {
    val guide = TravelGuide(
      Attraction("Yellowstone National Park", None,
                 Location(LocationId("Q1214"), "Wyoming", 586107)),
      List(artist)
    )
    val score = guideScore(guide)

    // no description (0), just a single artist (10) with random number of followers (0-15)
    assert(score >= 10 && score <= 25)
  })
}
```

新的基于属性的测试获取随机生成的艺术家，这些艺术家具有随机的字母数字名称和非负的关注者数量

　　刚刚修复了一个测试并编写了一个新测试。让我们运行它们。

```
> sbt test
...
All tests passed.
```

12.15　以可读的方式测试更复杂的场景

　　构建生成器有助于编写许多良好且易读的基于属性的测试——并且可以快速完成。能够轻松地将较小的生成器组合成更大、更复杂的生成器，这意味着能够测试更复杂的属性，而不会牺牲可读性。例如，让我们编写一个Artist列表的生成器。

```
val randomArtists: Gen[List[Artist]] = for {
  numberOfArtists <- Gen.chooseNum(0, 100)        首先，生成输出列表中的
  artists         <- Gen.listOfN(numberOfArtists, randomArtist)   一些元素
} yield artists
```

然后，使用另一个内置的辅助函数生成numberOfArtists元素的列表，每个元素都是之前实现的randomArtist生成器生成的值

　　看到了吗？刚刚创建了一个Gen[List[Artist]]值，该值描述生成最多100个Artist值(每个值都有字母数字名称和非负的关注者数量)的随机列表的过程。它仍然只是使用flatMap函数创建的一个不可变的值。randomArtists生成器使用randomArtist生成器，而后者又使用nonNegativeInt生成器。randomArtists可以轻松地被重复使用来创建更复杂的生成器(例如Gen[List[PopCultureSubject]])，后面很快就会让你自己来实现。这个创建更多生成器和属性的过程会一直持续下去，直到发现一个错误或者编写完新的良好测试案例。

> **顺序程序**
> 第5章中引入了flatMap，根据较小的值顺序构建较大的值，并在其后每个章节中都用到了这个方案

　　有了新的randomArtists生成器，现在可以创建更多基于属性的测试，这些测试仍然非常简洁、易读。让我们看一个例子。

```
test("guide score should always be between 0 and 55 if there is no description and no movies") {
  forAll(randomArtists)((artists: List[Artist]) => {
    val guide = TravelGuide(
      Attraction("Yellowstone National Park", None,
                 Location(LocationId("Q1214"), "Wyoming", 586107)),
      artists
    )

    // 40 points if 4 artists or more + 15 if 1_500_000 followers or more
    val score = guideScore(guide)
    assert(score >= 0 && score <= 55)
  })
}
```

　　没有什么特别的，对吧？然而，事实证明，这个测试最终发现了一个错误！

12.16 查找并修复实现中的错误

当我们运行新测试时，测试将失败，细节如下：

```
- guide score should always be between 0 and 55
  if there is no description and no movies *** FAILED ***
  TestFailedException was thrown during property evaluation.
    Message: -19196 was not greater than or equal to 0
    Occurred when passed generated values (
      arg0 = List(Artist(1,225818040), Artist(q,2147483647)) // 6 shrinks
    )
```

请记住，失败细节可能会有所不同，但在运行此测试时应该会失败

这正是我们需要的！一个真正的实现错误——而不是测试问题。仅看失败信息，如何知道它是实现错误？因为测试运行器为我们提供了一个小而简洁的列表示例，当将其包含在旅游指南中时，它导致guideScore函数返回负分！负分不在我们之前列出的任何要求之列！分数应该始终是0～100。

这两个生成的艺术家看起来也还好。是的，他们被称为"1"和"q"，这不是常见的名人姓名。但是他们有超过20亿的关注者，即使是现在，也不是不可能。我想他们可能是未来的一些大艺术家，甚至是外星艺术家？这样他们的名字就不至于如此奇怪了，不是吗？

玩笑归玩笑，我们发现的实现问题十分常见和危险：整数溢出。当算术运算创建一个超出给定类型范围的值时，就会出现这个问题。在Scala的Int的情况下，范围是-2 147 483 648到2 147 483 647。当我们添加两个大于20亿的值时，得到一个负值。

注意，测试运行器执行了六次缩小。这意味着它首先遇到了一个更复杂的艺术家列表的失败，然后通过简化它，逐渐找到了一个小巧且自成一体的失败示例。是不是很有帮助呢

注意，在某些情况下，可能需要使用更大的数字并遇到Long溢出问题。可以通过在测试中使用Gen[Long]代替Gen[Int]来生成此问题。需要使用BigInt类型来安全地解决这个问题。其中一个可能的解决方案可以在本书的配套代码中找到

解决这个问题的办法非常简单。在guideScore函数内部，需要使用范围更广的类型(如 Long)来进行内部累加。

```scala
val totalFollowers: Long = guide.subjects
  .map( _ match {
    case Artist(_, followers) => followers.toLong
    case _                    => 0
  }).sum
```

这里使用.toLong函数将关注者Int转换为Long值。这样，添加两个大于20亿的值时就不会发生溢出

我们需要对totalBoxOffice做同样的处理，然后在处理小分数时将Long转换回Int。

```scala
val followersScore = Math.min(15, totalFollowers / 100_000).toInt
```

可以安全地使用.toInt，因为我们知道它不能超过15

12.17 小憩片刻: 基于属性的测试

现在是时候进行最后一次基于属性的测试了。我们想要检查 guideScore函数在获取不同PopCultureSubject(Artist或Movie)列表 的指南时的行为。希望它能够成功, 以便我们继续前进!

你的任务是:

1. 编写新的属性, 生成随机PopCultureSubject值列表。

2. 编写新的测试, 确保如果guideScore仅获取具有流行文化 主题的指南(不包括"值"为30分的描述), 则它将始终返回0到70 的分数。

> 当你不确定时, 请记住你只需要不可变值和纯函数。我们使用完全相同的思想, 但旨在生成值以进行测试

可以使用之前介绍的图表来描述这个新测试(见图12-5)。

景点 名称	景点 描述	电影 数量	总票房	艺术家 数量	关注者 总数
固定	固定	**0~100**	随机	**0~100**	随机

图12-5 基于属性的新测试

如你所见, 生成器应该能够生成不同的随机电影和艺术家组合。这是已经实现的生成器。它们可以用作灵感来源(甚至还有更多用处)。

```
val nonNegativeInt: Gen[Int] = Gen.chooseNum(0, Int.MaxValue)

val randomArtist: Gen[Artist] = for {
  name      <- Gen.identifier
  followers <- nonNegativeInt
} yield Artist(name, followers)

val randomArtists: Gen[List[Artist]] = for {
  numberOfArtists <- Gen.chooseNum(0, 100)
  artists         <- Gen.listOfN(numberOfArtists, randomArtist)
} yield artists
```

> 你可能需要在生成器中使用Gen.identifier、Gen.chooseNum和Gen.listOfN

提示

- 确保在新生成器中重复使用上面的生成器。
- 主要的生成器应该是一个Gen[List[PopCultureSubject]]类型的值。
- 当你有一个List[Movie]并将List[Artist]的所有元素附加到它上面时, 编译器将能够自动推断出结果类型——List[PopCultureSubject]。

12.18 解释：基于属性的测试

与许多其他基于属性的测试一样，考虑到所有与领域相关的注意事项，最困难的工作是提出属性本身。一旦你完成了这一步，剩下的工作就变得容易多了。

首先需要开发生成器。

```
val randomMovie: Gen[Movie] = for {
  name       <- Gen.identifier
  boxOffice  <- nonNegativeInt
} yield Movie(name, boxOffice)
```

randomMovie电影生成器使用内置的Gen.identifier生成器生成随机的字母数字名称，使用自己的nonNegativeInt生成boxOffice值

```
val randomMovies: Gen[List[Movie]] = for {
  numberOfMovies <- Gen.chooseNum(0, 100)
  movies         <- Gen.listOfN(numberOfMovies, randomMovie)
} yield movies
```

可以使用randomMovie生成器生成具有0到100部随机电影的列表

```
val randomPopCultureSubjects: Gen[List[PopCultureSubject]] = for {
  movies  <- randomMovies
  artists <- randomArtists
} yield movies.appendedAll(artists)
```

然后，可以通过使用之前实现的新randomMovies生成器和randomArtists构建最终生成器。使用appendedAll并获得流行文化主题列表

一旦有生成器，就可以编写这个非常小巧、易读且简洁的测试用例：

```
test("guide score should always be between 0 and 70
     if it only contains pop culture subjects") {
  forAll(randomPopCultureSubjects)((popCultureSubjects: List[PopCultureSubject]) => {
    val guide = TravelGuide(
      Attraction("Yellowstone National Park", None,
                 Location(LocationId("Q1214"), "Wyoming", 586107)),
      popCultureSubjects
    )

    // min. 0 if the list of pop culture subjects is empty (there is never any description)
    // max. 70 if there are more than four subjects with big followings
    val score = guideScore(guide)
    assert(score >= 0 && score <= 70)
  })
}
```

将生成器传递给forAll并直接使用生成的值

当我们运行它时，测试运行器将生成许多列表，并确保无论列表的大小是多少，或者关注者和boxOffice值的大小是多少，指南分数始终介于0到70之间。此外，所有这些都是通过使用标准函数式工具实现的，这使得测试易于阅读和理解。

重点！
在测试中使用的技术与在生产代码中使用的技术完全相同

12.19   属性和示例

正如你所看到的，基于属性的测试可能非常有用，而且不难编写。但是，这取决于应用程序的设计：代码库中的小型纯函数越多，这种测试的效果就越好。请记住，人类通常很难在编写了几个合格的基于示例的测试后，就认为某个函数的行为不正确。当我们想不出任何示例时，通常最好的策略是转向基于属性的测试，以确保万无一失。

> 问：关于单元测试、集成测试和测试金字塔呢？在函数式程序测试中可以使用这种分类方式吗？
>
> 答：你在测试命令式程序时建立的直觉肯定会帮助你编写更好的函数式程序测试。但是，需要强调一个重要的区别，以便解决这个问题。函数测试旨在测试函数在获取一组参数后是否返回预期的输出值。这意味着所有函数测试都只是单元测试，需要以命令式的方式覆盖集成测试和端到端测试。然而，如你所见，现实是，如果以函数式的方式设计整个程序，可以通过编写这些函数式"单元"测试来覆盖大部分功能(和代码)！这是一个好消息，因为编写单元测试比编写其他类型的测试要容易得多：它们通常更小、更快、更稳定。

本章的下一节将探讨这一点。如图12-6所示，我们已通过提供示例和定义属性进行测试，接下来将使用示例和属性编写集成测试。

图12-6   当前学习速度

12.20 要求范围

先解决一个重要问题。不应该为了写测试而写测试。最终目标是确保我们的实现按要求正确运行。测试是实现这一目标的一种途径——而且肯定是最常用的一种途径，但我们必须始终牢记，测试只是达到目的的一种手段。此外，还有其他途径可以确保代码正确地实现要求，尤其是当我们开始使用函数式编程时。

我们使用基于示例和基于属性的测试来测试guideScore，但还需要覆盖更多要求，基于要求规划测试策略总是一个好办法。下面总结了正确实现每个要求的信心程度。

要求：流行文化旅游指南

1. 应用程序应该取单个String值：用户想要参观并且需要旅游指南的旅游景点的搜索词。

2. 应用程序需要搜索给定景点、景点描述(如果存在)及其地理位置。它应优先选择人口较多的地点。

3. 应用程序应使用某个地点进行以下操作：

- 查找来自该地的艺术家，按社交媒体关注者数量排序

- 查找在该地上映的电影，按票房收入排序

4. 对于给定的旅游景点，艺术家和电影构成其流行文化旅游指南，应返回给用户。如果存在多个可行的指南，则应用程序需要返回分数最高的指南，其计算方式如下：

- 具有描述，得30分
- 每位艺术家或电影得10分(最高40分)
- 每10万个关注者得1分(所有艺术家合计；最高15分)
- 每1000万美元票房收入得1分(所有电影合计；最高15分)

5. 将来会添加流行文化主题(如电子游戏)。

要求#1已满足，因为将其编码为函数特征标记

仍需要测试的要求是#2和#3，这是接下来需要关注的重点

已通过测试单个纯函数，使用示例和属性来完成要求#4。因此确定已满足要求

要求#5也已满足，因为将其编码为类型。这是可以使用的另一种函数式技术，与函数特征标记和不同形式的测试一起使用。注意，不同的函数式程序员偏爱其中一种风格。例如，类型级编程尝试尽可能多地将要求放在类型中，而不编写太多测试。本书不涵盖此内容，但你有必要了解不同的偏好

12.21 测试具有副作用的要求

其余的业务要求需要实现某种外部服务，详见图12-7。在本例中，需要一个SPARQL端点，为我们的应用程序提供数据。这些要求中的一部分已经包含在类型中，但大部分还没有。因此仍然需要对它们进行测试。

请记住，这里讨论的内容可以很容易地在其他情况下重复使用，例如SQL数据库。展示在书中的问题和解决方案看起来非常相似

具有副作用的要求

类型可部分满足这一要求。完全按照这个模型建模了Attraction

应用程序需要搜索给定景点、景点描述(如果存在)及其地理位置。它应优先考虑人口较多的地点

应用程序应该优先考虑以下地点：
- 查找来自该地的艺术家，按社交媒体关注者数量排序
- 查找在该地上映的电影，按票房收入排序

图12-7 具有副作用的要求

遇到了最困难的问题之一：测试具有副作用的要求(即需要外部数据源和读/写IO操作的要求)。如果你的应用程序需要任何外部服务来完成其工作，那么你将面临集成问题。这些问题包括低级问题，如正确的请求格式、解析响应、API限制、性能，以及高级问题，例如将业务数据要求与外部服务中数据表示的方式进行同步，并正确转换它。这还只是冰山一角，因为还需要注意安全问题、版本升级、模式演变等。可以使用集成测试策略验证这些问题。

命令式编程采用模拟和模拟库来编写关注集成某个方面的测试。为了实现这一点，需要模拟其他方面或修复它们。这就是模拟和存根的用武之地

为了满足这些要求，需要两种不同类型的测试：一种是请求/响应方面的测试(读/写IO操作是否与外部数据源正确集成)，另一种是使用方面的测试(响应中的数据是否被正确使用)。幸运的是，所采用的函数式设计范式将帮助我们编写这两种测试，而不必改变任何生产代码，也不需要任何专门的模拟库。函数式工具、不可变值，以及你从命令式程序的测试中获得的直觉就足以帮你编写简洁而有用的测试。

12.22 确定工作所需的正确测试

确定特定类型测试的要求并不是一件小事，当我们处理有副作用的功能时，难度会大大增加。最好的办法是提出一个关于责任的问题："这个特定的要求主要由应用程序还是外部服务本身处理？"图12-8针对此问题展开了分析。

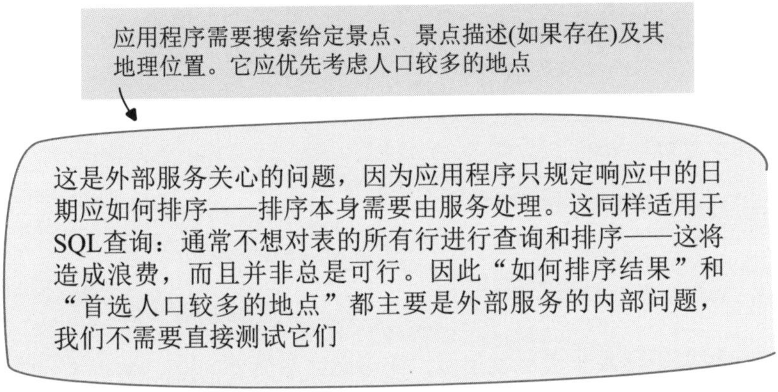

> 应用程序需要搜索给定景点、景点描述(如果存在)及其地理位置。它应优先考虑人口较多的地点

> 这是外部服务关心的问题，因为应用程序只规定响应中的日期应如何排序——排序本身需要由服务处理。这同样适用于SQL查询：通常不想对表的所有行进行查询和排序——这将造成浪费，而且并非总是可行。因此"如何排序结果"和"首选人口较多的地点"都主要是外部服务的内部问题，我们不需要直接测试它们

图12-8　确定所需的测试

没有必要存根已经排序的响应并声称已经对其进行了测试。如果我们的功能完全依赖于外部服务内部的关注点，那么只能通过使用真正的服务来正确地测试它。否则，如果需要处理应用程序内部的问题，可以通过使用模拟或存根(外部服务的简单版本，它们总是返回相同的响应)来"模拟"外部服务。

是否存根

可以使用以下信息来识别需要编写的两种不同类型的测试，从而验证具有副作用的功能是否符合要求：

- **服务数据使用测试**——应用程序在提取数据后或在存储数据之前使用数据的方式，包括从业务值转换的方式和转换到业务值的方式(外部服务数据可以在这里存根，因为它不是测试的关注点)。
- **服务集成测试**——应用程序是否正确格式化请求并从实际服务中获取响应(数据无法存根——需要使用真实的服务来测试它)。

注意，两种类型的测试仅测试应用程序的关注点。第一个测试高层次问题，而第二个测试较低层次的问题，包括正确的API消息格式

12.23 数据使用测试

先添加测试，确保编写的应用程序按照要求使用外部数据。请记住，从要求中直接推断测试用例始终是个好办法，如图12-9所示。

> 如前所述，排序是数据源(外部服务)本身的关注点，稍后将进行单独测试

> **应用程序应使用某个地点进行以下操作：**
> * 查找来自该地的艺术家，并按社交媒体关注者数量排序
> * 查找在该地上映的电影，并按票房收入排序

```
test("travel guide should include artists originating
from the attraction's location") { ... }

test("travel guide should include movies set in
the attraction's location") { ... }
```

图12-9 从要求中直接推断测试用例

如你所见，可以仅基于要求生成测试用例，而不必接触或分析生产代码！这里唯一的假设是需要从外部数据源中获取艺术家和电影，并在应用程序中使用它们(即将它们包含在应用程序的主要函数所返回的旅游指南中)。注意，没有讨论任何有关请求、服务器、API甚至响应格式的内容。在这些测试中，要确保应用程序根据要求使用外部数据。将使用在后台运行的真实服务器，以不同的测试形式确保正确获取和解析数据！

现在编写第一个测试，假设外部数据源中有特定的位置和艺术家，图12-10展示了具体的步骤。

❶ 从测试"脚手架"开始。首先从整体描述一下想要的测试。
将使用given-when-then模板并编写注释

```
test("travel guide should include artists originating from the attraction's location") {
  // given an external data source with an attraction named "Tower Bridge"
  // at a location that brought us "Queen"
  ...

  // when we want to get a travel guide for this attraction
  ...
  // then we get a travel guide with "Queen"
  ...
}
```

> 注意，在given部分准备数据，然后在when部分中"存根"，when部分将执行要测试的函数。最后，then部分将包含断言

> 使用这种模板有助于详细了解想要测试的内容，而不必编写任何代码。注意，scalatest和其他测试库有更好的编写given-when-then模板的方式，但我们决定在本书中尽量简化测试，并将所有可能的改进和装饰留给你和你的团队

图12-10 编写第一个测试

❷ 接下来，补全given部分，其中应包含希望在测试中使用的所有数据。需要选择正确的
示例：一些真实的示例可能会为测试的读者提供一些附加语境。在这里，希望已存根的
外部服务拥有关于伦敦塔桥的信息，并能够返回一位来自伦敦的艺术家("Queen")

```scala
test("travel guide should include artists originating from the attraction's location") {
  // given an external data source with an attraction named "Tower Bridge"
  // at a location that brought us "Queen"
  val attractionName = "Tower Bridge"
  val london         = Location(LocationId("Q84"), "London", 8_908_081)
  val queen          = Artist("Queen", 2_050_559)
  val dataAccess     = new DataAccess {
    def findAttractions(name: String,
                        ordering: AttractionOrdering, limit: Int): IO[List[Attraction]] =
      IO.pure(List(Attraction(attractionName, None, london)))

    def findArtistsFromLocation(locationId: LocationId, limit: Int): IO[List[Artist]] =
      if (locationId == london.id) IO.pure(List(queen)) else IO.pure(List.empty)

    def findMoviesAboutLocation(locationId: LocationId, limit: Int): IO[List[Movie]] =
      IO.pure(List.empty)
  }
```

> dataAccess值包含三个函数，表示已存根的外部服务。它始终返回一个景点，从不返回任何电影，并且仅在有人想从伦敦获取艺术家时才返回"Queen"

```scala
  // when we want to get a travel guide for this attraction
  ...

  // then we get a travel guide with "Queen"
  ...
}
```

❸ 注意，我们的工作现在非常简单。有一个dataAccess值包含三个纯函数(也是值)，它们返回
特定的硬编码信息而没有任何故障(这就是"存根"外部服务的方式)。现在，需要调用要测试
的函数(travelGuide)，并查看它是否正确读取了数据并将其包含在生成的指南中
(

```scala
test("travel guide should include artists originating from the attraction's location") {
  // given an external data source with an attraction named "Tower Bridge"
  // at a location that brought us "Queen"
  val attractionName = "Tower Bridge"
  val london      = Location(LocationId("Q84"), "London", 8_908_081)
  val queen       = Artist("Queen", 2_050_559)
  val dataAccess = new DataAccess {
    def findAttractions(name: String,
                        ordering: AttractionOrdering, limit: Int): IO[List[Attraction]] =
      IO.pure(List(Attraction(attractionName, None, london)))

    def findArtistsFromLocation(locationId: LocationId, limit: Int): IO[List[Artist]] =
      if (locationId == london.id) IO.pure(List(queen)) else IO.pure(List.empty)

    def findMoviesAboutLocation(locationId: LocationId, limit: Int): IO[List[Movie]] =
      IO.pure(List.empty)
  }
```

> 将表示已存根的外部服务的dataAccess值传递给travelGuide函数。然后，对IO值使用unsafeRunSync来"运行"程序

```scala
  // when we want to get a travel guide for this attraction
  val guide: Option[TravelGuide] = travelGuide(dataAccess, attractionName).unsafeRunSync()

  // then we get a travel guide with "Queen"
  assert(guide.exists(_.subjects == List(queen)))
}
```

> 最后，在then部分断言生成的旅游指南包含艺术家，这证实函数正确读取并使用了来自外部服务的值

图12-10　编写第一个测试(续)

> 当有更多的外部服务时，此类测试的功能会更加强大

就是这样！刚刚测试了travelGuide并确认它正确使用了外部
服务的数据！测试小巧而简洁，其中没有什么神奇之处：只有值
和函数。

12.24　练习使用IO存根外部服务

为了学以致用，尝试编写类似的测试，以确认编写的实现正确使用来自外部服务的电影相关数据。你将测试travelGuide函数：

```
def travelGuide(
  data: DataAccess,
  attractionName: String
): IO[Option[TravelGuide]]
```

你的任务是创建"旅游指南应包括在景点所在地摄制的电影"的测试，该测试使用以下模板：

给定一个名为"Golden Gate Bridge"的景点的外部数据源，该景点位于电影"*Inside Out*"拍摄的位置，当我们想获取这个景点的旅游指南时，将得到一个包含电影"*Inside Out*"的旅游指南。

"Inside Out"（票房857 611 174）拍摄于旧金山（人口883 963），在维基数据中具有ID "Q62"（所有这些可能并不重要，但你需要放置一些值，通常最好使用有助于理解且能充当文档的值，稍后会讨论）

答案：

```
test("travel guide should include movies set in the attraction's location") {
  // given an external data source with an attraction named "Golden Gate Bridge"
  // at a location where "Inside Out" was taking place in
  val attractionName = "Golden Gate Bridge"
  val sanFrancisco   = Location(LocationId("Q62"), "San Francisco", 883_963)
  val insideOut      = Movie("Inside Out", 857_611_174)
  val dataAccess = new DataAccess {
    def findAttractions(name: String,
                        ordering: AttractionOrdering, limit: Int): IO[List[Attraction]] =
      IO.pure(List(Attraction(attractionName, None, sanFrancisco)))

    def findArtistsFromLocation(locationId: LocationId, limit: Int): IO[List[Artist]] =
      IO.pure(List.empty)

    def findMoviesAboutLocation(locationId: LocationId, limit: Int): IO[List[Movie]] =
      if (locationId == sanFrancisco.id) IO.pure(List(insideOut)) else IO.pure(List.empty)
  }

  // when we want to get a travel guide for this attraction
  val guide: Option[TravelGuide] = travelGuide(dataAccess, attractionName).unsafeRunSync()

  // then we get a travel guide that includes the "Inside Out" movie
  assert(guide.exists(_.subjects == List(insideOut)))
}
```

12.25 测试和设计

在前两个测试中，利用了travelGuide以DataAccess值作为参数这一事实。这样就可以传递一个DataAccess值，该值具有硬编码的响应。(这是一个"存根化"的外部服务，但这里没有任何不同寻常的操作。它仍然只是一个值，保存了对三个纯函数的引用——仅此而已。)

> 问：如果我需要存根某些未公开的函数参数，应该怎么办？
>
> 答：这是一个非常好的问题，但没有明确的答案。不过，此类问题的提出应该让我们意识到应用程序的设计可能存在问题。如果直接从要求生成测试用例，而代码不支持提供想要"存根"的一些内容(假定它们总是相同的)，这通常意味着需要分离一些相互纠缠的关注点。在FP中，这通常意味着将某些内容作为参数公开：它要么是一个纯函数，要么是一个不同的不可变值。因此仅仅考虑测试就可以改进整体设计。

可以在许多测试场景中使用这种技术，包括"半端到端"测试，稍后会简要讨论

注意，将在本章后面使用TDD进行设计

关注点分离
第8章针对关注点分离进行了大量讨论

设计良好的函数仅公开表示重要关注点的适量参数。测试帮助我们找到这个平衡点。此外，请记住，函数本身应只负责做一件事。所有这些通常很难做到，但建议设计不可变的值，编写纯函数并对其进行反复测试，这会有很大帮助。

> 问：好的，还有一个问题。为什么要区别对待使用IO值的函数？它们只是普通的值，对吧？而且测试看起来就像之前编写的普通基于示例的测试。
>
> 答：它们之所以看起来一样，是因为它们使用相同的FP工具！然而，根据以往的经验，大部分代码应该由不接受或不返回IO值的纯函数组成，因为它们意味着将涉及外部的非纯世界，这对于测试来说很重要。需要对这些函数进行更多的验证：它们如何使用外部源的数据只是其中之一。

如果你还觉得基于IO的测试在测试设置阶段有太多重复的代码，请不必担心，因为稍后会解决这些问题

12.26　服务集成测试

为确保应用程序在存在副作用的情况下正常运行，需要测试的第二个方面是其与用于生产的真实服务的集成。在本例中，需要确保应用程序与真实的SPARQL端点正确集成。有几种不同的方案可用，它们通常与范式无关，这意味着在这些测试中，使用命令式还是函数式编程并不重要。不过，正如在本章后面将要介绍的，即使在这种情况下，函数式编程也会给我们带来更多的灵活性。

同样，请记住，相同的规则适用于SQL集成或任何其他外部服务或数据源

测试与外部API的低级集成

重要的是，只想测试与SPARQL端点的集成，这意味着不需要编写任何与业务相关的测试，这些测试已包含在存根IO值的测试(数据使用测试)中。现在要进行更低级别的测试。只需要"证明"在生产中使用的所有三个DataAccess函数都与真实的SPARQL端点正确集成，无论 travelGuide 等函数以后如何使用它们，都是如此。应用程序的不同方面可能需要不同的测试方案，需要谨慎选择。在这里，将使用Fuseki SPARQL服务器，它是我们目前使用的Apache Jena库的一部分(请参阅Jena文档中的FusekiServer类型)。它公开了真实的SPARQL端点。

根据你使用和想要测试的外部服务，你需要找到尽可能接近原始版本的服务器。有时你可以使用Docker来获得完全相同的服务器。例如，testcontainers库使用Docker以便于测试的方式提供这些真实服务器

请记住，希望避免在测试中使用网络连接，因为存在查询限制、网络问题、状态相关问题等！这样的测试通常非常不稳定，而且不是非常有用。实现优秀测试的最佳方案是单独测试每个案例，最好是使用其自己的新服务器实例。

```
val model  = RDFDataMgr.loadModel(getClass.getResource("testdata.ttl").toString)
val ds     = DatasetFactory.create(model)
val server = FusekiServer.create.add("/test", ds).build
server.start()
```

服务器开始从准备的testdata.ttl文件(请参见src/test/resources)中提供数据。此数据包括意大利威尼斯的一个景点、美国的一些国家公园、它们的地点、来自这些地点的艺术家和在这些地点拍摄的电影。我们使用本书仓库中提供的脚本，从维基数据下载了这些数据。

注意，这些数据是稳定的，不会因测试而更改

> 先思考一下。上面的代码片段使用命令式编程。你知道可以使用哪种技术使它成为函数式编程吗？

12.27 本地服务器作为集成测试中的资源

用于从维基数据 SPARQL服务器读取数据并运行本地服务器实例的库是一种命令式Java库。使用此库时有许多注意事项，其中最重要的一点是之前谈到的可能存在的资源泄漏问题。我们的测试服务器也存在这个问题。当调用start时，会触发很多副作用，比如运行服务器、打开一个端口和等待传入连接。这些都是有限资源。将其乘以想要运行的测试数，每个测试都有自己的实例，你就明白了。即使测试失败，也需要在不再需要时清理所有资源！因此需要再次使用Resource类型。

> **处理资源**
> 在第11章中，使用Resource处理了资源泄漏问题

```
def localSparqlServer: Resource[IO, FusekiServer] = {          Apache Jena的本地
  val start: IO[FusekiServer] = IO.blocking {                  SPARQL服务器实现
    val model = RDFDataMgr.loadModel(
      getClass.getResource("testdata.ttl").toString
    )                                                           一个IO值，描述
    val ds = DatasetFactory.create(model)                      一个程序启动服
    val server = FusekiServer.create.add("/test", ds).build    务器并返回其句
    server.start()                                             柄(FusekiServer)
    server
  }

  Resource.make(start)(server => IO.blocking(server.stop()))
}
```

一个IO值，描述一个程序，此程序在不再需要资源时执行(不关注其他内容)

现在有了一个表示可关闭资源的值，可以使用它而不必担心潜在的资源泄漏。你可能还记得，Resource定义了flatMap函数，它允许将不同的小Resource值组合成更大的值。创建一个Resource，它表示与本地服务器的现有连接。

```
val testServerConnection: Resource[IO, RDFConnection] =
  for {
    localServer <- localSparqlServer
    connection <- connectionResource(localServer.serverURL(), "test")
  } yield connection
```

connectionResource是在前一章中开发的一个值。它表示与真实服务器的连接。需要用URL和端点名称对其进行参数化，以便使用不同的服务器。注意，生产代码是我们的测试套件的一部分

这是另一个表示可关闭资源的值。当被使用时，它会返回一个IO值，该值描述一个创建本地服务器并打开与该服务器的连接(另一个有限资源)的程序。连接和服务器都会自动关闭，即使在失败后也是如此。

12.28　编写单独集成测试

现在有单一的值testServerConnection，可以在所有集成测试中重复使用。这将为我们创建和关闭服务器和连接！注意，再次重复使用了之前编写生产代码时学到的技巧。这次在测试中使用它。希望你能体会到这些工具的用途有多广泛，你只需要学习其中一种工具，便可在更多场景中使用它。

介绍就到此为止！现在看看我们的第一个真正的集成测试。

```
test("data access layer should fetch attractions from a real SPARQL server") {
  val result: List[Attraction] = testServerConnection
    .use(connection => {
      // given a real external data source with attractions in Venice
      val dataAccess = getSparqlDataAccess(execQuery(connection))

      // when we use it to find attractions named "Bridge of Sighs"
      dataAccess.findAttractions("Bridge of Sighs", ByLocationPopulation, 5)
    })
    .unsafeRunSync()

  // then we get a list of results with Bridge of Sighs in it
  assert(result.exists(_.name == "Bridge of Sighs") && result.size <= 5)
}
```

就是这样！这个小测试创建了一个打开本地端口的服务器，并使用生产代码创建了一个连接：

- connectionResource是由testServerConnection内部重用的生产代码。
- getSparqlDataAccess是用于创建DataAccess值的生产代码，该值执行实际的SPARQL查询。

然后，它调用findAttractions函数，该函数返回一个IO值，该值描述在本地服务器上执行SPARQL查询的具有副作用的过程，其中输入了测试数据，该数据包括威尼斯的一个景点。因此，可以断言至少从服务器返回"叹息桥"(Bridge of Sighs)。最后，安全处理连接并关闭服务器，释放所有资源。

这是因为我们使用了Resource值，它在我们传递给use函数的函数执行完毕后自动处理连接

这意味着我们刚刚编写了一个小的单独集成测试。它不依赖于任何预先存在的设置，并在自身完成后自行清理。它只测试由三个DataAccess函数之一表示的小"数据层"，没有之前测试的任何其他语境。在本测试和以下测试中，只想知道SPARQL查询是否正确，以及输入和输出值与我们的数据模型值之间的转换是否正确。

12.29 与服务集成是单一职责

如果编写集成测试这么容易，为什么不增加集成测试呢？从集成角度来看，有许多细节需要重视：DataAccess是否正确传递排序参数？它是否符合提供的结果集限制？它是否返回正确的艺术家和电影？我们已经测试了简单的景点获取实现，以下是处理排序测试的示例。

```
test("data access layer should fetch attractions sorted by location population") {
  val locations: List[Location] = testServerConnection
    .use(connection => {
      // given a real external data source with national parks in the US
      val dataAccess = getSparqlDataAccess(execQuery(connection))

      // when we use it to find three locations of the attraction named "Yellowstone"
      dataAccess.findAttractions("Yellowstone", ByLocationPopulation, 3)
    })
    .unsafeRunSync()        测试数据包括黄石国家公园的三个地点：怀俄
    .map(_.location)        明州、蒙大拿州和爱达荷州(Wyoming, Montana, and Idaho)

  // then we get a list of three locations sorted properly by their population
  assert(locations.size == 3 && locations == locations.sortBy(_.population).reverse)
}
```

我们应该测试每个有用的参数组合，且每个组合都在自己的测试中。这应该不成问题，因为业务不知道我们的数据访问实现。它只知道SPARQL数据服务、查询以及它获取和返回的不可变值。这是一个由单一职责函数组成的小层。可以单独测试它们，以确保在更大的程序中使用时，它们将执行所需操作。不测试travelGuide或任何其他函数的集成。DataAccess只有一个职责——与外部SPARQL端点集成，参见图12-11！

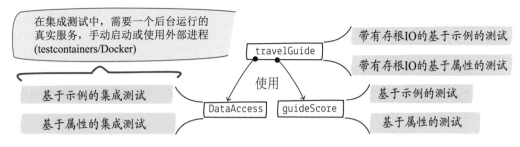

图12-11　travelGuide、DataAccess与guideScore的测试

是的，你没看错！还可以编写基于属性的集成测试。我们很快就会介绍这种测试，但在此之前，请确保你理解了基于示例的集成测试。

12.30   小憩片刻: 编写集成测试

现在知道如何编写使用真实服务的单独集成测试。在本练习
中，将再开发三个这样的集成测试，以验证DataAccess组件。

你的任务是编写以下三个测试：

```
test("data access layer should fetch attractions sorted by name") {
  // given a real external data source with national parks in the US
  // when we use it to find five attractions named "National Park"
  // then we get a list of five attractions sorted properly by their name
}
```

```
test("data access layer should fetch artists from a real SPARQL
      server") {
  // given a real external data source with attractions in Venice
  // when we use it to find an artist from Venice
  // then we get a list of a single artist named "Talco"
}
```

已经为你提供了模
板。不需要太多代
码。请记住，我们的
集成测试非常简洁

```
test("data access layer should fetch movies from a real SPARQL server") {
  // given a real external data source with attractions in Venice
  // when we use it to find max two movies set in Venice
  // then we get a list of a two movies:
  // "Spider-Man: Far from Home" and "Casino Royale"
}
```

请记住，你可以使用testServerConnection值：

```
val testServerConnection: Resource[IO, RDFConnection]
```

它描述了一个从测试资源加载testdata.ttl文件的服务器。它
包含你需要的所有数据，例如景点、电影、意大利威尼斯的艺术
家和美国的两个国家公园。你需要的所有信息都包括在上面的
given-when-then模板中。你还需要以下值，它表示威尼斯的维基
数据标识符。你可以在最后两个测试中直接使用该值：

请记住，你可以在
https://query.wikidata.
org中自行探索维基
数据库。你可以使用
本书配套源代码中提
供的脚本下载任何
实体，并将其放入
testdata.ttl 文件中

```
val  veniceId:LocationId=LocationId("Q641")
```

提示

- 使用map函数仅对艺术家和电影名称进行断言。
- 请记住，在每个测试中还提供限制参数。它们包含在given-when-then模板中。
- 请记住运行IO值以执行副作用！

12.33 基于属性的集成测试

问: *在这些集成测试中，仍然会使用纯函数式编程吗？我注意到需要在每个测试中调用unsafeRunSync，这绝对不是纯函数，因为它执行给定IO值中编码的副作用。*

答: *编写的集成测试并不完全是纯函数，因为它们不能是纯函数。我们正在测试具有副作用的功能。但是，注意大多数测试仍然是纯函数。当直接调用unsafeRunSync时，就引入了非纯性。如果直接调用非纯函数的做法对你或你的团队来说不合适，那么你可以创建一个辅助性的test函数，该函数接受IO[Assertion]并在内部运行它。然后，你的所有测试都将只是IO，并且是完全的纯函数，非纯的调用将被隐藏，就像在生产应用程序中在功能核心之外调用unsafeRunSync一次一样。*

你还可以直接使用 for 推导式创建测试：为本地服务器使用Ref；使用 parSequence以并发运行测试

　　将所有内容建模为纯函数和不可变值的好处在于，可以使用任何适用于纯函数和不可变值的工具！在测试时，甚至可以使用基于属性的测试来测试需要副作用的功能！

　　例如，下面有一个测试，用于检查 SPARQL 客户端实现是否正确使用了limit参数。无论limit参数是大是小，都应获得最大limit的结果。

```
test("data access layer should accept and relay limit values to a real SPARQL server") {
  forAll(nonNegativeInt)((limit: Int) => {
    val movies: List[Movie] = testServerConnection
      .use(connection => {
        val dataAccess = getSparqlDataAccess(execQuery(connection))
        dataAccess.findMoviesAboutLocation(veniceId, limit)
      })
      .unsafeRunSync()

    assert(movies.size <= limit)
  })
}
```

注意，每个测试都创建并停止了SPARQL服务器。这在基于属性的测试中可能会发生数十次

这个测试表明我们也可以在集成测试中使用基于属性的检查。如果使用默认生成器(其生成负整数)，此测试将失败，因为其不支持负限制。因此，使用自定义的nonNegativeInt生成器

此测试确保limit参数被正确转发。此测试可能需要一些时间，但可以使我们重拾自信。

12.34　选择正确的测试方案

可以根据对实现的自信程度来选择测试工具。可供选择的方案有很多，快速回顾一下，参见图12-12。

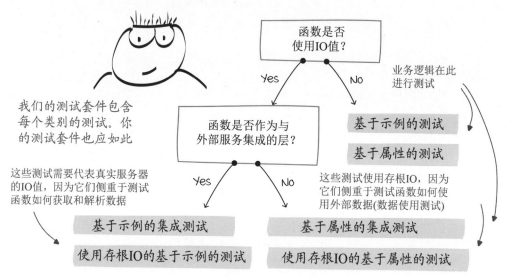

图12-12　可供选择的测试方案

此外，记住你要测试的函数是什么。例如，当想要测试travelGuide函数内部的逻辑时，不想测试外部数据源是否能正确排序结果。事后看来这是显而易见的，但这往往是导致臃肿而无用的测试套件的主要原因。

重要的是理解，即使在FP世界中也有一些不同的方案。例如，类型级编程(本书未涉及)试图将尽可能多的内容包含在类型中

如图12-13所示，选择测试方案时，需要了解所有选项并选择正确的工具，以确保软件以易于理解的方式进行测试和记录；需要保持测试的小型化和实用性；还需要确保测试覆盖所有要求。

图12-13　选择正确的测试方案

12.35 测试驱动开发

到目前为止，我们只是在现有函数中添加测试。在结束本章(乃至本书)之前，我想告诉大家，所有这些技术都可以用于测试驱动开发(即通过先编写失败测试来添加新功能，然后正确地实现它)。看一个例子——图12-14展示了一个新的大要求。

travelGuide函数应返回更多有关搜索过程的信息。如果指南分数较高(>55)，则应返回指南。如果没有好的指南，则应返回在过程中创建的所有"错误指南"和遇到的所有错误消息

这是一个很大的变化！让我先将这些要求转换为测试

图12-14 一个新的大要求

尝试像对待以前的问题一样解决这个问题：尝试找出如何模拟这个新要求。到目前为止，拥有具有以下特征标记的函数：

```
def travelGuide(data: DataAccess, attractionName: String): IO[Option[TravelGuide]]
```

现在，新要求规定只应返回分数高于55的指南。使用上面的特征标记，仍然可以做到这一点(当有高分的好指南时返回Some，否则返回None)。但是，如果找不到好的指南，那么需要返回一个搜索报告，说明生成和考虑了哪些指南以及遇到了哪些问题。

会有什么问题

不是在使用纯函数吗？会遇到哪些问题？注意，在当前实现中使用了许多IO操作。其中一些操作可能会因网络错误或超时而失败。当前，如果发生这样的情况，整个IO程序都将失败。但是，仔细分析后，发现可以从这些情况中恢复。当需要艺术家和电影的三个位置，而其中一个位置获取失败时，仍可通过其余两个位置得出好的指南。

因此需要一个新的特征标记来模拟这两种情况。

```
case class SearchReport(badGuides: List[TravelGuide], problems: List[String])
def travelGuide(dataAccess: DataAccess,
          attractionName: String): IO[Either[SearchReport, TravelGuide]]
```

12.36 为不存在的功能编写测试

更改travelGuide函数的特征标记意味着需要先根据新的特征
标记调整当前的实现。这应该不难，因为可以将Some(guide)更
改为Right(guide)，将None改为Left(SearchReport(List.empty, List.
empty))，而不改变其他任何内容(它们在语义上是一致的)。测试
也是这样。这应该使代码再次编译，但实际上并没有实现任何新
功能——具体而言，不返回错误的指南或任何问题(列表始终为
空)。这提示第一个测试失败。采用TDD方案，为其中一个新功
能编写一个测试。

> **使用Either选项**
> 第 6 章讨论了
> Either和错误处
> 理。我们提到，
> Either可以用于
> 更多情况，这里
> 是一个例子

同时测试业务逻辑和
一些数据源关注点，
因此倾向于"端到
端"测试

由于我们正在测试一个使用IO值的函数，但该函数并没有充
当直接集成层，因此将使用带有存根IO值的测试(称之为数据使
用测试：它们验证外部服务中的数据如何用于被测函数中)。

```
test("travelGuide should return a search report if it can't find a good-enough guide") {
  // given an external data source with a single attraction,
  // no movies, no artists and no IO failures
  val dataAccess = dataAccessStub(
    IO.pure(List(yellowstone)), IO.pure(List.empty), IO.pure(List.empty)
  )

  // when we want to get a travel guide
  val result: Either[SearchReport, TravelGuide] = travelGuide(dataAccess, "").unsafeRunSync()

  // then we get a search report with bad guides (0 artists, 0 movies means the score is < 55)
  assert(result == Left(
    SearchReport(List(TravelGuide(yellowstone, List.empty)), problems = List.empty)
  ))
}
```

在这里传递空字符
串，因为所有数据都
被存根，从而始终返
回相同的值

注意，我们使用了两个附加的辅助程序：一个是
dataAccessStub函数，它接受三个IO值并返回带有三个函数的
DataAccess，这些函数返回给定值；另一个是yellowstone。

辅助函数使上面的测
试和以下测试更易于
阅读

```
def dataAccessStub(
    attractions: IO[List[Attraction]],
    artists: IO[List[Artist]],
    movies: IO[List[Movie]]
): DataAccess = new DataAccess {
  def findAttractions(name: String, ordering: AttractionOrdering, limit: Int): IO[List[Attraction]] = attractions
  def findArtistsFromLocation(locationId: LocationId, limit: Int): IO[List[Artist]]            = artists
  def findMoviesAboutLocation(locationId: LocationId, limit: Int): IO[List[Movie]]             = movies
}

val yellowstone: Attraction = Attraction("Yellowstone National Park", Some("first national park in the world"),
                                         Location(LocationId("Q1214"), "Wyoming", 586107))
```

> 这个辅助函数创建一个DataAccess值，该值提供始终成功返回给定值的IO程
> 序。它用于在测试中专注于不同方面，而不必担心副作用。注意，这仍然只
> 是一个返回值的函数，我们将其传递给另一个函数

12.37 红绿重构

我们的第一个测试失败了，因为我们的函数返回一个不包含任何错误指南的SearchReport，而我们知道至少应该获取一个(没有流行文化主题的Yellowstone)。现在，可以以最简单的方式实现这个功能，然后创建另一个测试，这个测试应该会失败。然后，将以最简单的方式更改实现，以满足两个测试用例。如果感觉有更好的方式，可以重构代码，然后继续创建第三个测试用例。这个迭代过程称为红绿重构，它会持续进行，直到满足所有要求。也可以加快这一过程并分批进行。因此，在编写第一个实现之前，编写另外两个失败的测试。

> **重点!**
> 模拟和存根只
> 是将值传递给
> 函数

添加了一些辅助性的
不可变值，使我们的
测试更易于理解

```
val hatefulEight: Movie = Movie("The Hateful Eight", 155760117)
val heavensGate: Movie  = Movie("Heaven's Gate", 3484331)

test("travelGuide should return a travel guide if two movies are available") {
  // given an external data source with a single attraction,
  // two movies, no artists and no IO failures
  val dataAccess = dataAccessStub(
    IO.pure(List(yellowstone)), IO.pure(List.empty), IO.pure(List(hatefulEight, heavensGate))
  )
```

这是对成功之路的测试。当总是有一些著名电影时，可以确定旅游指南获得了高分

```
  // when we want to get a travel guide
  val result: Either[SearchReport, TravelGuide] = travelGuide(dataAccess, "").unsafeRunSync()

  // then we get a proper travel guide because it has a high score (> 55 points)
  assert(result == Right(TravelGuide(yellowstone, List(hatefulEight, heavensGate))))
}

test("travelGuide should return a search report with problems
        when fetching attractions fails") {
  // given an external data source that fails when trying to fetch attractions
  val dataAccess = dataAccessStub(
    IO.delay(throw new Exception("fetching failed")), IO.pure(List.empty), IO.pure(List.empty)
  )
```

在这里，通过存根IO值来模拟失败的程序，从而模拟失败

```
  // when we want to get a travel guide
  val result: Either[SearchReport, TravelGuide] = travelGuide(dataAccess, "").unsafeRunSync()

  // then we get a search report with a list of problems
  assert(result == Left(
    SearchReport(badGuides = List.empty, problems = List("fetching failed"))
  ))
}
```

问题列表由字符串组成。这些字符串应该是从遇到的所有异常中提取的消息

现在有三个失败的测试(红色)，所以接下来实现一个满足所有测试的函数(绿色)。

12.38   让测试通过

我们的新实现需要找到给定名称(最多三个)的景点，然后获取每个地点的艺术家和电影。如果获取景点的操作失败，则需要返回一个包含异常消息的SearchReport。这就是测试的内容，也是需要实现的内容。第一步(此处不显示)是创建一个满足测试的travelGuide函数，而不必担心设计问题。然后，通过提取两个函数并正确命名来对其进行重构。以下是绿色(和重构后)的实现。

再次展示重构后的版本。第一个绿色版本并非本书重点

```scala
def travelGuideForAttraction(
  dataAccess: DataAccess, attraction: Attraction
): IO[TravelGuide] = {
  List(
    dataAccess.findArtistsFromLocation(attraction.location.id, 2),
    dataAccess.findMoviesAboutLocation(attraction.location.id, 2)
  ).parSequence.map(_.flatten).map(subjects => TravelGuide(attraction, subjects))
}
```

> 此函数同时获取给定景点所在地的艺术家和电影，并返回一个程序，如果成功执行，该程序将返回TravelGuide

```scala
def findGoodGuide(guides: List[TravelGuide]): Either[SearchReport, TravelGuide] = {
  guides.sortBy(guideScore).reverse.headOption match {
    case Some(bestGuide) =>
      if (guideScore(bestGuide) > 55) Right(bestGuide)
      else Left(SearchReport(guides, List.empty))
    case None =>
      Left(SearchReport(List.empty, List.empty))
  }
}
```

> 此函数获取列表，如果有高分指南，则返回Right(TravelGuide)，否则返回Left(SearchReport)。注意，也可以为此函数添加一些附加测试

```scala
def travelGuide(
  dataAccess: DataAccess, attractionName: String
): IO[Either[SearchReport, TravelGuide]] = {
  dataAccess
    .findAttractions(attractionName, ByLocationPopulation, 3)
    .attempt
    .flatMap(_ match {
      case Left(exception) =>
        IO.pure(Left(SearchReport(List.empty, List(exception.getMessage))))
      case Right(attractions) =>
        attractions
          .map(attraction => travelGuideForAttraction(dataAccess, attraction))
          .parSequence
          .map(findGoodGuide)
    })
}
```

看看在IO上调用的新attempt函数。通过这种方式，可以获得由该IO描述的程序抛出的任何异常。使用结果中的信息。

IO[A] 每个IO[A]值都具有attempt函数，该函数返回Either

```scala
def attempt: IO[Either[Throwable, A]]
```

Either[Throwable, A]

attempt返回一个程序，当执行时，该程序永远不会失败(即不会抛出异常)。相反，执行成功并返回封装在Left中的Throwable

图12-15   新attempt函数

12.39　增加红色测试

如前所述，在我们的测试变为绿色并且已经重构了代码以使其看起来足够好后，我们会面临一个问题：这就够了吗，还是仍缺少什么功能？如果有缺失的功能，应该再添加一个测试，通过失败(红色)来突出其中一个缺失的功能。在本例中，要求是，如果获取任何信息的操作失败，程序不应该失败，但应该将异常消息收集为列表，并在SearchReport值中返回它们。到目前为止，只能收集findAttractions函数抛出的异常(通过在其返回的IO值上调用attempt)，但是通过调用attempt，仍然会调用两个数据层函数，而没有防止可能的异常。以下是测试结果。

请记住，当你使用flatMap将十个IO值组合在一起以创建序列时，如果有一个IO值描述将在执行时失败的程序，那么整个IO值描述的程序将在执行时失败。由attempt返回的程序可以防止这种情况发生

```scala
val yosemite = Attraction("Yosemite National Park",
                          Some("national park in California, United States"),
                          Location(LocationId("Q109661"), "Madera County", 157327))
test("travelGuide should return a search report
      with some guides if it can't fetch artists due to IO failures") {
  // given a data source that fails when trying to fetch artists for "Yosemite"
  val dataAccess = new DataAccess {
    def findAttractions(name: String, ordering: AttractionOrdering, limit: Int) =
      IO.pure(List(yosemite, yellowstone))

    def findArtistsFromLocation(locationId: LocationId, limit: Int) =
      if (locationId == yosemite.location.id)
        IO.delay(throw new Exception("Yosemite artists fetching failed"))
      else IO.pure(List.empty)

    def findMoviesAboutLocation(locationId: LocationId, limit: Int) =
      IO.pure(List.empty)
  }

  // when we want to get a travel guide
  val result: Either[SearchReport, TravelGuide] = travelGuide(dataAccess, "").unsafeRunSync()

  // then we get a search report with one bad guide (< 55) and list of errors
  assert(
    result == Left(
      SearchReport(
        badGuides = List(TravelGuide(yellowstone, List.empty)),
        problems = List("Yosemite artists fetching failed")
      )
    )
  )
}
```

创建另一个不可变值，它包含一个小的描述性名称，可用于提高测试的可读性

这无疑是一个更复杂的测试，但它仍然是个小测试！在这里，DataAccess存根是直接定义的，没有任何辅助程序，因为它不仅仅是每次返回相同的值。当被问及来自约塞米蒂(Yosemite)国家公园地区的艺术家时，它会返回失败的IO。获取来自黄石地区的艺术家时不会失败。由于存根数据层中根本没有艺术家和电影，因此没有良好的指南可返回。在这种情况下，期望返回一个SearchReport。它需要包含黄石(Yellowstone)的指南以及在尝试从约塞米蒂地区查找艺术家时遇到的问题描述。当运行此测试时，当前的travelGuide函数会失败。

这个API不错吗？记住，它仍然只是一个返回不可变值的函数

12.40　最后的TDD迭代

为了使测试变为绿色(而不让之前的任何测试失败)，需要更改生产代码并尝试程序中的每个IO值，收集所有异常，并将它们作为SearchReport值的一部分返回。

```scala
def findGoodGuide(
  errorsOrGuides: List[Either[Throwable, TravelGuide]]
): Either[SearchReport, TravelGuide] = {
  val guides: List[TravelGuide] = errorsOrGuides.collect(_ match {
    case Right(travelGuide) => travelGuide
  })
  val errors: List[String] = errorsOrGuides.collect(_ match {
    case Left(exception) => exception.getMessage
  })
  guides.sortBy(guideScore).reverse.headOption match {
    case Some(bestGuide) =>
      if (guideScore(bestGuide) > 55) Right(bestGuide)
      else Left(SearchReport(guides, errors))
    case None =>
      Left(SearchReport(List.empty, errors))
  }
}

def travelGuide(
  dataAccess: DataAccess, attractionName: String
): IO[Either[SearchReport, TravelGuide]] = {
  dataAccess
    .findAttractions(attractionName, ByLocationPopulation, 3)
    .attempt
    .flatMap(_ match {
      case Left(exception) =>
        IO.pure(Left(SearchReport(List.empty, List(exception.getMessage))))
      case Right(attractions) =>
        attractions
          .map(attraction => travelGuideForAttraction(dataAccess, attraction))
          .map(_.attempt)
          .parSequence
          .map(findGoodGuide)
    })
}
```

> 我们使用collect函数，该函数取一个函数，后者使用模式匹配选择哪些值并提取这些值。你还可以使用单个的表达式将错误与结果分开——使用separate函数！请查看本章源代码以了解更多信息

> ✔ 所有测试都通过了

> 注意，对单个IO值执行attempt，因此需要在parSequence之前完成，该函数现在返回一个Either组成的List的IO

如你所见，在处理新要求时，测试驱动开发是一种很好的技术。已经能够完全重构以前的版本并逐步添加更复杂的新功能，同时仍然保持相对简洁的实现。还有一个相当不错的测试套件，涵盖了新的要求。还可以在TDD中使用基于属性的测试，特别是在开发非基于IO的纯函数(例如findGoodGuide)时。

仅此而已！正如你所期望的，还有一些情况没有在这里讨论，我们的流行文化旅游指南仍有值得改进的地方。希望你尽快实现这些功能。请务必使用代码，并尝试扩展我们的测试和解决方案。第 11 章和第 12 章中的内容比较深奥，需要多加练习！慢慢来，不要停止编码(函数式)！

> 注意，在本书的最后介绍了collect和attempt，但并没有予以太多解释。这是刻意为之的。现在，你已经掌握了开始学习新函数和独自探索函数式API世界所需的一切知识

小结

在本章中，我们使用了所有熟悉的函数式编程工具来开发测试，帮助发现一些错误并了解要求。

通过提供示例来测试纯函数

通过提供输入示例并断言预期输出来添加一些快速且小型的测试。我们了解到，在函数式编程中进行测试的主要方式是提供函数输入参数，并验证函数的输出值。

通过提供属性来测试纯函数

然后，我们学习了基于属性的测试，它帮助我们发现了第 11 章 中guideScore 实现中的整数溢出错误。它们是通过提供特定生成的值并测试函数是否返回预期范围内的输出来开发的。我们学习了如何提供自己的生成器(Gen值)，它们也具有flatMap函数，这使它们易于组合。我们还了解到，编写属性并不简单，最好基于要求进行。

不使用任何模拟库来测试副作用

然后，测试使用IO值的函数。有两种方式可以测试此类函数：在给定函数仅使用外部数据时存根IO值，或者当其主要职责是集成时运行真实服务器。在本例中，使用存根的IO值来测试travelGuide函数，并使用实际服务器来测试生产代码中由getSparqlDataAccess函数返回的DataAccess实现。使用Resource值来确保本地运行的SPARQL服务器实例始终正确关闭和释放。本章展示了我们也可以在这种集成测试中使用基于属性的测试。

以测试驱动的方式开发新功能

最后，得到了一个新的要求，并决定使用测试驱动开发(test-driven development，TDD)方案来实现它。首先创建了三个失败的测试(红色)，然后实现了一个新版本的travelGuide来满足这些测试(绿色)，从中提取了更小的辅助函数(重构)，并重复这一过程，最后得到最终版本。

代码：CH12_* 通过查看本书仓库中的ch12_*文件来探索本章的源代码

请务必也查看test目录

存根指的是将DataAccess函数硬编码为始终返回相同值的函数

没有展示重构之前的版本，但可以想象它不是很完美！请访问本书的代码仓库以获取更多信息

结语

感谢你阅读本书！我相信你在这里获得的知识和技能将帮助你成长为一名更好的程序员，并在职业生涯中取得巨大成功。

希望阅读全部章节并分析其中的示例能让你获益良多。好消息是，所有这些章节都可以进一步扩展，并纳入更高级的主题。如果你想了解更多关于函数式编程的知识，请访问我的网页 https://michalplachta.com。

你也可以在那里与我联系

最后，如果你喜欢本书中所有这些难题，并且难以忘怀，我有一个惊喜给你！

最后练习

1. API速率限制器——维基数据服务器有API限制。第11章和第12章中的解决方案并不能跟踪所有请求。你的任务是利用有关函数并发性的知识，为整个应用程序实现可配置的请求速率限制器(例如，每秒不超过五个请求)。

2. 控制台用户界面——在第11章和第12章中实现的应用程序没有任何用户界面！实现一个基于控制台的界面，询问景点名称并返回旅游指南。例如：

```
Enter attraction name:
> Bridge of Sighs
Thanks! Preparing your guide...
Bridge of Sighs is a bridge over a canal in Venice. Before visiting,
you may want to listen to Talco and watch some movies that
take place in Venice: "Spider-Man: Far from Home" and "Casino Royale".
```

3. 基于流的异步接口——你能否扩展上面实现的基于控制台的用户界面，并允许用户同时搜索多个景点？

```
Enter attraction name:
> Bridge of Sighs
Thanks! Preparing your guide...
Want to search for another one in the meantime?
> Yosemite
Thanks! Preparing 2 guides for you...
```

如果一个用户试图通过"添加SPARQL"来考验我们，会怎样？

4. 测试——你是否为上述实现的所有功能添加了适当的测试？

5. 函数式设计——扩展在第9章中开发的应用程序的模型(货币兑换)。你能否引入一个不直接使用BigDecimal的更好模型？